지능형 로봇제어 시뮬레이션을 이용한

창의적 공학설계

남상엽 · 이강현 공저

도서출판 상학당

머리말

국어사전에 찾아보면, '창의하다' 새로운 생각이나 착상을 떠올려 내는 것, 또는 그 의견이나 생각이라고 정의되어 있고 창의성이란 그러한 특성이라고 명시되어 있다.

영어로는 an original idea, originality 또는 creativity이고 한자로는 創意라고 되어 있는데 이것은 "의"자는 뜻이라는 의미의 쉬운 글자이고 "창"이라는 글자에는 창고를 만들기 위해서 나무를 깎고 다듬듯 새로운 것을 만들기 위해서 필요하다는 뜻이 담겨 있다. 결국에 원래 있던 것이나, 기존의 낡은 것이 아니라 "새롭다"라는 것이 주요한 의미가 되는 것이다. 간단히 말하자면 창의력이라는 것은 "새로운 생각을 할 수 있는 힘"이다.

공학과 예술을 포함한 대부분의 인간 행위는 기본적으로 자신을 포함해 이웃과 세계를 변화시킨다. 인간의 생각이나 행위는 나를 포함한 세계를 바꾼다는 것이다.

역사학자 아놀드 토인비는 아테네에서 파르테논 신전과 아테네 시가지를 보고 변화하는 새로운 도전에 제대로 응전하지 못하면 몰락할 수밖에 없다는 역사적 명제를 세우게 된다.

수동적 반응만으로는 변화하는 세계에서 살아남기 곤란하며 능동적인 응전 전략이 절실히 요청된다는 것이다. 문제는 어떻게 창의적 발상을 이끌어내는 하는 데 있다. 우선 자신이 창의적 발상과는 거리가 멀다는 편견과 오해에서 벗어나야 한다. 자신도 창의적인 사람이라는 발사의 전환이 요구되는 것이다.

창의성이라는 용어는 정작 그 밑에는 아무 것도 없다는 개념처럼 창의성의 개념은 창의성을 연구하는 학자에 따라 다르고, 창의성을 신장시키기 위한 교수방법 및 프로그램도 개발한 사람들의 정의와 시각에 따라 다양하므로 한 마디로 개념을 정의하기란 그리 쉬운 일이 아니다. 결국은 창의성이란 어렵고 복잡하며 다면적인 성격을 띠고 있기 때문이며 인간의 가장 높은 수준의 수행과 성취이기 때문일 것이다.

창의성은 도전과 실패를 반복하는 데서 나온다. 하지만 사회적 안전망이 없는 곳에서 한 번의 실패는 곧바로 생존의 위협으로 다가오게 된다. '그냥 사느냐, 더 잘 사느냐'의 문제가 "사느냐 죽느냐"의 문제가 되는 곳에서 사람들은 창의적으로 새 영역을 개척하기보다는 이미 안전한 것으로 입증된 낡은 습관을 고집하게 된다. 물론 이런 사회라고 변화가 없는 것은 아니다. "변해야 산다." 원초적 폭력의 세계에서 생존하려면 무슨 수를 써서라도 '다수'에 속해야 한다. 무슨 일에서든 유난히 '쏠림' 현상이 심한 것은 실은 고립되는 것에 대한 공포감 때문이다. 다수 속에서 안전함을 느끼고, 소수 속에서 불안함을 느끼는 사회에서 혁신과 창안을 위한 용기는 설 자리를 잃는다. 이런 사회에서는 모든 것이 낡은 습관에 따라 행해진다.

이렇게 공포는 습관을 낳고, 이 두 가지가 짝을 이루어 학생들의 보수성을 구성한다.

생존의 공포는 개개인에게 '동일성(Identity)'에 대한 열망을 낳고 결국 모두의 획일성으로 실현된다. 놀이의 기쁨은 '차이(Difference)'에 대한 욕망에서 나와서 혁신과 창안으로 이어진다.

창의적 사고 발산적 과정(확산적 사고)이라 말하기도 하는데 기회, 도전 또는 걱정거리에 직면하여 유의미한 새로운 연결(결합)을 탐색하기 위하여 많은 가능성, 다양한 가능성, 비범하거나 독창적인 가능성, 가능성을 확대 또는 심화시켜 가는 것 등을 생산해내는 것이다. 따라서 창의성은 가치 있는 독특한 것을 만들어 내는 한 개인의 정신과정이라고 볼 수 있다.

21세기 지식산업을 이끌어갈 창의적 인재양성으로 자율과 창의에 바탕을 둔 학생중심 교육과정으로 건전한 인성과 창의성을 함양하는 기초과정 및 기본교육 충실히 학습함으로써 창의 및 창조적 기술경쟁력이 국가의 경쟁력을 갖추는 데 있다.

공학(Engineering)은 과학적 원리를 실용적 목적에 적용하고 공학설계(Engineering design)는 제품구현 과정의 기술적 요소로서 이 과정을 통해 제품의 사양, 제조방법 등이 확정된다. 공학설계의 속성은 다양한 분야 간에 연계된 과정으로 매우 복잡하고 창조성과 분석을 필요하고 상호 작용적 활동이고 반복되는 학습과정이다.

공학설계 활동은 창조적 문제해결과 제품설계를 위한 필수사항으로 창조적 문제해결을 위한 방법론이다. 공학설계의 체계적인 설계과정은 개념설계인 문제를 주시하고 아이디어를 탐색하고 계획하고 제품설계과정인 모델을 제작하고 시험하고 발표하는 과정이다.

창의성이 교육의 중요한 과제는 현대의 산업사회는 자원 이상으로 인간의 창의적 소산에 대한 기대를 가중시키고 있다는 점이다. 특히 국가 간의 치열한 두뇌 경쟁에서 살아남기 위해서는 아동의 창의성 계발에 관심을 쏟을 수밖에 없다.

산업사회화에 따라 야기된 제반문제를 해결하기 위해 창의적으로 문제를 해결하는 방식에 대한 관심이 높아지고 있을 뿐만 아니라, 환경오염과 환경보존 등 실질적으로 현안문제를 해결하기 위해 고도의 창의적 능력이 요구되고 있다는 점이다.

본 교재에서 사용하는 지능형 로봇제어 시뮬레이션 소프트웨어 프로그램도 창의적 공학설계용으로 매우 혁신적인 프로그램이다. 학생들이 직접 로봇을 구성하고 로봇을 구동할 수 있는 환경을 구축하여 학생들이 제작한 로봇을 각종 장애물 및 센서를 통하여 구동하는 모습을 프로그램 상에서 시뮬레이션함으로써 창의적인 구상을 통하여 구현할 수 있는 재미있고 다이나믹한 프로그램이 바로 EDRS(Exciting Dynamic Robot control Simulation software)이다. EDRS는 사용자에게 다양한 환경과 로봇을 제공하여 쉽고 빠르게 지능형 로봇을 개발하고 교육하기 위한 시뮬레이션 소프트웨어이다. 또한 3D 환경을 토대로 역동적인 로봇 시뮬레이션을 제공할 뿐만 아니라 Kinetic엔진을 통해 실감나는 로봇 시뮬레이션과 섬세한 동작 제어를 제공한다. 또한 28종의 센서를 제공하여 각 센서들을 실제와 유사한 파라미터를 입력하여 시뮬레이션할 수 있고 로봇제어를 위한 프로그래밍 라이브러리를 제공하여 비쥬얼 C++(MFC), Eclipse 등에서도 프로그램이 가능하다. 비전센서를 제공하여 로봇의 관점에서 사물보기가 가능하며 별도의 창을 이용하여 사용자 관점과 로봇 관점에서 관찰이 가능하다.

본 교재에서 창의적 공학설계에 지능형 로봇을 선택한 이유는 로봇 산업은 기술의 정도에 따라 고부가가치화가 가능한 기술집약적 산업으로서 다가올 유비쿼터스 사회에 적합한 컨버전스 형태의 융합형 종합기술이라 할 수 있다. 현대 산업사회는 로봇 산업의 기술이 고도의 정밀화, 자동화, 지능화 및 정보화가 요구되고 있으며, 이와 관련하여 자동차 및 항공기 등의 수송기계와 컴퓨터, 영상음향기기, 가전기기 등의 정밀기기 제조업계에서는 기계공학기술이 전기전자공학, 인공지능, 컴퓨터 및 정보공학기술과 함께 융합된 형태로 응용, 발전되고 있다.

로봇은 전기, 전자, 기계, 자동화, 전산, 디자인, 경영, 생산, 예술 등의 복합기술이 총 망라된 첨단기술의 산물이지만, 특히 지능형 로봇은 인공지능과 신경회로망, 퍼지이론, 음성과 화상인식기술, 마이크로프로세서와 모터의 제어, 센서 사용 등 다양한 기술이 접목되는 첨단 기술체이며, 인간이 로봇에게 명령을 내리거나 로봇으로부터 인간이 정보를 전달받기 위하여 명령을 전달하기 위한 각종 입력기구와 로봇을 연결하고, 로봇이 작업하는 환경의 여러 가지 정보(즉, 오감을 느끼는 시각, 촉각, 역각, 위치감, 청각 등)를 인간에게 전달시키게 된다.

그러므로 로봇기술의 기반이 물리학, 화학 등 기초과학 분야에서 기계공학, 전자공학, 소재공학 등의 응용학문까지 범위가 다양한 복합기술이기 때문에 산학연 및 정부가 체계적이고 전략적으로 육성해나가야 하는 산업이라 할 수 있다. 이에 따라 우리나라 정부에서도 21세기 유망지식기반산업의 하나로 로봇산업을 선정하여 이를 중점 육성하고 있는 실정이다.

이러한 유비쿼터스의 로봇시대에 맞추어 창의적 공학설계의 창의성 향상을 위한 교과과정에 적합하다고 판단하여 공학에 대한 흥미와 로봇을 이용한 초기 로봇응용프로그램 설계에서 알고리즘 개발과 성능 향상의 과정을 가상환경에서 실제 로봇 시스템과 근접한 특성을 고려한 개발이 이루어질 수 있도록 하기 위하여 《지능형 로봇제어 시뮬레이션을 이용한 창의적 공학설계》를 발간하게 되었다.

이 교재의 창의적 공학설계의 실습에서 작성된 프로그램들은 프로그램 언어에 대하여 문외한, 혹은 입문자를 기준으로 작성하였다. 특히 이 교재는 컴퓨터, 전자, 제어, 통신 및 일반 공학에 관련 학생을 대상으로 한 창의적 공학의 개념 하에서 창의적 공학설계를 지능형 로봇제어에 대한 기본이론 및 실습을 통하여 창의적 공학설계의 이론과 설계과정을 위한 교재로, 처음 공학을 접하는 학생이나 기초 로봇제어 및 로봇구조의 응용을 접하는 학생에게 쉽고 빠르게 접근할 수 있도록 초점을 맞추었으므로 특히 창의적 공학의 개념을 지능형 로봇에 접목하여 흥미있고 재미있도록 구성하고 간단한 지능형 로봇의 개념 및 제어이론의 작동원리에 대한 이해와 창의적인 프로그래밍 감각을 키우는 데 부족함이 없을 것이라 생각된다.

이 교재의 주요 구성은 다음과 같다.

1장은 창의적 공학설계의 개요를 통하여 창의의 의미, 정의, 창의적 사고의 개념, 창의적 발상 기법, 사례, 창의적 공학설계 학습과정 등을 기술하였다.

2장은 지능형 로봇의 개요로서 지능형 로봇의 정의, 발전, 구성 및 분류를 다루었고,

3장은 지능형 로봇의 구조 및 특징으로 지능형 로봇의 구조, 지능형 로봇의 종류 및 특징에 대하여 서술하였다.

4장은 지능형 로봇제어 시뮬레이터의 개요로서 EDRS를 이용한 로봇개발, EDRS의 특징, 기능 및 실행 툴에 대하여 서술하였고,

5장은 지능형 로봇제어 시뮬레이터의 환경설정으로서 EDRS의 윈도우 환경, 설치환경, 실행에 대하여 서술하였다.

6장은 지능형 로봇제어 시뮬레이터의 구성으로서 메뉴 구성, 도구모음의 구성, 마우스 메뉴 구성, 기능 창 구성, 로봇 편집기와 환경 편집기, EDRS의 업데이트 및 화면 구성에 대하여 서술하였다.

7장은 지능형 로봇 시뮬레이터의 순서도 기반 프로그래밍으로서 순서도 기반 프로그래밍의 개요, IRES 프로그램 전체 구성, 메뉴 구성, 도구모음 구성, 객체의 특징, IRES 프로그램 작성방법에 대하여 서술하였다.

8장은 지능형 로봇 시뮬레이터의 C/C++ 프로그래밍으로서 C/C++ 프로그래밍의 개요, 프로그램 전체 구성, 메뉴 구성, 도구모음 구성, 프로그램 작성 방법에 대하여 서술하였다.

9장은 지능형 로봇 시뮬레이터의 구동실습으로서 지능형 로봇 구축, 지능형 로봇 시뮬레이션의 환경 구축, 로봇 보내기, 환경 보내기, 전체 저장, 그래픽 언어, C/C++ 언어에 대하여 서술하였다.

10장은 지능형 로봇 시뮬레이터의 응용실습으로서 DC모터 제어 실습, 빛의 밝기에 따른 모터의 속도제어, 초음파센서모듈을 이용한 DC모터 이동거리 제어, 적외선 센서와 DC모터 속도제어, 기울기센서와 DC모터 속도제어, 음원탐지 모듈과 로봇의 방향제어를 시뮬레이션할 수 있도록 구성하였다. 특히 창의적 공학설계를 할 수 있도록 기본적인 방향만 주어지고 창의성을 발휘하여 지능형 로봇을 구성하고 환경을 설정하여 각 조건을 주어주고 간단한 시뮬레이션을 할 수 있도록 조건을 주어졌다.

11장은 지능형 로봇 시뮬레이터의 속성편집으로서 3DS 맥스 다이나믹 속성 편집기의 개요, 3DS 맥스 다이나믹 속성편집기의 설치, 3DS 맥스 다이나믹의 조인트, 충돌 오브젝트, 오브젝트 연결자, 계층구조 뷰, 센서, 환경속성 설정, 3ML 익스포트, EDRS 로봇 설정하는 방법, EDRS 환경 설정하는 방법, MAX, EDRS 센서 만드는 방법으로 구성되어 있다.

끝으로 이 책을 집필하는 데 많은 도움을 주신 (주)ED의 박용후 사장님, 김창일 전무님 그리고 기술연구소의 김석중 본부장님, 지능형 로봇 SW팀의 이효영 팀장님 등 관계자 여러분, 도서출판 상학당의 관계자 여러분들에게 감사의 마음을 전한다.

어떤 일이든 첫발을 내딛고 개척하는 것이 가장 힘든 일일 것이나 그 어려움을 극복하고 얻는 것이 무엇보다 값진 결실이 될 것이다. 아직은 열악하고 힘든 제품 아이디어와 공학 개발환경이지만 이 책이 보다 많은 창의적 공학설계의 학습과정을 통하여 공학에 대한 이해와 창의성을 발휘한 성공적인 창의적 제품을 개발하고 생산할 수 있는 능력 발휘를 위해 조금이나마 힘이 되어서 창의적 인력양성에 힘이 되어주길 바란다.

저 자 씀

Contents

제 1 장

창의적 공학설계의 개요

1.1 창의적 공학설계의 개요

21세기 지식산업을 이끌어갈 창의적 인재양성으로 자율과 창의에 바탕을 둔 학생중심 교육과정으로 건전한 인성과 창의성을 함양하는 기초과정 및 기본교육 충실히 학습함으로써 창의 및 창조적 기술경쟁력이 국가의 경쟁력을 갖추는 데 있다.

공학(Engineering)은 과학적 원리를 실용적 목적에 적용하고 공학설계(Engineering design)는 제품구현 과정의 기술적 요소로서 이 과정을 통해 제품의 사양, 제조방법 등이 확정된다. 공학설계의 속성은 다양한 분야 간에 연계된 과정으로 매우 복잡하고 창조성과 분석을 필요하고 상호 작용적 활동이고 반복되는 학습과정이다.

공학설계 활동은 창조적 문제해결과 제품설계를 위한 필수사항으로 창조적 문제해결을 위한 방법론이다.

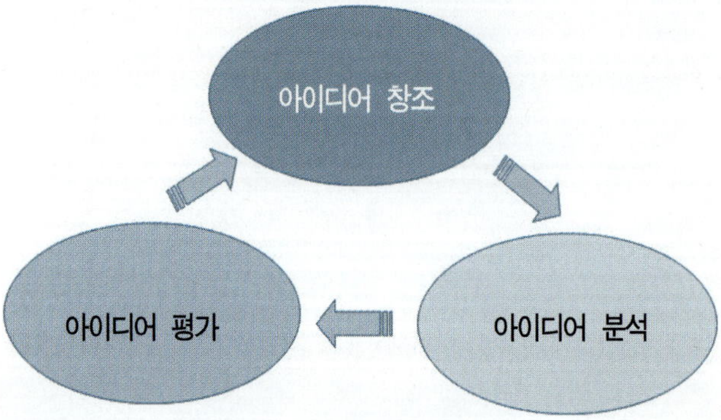

[그림 1-1] 공학설계 활동

1.1.1 공학설계의 2단계

공학설계의 2단계는 개념설계와 제품설계로 구분된다.

① **개념설계(Conceptual design)** : 제품의 필요요건을 충족시킬 수 있는 잠재적인 여러 가지의 개념들이 창조되고 아이디어를 개략적인 스케치 혹은 글로 표현한다.

② **제품설계(Product design)** : 제조할 제품에 대한 세부 설계 및 설계도면을 말한다.

공학설계의 4가지 모델은 다음과 같이 정의한다.

〈표 1-1〉 공학설계의 4가지 모델

문제의 정의			
제1모델	제2모델	제3모델	제4모델
개념설계	기능과 구조의 결정	개념설계	기초설계
	해법의 원리 탐구		
제품설계	실현가능한 모델로 분할	구체화 설계	형식설계
	전체적 배치완성		
	생산문서 준비	상세설계	상세설계

1.1.2 공학설계 과정

공학설계의 체계적인 설계과정은 개념설계인 문제를 주시하고 아이디어를 탐색하고 계획하고 제품설계과정인 모델을 제작하고 시험하고 발표하는 과정이다.

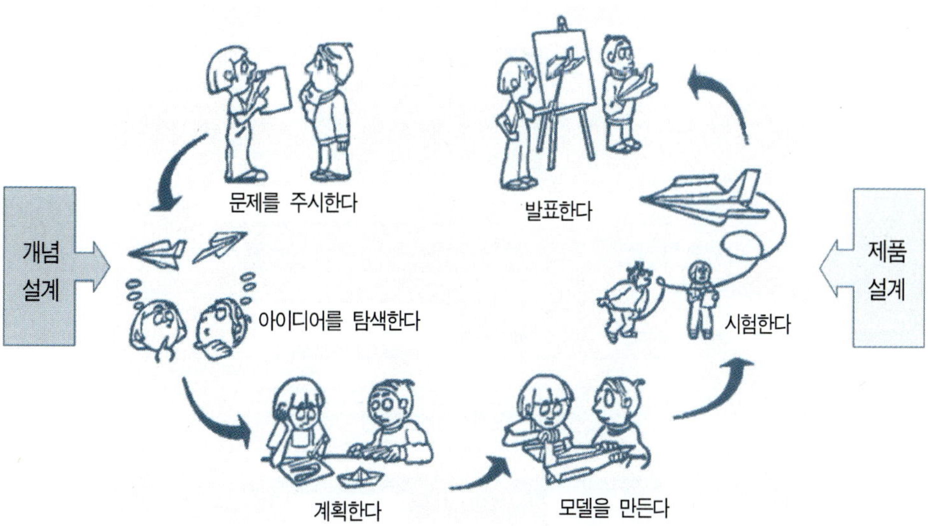

[그림 1-2] 공학설계의 체계적인 절차

① 문제의 영역을 정립한다.

- 시장을 조사하고 고객의 요구를 파악한다.
- 제품에 영향을 주는 법규, 산업표준 및 환경규제 같은 제한조건을 고려한다.

② 문제를 정의한다.

- 문제에 매우 정통해야 한다.
- 해결을 위한 자료를 수집하고 분석한다.
- 문제를 정확하게 정의한다.
- 제품의 설계사양을 만든다.

③ 개념설계를 창안한다.

- 설계사양을 만족하는 제품의 기초인 개념설계가 이루어진다.

④ 개념설계를 분석하고 평가한다.

- 비용과 성능을 예측하기 위하여 수학적인 모델이 사용된다.
- 개념설계를 설계사양과 비교한다.
- 개념설계를 개선한다.

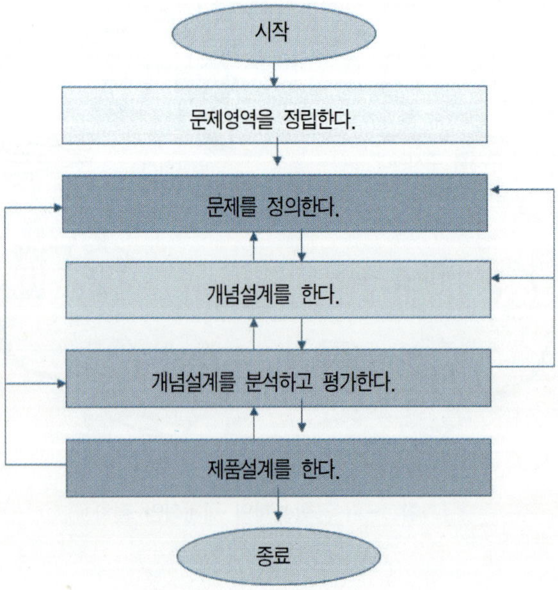

[그림 1-3] 설계과정의 단계

⑤ 제품설계를 개발한다.

- 조립품 및 개별부품의 설계에 의해 개념설계가 공학적인 하드웨어로 변환한다.
- 주 조립품 및 개별품목에 관한 설계사양을 개발한다.
- 각 부품의 경제성을 위해 복잡한 계산이 필요할 수 있다.
- 부품의 상세설계를 만들어야 한다.
- 제품설계는 제품생산의 기초가 된다.
- 제품의 속성과 제조공저의 속성을 고려하여 효율적인 생산에 관한 계획을 세운다.

1.1.3 개념설계 활동분류

① 고유설계(Original design) : 25%

- 완전히 새로운 제품이나 개념이 창조된다.

  ㉾ 최초의 전화, 우주왕복선 등

② 변형설계(Variant design) : 20%

- 기존제품의 작동원리나 동작은 변화시키지 않고 크기나 구성만 변화시킨다.

③ 적응설계(Adaptive design) : 55%

- 작동원리는 변화가 없지만 다른 문제의 해결을 위해 제품을 변화시킨다.

1.1.4 창의적 사고전략

① 제1전략 : 복제

- 누군가가 비슷한 문제를 해결한 적이 있는가를 알아내는 것이다.
- 설계자로 하여금 당면한 문제와 이미 증명된 해가 있는 문제 사이의 유사점을 찾아낼 것을 요구한다.
- 많은 산업분야에서 경쟁사의 제품을 분석한다. (역공학, Reverse engineering)
- 설계자의 사고과정을 편향시켜 우수한 해를 만들지 못하게 할 수 있다.
- 전시회 및 박람회는 복제의 출처가 될 수 있다.

② 제2전략 : 통상적인 요소들의 조합

- 설계자가 익숙해져 있는 대상물들 사이에서 새로운 관계를 알아낼 때 변형설계나 적응설계분야에서 설계문제에 대한 창의적 해를 얻을 수 있다.
- 잠재적으로 재구성할 수 있는 아이디어들에 대한 지식기반이 필요하다.

* 지식기반의 정보

- 공학분야의 정기간행물과 교과서
- 제품 데이터 일람표
- 소개책자
- 특허기록
- 과학분야 학술잡지
- 컴퓨터 데이터베이스
- 전문학회 및 산업 박람회에서 열리는 전시회

③ 제3전략 : 역사적 진화

- 설계 문제의 해는 발생한 시기의 기술적 및 과학적 한계성의 영향을 받는다.
- 많은 제품들의 역사적 진화는 새로운 품질과 특징들로 개선된 이전 제품들의 시장 복귀로 특징 지워진다.

* 역사적 진화전략을 실행하는데 있어서 중요한 접근방법

- 미래를 추정하기 위해 제품의 특징에 대한 경향을 찾아낸다.
- 상품의 특징 중 일정기간 동안 개선되지 않은 것을 찾아낸다.
- 기존의 제품설계에 접목할 수 있는 최근의 기술적 발전을 조사한다.

④ 제4전략 : 가설-시험

- 개념설계 단계에 적용하며, 제품설계에 의해 시제품을 만들기 위한 도면으로 변환한다.

⑤ 제5전략 : 브레인스토밍

- 가능성 있는 해를 간략하게 제안하도록 다양한 배경을 가진 사람들이 참여하는 그룹 접근방식이다.
- 아이디어를 기록했다가 나중에 평가한다.

* **브레인스토밍의 주된 요소들**

- 다양한 분야의 전문성을 가진 4~8명의 그룹이 하나의 문제에 대해 30~45분 동안 생각한다.
- 각 참여자는 아이디어를 1분 동안 발표한다.
- 다른 사람의 아이디어를 기본으로 다른 아이디어들을 생각하도록 각 구성원들을 고무한다.
- 다른 사람이 제안한 안들을 종합한 것도 발표하도록 한다.
- 제안을 불신하도록 하는 비평이나 언급은 허용되지 않는다.
- 모든 아이디어를 기록하여 후일의 개발이나 평가를 위해 참여자들에게 배포한다.

⑥ **제6전략** : 유추

- 유추를 사용함으로써 어떤 특정한 문제를 해결하기 위한 아이디어를 다른 분야에서의 비슷한 문제를 조사함으로써 창안할 수 있다.
- 하나의 설계사양과 그것의 해를 연계하는 관계는 같은 관계를 기본으로 하는 두 번째 해를 암시할 수 있다.

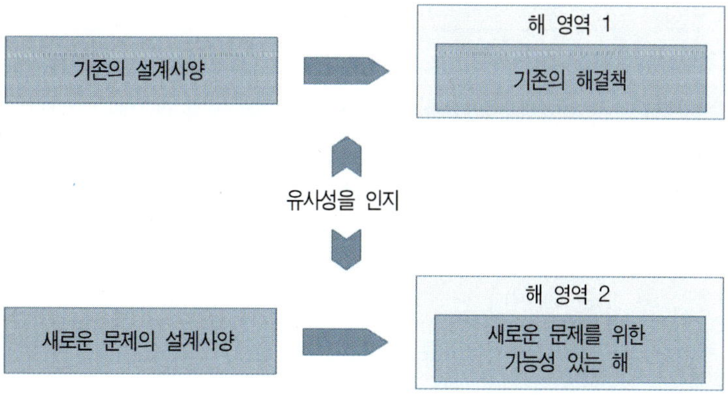

[그림 1-4] 유추 수반하는 해 전략의 기본

* **유추의 종류**

(1) 직접유추

- 다른 분야에 사용하는 비슷한 기법, 기술 또는 지식영역과의 비교를 수반한다.
- 가장 일반적인 유추이다.

(2) 상징적 유추

- 문장들의 집합으로 표현되는 수학이나 어떠한 형태의 그림으로 표현되는 일반적인 상

징적 양식으로 변환시키는 것을 수반한다.
- 예로써 자동제어 설계 안을 블록선도로 나타낸다.

(3) 환상적 유추 :
- 이상적인 해의 특성들을 식별해 낸 다음, 그러한 해를 얻도록 노력을 수반한다.
- 설계자는 과학법칙의 모든 지식을 억제하고 공상에 빠져든다.
- 공상과학 소설에서 나온 것들이 현실화되기도 하였다.

⑦ **제7전략** : 형태론

- 설계자로 하여금 문제를 해결하기 위해 필요한 주요 속성이나 하위 시스템을 식별해 낼 것을 요구한다.
- 하위시스템에 대한 수많은 상이한 해들을 제안한 후, 이러한 해들의 조합을 체계적으로 만들어 전체 문제의 해를 찾는다.

*** 형태론방법의 단계**

- 주요 속성들이나 주요 문제의 하위시스템들을 정의하고 표로 정리함.
- 통상 2~3개 정도로 속성의 개수를 최소화하여 주된 문제를 정의함.
- 이러한 속성들을 얻기 위한 가능한 접근방법들에 대한 표를 작성함.
- 이러한 가능성 있는 접근법의 모든 조합을 식별해 내기 위해 행렬, 즉 형태론적 상자를 만듬.
- 형태론적 접근방법은 상자 속 각 셀들 안에 있는 해를 예상해 보는데도 사용될 수 있음.

⑧ **제8전략** : 감정개입

- 문제해결을 위한 행동 경로를 찾기 전에 설계자 자신이 문제의 환경에 처해 있다고 상상해 보는 것이다.
- 위치며 크기 등이 변경될 수 있고, 그에 따른 결과를 관찰할 수 있다.

⑨ **제9전략** : 질문 점검목록

- 질문 일람표를 작성한다.

⑩ **제10전략** : 시넥틱스(Synectics)

- 전략6(유추)과 전략8(감정개입)을 조합한 창의적 사고를 위한 그룹 전략이다.
- 유추, 은유, 감정이입 및 환상을 수반한다.
- 전통적인 해로부터 근본적으로 이탈할 필요가 있을 때 필요하다.
- 두 가지 기본원리는 낯선 것을 친숙하게 혹은 친숙한 것을 낯설게 만드는 것이다.

- 설계그룹이 문제를 이해하게 되면 문제를 이상한 방법으로 생각한다.
- 이 방법으로 혁신적인 아이디어와 새로운 개념을 만들고자 시도한다.

⑪ 제11전략 : 생태모방학

- 생물학적 시스템을 모방함으로써 공학적 문제들에 대한 해들을 찾아낼 수 있다.
- 자연발생적 시스템과 공학적 시스템 사이에 직접유추를 사용한다.
- 생물학적 시스템은 설계에 있어서 창의성의 풍부한 보고이다.

* 생물학적 시스템의 연구가 제품설계에 영향을 미친 제품
- 브라운송어의 기하학적 모양을 모방한 항공기 날개
- 새 날개의 특징을 모방한 항공기 날개
- 꽃잎의 운동학을 모방한 우산
- 벌집을 모방한 경량의 육각형 셀 구조

1.1.5 제품개발

제품개발에서 다양한 분야의 그룹 전체가 제품구현과정에서 각 단계마다 적절한 의사결정을 내린다.(동시제품 개발)

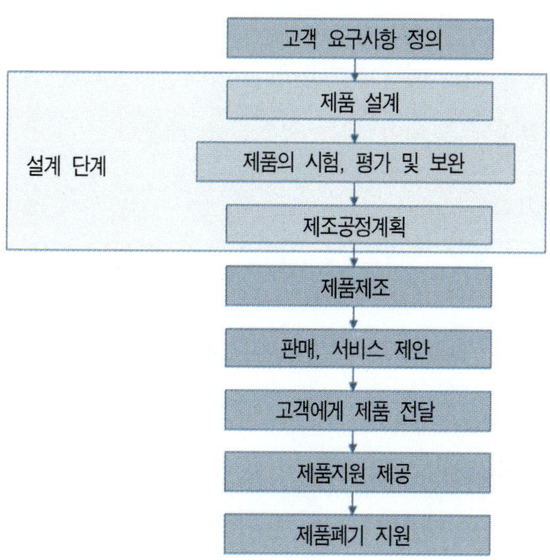

[그림 1-5] 제품설계의 주요단계

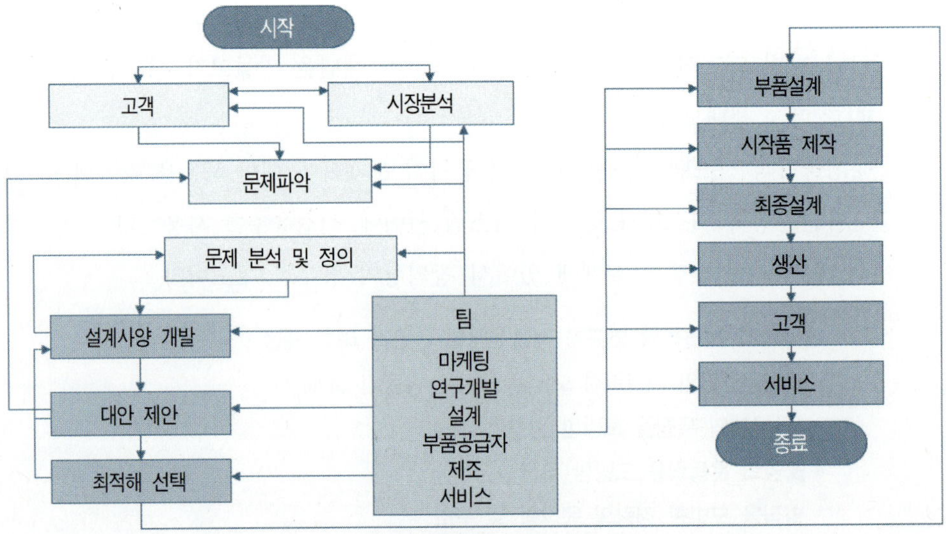

[그림 1-6] 동시적 제품개발

1.1.6 녹색설계

인간은 먹이사슬 상위에 위치하므로 생존전략에 제한받지 않는다.

녹색설계는 어떤 제품의 원재료의 추출에서부터 생산과정과 사용, 최종폐기에 이르기까지의 사용주기 전체를 고려하는 접근법이다. 녹색설계 원리를 이용함으로써 친환경적인 제품설계의 의사결정에 도움이 되는 규칙들을 배운다.

① 녹색설계의 고려사항들

- 에너지 절약
- 재료사용 최소화
- 사용기간의 연장
- 더 많은 리사이클(재사용)

② 상위 생태계 생물체들의 생존전략

- 쓰레기를 자원으로 활용하라
- 서식지를 완전하게 이용하기 위하여 분산시키고 연결하라
- 에너지를 효율적으로 축적하고 사용하라

- 최대화보다는 최적화하라
- 재료를 아껴서 활용하라
- 환경을 오염시키지 마라
- 자원을 고갈시키지 마라
- 생물권 안에서 생리적인 평형을 유지하라
- 정보를 이용해서 일하라
- 지역의 자원을 이용하라

③ 녹색설계의 기본원칙

- 에너지 소모의 최소화
- 재료사용의 최소화
- 환경손상의 최소화
- 제품사용수명의 극대화

④ 플라스틱 식료품 봉투는 종이봉투보다 더 녹색적이다.

- 제조과정에서 오염을 적게 발생
- 제조과정에서 에너지를 적게 사용
- 재사용하기 쉬움

1.1.7 설계의 창의성

P.K Engelmeier 포괄적 창의론은 예술적 창작, 기술적 발명, 과학적 발견, 실용적 활동에서 창의성의 모든 현상을 포함한다.

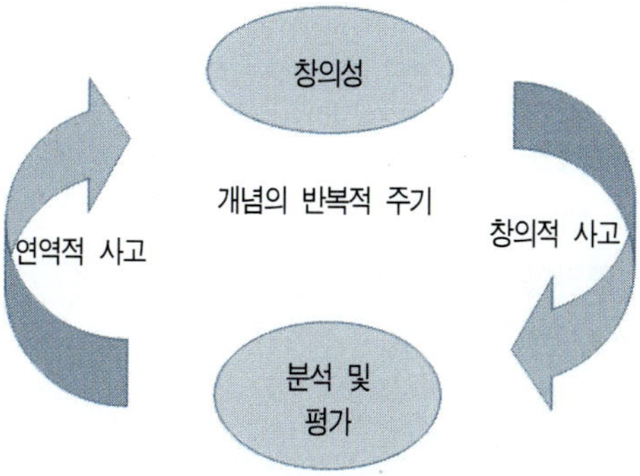

[그림 1-7] 설계의 창의성

* Mary Lou Cook

창의성은 발명, 실험, 정장, 모험, 규칙깨기, 실수하기, 즐기기 등이다.

설계의 품질은 설계를 위한 창의적 사고의 품질에 따라 결정된다.

1) 연역적 사고

연역적 사고는 논리, 분석, 비판 및 평가를 포함한다. 공학설계에서 연역적 사고는 물리적 현상, 과학 및 추상적 모델 개발시 세우는 가정에 대한 근사화 등을 포함한다.

* 연역적 사고의 특징

- 분석적, 논리적이다.
- 한 개의 해를 도출한다.
- 관련 정보만 고려한다.
- 과학적 원리를 구현한다.
- 매우 그럴듯한 해의 전략만 추구한다.
- 논리적 단계에 도달하기 어려우면 생각을 멈춘다.
- 그룹은 신성불가침이다.

2) 창의적 사고

창의적 사고는 우뇌에서 일어나며, 무작위, 종합, 무비판적 조사, 불규칙, 관능성, 상상력, 시각화 등과 관계가 있다. 창의적 해는 문제로부터 여러 해를 도출하게 한다.

* 창의적 사고의 특징

- 무비판적이다
- 여러 가지 아이디어를 개발한다.
- 모든 정보를 고려한다.
- 확률적이며 무질서적인 사고이다.
- 기상천외한 정신적 상상력을 포함한다.
- 모든 가능한 해결책을 찾아낸다.
- 아이디어 창출과정이 끊임없다.
- 그룹이 계속적으로 재정의된다.

1.2 창의에 대한 의미

국어사전에 찾아보면 '창의하다' 새로운 생각이나 착상을 떠올려 내는 것, 또는 그 의견이나 생각이라고 정의되어 있고 창의성이란 그러한 특성이라고 명시되어 있다.

영어로는 an original idea, originality 또는 creativity이 단어이고 한자로는 創意라고 되어 있는데 이것은 "의"자는 뜻이라는 의미의 쉬운 글자이고 "창"이라는 글자에는 창고를 만들기 위해서 나무를 깎고 다듬듯 새로운 것을 만들기 위해서 필요하다는 뜻이 담겨 있다. 결국에 원래 있던 것이나, 기존의 낡은 것이 아니라 "새롭다"라는 것이 주요한 의미가 되는 것이다. 간단히 말하자면 창의력이라는 것은 "새로운 생각을 할 수 있는 힘"이다.

공학과 예술을 포함한 대부분의 인간 행위는 기본적으로 자신을 포함해 이웃과 세계를 변화시킨다. 인간의 생각이나 행위는 나를 포함한 세계를 바꾼다는 것이다.

역사학자 아놀드 토인비는 아테네에서 파르테논 신전과 아테네 시가지를 보고 변화하는 새로운 도전에 제대로 응전하지 못하면 몰락할 수밖에 없다는 역사적 명제를 세우게 된다.

수동적 반응만으로는 변화하는 세계에서 살아남기 곤란하며 능동적인 응전 전략이 절실히 요청된다는 것이다. 문제는 어떻게 창의적 발상을 이끌어내는 하는 데 있다. 우선 자신이 창의적 발상과는 거리가 멀다는 편견과 오해에서 벗어나야 한다. 자신도 창의적인 사람이라는 발사의 전환이 요구되는 것이다.

1.3 창의의 정의

골드만(R. J. Goldman)이 "창의성이라는 용어는 '우산과 같은 용어'라서 그 밑에 모든 것이 다 들어올 수 있다. 그러나 정작 그 밑에는 아무 것도 없다."고 한 것처럼 창의성의 개념은 창의성을 연구하는 학자에 따라 다르고, 창의성을 신장시키기 위한 교수 방법 및 프로그램도 개발한 사람들의 정의와 시각에 따라 다양하므로 한 마디로 개념을 정의하기란 그리 쉬운 일이 아니다. 그것은 다비스(Davis, 1997)의 지적처럼 창의성이란 어렵고 복잡하며 다면적인 성격을 띠고 있기 때문이며 인간의 가장 높은 수준의 수행과 성취이기 때문일 것이다.

창의성에 대한 현재까지의 전통적 정의들은 크게 다음의 세 가지인 협의의 창의성, 광의의 창의성, 과정으로서의 창의성으로 정리할 수 있다.

1.3.1 협의의 창의성

협의로서의 정의에서는 창의성을 J.P. Guilford(1950)의 '발산적 사고(확산적 사고)'와 같은 것으로 본다. 즉, 어떠한 문제에 대하여 산출하는 반응의 수가 많고, 다양하고, 그리고 독특한 것일수록 창의적이라고 보는 정의 방법이다.

1.3.2 광의의 창의성

광의로서의 정의에서는 새롭고 유용한 어떤 것을 생산해 내는 행동 또는 정신 과정을 창의성으로 정의한다. 따라서 여기서는 '새로울' 뿐만 아니라 '유용한(가치 있는)'것이라는 두 가지 기준에 따라 창의성을 정의한다. 여기서 '새로울'이라고 하는 것은 통상적인 것이 아니고 기발하거나, 신기하며 독창적인 것을 의미하며 '유용한'이라고 하는 것은 그것이 어떤 문제를 적절하게 대답하는 것이어야 한다는 의미이다.

1.3.3 과정으로서의 창의성

창의성을 과정으로 보는 관점에서는 창의성을 창의적 문제 해결의 과정으로 정의하며 창의성이 어떻게 해서 일어나는지에 관심을 가진다. 여기서는 창의적인 것이란 기존의 정보(지식, 즉 심상이나 개념)들을 특정한 요구 조건에 맞거나 유용하도록 새롭게 조합시킨 것이라고 본다.

위의 세 가지 관점인 협의의 창의성, 광의의 창의성, 과정으로서의 창의성을 종합해 본다면 창의성의 개념은 흔히 '새로운 생각이나 산물을 만들어 내는 것', '기존의 정보를 끌어내고 새롭게 조합함으로써 유용한 어떤 사물이나 아이디어를 만들어 내는 능력' 혹은 '새로움에 이르게 하는 개인의 사고 관련 특성'으로 정의할 수 있다.

1.4 창의적 사고의 개요

1.4.1 창의적 사고의 개념

창의성은 도전과 실패를 반복하는 데서 나온다. 하지만 사회적 안전망이 없는 곳에서 한 번의 실패는 곧바로 생존의 위협으로 다가오게 된다. '그냥 사느냐, 더 잘 사느냐'의 문제가 "사느냐 죽느냐"의 문제가 되는 곳에서, 사람들은 창의적으로 새 영역을 개척하기보다는 이미 안전한 것으로 입증된 낡은 습관을 고집하게 된다. 물론 이런 사회라고 변화가 없는 것은 아니다. 하지만 변화를 호소할 때조차도 이런 사회는 사회생물학의 레토릭을 구사해야 한다. "변해야 산다." 원초적 폭력의 세계에서 생존하려면 무슨 수를 써서라도 '다수'에 속해야 한다. 무슨 일에서든 유난히 '쏠림' 현상이 심한 것은 실은 고립되는 것에 대한 공포감 때문이다. 다수 속에서 안전함을 느끼고, 소수 속에서 불안함을 느끼는 사회에서 혁신과 창안을 위한 용기는 설 자리를 잃는다. 이런 사회에서는 모든 것이 낡은 습관에 따라 행해진다.

이렇게 공포는 습관을 낳고, 이 두 가지가 짝을 이루어 학생들의 보수성을 구성한다.

생존의 공포는 개개인에게 '동일성(Identity)'에 대한 열망을 낳고 결국 모두의 획일성으로 실현된다. 놀이의 기쁨은 '차이(Difference)'에 대한 욕망에서 나와서 혁신과 창안으로 이어진다.

창의적 사고 발산적 과정(확산적 사고)이라 말하기도 하는데 기회, 도전 또는 걱정꺼리에 직면하여 유의미한 새로운 연결(결합)을 탐색하기 위하여 다음과 같은 것을 생산해 내는 것이다. 즉,

- 많은 가능성
- 다양한 가능성
- 비범하거나 독창적인 가능성
- 가능성을 확대 또는 심화시켜 가는 것이다.

따라서 창의성은 가치있는 독특한 것을 만들어 내는 한 개인의 정신과정이라고 볼 수 있다.

1.4.2 창의적 사고 구성요인

창의성의 주요 구성요인은 유창성, 융통성, 독창성, 정교성이다.

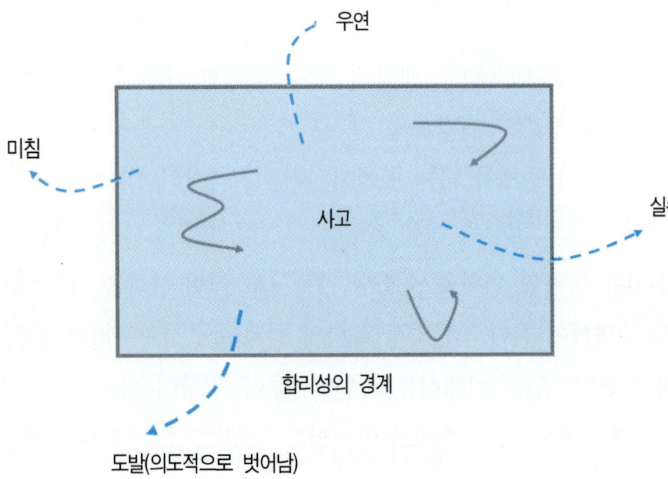

[그림 1-8] 창의성의 원천

창의적 사고의 인지적 요인은 민감성, 유창성, 융통성, 독창성, 정교성이다.

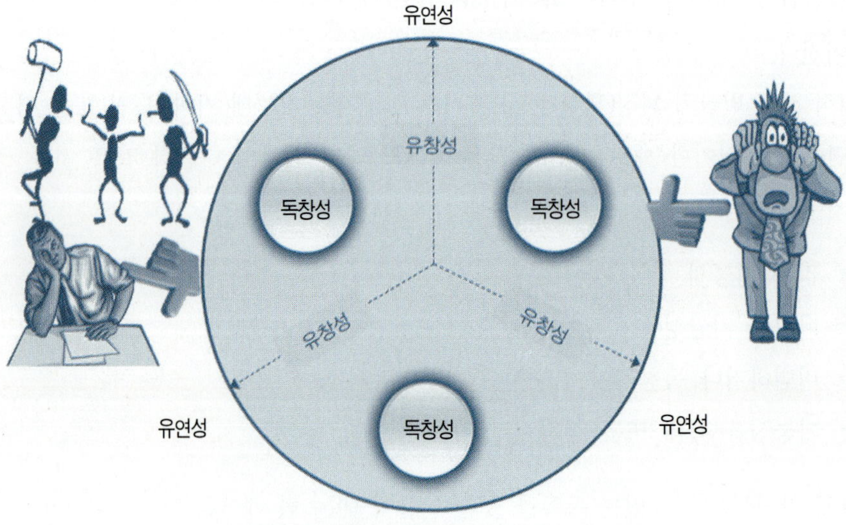

[그림 1-9] 독창성, 유창성, 유연성의 상호관계

첫째, 사고의 민감성

일상생활에서 접할 수 있는 문제나 주위 환경에 대해 세심한 관심을 가지고, 당연히 받아들여지는 것에 대해 의문을 품고 생각하는 능력이다.

둘째, 사고의 유창성

사고의 풍부함과 관련된 양적인 측면으로 특정한 상황에서 가능한 많은 아이디어나 해결책을 산출하는 능력이다.

예 우유팩을 다양하게 사용할 수 있는 모든 방법 모색한다.

셋째, 사고의 융통성

사회의 일반적인 사고방식, 관점, 시각에서 벗어나 다양하고 광범위한 아이디어나 해결책을 산출하는 능력이다.

예 연필을 다르게 사용하는 방법

넷째, 사고의 독창성

일반적인 사고에서 벗어나 새롭고 차별화된 기능과 방법을 산출하는 능력이다.

예 볼펜과 연필의 융합, 볼펜의 다양한 색상을 한 볼펜에 적용 등

1.4.3 창의적 사고의 핵심

① 차이(Difference) : 남들이 하지 않는 것, 차이를 발견하라.

② 창조(Creativity) : 없는 것을 만들어 내는 것보다는 기존의 것에 빼고 더하고 응용하여 새 것 같은 느끼게 하는 능력과 아이디어이다.

③ 효과측정 : 발견으로 끝내지 말고 효과와 연결, 측정하여 끌어내야 한다.

④ 융합(Convergence) : 한 가지 기능만 고집하지 말고 여러 가지 기능을 합성한다.

1.4.4 창의적 사고의 발상

① 일단 방대한 정보를 축적하여 내 지식으로 만들어야 하고 그 과정 속에서 나만의 감각을 찾아야 한다.

② 머리로 분석하고 행동으로 평가하라. 해보는 것이 가장 확실하다. 행동을 하면 효과적인 습득에 대하여 터득하게 된다.

③ 자신의 잠재능력에 대해서 절대적으로 신뢰하라. 믿는 만큼 성공할 수 있으며 인간의 감각은 믿는 그대로 받아들인다.

④ 창조(Creativity : 새 것 같은 느낌이 들게 하는 능력)와 차이점 발견(Find difference)을 보는 훈련을 해야 한다.

⑤ 지식의 수집채널을 동시에 다양화하라. 과감하게 예측하고 철저하게 분석하라. 예측과 분석의 시나리오 플래닝을 반복하다 보면 미래에 대한 감각이 생긴다.

⑥ 나만의 특정패턴을 찾아라. 나만의 규칙을 만들어라!

⑦ 효과를 측정하고 효과를 끌어올려야 한다. 발견으로 끝내지 말고 효과를 통해 끌어내야 한다.

⑧ 통합은 간단명료하게 삭제는 과감하게 하고 심플하게 정리하고 과감하게 버리는 것도 기술이다.

1.5 창의성 교육의 필요성

창의적 문제해결력이라는 것은 실생활과 밀접하게 관련된 문제들을 해결하면서 문제해결의 전략을 세우면서 발휘되는 사고 능력이다. 그런데 이러한 전략과 사고는 하루아침에 이루어지는 것이 아니고, 오랜 기간 동안의 사고 습관과 창의적 교육에서 비롯된다.

즉 사물과 현상을 깊이 탐구하는 습관, 다양하게 바라보는 습관, 스스로 해결하는 습관, 문제를 정의하는 습관, 상황과 다른 가정을 해보는 습관, 질문을 구체적으로 던지는 습관들이 몸에 밸 때 비로소 가능한 것이다.

매일 공식과 씨름하고 암기만 해온 학생들은 이런 습관이 몸에 배어 있지 않아서 아주 간단한 문제조차 풀지 못해 어려워하고 포기해 버리는 것이다.

처음에는 낯설겠지만 하루에 한 문제라도 아니면 이틀에 한 문제라도 곰곰이 생각해 보면서 풀어보는 연습을 하면 마침내 해답을 찾아낼 수 있다.

우리는 급변하는 사회에 살고 있다. 기술적, 사회적 변화뿐 아니라 우리 삶의 거의 모든 부분을 포괄하고 있는 이 거대한 변화는 갈수록 가속화되는 경향을 보이고 있다.

미래학자인 마루야마(Maruyama, 1975)는 사회변화의 양상에 대하여 동질에서 이질로, 표준화에서 비표준화로, 경쟁에서 상호의존으로, 위계에서 상호작용으로, 물질적 만족에서 문화적 만족으로, 그리고 효율성에서 심미와 윤리로 사회의 강조점이 이동해감을 설명하였다. 또한 많은 미래학자들은 앞으로의 사회는 직업의 수가 매우 많고 다양해질 것이라고 예언하고 있다. 이러한 변화의 시대에는 토플러(Toffler, 1970)의 말처럼 믿을 수 있는 유일한 사실은 믿을 수 있는 사실이란 없다는 것일지도 모른다.

변화는 우리의 삶에 기존의 방식으로 해결할 수 없는 수많은 문제들을 제기하고 있고, 우리 모두에게 새로운 방식으로 사고하고 행동할 것을 요구하고 있다. 따라서 개인과 조직은 변화에 적응할 수 있어야 최소 생존의 조건을 갖출 수 있으며, 나아가 변화를 주도할 수 있을 때 비로소 힘과 우위를 확보할 수 있을 것이다. 즉, 변화에 적응하고 주도할 수 있는 힘의 원천인 '창의적 사고'가 개인과 조직의 성공을 가늠하는 척도가 될 것이다.

결론적으로 변화의 시대에 사는 구성원으로서 생존의 조건과 더 나아가 자아실현의 필수적 도구로서 창의성이 요구되는 것이다.

창의성이 교육의 중요한 과제로 대두된 동기는 다음과 같다.

① 현대의 산업사회는 자원 이상으로 인간의 창의적 수산에 대한 기대를 가중시키고 있다는 점이다. 특히 국가 간의 치열한 두뇌 경쟁에서 살아남기 위해서는 아동의 창의성 계발에 관심을 쏟을 수밖에 없다.

② 산업사회화에 따라 야기된 제반문제를 해결하기 위해 창의적으로 문제를 해결하는 방식에 대한 관심이 높아지고 있을 뿐만 아니라, 환경오염과 환경보존 등 실질적으로 현안문제를 해결하기 위해 고도의 창의적 능력이 요구되고 있다는 점이다.

1.6 창의력 개발과정의 목적

창의력은 관찰력, 판단력, 추리력, 논리력, 연상력, 모방력, 독창력, 상상력, 발상력, 표현력, 구성력, 구현력 등의 12가지 능력요소로 구성되어 있다.

나아가 효과적인 문제해결은 다음과 같이 6단계이다.

① 문제를 발견한다.

② 문제를 정의한다.

③ 근본적인 원인을 분석한다.

④ 현재 해결에 대안을 도출한다.

⑤ 문제에 대한 개선안을 실행한다.

⑥ 개선 안에 대한 후속관리를 추진한다.

위의 문제해결에 대한 체계적인 과정을 통하여 이루어진다.

창의력 개발과정인 "창의적인 사고(Creative Thinking)"은 전적인 사례를 중심으로 창의력의 발상구조를 이해시키고, 창의력 개발기법을 실습위주로 체험하게 함으로써 학생 개인에서의 아이디어 창출과 문제해결 능력을 향상시키기 위한 교육/실습 프로그램으로 구성되어 있다.

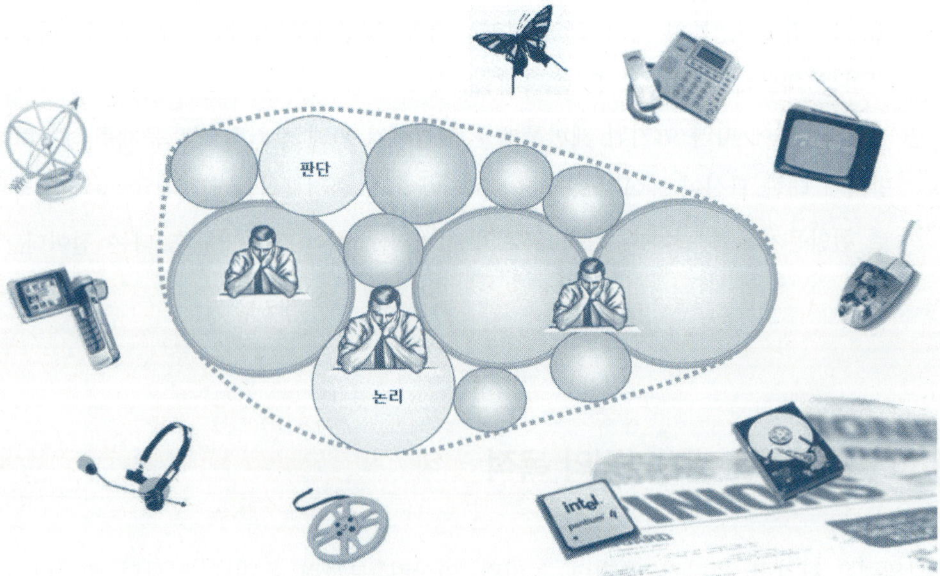

[그림 1-10] 창의적 발상 능력(Creative Thinking)

1.7 창의적 발상기법

1.7.1 전통적인 아이디어(Classic Idea)기법

1) 유추기법(대상 간 유사 특성 비교와 경계의 일탈회귀)

같은 종류 또는 유사한 점으로부터 아이디어 창출한다.
(예 낙타발)

2) 연상기법(대상과 대상 아이디어 간의 결합, 복합, 융합 연계)

① 연상의 법칙

- 인접(Contiguity) : 가까이 있는 물건이나 현상을 연상한다.
  예 칠판－학교, 교실
- 유사(Similarity) : 비슷한 물건이나 개념을 연상한다.
  예 오리－기러기
- 대조(Contrast) : 반대가 되는 형태, 물건, 개념을 연상한다.
  예 여자－남자, 흰색－검은색, 어린이－어른

② 연상 실행순서

- 문제와 관계가 있는지 또는 없는지 모르는 단어나 상징(Symbol)을 칠판 위에 쓴다.
- 연상되는 새로운 단어나 상징을 써나간다.
- 문제에 대한 창조적인 아이디어가 나올 때까지 계속한다.

③ 오스본의 SCAMPER 기법

오스본의 SCAMPER 기법은 대체(Substitute), 결합(Combine), 적응(Adapt), 변형 및 확대(Modify, Magnify), 다른 용도(Put to other Use), 최소화(Eliminate, Minify), 역방향(Reverse, Rearrange)을 근거로 사고유발 질문 기법이다.

약자	의 미	설 명	예
S	Substitute(대체)	다른 재료, 요소, 원동력, 프로세스 등	연탄재벽돌, 종이컵, 나무젓가락
C	Combine(결합)	혼합, 조립 그리고 작동, 단위, 방법, 아이디어 등의 결합	재우개 달린 연필, 필터 달린 담배, 시계겸용 라디오, 보온겸용 밥솥
A	Adapt(적용)	다른 용도, 과거의 적용, 다른 아이디어의 도용	산우엉 가시 → 매직테이프(벨크로) 장미덩쿨 → 철조망
M	Modify, Magnify (변형 및 확대)	뜻, 색깔, 동작, 모양 등을 변형, 더할 수 있는 요소는? 더 크게, 높게, 강하게, 두껍게, 과장되게 등	공기주입, 더 큰 비누 → 아이보리 비누(물에 뜨는 비누), 포스트잇(Post-it)
P	Put to other Use(다른 용도)	원래의 용도를 바꾸기 등	톱밥 → 장작, 쓰레기 → 블록, 건설재료 폐타이어 → 발전소의 원료
E	Eliminate, Minify (좌소화)	취소, 분리, 가볍게, 짧게, 여러 개로 나누기 등	트랜지스터, 노트북
R	reverse, Rearrange (역방향)	방향을 바꾸기, 거꾸로, 용도의 교환 등	벙어리 장갑 → 다섯 발가락 양말

3) 집중적인 사고(Focus Thinking)기법

① 수평적 사고방식 이해 : Focus Thinking

② 뇌의 구조 및 우뇌와 좌뇌 기능 이해

③ 아이디어 발상실습

- 좌뇌 기법 : Brain writing, NGT, Mind Mapping
- 우뇌 기법 : Stimulation, Provocation, Crazy Idea

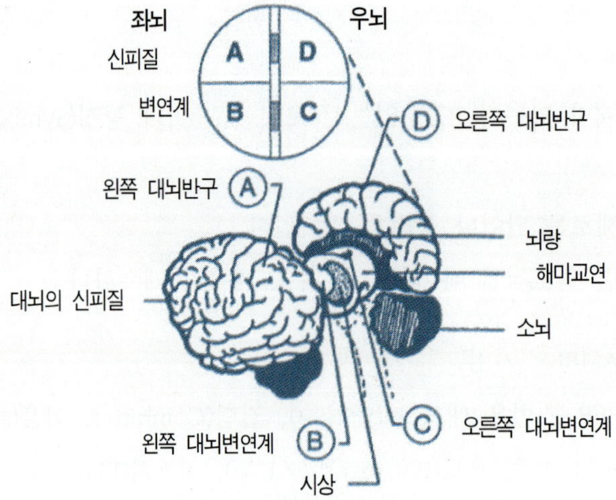

[그림 1-11] 좌 · 우뇌 기법

4) 트리즈(TRIZ : Teoriya Reshniya Izobretatelskikh Zadatch)기법

트리즈(TRIZ)는 러시아의 알츠슐러가 개발한 기술적 문제해결 이론으로써 이는 획기적인 시스템 개발, 혁신 및 개선에 있어 세계 최고의 도구이고 천재적 발명품을 바탕으로 연구된 최강의 문제해결 기법이다. 주어진 문제에 대해서 가장 이상적인 결과를 얻어내는데 관건이 되는 모순을 찾아내고 이를 제거하면 혁신적 해결방안을 얻을 수 있다.

(1) 트리즈(TRIZ)의 유래

트리즈(TRIZ : Theory of Inventive Problem Solving)의 의미는 러시아어의 첫 글자 약어이다. 1926년 (구)소련의 타슈켄트에서 태어난 알츠슐러(Genfich S. Altshuller)는 14세에 처음으로 특허를 획득하였으며 20대 초반의 나이에 트리즈(TRIZ)를 개발하기 시작하였다. 그는 약 20만건의 발명 특허를 연구, 분석, 조사하였으며 그들 천재적인 발명품에는 산업분야를 막론하고 공통된 원리가 반복하여 사용된다는 것을 발견하였다.

이들 반복되는 공통원리를 과학적이고 체계적으로 정리한 것이 트리즈(TRIZ)이다.

(2) 트리즈(TRIZ)의 역사

1946년 알츠슐러는 트리즈의 기본 개념을 정리한 후, 스탈린에게 국가를 위한 과학교육 방안으로 제안하였다. 그러나 거꾸로 발명가들을 선동한다는 이유로 체포되어 1949년에서 1954년 기간 동안 강제 수용되었다. 이 수용소에서 트리즈는 더욱 다듬어지게 되었고 1956년 트리즈 최초 논문이 발표되었으며 1970년 트리즈 강의를 시작하였고 1992년 (구)소련의 붕괴로 트리즈 제자들은 미국이나 유럽에 트리즈를 확산시키기 시작하였다.

현재 트리즈는 러시아, 이스라엘, 미국, 일본뿐만 아니라 영국, 독일, 프랑스, 이탈리아, 중국 등 전세계로 확대되어 가고 있다.

(3) 트리즈의 기술 시스템 개선 및 문제해결

트리즈(TRIZ)는 최선의 해결책 및 IFR(Ideal Final Results)을 찾아가는 프로세스에 기초한다. 만약 이런 도구가 없다면 과거의 발명가가 그러했듯이 수많은 시행착오를 거친 후 답을 찾아야 한다. 트리즈(TRIZ)의 강점은 바로 이런 시행착오를 대폭 줄여 주며 기존의 기술 시스템을 획기적으로 바꾸거나 개선할 수 있다는 데 있다. 즉, 트리즈(TRIZ)를 통하면 진정한 기술의 혁신을 이룰 수 있다.

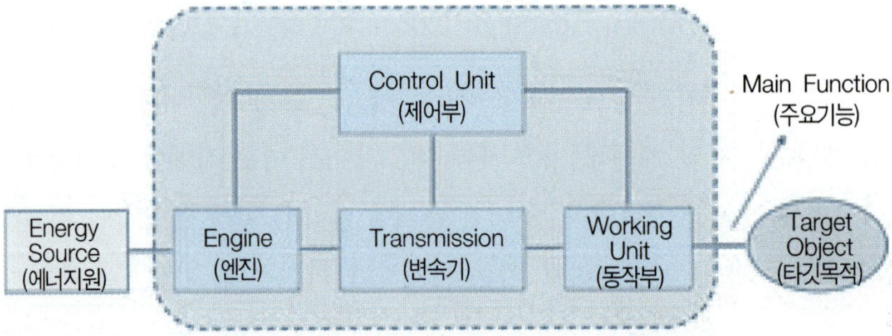

[그림 1-12] 트리즈 기술 시스템 개선 및 문제해결

(4) 트리즈의 활용

트리즈를 개발한 알츠슐러는 과학발전을 위하여 트리즈를 완전히 개방하였다. 그 결과 트리즈는 끊임없이 개발, 업데이트되고 있다. 트리즈는 원래 기술시스템 문제해결기법이다. 그러나 식스시그마가 제조분야뿐만 아니라 경영분야 등으로 확대되었듯이 트리즈 역시 점차 그 활용분야가 경영 등으로 확대되어 가고 있다.

일례로 영국의 다렐 만(Darrell Mann)은 기술분야에 국한되지 않는 비즈니스용 트리즈를 개발하여 트리즈의 39가지 모순 매트릭스를 31가지 비즈니스 파라미터로, 그리고 40가지 발명원리를 비즈니스에 활용할 수 있도록 하였다.

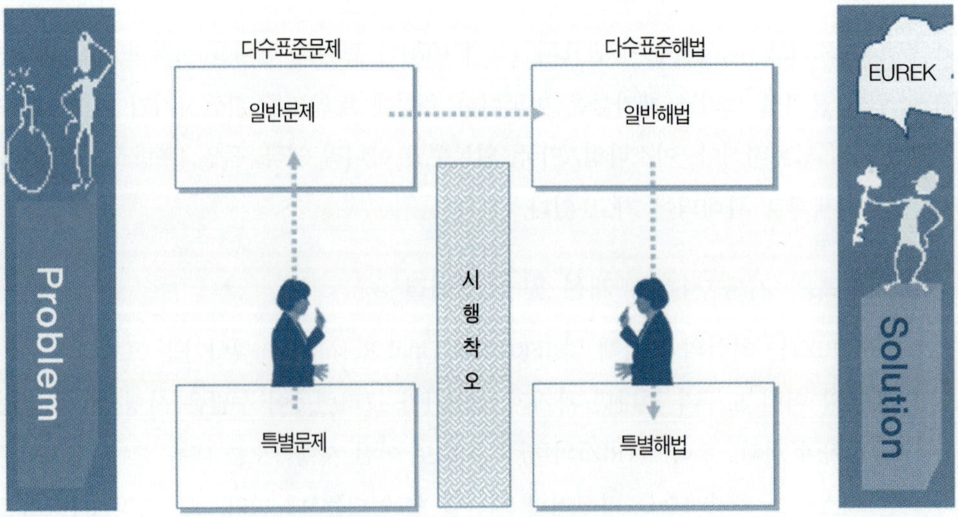

[그림 1-13] 트리즈 문제해결 과정

(5) 트리즈저널

한때 트리즈는 40가지의 발명원리가 전부인 것으로 국내에 소개되기도 하였다. 물론 트리즈는 40가지 발명원리가 전부는 아니다. 40가지 원리 이외 진화유형, 물질-장 분석(76가지 표준해), 기능(Function)을 위한 과학효과, 아리즈, 기타 소프트웨어 등 여러 분야가 어우러져 있다.

그러나 그 이론 및 전체 사용방법에 너무 집착하다보면 트리즈가 어렵게 느껴지게 되며 결국 이론 자체에 지쳐버렸다.

트리즈의 강점은 기술 문제해결을 위한 사고의 프로세스에 있다. 이 프로세스는 기존의 수많은 천재적인 특허를 분석하여 정리한 것이다. 따라서 트리즈가 제안하는 40가지 발명원리만이라도 하나씩 익혀 자신의 업무에 맞게 적용하면 얼마든지 트리즈를 활용할 수 있다.

4) ASIT기법

이스라엘에서 발전된 SIT는 다시 이스라엘의 Dr. Roni Horowitz에 의해 ASIT(Advanced Systematic Inventive Thinking)로 개발, 전개된다.

ASIT는 아이디어가 필요한 업무에 필수적인 창의력 개발 프로그램으로써 독특하고 창의적인 아이디어를 무한대 떠올릴 수 있다. 기본적으로 ASIT는 트리즈(TRIZ)에서 나온 이론이며 이들 두 가지 기법은 아래의 가정을 기본적으로 공유한다.

① 기존의 창의적인 수많은 아이디어들을 검토, 연구한 결과를 바탕으로 정리하였다.
② 이 아이디어들에서 공통의 논리적인 패턴들을 찾아내고 확인하였다.
③ 이 패턴들을 사고의 도구로 정리하여 어떤 문제점에 대한 창의적인 해결책을 찾는데 적용한다.

이러한 공통점들에도 불구하고 실제적인 적용 측면에서 ASIT와 트리즈(TRIZ)는 다르다.

(1) ASIT와 트리즈(TRIZ)의 활용

ASIT와 트리즈(TRIZ)는 각각 독립적으로 사용하는 사고기법이다. 하지만 ASIT와 트리즈(TRIZ)의 특성상, 어떤 사람은 특히 공학적인 문제의 경우, 트리즈(TRIZ)를 사용하여 문제를 정리한 후 ASIT로 옮겨가는 것이 용이하다고 여길 수 있으며, 또 어떤 사람은 ASIT를 먼저 사용한 후 트리즈(TRIZ)를 사용하는 것이 더 적합하다고 판단할 수도 있다.

SIT는 트리즈(TRIZ)를 바탕으로 이스라엘에서 발전시킨 좀 더 함축적인 창의적 문제해결 이론이고 ASIT는 트리즈(TRIZ)를 바탕으로 이스라엘 로니박사가 개발한 창의적 문제해결 및 아이디어 발상이론이고, USIT는 SIT를 바탕으로 미국 포드사의 Ed Sickafus가 발전시킨 통합적 구조화 창의적 이론이다.

80년대 초 트리즈(TRIZ)는 많은 유태계 러시아인이 이스라엘로 가면서 좀더 쉽고 간편하게 사용할 수 있는 SIT로 변형, 개발되었으며 현재 이스라엘에서는 매우 활발히 응용되고 있다.

미국의 포드, 이스라엘의 인텔, 모토로라 등 세계 유수의 회사에서 ASIT를 채택하여 제품개발에 활용하고 있으며 현재 세계적으로 널리 알려지고 있다. 시스템 개선은 트리즈(TRIZ)로, 창의적 아이디어 발상은 ASIT가 최적이다. 이 트리즈(TRIZ)와 ASIT를 접목하면 최상의 효과를 낼 수 있다.

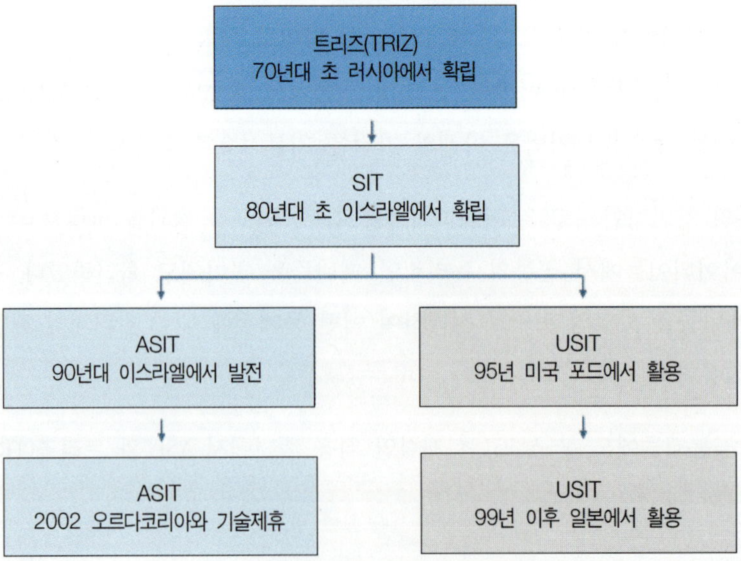

[그림 1-14] ASIT기법 발전 과정

1.8 창의적 설계 사례

1.8.1 분자 스위치 모델 개발

인텔의 창설자인 고든 무어는 1965년 '무어의 법칙'을 발견했다. 반도체에 집적되는 트랜지스터의 수가 18개월마다 약 2배가 된다는 것이다. 그러나 트랜지스터의 크기를 줄이고 성능을 개선하는 것은 2020년 정도면 한계에 도달할 것으로 예측되고 있다. 과학자들은 무어의 법칙이 계속 지켜질 수 있도록 트랜지스터간의 배선에 변화를 줘 데이터 전송 특성을 개선하는 등 다양한 연구를 하고 있다.

분자 크기의 스위치는 진공관이나 반도체 소자에 비해 크기가 훨씬 작아 중요한 역할을 할 것으로 기대되고 있다. 영국 글래스고 대학교 연구진은 분자 크기의 스위치로 가로세로 1인치인 정사각형 안에 50만GB(기가바이트)의 데이터를 담는 것이 가능하다는 것을 보였다.

미국 미시간기술대의 물리학자 란지트 파티와 동료 연구진은 분자 스위치의 메커니즘을 설명힐 수 있는 모델을 개발했다. 그의 모델이 실험적으로 검증된나면 무어 법칙의 한계를 넘어서 컴퓨터 기술에 혁신을 가져다 줄 수 있을 것이다. 분자 스위치가 현재의 트랜지스터를 대체할 수 있다면 가로세로 1cm 크기의 칩에 1조개 이상의 스위치를 집어넣을 수 있다. 1999년 미국 예일대 연구진은 최초로 이와 같은 스위치에 대해서 기술한 바 있다. 그러나 다른 과학자들은 그들의 발견을 재현할 수 없었으며 어떻게 작동하는지를 정확하게 이해할 수가 없었다.

미시간기술대 연구진은 양자 물리학을 적용했다. 두 개의 금전극 사이에 부착된 유기금속분자 컴퓨터 모델을 이용해 분자 스위치의 메커니즘을 연구했다. 전류는 전압이 증가함에 따라 142μA(마이크로암페어, 전류량의 단위)까지 증가했다. 그러나 이 이상의 전압에서는 전류가 증가하지 않고 네가티브 미분저항(NDR, Negative Differential Resistance) 현상을 보이면서 전류값이 떨어졌다. 142μA에 이르기까지 분자의 전자구름은 행성이 태양 주위를 도는 것처럼 핵 주위를 돈다. 그러나 높은 전압의 충격을 받으면 이런 안정된 상태는 무너지고 전자들은 양자 상전이(Quantum phase transition) 과정을 통해 새로운 평형

상태로 변한다. 연구진은 전기장을 걸어주었을 때 두 개의 다른 상을 보이는 분자가 0과 1을 표현하는 분자 스위치로 사용될 수 있다고 말했다. 현재 연구진은 실험을 통한 모델 검증을 시도중이다.

1.8.2 나노와이어 트랜지스터

세상에 출현하는 핵심 기술은 시간에 따른 지수함수의 변화를 겪는다. 흔히 마이크로칩에 저장할 수 있는 데이터양이 18개월마다 2배씩 늘어난다는 무어의 법칙도 지수함수의 특성을 보인다. 반도체칩은 수십 nm(나노미터, 1nm는 10억분의 1m) 크기를 갖는 수천 개에서 수억 개의 트랜지스터가 집적된 회로다. 트랜지스터의 크기 감소와 함께 디지털 회로 1비트를 표시하는데 필요한 전자의 개수도 크게 줄고 있다.

트랜지스터는 소스와 게이트, 드레인으로 불리는 3개의 전극을 갖는데, 소스와 드레인 사이를 산화막으로 가로 막힌 부분에서 게이트가 전류를 흘려주거나 끊어주는 스위치 역할을 한다. 가령 게이트에 양(+)의 전압이 걸리면 산화막 표면에 강한 전기장이 발생해 전자들이 움직이고 이들의 도움으로 소스에서 드레인으로 전기가 흐를 수 있다.

반도체의 성능은 전압의 변화에 따라 산화막 표면에서 전자층이 얼마나 정확히 열리고 닫히는가에 달려 있다. 게이트에 양(+)의 전압이 생기면 전기가 '행복하게' 흐를 수 있다. 그러나 게이트에 음(−)의 전압이 걸리면 길목에 언덕이 생기는 효과가 나타나 전기의 흐름을 가로 막는다.

[그림 1-15] 평면 트랜지스터에서의 전자흐름의 제어

최근 등장한 수십 nm크기의 트랜지스터는 소스와 드레인 사이의 생기는 전기장의 크기가 엄청나게 크다. 좁은 통로로 전기를 흐르게 하기 위해 전기장의 세기를 높인 것인데, 오히려 통로를 가로 막을 수 있다. 마치 길목에 둔덕이 생겨 전자들이 계속 굴러 넘어가는 형국이다.

이러한 단점을 보완하고자 호스처럼 생긴 통로를 손으로 쥐어짜듯 잡아 전자의 흐름을 강하게 붙잡을 수 있는 '전면게이트'(GAA · Gate All Around)가 등장했다. 수십 nm급 트랜지스터에서도 스위치의 역할을 제대로 해낼 수 있다. 바로 '나노와이어 트랜지스터'다. GAA 개념은 1990년 미국 데이비스 캘리포니아대 장피에르 콜린지 교수가 제안했지만 GAA 나노와이어로 불리는 트랜지스터가 등장한 것은 최근에 이르러서다.

앞서 설명한 나노와이어 트랜지스터는 모두 실리콘 웨이퍼를 반도체 공정에 이용해 만든 하향식(top-down) 방식의 소자들이다. 미국 하버드대 화학과 찰스 리버 교수로 대표되는 일련의 화학-재료-물리학자군은 지난 10여년 동안 나노선, 분자, 양자 같은 다양한 소재를 이용해 반도체의 집적도를 높일 수 있음을 보여줬다.

이들은 대개 '한 번의 공정'(one-step)으로 다양한 나노구조를 제작할 수 있는 장점이 있다. 가령 반도체 나노와이어를 기판 위에 뿌려서 고정시킨 뒤 소스, 드레인, 게이트를 만들어주는 상향식(bottom-up) 방식이다. 이 방식은 탄소나노튜브 트랜지스터를 제작하는 방식과 동일하다.

상향식 방식의 나노와이어 소자연구는 진척을 거듭해 P-타입 실리콘 나노와이어 트랜지스터와 N-타입 나노와이어를 조합해 이미지센서(CMOS) 형태의 논리회로를 선보였다.

2006년 리버 그룹은 실리콘에 둘러싸인 게르마늄 나노와이어 트랜지스터를 발표했다. 성능 또한 매우 우수했다.

[그림 1-16] 나노와이어 트랜지스터에서의 전자흐름의 제어

이들 트랜지스터는 분자센서로 응용될 가능성이 있다. 반도체 표면에 분자가 흡착되면 표면의 전위를 변화시켜 반도체의 저항을 바꾸는 센서가 될 수 있다는 개념은 오래전부터 알려진 사실이다. 반도체 나노와이어는 부피에 비해 분자에 노출되는 표면적이 매우 크다. 그만큼 분자 흡착에 의한 상대적인 저항 변화도 매우 클 것으로 예상된다. 국내외 많은 연구자들은 이점에 주목하고 나노와이어센서에 대한 연구에 매진하고 있다.

1.8.3 예술의 창의성

세계적 경영전략가인 마이클 포터 교수는 한 포럼에서 "기업들이 최고의 자리에 오르는 것보다 창조적인 가치를 위해 경쟁할 때, 기업의 경쟁은 제로섬이 아니라 새로운 윈-윈이 될 수 있다"고 지적한 바 있다.

'블루오션'도 따지고 보면 제로섬 시장인 레드오션에서 벗어나 창의적인 새로운 시장을 주창한 것이다. 그러나 이러한 발상을 실현하는 것이 결코 쉬워 보이지 않는다. 모든 경쟁분야가 서로 본받아 닮아가고 수렴되어가는 현상 앞에서 이런 주장에 한편으로는 동의하면서도 어떻게 창의적 가치를 내재화할 수 있을 것이냐는 '현실화'의 문제 앞에서 난망할 뿐이다. 기업의 경영과정에 '예술의 창의성'을 과감히 도입할 것을 제안한다.

예술의 창의성과 독창성은 '무'에서 '유'를 만들어낼 뿐만 아니라, 상당한 수련기간이 필요하다는 점에서 장인정신과도 맞닿아 있다.

예술은 소비자인 관객들의 감동과 반응을 통해 검증되기에 소비자로부터 인정받는 작품은 그만큼의 상품가치를 인정받는다. 또한 예술은 인간의 정신과 영혼을 감동시키고 울리는 호소력으로 말미암아 그 가치가 오래 지속된다. 히트상품 하나는 잘해야 2~3년을 버티기 힘든 일반 상품과는 비교할 수 없는 가치가 있는 것이다.

이러한 예술적 가치를 경영에 접목시키는 노력을 기울이고 있다. 쌈지는 디자인과 상품을 예술작품으로 승화시킨 기업으로 호평받으며 나라 밖의 스와치 시계의 사례와 비교되곤 한다. 디자인뿐만 아니라 공간을 적극 활용한 '쌈지스페이스'의 성공사례도 기업과 예술의 발전모델로 주목받고 있다. 그 밖에 우림건설은 '감성을 나누는 문화기업 건설'을 실천해 가는 기업으로 세인의 관심을 끌고 있다. 연간 6만권이 넘는 도서구매 및 배급, 다양한 예술단체 지원 등을 통해 투박한 건설회사의 이미지를 부드럽고 격조 높은 문화기업 이미지로 탈바꿈시키고 있다.

외국에는 더욱 많은 사례들이 있다. 베네통은 지구촌 예술인들의 창조공간인 '파브리카(Fabrica)'를 통해 해마다 세계 25살 미만의 젊은 예술가들을 후원하고 이들의 창의적 아이디어를 비즈니스에 접목시키는 마당으로 활용하고 있다.

일본의 도요타 역시 '도요타 클래식'을 통해 세계 각국의 애호가들에게 최정상급의 클래식 공연을 선사함으로써 창의적이고 기품있는 자동차 회사로서의 이미지를 굳히고 있다.

기업의 문화예술 마케팅은 하나의 분명한 흐름으로 자리잡아 가고 있다. 앞으로 선진기업은 곧 문화기업인 시대가 열릴 것임이 분명하다.

기업이 문화예술을 지원하고 예술의 창의적 가치를 수용하고 이를 기업경영에 적극 활용할 때 우리 기업들은 포터 교수가 말한 '창의적 가치 창출'에 한 걸음 다가설 수 있을 뿐만 아니라, 문화를 이해하고 후원하는 좋은 기업이라는 이미지를 얻고, 향후 기업평가의 주요 잣대가 될 'ISO 26000'에 대비하는 사회공헌 기업으로서의 입지도 다지는 1석3조의 효과를 거둘 수 있을 것이다.

우리 기업들도 이제 문화예술 지원 등 '메세나 운동'을 통한 기업의 창의성 증진에 팔을 걷어붙이고 나서는 모습을 기대한다.

1.8.4 축구로봇과 지능형 로봇제어 시뮬레이션 SW

반도체나 휴대폰 정도는 아니라도 축구로봇은 우리가 세계적인 위치를 차지하고 있는 RT(Robot Technology)분야 중 하나다. 이 분야는 전 세계 시장의 90% 이상을 점유할 정도로 막강한 기술력과 브랜드 파워를 자랑하고 있다. 지난 1995년 한국과학기술원(KAIST)에서 탄생한 이래 올해로 18년의 역사를 갖고 있으니, 축구로봇의 종주국인 셈이다.

로봇은 융합기술(Fusion Technology)의 결정체인 동시에 첨단 산업의 핵심기술을 확보하기 위한 기반기술이기도 하다. 핵심부품인 소형모터, 센서, 계측기기 등은 산업간 기술융합을 통해 고부가가치 첨단지식 기반산업으로 활성화될 수 있다.

과거 정부는 2020년 세계 로봇시장 규모를 1조4000억 달러로 추정하고 로봇산업을 차세대 10대 성장동력 산업으로 지정해 지원해 왔다.

새 정부에서도 지식경제부를 중심으로 로봇산업을 활성화시키기 위한 로드맵을 준비중이라고 하는데 교육용 로봇 등이 우선적인 검토 대상이라고 한다.

실제 교육용 로봇은 학생 교육에 대한 국민적 관심이 높은 것은 감안한다면 '킬러 어플리케이션' 개발을 위해 다소 늦은 감이 없지 않다. 교육용 로봇의 한 축을 담당하고 있는 축구용 로봇에서 우리나라가 이미 세계적인 기술력과 시장 점유율을 갖고 있기 때문이다. 축구로봇에 익숙한 어린이, 청소년들은 물론 교육적 효과를 중시하는 학부모들에게 한 단계 발전된 교육용 로봇에 대한 시장 반응은 훨씬 빠를 것이다. 축구로봇이 시장에 안착하는 데 10년 이상의 시간이 걸렸다면 교육용 로봇은 3~5년 이내면 가능할 것으로 전문가들은 보고 있다.

아직까지 로봇산업은 초창기 상태이지만 우리의 기술 수준이 선진그룹에 속하는 만큼 우리가 '킬러 어플리케이션' 개발과 시장 확산에 성공하면 곧 세계 1등이 되는 것이다.

세계 1등이 되기 위해선 정부와 민간에서 다양한 차원의 창의적인 협력 모델이 나와야 한다. 정부는 물론 대기업, 지자체 등이 로봇산업에 대한 관성적인 인식에서 탈피해야 한다. 이미 OECD, EU 국가는 물론 미국도 국가예산을 동원해 로봇개발과 유통망 구축에 나서고 있다. 각 국 정부의 이 같은 노력은 로봇업체들에 실질적인 도움이 되고 있다.

우리나라 역시 로봇 전문기업들이 제품개발에 매진해 글로벌 시장을 석권할 수 있도록 정부의 R&D 투자는 물론 유망 제품의 시장화를 위한 자본투자 및 초기 시장 형성을 위한 촉진형 투자 등이 진행될 수 있도록 중지를 모아야 한다.

본 교재에서 사용하는 지능형 로봇제어 시뮬레이션 소프트웨어 프로그램도 창의적 공학설계용으로 매우 혁신적인 프로그램이다. 학생들이 직접 로봇을 구성하고 로봇을 구동할 수 있는 환경을 구축하여 학생들이 제작한 로봇을 각종 장애물 및 센서를 통하여 구동하는 모습을 프로그램상에서 시뮬레이션함으로써 창의적인 구상을 통하여 구현할 수 있는 재미있고 다이나믹한 프로그램이 바로 EDRS(Exciting Dynamic Robot control Simulation software)이다. EDRS는 사용자에게 다양한 환경과 로봇을 제공하여 쉽고 빠르게 지능형 로봇을 개발하고 교육하기 위한 시뮬레이션 소프트웨어이다. 또한 3D 환경을 토대로 역동적인 로봇 시뮬레이션을 제공할 뿐만 아니라 Kinetic엔진을 통해 실감나는 로봇 시뮬레이션과 섬세한 동작제어를 제공한다. 또한 28종의 센서를 제공하여 각 센서들을 실제와 유사한 파라미터를 입력하여 시뮬레이션할 수 있고 로봇제어를 위한 프로그래밍 라이브러리를 제공하여 비쥬얼 C++(MFC), Eclipse 등에서도 프로그램이 가능하다. 비전센서를 제공하여 로봇의 관점에서 사물보기가 가능하며 별도의 창을 이용하여 사용자 관점과 로봇 관점에서 관찰이 가능하다.

1.9 창의적 공학설계 학습과정

1.9.1 학습목적 및 기대효과

공학문제를 창의적으로 해결하기 위한 접근 방법으로 지능형 로봇을 구현하여 시뮬레이션을 통하여 구현한다.

- 해결과정에 필요한 제반 능력
- 창의적 아이디어 발굴 및 브레인스토밍
- 팀원 간 협동 및 토론
- 설계내용 발표 및 문서작성 능력 향상에 중점

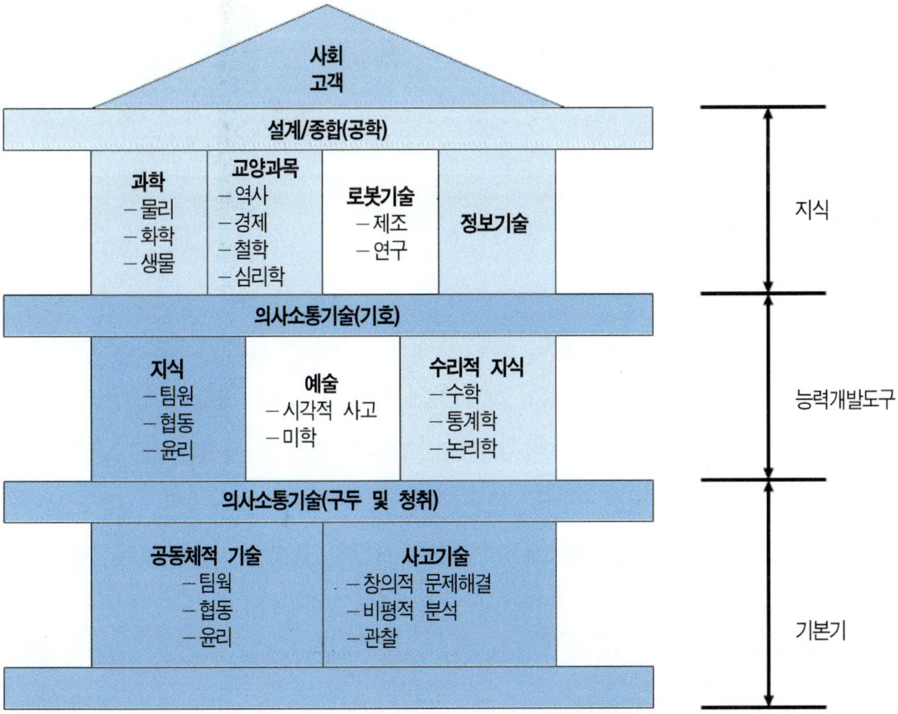

[그림 1-17] 공학도에 필요한 학습구성

① 학습목적 : 설계 및 문제해결 능력 배양

② 학습 목표

- 창의적 팀활동 학습
- 창의적 문제해결 능력 배양

③ 기대 효과

- 의사소통 능력
- 팀활동/협동 능력
- 발표력
- 문제해결 능력의 향상

1.9.2 학습내용

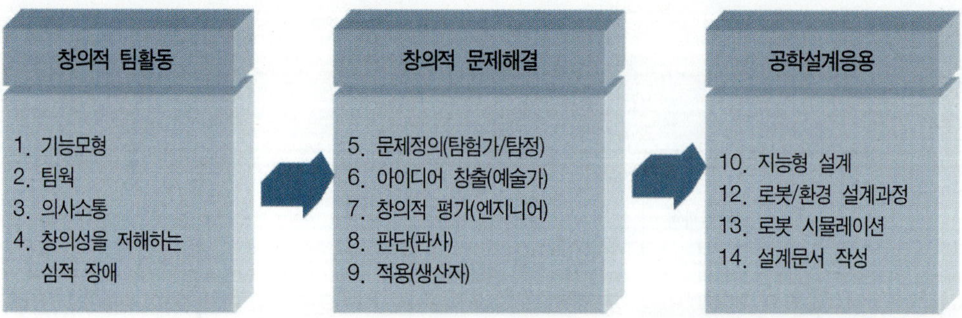

창의공학설계의 EDRS는 "창의적 공학설계" 과목에 적용하여 로봇 구동과 로봇 프로그램을 자유자재로 구성할 수 있어 흥미와 함께 창의력과 사고력을 향상시켜 주는 신개념 학습시뮬레이터이다. 대학교 공학교육에 창의적 종합설계 능력을 체계화시켜 공학계열의 학생이 실제 산업현장에 부딪히는 문제를 해결할 수 있도록, 학부과정에서 기초적인 이론과 간단한 프로차트 기반 언어를 바탕으로 하나의 지능형 로봇을 기획, 설계, 제작하는 전과정을 경험하도록 하는 창의적 종합설계 교육 프로그램이다.

창의공학설계 EDRS는 로봇 DB와 로봇 환경 DB의 각종 소재를 이용한 고급 로봇 및 환경을 제작하며, 팀별/조직별 로봇 및 환경을 만들어서 창의성, 협동심 등을 기를 수 있어 교육적인 효과가 높다. 각종 로봇에 대한 제작집/지도서를 통해 창의적이고 협동적인 로봇의 제작함으로써 학습자들의 실력을 배가시킬 수 있다.

창의적 종합설계(Capstone Design) 교육과정은 공학교육의 발전을 촉진하며, 공학교육에 새롭고 창의적인 접근방법을 고취함으로써 창의적 공학교육의 확산 및 정착을 유도하며, 설계분야에 다양한 IT기술을 활용한 독창적 지식 기반형 창의적 설계시대로 전환하기 위해 설계교육 프로그램과 창의적 공학교육 연구결과의 보급 및 교육방법의 확대 개발을 통하여 설계 기술인력의 확대를 필요로 하는 산업계의 요구에 부응할 뿐만 아니라, 창의력 및 IT 활용능력을 갖춘 현장 적응형 공학기술 인력을 양성, 국가산업의 경쟁력 제고에도 기여할 수 있는 교육과정이다.

1.9.3 창의적으로 즐겁게 학습하려면

하버드 대학 경영대학원의 테레사 애머바일 교수가 어떤 환경에서 창의성이 가장 잘 발휘되는가에 관한 연구 결과를 발표한 일이 있다. 애머바일 교수는 각각 다른 분야의 기업에 종사하는 238명이 8년 동안 쓴 일기를 통해 사람들이 새로운 아이디어를 찾기 위해 고민하고 애쓰는 과정을 분석했다고 한다.

창의성에 관한 몇 가지 의문을 그는 이렇게 풀어준다.

하나, 창의적인 유형의 사람이 따로 있어서 이런 사람들만 창의적인 생각을 할 수 있는가?

그렇지 않다. 보통의 지능만 가진 사람이라면 누구나 창의적인 일을 해낼 수 있다. 하지만 일에 흥미를 느끼고 좋아하는 유형의 사람, 일하는 것 자체에 대해 본질적으로 '하고 싶다'는 마음을 가진 사람이 창의적인 생각을 많이 해낸다.

둘, 돈은 창의성을 이끌어내는 요소인가?

금전적인 보상이 창의적인 생각을 하는 데 크게 영향을 미치지는 못한다. 잘한 일에 대해 보너스를 주거나 일일이 돈으로 계산해주면, 사람들은 행동 하나하나가 다 보수와 연결돼 있다고 생각하기 때문에 오히려 위험부담을 감수하지 않으려는 태도를 보인다. 그러나 자신이 한 일에 대해 정당한 보상을 받고 있다고 느끼는 분위기는 중요하다.

더 중요한 것은 창의적인 사고가 인정받고 존중받으며 충분한 지원을 받는 근무환경이다. 좋아하는 일을 할 때 창의성은 최대한 발휘되므로, 기업 경영자들은 직원 각자가 정말 하고 싶고 관심있는 일을 할 수 있도록 지원해야 한다.

셋, 시간에 쫓기면 창의력이 생기는가?

사람들은 마감 시간에 마구 쫓길 때 좋은 생각이 튀어나온다고 믿는 경향이 있다. 그런데 사실은 시간의 압박을 느낄 때 창의력은 최저가 될 뿐 아니라 그 다음 날에도 악영향을 끼친다. 창의성이란 어느 정도 시간을 두고 생각하면서 이 생각 저 생각해 볼 수 있어야 발휘되는 것이기 때문이다.

넷, 불안과 슬픔이 때로 돌파구를 열어주기도 하는가?

우울증에 걸린 천재 예술가가 더 독창적인 작품을 만들어낸다는 식의 믿음이 있는데, 사실은 그렇지 않다. 불안, 공포, 슬픔, 분노보다는 역시 기쁨, 사랑과 같은 긍정적인 감정이 창의적인 사고에 기여하고, 가장 행복한 사람이 가장 창의적인 사고를 할 수 있다. 기분이 좋고 일이 재미있으면 그날 밤 여러 가지 궁리를 해서 다음 날에는 더 멋진 생각을 해낼 수 있다. 그러니까 오늘의 행복이 내일의 창의성을 가져다주는 열쇠인 것이다.

다섯, 창의성을 발휘하는 데는 경쟁이 좋은가, 협력이 좋은가?

내부 경쟁이 강할 때 혁신적인 사고가 더 많이 나온다. 그런데 가장 창조적인 조직은 아이디어를 공유하며 토론을 할 수 있는 신뢰가 형성돼 있는 경우다. 인정받기 위해 경쟁을 해야 하는 상황에서 정보 공유는 이뤄지지 않는다. 그것은 조직이 망하는 길이다. 누구도 혼자 힘만으로 총체적인 정보를 가질 수는 없다.

여섯, 조직의 간소화와 효율화는 창의성 증진에 기여하는가?

미국의 한 소프트웨어 기업이 주주들에게 이런 편지를 보냈다. "다운사이징은 직원 모두에게 어려운 일이지만, 이 어려운 시기를 통해 힘과 창의성, 그리고 팀워크를 갖출 수 있을 것이다." 사실은 그렇지 않다. 기업이 다운사이징을 할 때 창의성은 나오지 않는다. 18개월 동안 직원을 25퍼센트 이상 줄인 기업이 있었는데, 이런 근무 환경에서 창의력은 최저로 떨어졌다. 다운사이징 그 자체보다는 그런 일이 있을 것이라는 불안이 창의력의 더 큰 적이다. 앞날이 불안해진 사람들은 사실상 일손을 놓고 지낸다. 또 다운사이징이 끝난 후에도 그 여파는 5개월 이상 간다.

1.10 40가지 창의적 발명의 원리

1. 분할(Segmentation)

① 한 물체를 독립적으로 여러 부분으로 나눈다.

② 물체를 구획화한다. (조립과 분해가 쉽도록 한다)

③ 물체의 분할 정도를 더욱 높인다.

㉾ –구획화된 가구, 모듈 컴퓨터 부품 또는 접이식 나무자 등이다.
–정원용 호스는 길이를 길게 하기 위해서 연결할 수 있다.

2. 추출(Extraction)

① 물체에서 '방해가 되는' 부분이나 특성을 추출한다.

② 물체에서 '필요한' 부분이나 특성만을 추출한다.

㉾ 공항에서 새를 쫓기 위해 자극하는 소리를 녹음하여 재생한다.

3. 국소적 성질(Local Quality)

① 물체나 외부환경의 구조를 동질적인 것에서 이질적인 것으로 바꾼다.

② 물체의 여러 부분들이 서로 다른 기능을 수행하게 한다.

③ 물체의 각 부분을 그 동작에 가장 바람직한 조건이 되도록 배치한다.

㉾ 연필과 지우개를 하나로 만든다.

4. 비대칭(Asymmetry)

① 물체의 대칭을 비대칭으로 대체한다.

② 물체가 이미 비대칭이면, 그 비대칭의 정도를 더욱 높인다.

㉾ 타이어의 한쪽 면은 곡선도로에 더 잘 견디기 위하여 더 강하게 만든다.

5. 통합(Combining, Integration)

① 동질적인 물체 또는 연속적으로 작동하도록 되어 있는 물체들을 공간적으로 통합한다.

② 동질적이거나 연속적인 동작을 시간적으로 통합한다.

㉮ 회전형 굴착기의 작업요소는 일단계로 언 땅을 부드럽게 하기 위해서 특별한 스팀 노즐을 가지고 있다.

6. 범용성/다용성(Universality)

한 가지 물체로 여러 가지 다른 기능을 수행하게 한다. 그러면, 일부 다른 물체에 대한 필요성을 제거할 수 있다.

㉮ －소파는 낮에는 소파, 밤에는 침대로 바뀐다.

－소형 짐차의 좌석은 앉고, 자고, 짐을 나를 수 있고 저장하도록 만든다.

7. 포개기(Nesting)

① 한 물체를 다른 물체 속에 넣는다. 그 물체를 또 다른 물체 속에 넣는다.

② 한 물체가 다른 물체의 구멍을 통과한다.

㉮ －포개어 끼워 놓는 식의 안테나

－의자 쌓기(직장을 위해 위로 겹치어 놓기)

－안에 연필심이 있는 기계 연필

－마트레쉬카(Matrioshkas)

8. 평형추(Counterweight)

① 한 물체의 무게를 상쇄하기 위해 들어 올리는 힘을 내는 다른 물체와 결합한다.

② 물체의 무게를 상쇄하기 위해 공기역학적, 유체역학적인 힘을 이용한다.

㉮ －배가 수중 날개를 갖는다.

－경주용 차는 밑으로 미는 압력을 올리기 위해 후미 날개를 갖는다.

9. 선행 반대 조치(Prior Counteraction)

① 약간의 작용을 수행할 필요가 있다면 미리 반대 조치를 가한다.

② 만약 물체가 긴장 하에 있어야 한다면 미리 반대 긴장을 준다.

㉮ – 강화 콘크리트 기둥이나 마루

– 강화 샤프트 : 샤프트를 보다 강하게 만들기 위해 계산된 각도로 미리 비틀은 여러 개의 파이프로 만든다.

10. 선행 조치(Prior action)

① 물체에 요구되는 변화를 미리(완전히 또는 부분적으로) 가한다.

② 조치를 기다리는 동안 시간 낭비가 없이 조치에 들어갈 수 있도록 물체를 배열한다(가장 편리한 위치에서).

㉮ – 실용 칼날은 무딘 칼날을 잘라내 날카롭게 하기 위해서 홈을 두어 만든다.

– 병 안에 고무 접합제는 깨끗하고 균일하게 사용하기가 어렵다. 대신에 적절한 양을 쉽게 사용할 수 있도록 접합제를 테이프로 만든다.

11. 사전 예방(Cushion in advance)

어떤 물체의 신뢰성이 그다지 높지 않은 경우 미리 준비된 비상수단을 써서 보완한다.

㉮ 들치기를 예방하기 위해 가게 주인은 자석판이 있는 특별한 인식표를 붙인다. 손님이 상품을 가게 밖으로 가져가기 위해서 점원이 그 판의 자성을 없앤다.

12. 높이 맞추기(Equipotentiality)

물체를 들어 올리거나 내릴 필요가 없도록 작업조건을 바꾼다.

㉮ 자동차 엔진 오일은 갱도를 파놓은 데서 일하는 작업자에 의해 교환된다. (그래서 들어 올려주는 값비싼 장치가 필요 없다.)

13. 반대로 하기(Inversion)

① 문제가 요구하는 직접적 조치 대신에 반대 조치를 취한다.

② 물체를 움직이는 부분으로 만든다. 또는 움직이지 않는 부분은 움직이게 하고 외부 환경을 움직이지 못하게 한다.

③ 물체의 위아래를 뒤집는다.

㉮ 연마재 대신에 부품을 진동시켜서 부품을 연마한다.

14. 구형화(Spheroidality)

① 직선을 곡선으로, 평면을 곡면으로 입방체를 구체로 바꾼다.

② 롤러, 볼, 나선형을 이용한다.

③ 직선운동을 회전운동으로 바꾼다. 원심력을 활용한다.

예 컴퓨터 마우스는 선형, 2축 운동을 벡터로 전달하기 위해서 볼 구성을 활용한다.

15. 역동성(Dynamicity)

① 물체나 외부환경의 특성을 각 작동단계에서 최적의 성능에 자동적으로 맞추게 한다.

② 상대적인 위치를 서로 바꿀 수 있는 요소로 물체를 나눈다.

③ 물체가 움직일 수 없으면 움직이게 하거나 서로 교환하게 만든다.

예 – 손전등이 몸체와 램프 머리 사이에 유연한 S자형 관을 가질 수 있다.

– 운송배는 원통형 몸체를 갖는다. 전 하중 하에서 배의 끄는 힘을 줄이기 위해서 몸체는 경첩으로 두 개가 연결된(열릴 수 있는) 절반 원통형 부품으로 구성되어 있다.

16. 과부족 조치(Partial, overdone, or excessive action)

바람직한 효과를 100% 달성하는 것이 어렵다면 문제를 매우 단순화하기 위해서 어느 정도 그보다 많게 또는 적게 달성한다.

예 – 원통은 페인트에 담가서 페인트한다. 하지만 원하는 것보다 더 많은 페인트가 묻는다. 과량의 페인트는 원통을 빠르게 회전시켜 제거한다.

– 저장통에서 금속 분말을 균일하게 방출하기 위해서 호퍼는 거의 일정한 압력을 제공하기 위해 계속적으로 넘치며 채워지는 특별한 내부 깔때기를 갖는다.

17. 차원 바꾸기(Moving to a new dimension)

① 1차원(선으로) 운동하는 물체를 2차원(평면을 따라) 운동하게 하여 문제를 제거한다. 비슷하게 평면으로 움직이는 물체의 문제는 그 물체가 3차원 운동하도록 바뀌면 제거된다.

② 단일층 대신에 물체의 다층 구성을 활용한다.

③ 물체를 기울이거나 옆으로 눕힌다.

④ 물체의 주변 영역 또는 반대쪽으로 그 이미지를 투영한다.

㉥ 온실의 북쪽 부분에 오목 반사경을 설치해서 북쪽으로 태양빛을 반사시킴으로써 낮에 조도를 개선한다.

18. 기계적 진동(Mechanical vibration)

① 물체를 진동 안에 놓는다.

② 이미 진동이 있다면 그 진동수를 올린다. 초음파도 진동수를 올린다.

③ 공진 주파수를 이용한다.

④ 기계적 진동 대신에 압전 진동을 사용한다.

⑤ 초음파 진동을 전자기장과 연계하여 사용한다.

㉥ 피부 손상 없이 몸에서 깁스를 제거하기 위해 통상의 톱을 진동 칼로 대체한다.

19. 주기적 작동(Periodic action)

① 연속적인 작동을 주기적 작동(임펄스, Impulse)으로 대체한다.

② 작동이 이미 주기적이면 그 주파수를 바꾼다.

③ 추가적인 작동을 제공하기 위해서 임펄스 사이의 쉬는 시간을 사용한다.

㉥ – 충격 렌치는 계속적인 힘보다 임펄스를 사용해서 녹슨 너트를 푼다.

– 경고등은 계속해서 비추기보다는 훨씬 눈에 잘 띄기 때문에 번쩍인다.

20. 유익한 작용의 지속(Continuity of useful action)

① 중단 없이 작동한다. 물체의 모든 부분들이 최대 성능으로 계속해서 작동해야 한다.

② 헛된 동작 또는 중간 동작을 제거한다.

㉥ 드릴 통은 앞 방향과 뒤 방향의 절단 프로세스가 가능한 절단 날을 갖고 있다.

21. 고속 처리(Rushing through)

해롭고 위험한 작용은 고속으로 처리한다.

㉥ 내벽이 얇은 플라스틱 튜브의 절단기는 고속으로 절단함으로써 튜브 변형을 예방한다(튜브가 변형하기 전에 절단함).

22. 전화위복/ 해로움을 이로움으로(Convert harm into benefit)

① 긍정적인 효과를 얻기 위해 환경의 해로운 인자 또는 효과를 활용한다.

② 해로운 인자를 다른 해로운 인자와 결합시켜서 제거한다.

③ 해로운 작용이 그칠 때까지 해로운 작용의 양을 증가시킨다.

㉥ 모래나 자갈은 차가운 기후에서 운송할 때 얼려 굳힌다. 액체질소를 사용해서 얼려 놓으면 얼음을 무르게 하며 이것이 퍼붓는 것을 가능하게 한다.

23. 피드백(Feedback)

① 피드백(feedback)을 도입한다.

② 피드백이 이미 존재하면 그것을 반대로 하라.

㉥ 우물의 수압은 출력압을 탐지하여 만약 압력이 떨어지면 펌프를 가동시켜 유지된다.

26. 복제(Copying)

① 복잡하고, 비싸며, 깨지기 쉽거나 사용하기 불편한 물체 대신에 단순하고 값싼 복제품을 사용한다.

② 물체 또는 그 시스템을 광학적 복사나 이미지로 대체한다. 이미지를 축소하거나 확

대할 수 있다.

③ 가시광선 복사가 사용되고 있으면, 적외선 또는 자외선으로 대체한다.

㉮ 키가 큰 물체의 높이는 그 그림자를 측정해서 구할 수 있다.

27. 일회용품(An inexpensive short-life object instead of an expensive durable one)

값비싼 물체를 값싼 물체로 대체하고, 다른 특성(예를 들어, 수명)은 양보한다.

㉮ – 일회용 기저귀

– 일회용 쥐덫은 미끼가 있는 플라스틱 튜브로 구성되어 있다. 쥐가 원뿔형 입구로 덫에 들어간다. 굽은 내벽이 쥐의 탈출을 막는다.

28. 기계시스템의 대체(Replacement of mechanical system)

① 기계시스템을 광학, 음향, 또는 후각 시스템으로 대체한다.

② 물체와 상호작용을 위해 전기장, 자기장 또는 전자기장을 사용한다.

③ 장(field)을 대체한다.

④ 장을 강자성 입자와 연계하여 사용한다.

㉮ – 정지한 장을 움직이는 장으로 바꾼다.

– 고정된 장이 시간에 맞추어 변하는 장이 된다.

29. 공압식·유압식 구조물(Use a pneumatic or hydraulic construction)

물체의 고체 부분을 기체나 액체로 대체한다. 이러한 부품들은 팽창을 위해 공기나 물을 사용할 수 있고, 공기 쿠션 또는 수압 쿠션을 사용할 수 있다.

㉮ 산업용 굴뚝의 통풍을 증가시키기 위해서 노즐이 있는 나선형 파이프를 설치한다. 공기가 노즐을 통해 흐를 때 저항을 줄이는 공기 내벽을 만들어 준다.

30. 유연한 필름 또는 얇은 막(Flexible film or thin membranes)

① 재래식 구조물을 유연한 막이나 얇은 필름으로 대체한다.

② 얇은 필름 또는 막으로 외부 환경으로부터 물체를 고립한다.

㉮ 식물 잎으로부터 증발하는 물의 손실을 예방하기 위해서 폴리에틸렌 스프레이를 뿌린다. 폴리에틸렌 필름은 물이 증발하는 것보다 산소를 더 잘 통과시키기 때문에 폴리에틸렌이 굳어 식물 성장이 개선된다.

31. 다공질 재료(Porous material)

① 물체를 다공질 재료로 만들거나, 추가로 다공질 요소(삽입물, 덮개 등)를 사용한다.

② 만일 물체가 이미 다공질이면 미리 어떤 물질로 구멍을 채운다.

㉮ 기계의 냉각재 주입을 피하기 위해 기계가 작동할 때 증발하는 냉각재 액체에 적신 다공성 물질(다공성 분말 철)로 기계의 일부분을 채운다. 이것이 짧은 기간, 균일한 냉각을 제공한다.

32. 색깔 변경(Changing the color)

① 물체나 그 외부환경의 색깔을 바꾼다.

② 물체나 그 외부 환경의 투명도를 바꾼다.

③ 관찰하기 어려운 물체나 과정을 관찰하기 위해 유색 첨가제를 사용한다.

④ 만약 그러한 첨가제가 이미 사용되고 있다면 발광추적자 또는 추적 원소를 이용한다.

㉮ – 투명 붕대는 붕대의 제거 없이 상처를 관찰하게 해준다.

– 철광소에서 물 커튼이 과열로부터 작업자를 보호하기 위해 사용된다. 하지만 이 커튼은 적외선만을 막는다. 그래서 용융철로부터 밝은 빛은 쉽게 물커튼을 통과한다. 투명을 유지하면서 여과 효과를 만들기 위해 물에 안료를 첨가한다.

33. 동질성(Homogeneity)

동일한 재료 또는 성질이 비슷한 재료인 주물체와 물체를 반응하게 한다.

㉮ 곡물 연마용의 공급기 표면은 공급기를 통과하는 물질과 같은 것으로 만든다. 그래서 표면이 닳지 않고 계속적인 표면 복구를 해준다.

34. 폐기 및 재생(Rejecting and Regenerating Parts)

① 물체의 요소가 그 기능을 마쳤거나 쓸모없게 되면 그 요소를 폐기하거나 개조(버리기, 녹이기 또는 증발시키기)한다.

② 물체의 이미 사용된 부분을 바로 되살린다.

㉮ – 총탄 외피는 발사 후에 제거된다.

– 로켓 부스터는 그 기능을 마친 후 분리된다.

35. 속성 변환(Transformation of physical and chemical states of an object)

물체의 응집 상태, 밀도, 유연성의 정도 또는 온도를 바꾼다.

㉮ 깨져 가루가 되기 쉬운 물질 시스템에서 나선형 공급 스크루의 표면은 두 개의 스프링을 갖는 탄성 재료로 만든다. 공정을 제어하기 위해서 스크루의 피치는 원격으로 바꿀 수 있다.

36. 상전이(Phase transition)

물질의 상전이 과정에서 발생한 효과를 이용한다.

㉮ 부피 변화 또는 열의 발산이나 흡수 과정에서 늑골 모양 파이프의 팽창을 제어하기 위해서, 파이프를 물로 채워, 어느 온도까지 냉각한다.

37. 열팽창(Thermal expansion)

① 열에 의한 물질의 팽창 및 수축을 이용한다.

② 열팽창 계수가 다른 여러 가지 재료를 이용한다.

㉮ 온실의 지붕 창문을 제어하기 위해서 바이메탈 판을 창에 연결한다. 온도의 변화에 따라 판이 구부러져 창을 열거나 닫는다.

38. 산화 가속(Use strong oxidizers)

① 정상 공기를 농축 공기로 대체한다.

② 농축 공기를 산소로 대체한다.

③ 산소 또는 공기 안에서 이온화 복사선으로 물질을 처리한다.

④ 이온화된 산소를 사용한다.

㉠ 토치램프로부터 더 많은 열을 얻기 위해서 공기 대신 산소를 통치에 공급한다.

39. 불활성 환경(Inert environment)

① 정상적인 환경을 비활성 환경으로 대체한다.

② 공정을 진공에서 처리한다.

㉠ 창고 안에 옮기 쉬운 불꽃으로부터 양모를 보호하기 위해서 저장 장소로 이송 도중에 불활성가스로 처리한다.

40. 복합 재료(Composite materials)

동질성 재료를 복합 재료로 대체한다.

㉠ 군사용 비행기 날개를 고강도와 저중량을 얻기 위해 플라스틱과 탄소섬유 복합 재료로 만든다.

제2장

지능형 로봇의 개요

2.1 지능형 로봇의 정의

지능형 로봇이란 외부환경의 변화를 인식(Perception)하고 스스로 상황을 판단(Cognition)하여 자율적으로 동작(Mobility & Manipulation)하거나 인간과 상호작용을 하는 로봇을 의미한다.

그러기 위해서는 기계와 전기적 구조이외에 주변을 인식하고 외부에 작용을 할 수 있도록 하는 인간의 오감을 모방한 각종 센서기술, 음성인식 기술, 물체인식 기술, 수평감지 및 가속도 감지기술이 필요하다. 판단기능으로는 인공지능 기술이 필요하며 신경망이론, 퍼지이론, 진화 알고리즘 등의 제어기술이 또한 필요하다. 그리고 통신기능이 첨가되어 상호 로봇간의 의사전달이 가능하도록 첨단화되고 있다.

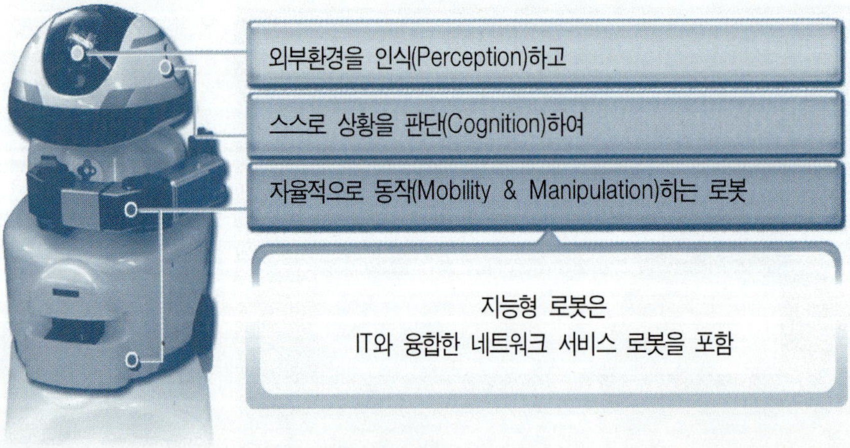

[그림 2-1] 지능형 로봇의 정의

지능형 로봇은 인공지능, 네트워크, 등 IT 기술을 바탕으로 인간가 서로 상호작용하면서 가사지원, 교육, 엔터테인먼트 등 다양한 형태의 서비스를 제공하는 인간지향적인 로봇을 말한다.

지능형 로봇은 IT와 융합한 네트워크 서비스로봇을 포함함으로 궁극적으로 "유비쿼터스의 개념 로봇인 언제, 어디서나, 나와 함께 하며 나에게 필요한 서비스를 제공하는 로봇"의 개념을 접목시켜 URC(Ubiquitous Robotic Companion)로 정의하고 있다.

기존의 로봇 개념에 네트워크를 부가한 URC의 개념을 도입함으로써 다양한 고도의 기능이나 서비스 제공이 가능하고 이동성(Mobility)와 휴먼 인터페이스(Human interface)가 향상된 로봇 시스템으로 진화함을 의미하며 URC 개념의 도입은 사용자 측면에서는 보다 저렴한 가격으로 다양한 서비스와 즐거움을 제공받을 수 있는 가능성이 확대됨을 의미한다.

결국은 지능형의 로봇인 소프트 로봇, 정보 콘텐츠 로봇, 임베디드 로봇, 공공 도우미 로봇 등이 유비쿼터스 네트워크으로 연결되어 서비스하고 있다는 의미이다.

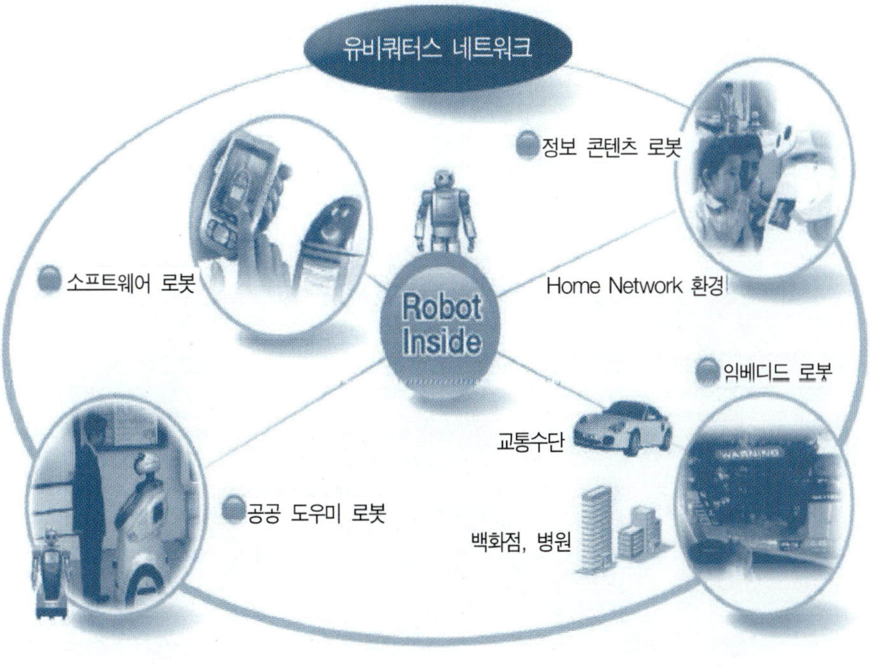

[그림 2-2] 지능형 로봇의 구성

2.2 지능형 로봇의 발전

초창기의 단순히 인간과 인간의 움직임을 모방하는 기계들을 제외시키고 최근의 로봇의 역사만 살펴보면 왕성한 인간의 상상력과 그 당시의 공업상황, 사회적 이슈, 수치적 컴퓨터에 의한 기계의 제어분야의 발전, 우주 탐사분야와의 밀접한 관계를 알 수 있다.

칼렐차펙의 저서인 Rossum's Universal Robots에서부터 시작하여 Flash Gordon, Metropolis, Lost In Space, The Day The Earth stood still, I Robot 등의 영화까지 살펴보면 R2D2, C3PO, 로보캅, I Robot 등에 등장하는 로봇과 같은 기계가 인간의 작업을 수행하는 단계까지 와 있다.

2.2.1 지능형 로봇의 역사

(1) 창세기~1800년대의 로봇

[그림 2-3] 창세기~1800년의 로봇 유형

인류역사의 태동과 함께 진화해온 로봇은 '신의 의해 창조된 인간', 아담과 이브에서 그 근원을 찾을 수 있다.

초혼적 곡선을 거쳐 SF문화의 태동과 함께 본격적으로 전개된 로봇의 진보는 레오나르도 다빈치의 '인체 황금 분할도'를 통해 비로소 개념적 정립이 전개되며, 인간의 모습을 닮은 최초의 동화 로봇 '피노키오'의 탄생으로 이어진다.

그 후 중세가 되고 나서도 많은 사람들이 건물의 문을 열든가, 악기를 연주하는 자동인형을 만들었다. 이들 자동인형은 장식용이었거나 또 사람들을 놀라게 하거나 또는 신과 결부시켜 지배자의 권위를 과시하는 데 이용되었는데, 한편으로 기계 기술자들의 장난이기도 하였다.

(2) 1900년~1930년시대의 로봇

[그림 2-4] 1900년~1930년의 로봇 유형

1900년 '오즈의 마법사'에 나오는 최초의 양철 로봇 '틴맨(Tin Man)'은 인텔리젠트 로봇의 본격적인 성장을 주도하기 시작한다. 독일, 미국을 중심으로 발전하기 시작한 로봇 문화는 최초의 SF영화 '달나라 여행A', '로섬의 만능 로봇' 등 다양한 문화를 자양분으로 '슈퍼맨'이라는 미국의 시대적 영웅을 탄생시킨다.

(3) 1940년~1960년의 로봇

[그림 2-5] 1940년~1960년의 로봇 유형

1940년대 세계를 경악하게 만든 2차 대전은 세계 로봇산업의 새로운 패러다임(Paradigm)을 보였다. 일본이 패전국의 열등감을 치유하고, 로봇산업의 강국으로 세계시장을 석권하는데 결정적인 역할을 한 '아톰(ATOM)'을 창조해낸 것도 바로 이 시기이다.

(4) 1970년~1980년의 로봇

[그림 2-6] 1970년~1980년의 로봇 유형

일본의 마징가Z가 히트하던 1970년대에 들어서서 로봇 연구 개발의 황금기로 본격적으로 연구가 시작되었다. 이 세대의 로봇은 미리 결정된 범위나 궤적을 따라서 작업 대상물을 이동시키거나 용접이나 도장을 반복하는 정도였다.

이때에 사용한 제어는 기구의 위치 제어를 주제로 한 것으로 로봇은 자동적이지 못한 수준이었다. 그러나 자동차 등의 대량 생산공장에 작업라인의 생산성과 신뢰성의 향상에 커다란 역할을 하였지만 실질적인 보급은 1980년대 전후에 절정에 달했다.

(5) 1990년~현재의 로봇

이제 로봇의 진화는 인간을 닮은 첨단 지능로봇의 등장으로 발빠른 행보를 거듭하고 있다. 영화 '터미네이터'와 '스타워즈'를 통해 만난 첨단 로봇이 어느새 우리생활에 가까이 다가왔다. 특히 일본은 엔터테인먼트 분야의 장난감 로봇과 휴머노이드 로봇 분야인 이족 보행 로봇에서 상당한 기술력 인정을 받았으며, 일부 상품의 경우에 연구 수준에 이어서 시장화에 성공을 거두고 있다.

[그림 2-7] 1990년~현재의 로봇 유형

1999년에 처음 출시된 소니의 강아지 로봇인 AIBO를 비롯하여 혼다의 아시모가 본격적인 로봇시대를 열고 있다. 국내에서는 국내 벤처 기업에서 가정용 청소로봇과 공공 도움이 로봇의 상품화가 진행되고 있으며, 청소로봇의 경우에는 현재 일반인이 직접 구매할 수 있는 1가구 1대 로봇의 시대를 열고 있다.

2.2.2 지능형 로봇의 변천

(1) 피노키오의 변화

[그림 2-8] 피노키오의 변화 유형

1881년에 출간된 이태리 작가 카롤로 콜로다가 탄생시킨 '피노키오'는 인간을 닮은 최초의 동화 로봇이자 목각인형이다. 1세기가 지나도록 전 세계 어린이들에게 변함없는 사랑을 받고 있는 피노키오는 진화를 거듭하여 21세기 첨단 로봇 '피노(PINO)'로 재탄생되었다.

(2) 아톰의 변화

[그림 2-9] 아톰의 변화 유형

전쟁의 상처를 치유하기 위해 데스카 오사무에 의해 탄생한 국민적 캐릭터 '아톰'은 다양한 진화를 거듭해왔다. 마치 슈퍼맨과 미키마우스를 합성한 듯 한 형상으로 1980년대에는 절정기를 보여준다. 그러다가 검은색과 흰색으로 채색되어 장기불황을 반영하듯 휴면기에 들어가더니 최근에 다시 모습을 보여주고 있다.

(3) 모바일 로봇의 변화

1980년대는 인간의 생명체와 유사한 안드로이드로봇의 출현과 함께 로봇 캐릭터 산업 또한 절정기를 가진다. 1982년 영화 'ET'는 엄청난 파장을 몰고 온다. 그 후 1984년 '터미네이터', 1987년의 '로봇캅' 등이 사이버 로봇의 상징이 되었다. 그리고 SF의 대명사인 '스타워즈'는 모든 로봇의 교과서가 되었다.

[그림 2-10] 모바일 로봇의 변화 유형

(4) 휴먼노이드 로봇의 변화

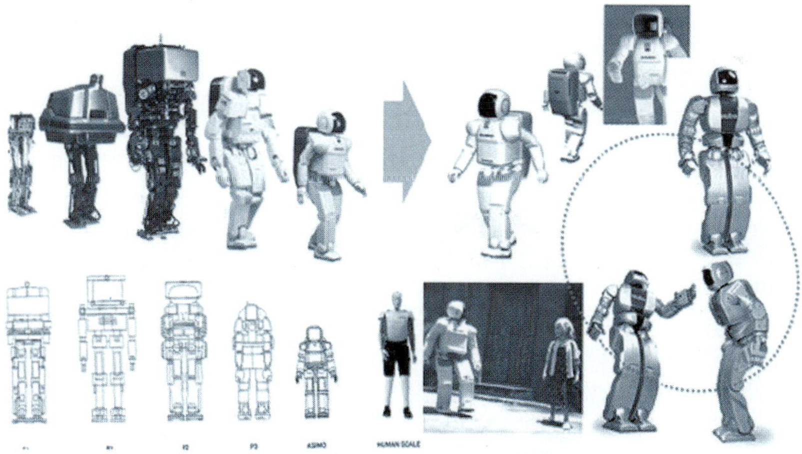

[그림 2-11] 휴먼노이드 로봇의 변화 유형

세계최초 인간형(휴먼노이드) 로봇 '아시모'는 일본의 혼다가 2000년 11월 세계 최초로 걸어다니는 '자율 2족 보행' 로봇으로 만들면서 세계의 주목을 받았으며, 2004년 12월엔 걷는 것은 물론 시속 6km로 달릴 수 있는 기능까지 갖춘 차세대 아시모가 선을 보였다.

차세대 아시모는 음성인식 기능과 함께 물 컵을 집거나 전기 스위치 작동, 문을 열고 닫는 동작 등 30여 가지 몸동작 기능까지 갖췄다. 이후 한국과학기술원(KAIST)에서는 아시모보다 세밀한 동작이 가능한 휴보를 개발하였으며, 이후 휴보 2세를 개발을 하고 있다.

〈표 2-1〉 휴먼노이드 비교

항목		ASIMO	HUBO	마루-1	마루-2
플랫폼	개발자/연도	일본 Honda/2005	KAIST/2005. 12	KIST/2005. 1	KIST/2006. 1
	신장/무게	120cm/53kg	125cm/55kg	150cm/67kg	150cm/70kg
	자유도	총 26자유도 (팔10 + 다리12 + 손2 + 머리2)	총 41자유도 (팔12 + 다리12 + 손10 + 머리6 + 몸통1)	총 35자유도 (팔12 + 다리12 + 손8 + 머리2 + 몸통1)	총 32자유도 (팔12 + 다리12 + 손4 + 머리3 + 몸통1)
	센서	F/T센서, 자세센서, 스테레오 카메라	F/T센서, 경사센서, 스테레오 카메라	F/T센서, 경사센서, 스테레오 카메라	F/T센서, 경사센서, 스테레오 카메라
동작	기본보행 (전·후진, 회전, 옆) 직진 보행속도(보행능력)	0~6.0km/h (가변속도, 가변보폭, 계단보행, 곡선달리기)	최대 1.2km/h (고정속도, 고정보폭)	최대 0.9km/h (고정속도, 고정보폭)	최대 1.2km/h (고정속도, 고정보폭)
	전방향 보행	O	×	×	대각선 보행
	계단보행	O	×	×	×
	팔유연제어(악수)	O		O	O
	시각기반 물체조작	×	×	×	O
인식	음성/음원 인식	O	×	O/×	O
	목표물 감지·추적	O		O	O
	물체인식(삼차원)	×	×	O	O
	얼굴인식	×	×	O	O
	제스처 인식	O(40)	×	O(60)	O(80)
	장애물 감지(시각)	×	×	O	O
	장애물 회피	O	×	×	O
	자기 위치인식	O	×	×	O
응용	사람 알아보고 악수	?	×	O	O
	물건을 집어 전달	O	?	×	O
특징	주요 특징 (동작 및 지능)	유연한 동작 원격제어	보행/손가락 동작 원격제어	네트워크 기반 지능	네트워크 기반 기능

〈표 2-1〉에는 휴먼노이드 로봇인 일본의 아시모(ASIMO), 한국과학기술원(KAIST)의 휴보(HUBO), 그리고 한국과학기술연구원(KIST)의 마루 1, 2에 대하여 플랫폼, 동작, 인식, 응용 및 특징별로 구분하여 비교하였다.

〈표 2-2〉는 소형 휴먼노이드인 QRIO와 SNBH-1을 플랫폼, 동작, 인식 및 상호작용, 특징별로 구분하여 비교하였다.

〈표 2-2〉 소형 휴먼노이드 비교

항 목		QRIO	SNBH-1
플랫폼	개발자/연도	일본 Sony/2004사양	2006. 1
	신장/무게	50cm/7kg	60cm/7kg
	자유도	총 26 자유도 (팔10 + 다리12 + 손2 + 머리2)	총 25 자유도 (팔8 + 다리12 + 허리1 + 손2 + 머리2)
	센 서	스테레오 비전 압력센서(각 발에 4개씩) 기울기센서 마이크 7개(음원 추적) 터치센서	컬러 카메라 1대 압력센서(각 발에 4개씩) 기울기센서
동작	직진보행속도 (변속능력)	최대 0.9km/h (가변속도, 가변보폭)	최대 0.3km/h (고정속도, 가변보폭)
	전 방향 보행	○	○
	비평지/계단보행	○/○	×/×
	달리기 속도	최대 1.6km/h	최대 0.6km/h
인식 및 상호작용	얼굴인식	○	×
	제스처 인식/사람 추적	×/×	×/○
	장애물 감지/회피	○	×
	단어인식	○	×
	감정표현	×	×
	환경 모델링 및 자기 위치 추정	○	×
특징	연산처리방식	내장형 제어기 (64비트 RISC 프로세서)	네트워크 기반
	사업화 전략	완제품으로 일반대상 (시스템 비공개)	연구용 플랫폼으로 1차 상품화

2.3 지능형 로봇의 구성

지능형 로봇의 구성요소는 기구(메커니즘, Mobility), 지능 및 제어(지능, 제어 & 알고리즘 HRI), 부품(센서, 액추에이터) 및 시스템(시스템, 네트워크 기반기술)으로 구성되어 있다.

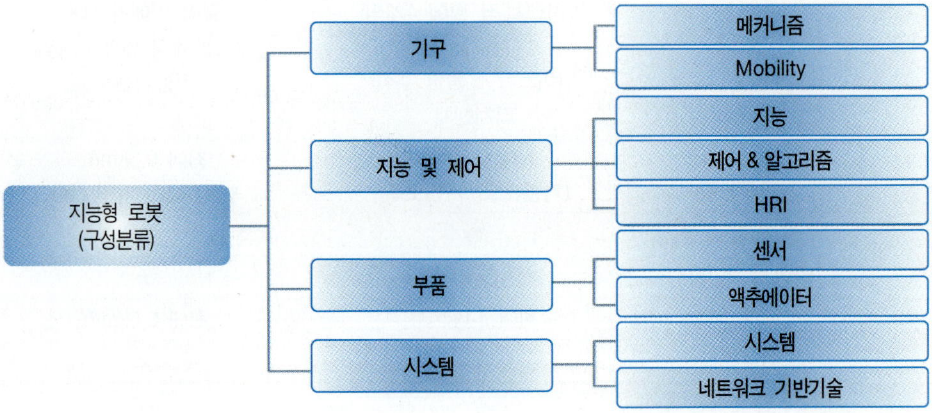

[그림 2-12] 지능형 로봇 구성별 분류

2.3.1 조 건

외부의 조건을 각종 센서를 통해 받아들이는 부분이다. 카메라로 비전인식을 하고 마이크 등 소리센서로 소리를 받아들이는 등 사람으로 보면 감각기관에 비교할 수 있을 것이다.

2.3.2 프로그래밍

외부의 조건을 받아들이면 다양한 조건에 맞는 행동을 로봇에게 알려주는 부분이다. 사람으로 비교하면 학습이라고 할 수 있을 것이다. 로봇이 해당 조건에 맞는 올바른 행동을 할 수 있도록 미리 적절한 행동을 지정하는 것이다. 섬세한 행동을 하는 로봇일수록 프로그래밍이 매우 복잡할 것이다.

2.3.3 동 작

실제로 로봇이 행동을 취하는 부분이다. 사람으로 비교하면 뇌에서 각 근육으로 명령을 전달하여 움직이는 것이라 볼 수 있다. 로봇에서는 각종 전선, 모터, 스피커, 프레임 등이 몸체에 해당한다.

- 매니퓰레이터 : 운동이 실제 행해지는 부분인 관절, 관절과 관절을 연결해주는 링크로 구성된 로봇의 주 몸체에 해당한다.
- 로봇의 손에 해당하는 부분으로 대상물을 End effector : 조작하고 다른 시스템과의 연동이 가능하게 한다.
- 구동기 : 관절을 움직이는 장치로 매니퓰레이터의 근육에 해당하며 모터, 유공압 실린더 등으로 이루어졌다.
- 센서 : 로봇의 감각기관에 해당하는 부분으로 로봇의 상태나 외부 환경에 대하여 정보를 수집한다.
- 제어시스템 : 로봇의 뇌에 해당하여 센서에서 들어온 정보를 처리하여 로봇으로 하여금 적절한 동작을 하게 한다.

2.4 지능형 로봇의 분류

2.4.1 지능형 로봇의 분류방안

로봇의 분류는 용도별, 형태별 등 여러 가지 방법으로 분류할 수 있으나, "지능형 로봇"은 IFR(International Federation of Robotics ; 국제로봇연맹) 및 ISO/TC-184(International Organization for Standardization의 로봇담당 Technical Committee)의 분류를 참고하고 국내 로봇산업화 방향설정에 따라 개인서비스용, 전문서비스용, 제조업용, 네트워크 기반 로봇 등 〈표 2-3〉처럼 4분야로 구분한다.

〈표 2-3〉 로봇의 분류

<table>
<tr><th rowspan="2">분류</th><th colspan="2">서비스로봇</th><th rowspan="2">제조업용 로봇</th><th rowspan="2">네트워크 기반 로봇</th></tr>
<tr><th>개인서비스</th><th>전문서비스</th></tr>
<tr><td>정의</td><td>인간의 생활범주에서 제반서비스를 제공하는 인간공생형 대인지원 로봇</td><td>불특정 다수를 위한 서비스 제공 및 전문화된 작업을 수행하는 로봇</td><td>각 산업의 제조현장에서 제품생산에서 출하까지 공정 내 작업을 수행하기 위한 로봇</td><td>로봇과 네트워크가 융합되어 언제, 어디서나 서비스 제공이 가능한 유비쿼터스형 로봇</td></tr>
</table>

<table>
<tr><td rowspan="2">일본공업
협회분류</td><td rowspan="2">비산업용
(개인용)</td><td colspan="2">산업용</td></tr>
<tr><td>비제조업용</td><td>제조업용</td></tr>
</table>

<table>
<tr><td>IFR분류</td><td>Service Robot for Personal Use</td><td>Service Robot for Professional Use</td><td>Industrial Robot</td></tr>
</table>

2.4.2 지능형 로봇의 산업별 분류

지능형 로봇산업의 주요 분야는 독립형 로봇 외에 네트워크 활용 로봇을 추가하여 개인서비스용 로봇, 전문서비스용 로봇, 제조업용 로봇산업, 네트워크 기반 로봇산업 등 4 분야로 구분한다.

[그림 2-13] 지능형 로봇의 응용분야별 종류

〈표 2-4〉 지능형 로봇의 응용분야별 종류

구분	서비스로봇		제조업용	네트워크 기반 로봇
	개인서비스	전문서비스		
종류	• 청소 및 경비 • 여가지원용(오락, 애완, 헬스케어, 게임 등) • 노인/재활지원용(간병, 장애자보조, 재활훈련 등) • 교육용(연구용, 가정교사) • 가사지원(심부름, 조리, 제초 등)	• 재난극복(소방, 인명구조) • 군사용/사회안전 • 활선작업용 • 건설작업용(건축, 고소, 관로) • 원전용 • 해양수산용 • 의료용 • 농업/임업/광업 • 우주	• 자동차제조용 • 초소형 전자제품 제조용 • 디스플레이제조용 • 반도체제조용 • 바이오신약용 • 조선산업용	• 정보 콘텐츠 • 공공도우미(공공업무지원) • 임베디드 로봇 • 소프트웨어 로봇

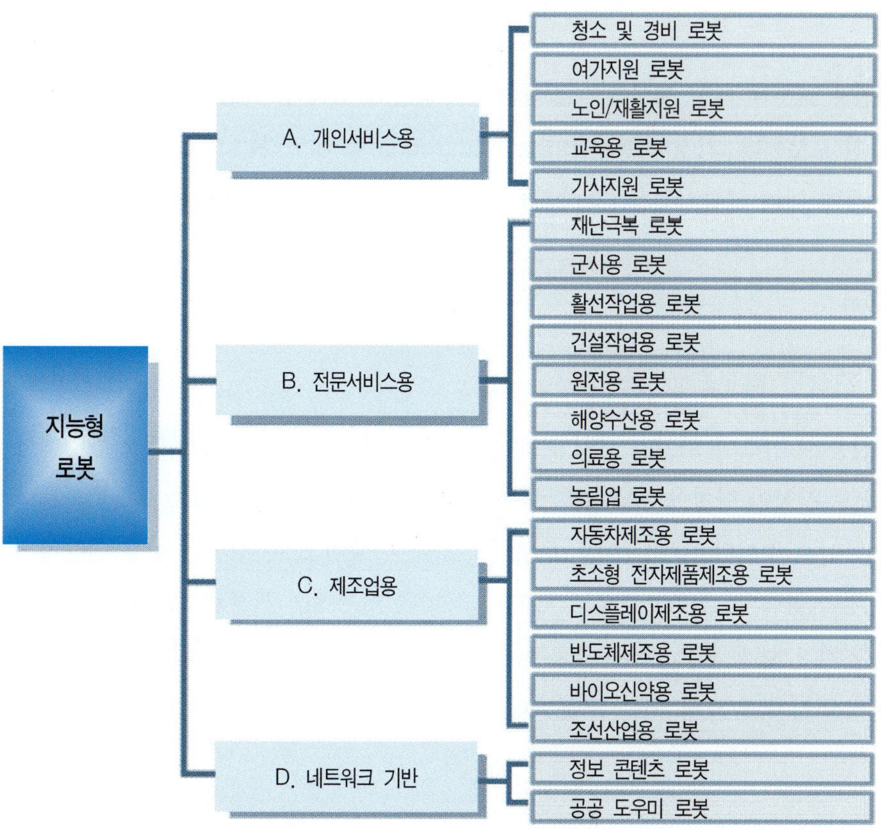

[그림 2-14] 지능형 로봇 제품군

2.4.3 지능형 로봇의 응용별 분류

1) 개인용 로봇

[그림 2-15] 개인용 로봇

개인용 로봇은 개인 생활의 본질적인 운동성을 보조하며, 지능을 갖는 인간 공존형 대인 지원 로봇이다. 가정 자동화(Home Automation)를 지원하는 가정용, 고령자와 신체장애자 등에 대한 생활지원용, 오락용(Entertainment) 등으로 분류할 수 있다. 기술개발의 최종목적은 인간의 삶의 질 향상, 노령화 사회의 실질적인 최종목적인 로봇으로 분류할 수 있다.

(1) 오락용 로봇(Entertainment Robot)

개인용 로봇의 한 분야인 오락용 로봇은 2002년부터 2005년까지 비디오 게임에서 로봇 게임으로 시장이 형성이 되었으며, 주류는 현재 대중화되어 가고 있는 로봇축구를 중심으로 이루어질 것이다. 휴머노이드 로봇의 발전과 더불어 로봇 경기는 점점 인간의 스포츠 등의 경기 형태와 닮아갈 것으로 보이고, 2010년 이후에는 인간과 로봇의 스포츠 경기의 형태가 거의 닮게 되고, 또한 사용자는 자신의 로봇을 훈련시키고 함께 연습하여 호흡을 맞추어 경기에 임하게 되는 로봇이다.

로 봇	기 능
가사 로봇	가정에서 조리, 세탁, 청소 등의 일을 수행하여 가사노동의 부담을 줄여줌
생활 도우미 로봇	병원, 요양소 등에서 재활훈련을 돕거나 일상생활을 해나가는데 불편이 없도록 도와줌
애완용 로봇	인간의 감정적 동반자의 역할을 하며 여가 선용에 도움을 줌
서빙 로봇	음식점 등 대형 서비스 업체에서 효율적인 서빙작업을 수행함
교육용 로봇	학교, 가정에서 다양한 도구를 이용해 교육에 효과적이며 친근한 수단으로 이용
퍼포먼스 로봇	테마파크나 기업체의 홍보 등에 사용되어 다양한 볼거리를 제공함
경기용 로봇	대중매체를 통해 로봇간의 흥미로운 경기를 보여주거나 가정에서 인간의 스포츠 활동에 동반자가 됨

(2) 교육용 로봇

선생님을 보조해서 학생들에게 지식을 전달하는 지능형 로봇이 속속 상용화되고 있다. 로봇을 교사의 대역으로 교육현장에 투입하는 사례는 한국이 세계최초다. 이러한 형태의 교육로봇은 지난 10년간 국내 교육시장의 지형을 바꿔놓은 e러닝의 새로운 형태로서 잠재력을 막 드러낸 상황이다.

교육용 로봇은 두 가지 종류로 구분된다.

① 어린이들이 로봇을 직접 조립하면서 과학원리를 깨우치게 돕는 학습교재(로봇키트)가 있다. 학생들이 로봇의 구조와 작동방식을 이해하려면 로봇을 스스로 만들고 조정해 보는 것이 최고의 교육방식이다.

② 어린이에게 학습콘텐츠를 전달하는 교육도구로서 로봇인데 최근 지능형 로봇으로 가능성이 높아지고 있다. 로봇을 교육매체의 관점에서 상용화시킨 것은 우리나라가 원조다.

로봇왕국 일본도 보수적인 교육계 풍토 때문에 교사로봇의 도입은 아직 시도조차 못한 형편이다.

한 중견업체가 선생님을 대신하는 교육용 로봇인 '로봇교사'인 아이로비 및 리베로를 선보였다. 교사로봇 '리베로'는 다양한 콘텐츠를 내장하고 있다. 로봇이 교육현장에서 제

역할을 하려면 외형보다 양질의 콘텐츠 확보가 훨씬 중요하다. 로봇과 콘텐츠를 결합해서 취학전 아동을 위한 교육과정으로 만들 경우 교육도서, 비디오, 웹서비스에 이어 새로운 미디어시장을 확보하기 때문이다.

교육용 로봇의 가능성은 URC로봇 시범사업에서 검증이 됐다. 선정된 8개 유치원에서 교사로봇을 운용해 본 결과 예전보다 한결 향상된 교육 및 오락 콘텐츠 덕분에 어린이들의 만족도는 높았다. 수 십명의 어린이들을 관리하는 교육기관에서 교사로봇의 효용가치는 높아진다. 또한 로봇교육을 커리큘럼에 포함시켜 체계적으로 운용, 관리하는데도 훨씬 유리하다.

로봇과 콘텐츠를 결합시킨 한국형 로봇교육이 새로운 문화상품으로 등장할 가능성마저 보이게 된다.

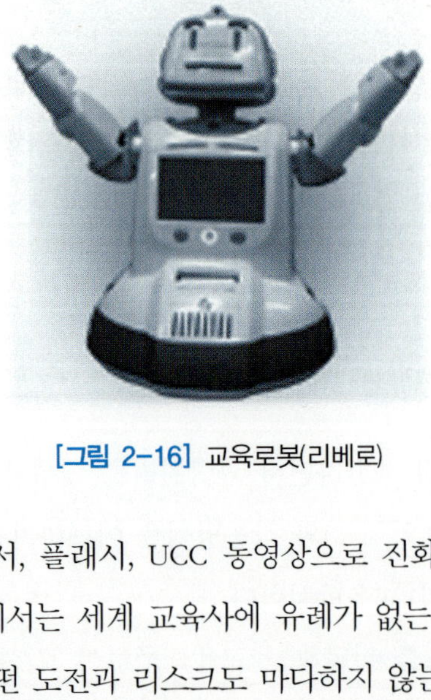

[그림 2-16] 교육로봇(리베로)

학생들의 교과서가 웹문서, 플래시, UCC 동영상으로 진화해 왔듯이 로봇도 교육매체로 변모하는 것이다. 한국에서는 세계 교육사에 유례가 없는 흥미로운 실험이 진행 중이다. 자식교육을 위해 그 어떤 도전과 리스크도 마다하지 않는 대한민국에서 시작된 로봇기반의 교육모델은 새로운 한류상품으로 부상할 가능성이 높다.

2) 공공용 로봇

감응 장치가 개량되면서 금융기관의 현금 수송이나 주택 경비에 로봇을 활용하는 기술이 잇따라 개발되고 있다. 경비용 로봇인 경우 범죄율 증가로 중저가형 원격정비에 대한 수용가 증가되고, 또한 공공 기관이나 박물관에서 방문객을 대상으로 안내를 담당하는 로봇의 등장하고 있다. 자유로운 이동성과 지능을 가진 로봇을 만들기 위해 많은 기술이 필요하지만, 현재 개발된 안내 로봇들은 방문객들에게 큰 호응을 얻고 있으며 계속적인 로봇이 등장할 것이다.

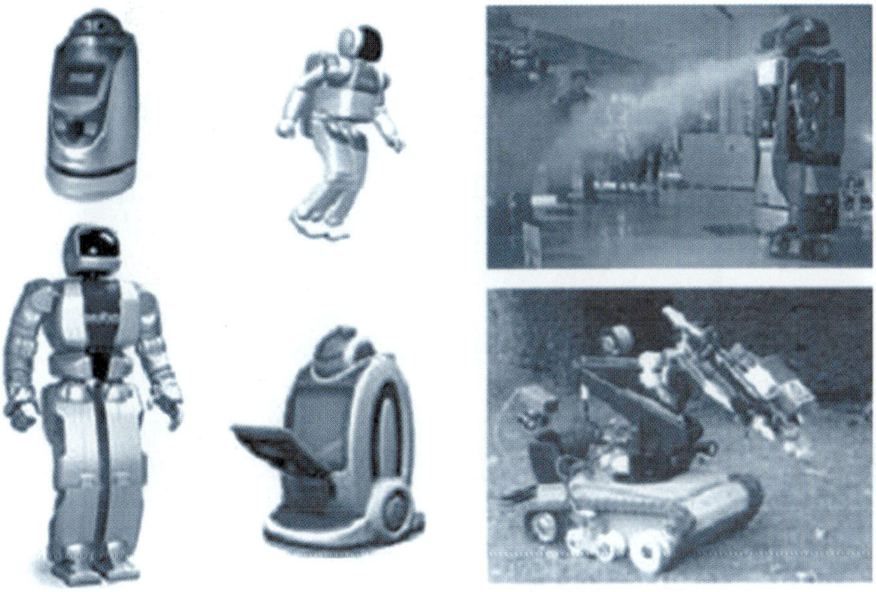

[그림 2-17] 공공용 로봇

3) 현장 로봇

국민에게 선진화된 의료 복지를 제공하기 위하여 기존의 로봇 기술을 활용하여 일상생활에서 국민의 건강을 실시간 관리하고 건강에 문제가 있을 때 보다 정확한 진단을 내릴 수 있도록 도와주고 환자를 보살피는 범주의 로봇 시스템을 말한다. 의료복지 로봇 시스템은 국민의 삶의 질을 향상시키고 일반인들이 건강한 삶을 영유하고 21세기를 더 살기 좋은 사회로 만들어 나갈 것이다.

4) 수술 로봇 시스템(Robot and medicine)

실제 수술에서 의사를 도와 보다 나은 수술을 수행하도록 도와주는 시스템으로서, 일차적으로 현재 인턴과 같은 보조 인력이 수행하는 보조 수술 로봇에서부터 가공 정밀도를 향상시키거나 어려운 수술을 용이하게 만들어 주면서 직접 수술에 사용되는 특수 목적 수술 로봇 시스템의 개발과 비슷한 유형의 다양한 수술을 집도할 때 사용할 수 있는 지능적이면서도 유연성이 좋은 다목적 수술 로봇 시스템을 말한다.

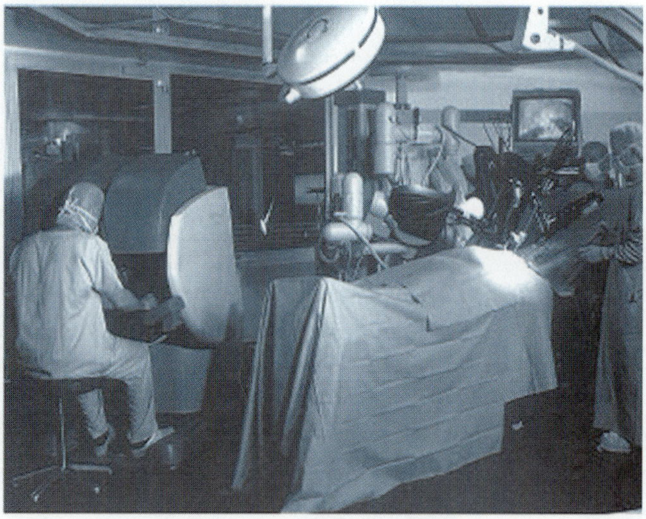

[그림 2-18] 외과 수술용 로봇 시스템

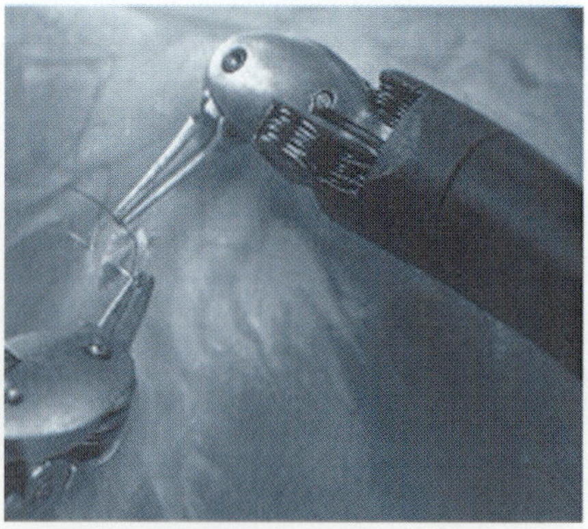

[그림 2-19] 보조 수술 로봇

5) 헬스케어 로봇

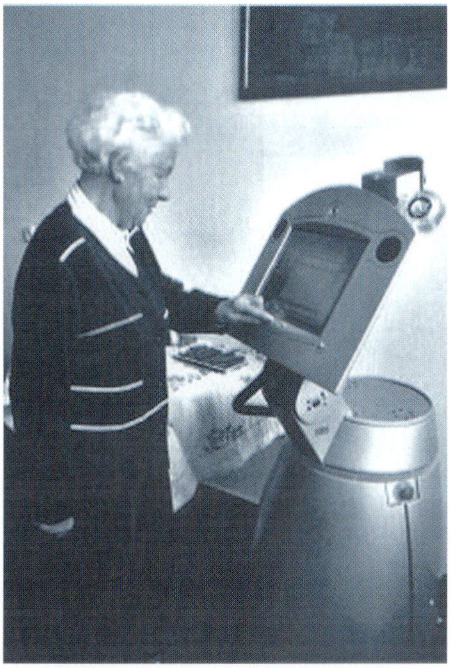

[그림 2-20] 환자 도우미 로봇 그림

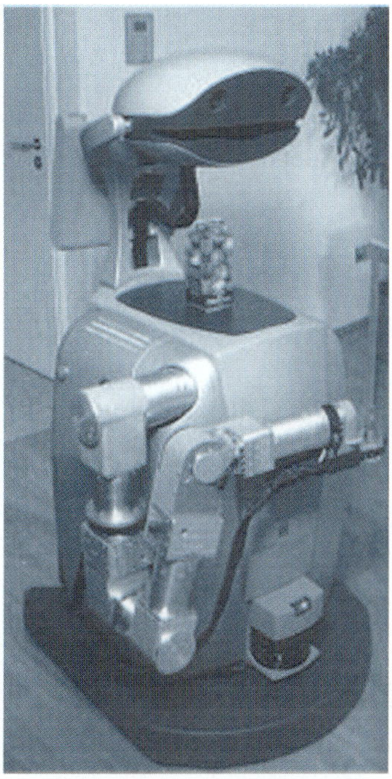

[그림 2-21] 환자 상태 및 독립적인 생활지원 로봇

노인과 장애인의 재활 치료와 일상생활을 도와주는 로봇 시스템으로서, 단순한 신체를 지지해 주는 역할을 벗어나 중증 환자나 노인의 신체 움직임을 향상시키고 빠른 시일 내에 회복하도록 중요 기능을 수행하고 장애인의 장애를 극복하여 독립적인 생활을 가능하게 할 수 있는 기능이다.

사람은 누구나 건강하고 장수하는 삶을 바란다. 이러한 욕망에 편승해서 최근 로봇기술을 이용해 신체적 건강을 추구하는 시장수요가 급격히 늘고 있다. 헬스케어 로봇은 운동효과를 높이는 자동헬스기구, 신체를 자극하는 안마장치, 온 몸을 움직이는 게임기기 등 다양한 모습으로 우리 곁에 다가오고 있다.

헬스케어 로봇의 범주에 넣을 수 있는 가장 고전적인 기계장치로는 러닝머신(treadmill)이 있다.

미래의 헬스기구가 운동하는 사람의 심박수 · 체온 · 호흡 등을 파악해서 최적의 운동 프로그램을 골라주거나 대화기능까지 갖춘다면 다른 로봇으로 간주해야 한다. 국내서도 승마운동을 모방한 헬스케어 로봇으로 마사지로 신체의 피로를 풀어주는 안마의자형 로봇이 연구가 진행 중이다.

(1) 라이드봇(RideBot)

말타기는 의외로 건강에 매우 좋은 운동이다. 덩치 큰 말을 타면서 균형을 유지하려면 복근과 다리, 허리근육을 끊임없이 긴장시켜야 한다. 당연히 두툼한 배 부위가 날씬해지고 뻐근한 허리 통증도 완화된다. 승마형 헬스기구는 2010년대까지 러닝머신에 견줄 만한 시장규모를 형성할 것으로 기대된다. 일본산 승마형 헬스기구들이 시장을 선도하는 가운데 국내 중소기업들이 유사한 제품을 선보이고 있다.

기존 승마형 헬스기구의 가장 큰 단점은 탑승자 의지와 무관하게 일정한 움직임만 반복한다는 것. 따라서 오락적 요소가 부족하고 신체상황에 따라 체계적인 헬스케어도 어렵다. 산업용 로봇업체에서 사람의 생체신호와 동작의지까지 인식하는 차세대 승마형 로봇(RideBot) 개발했다. 승마형 로봇에 올라타서 핸들을 잡으면 혈압 · 맥박 · 체지방 · 체온 · 몸무게까지 자동으로 측정된다. 탑승자의 신원도 인식해서 현재의 건강상태와 과거 운동이력까지 분석해서 최적의 운동모션을 제공한다. 탑승자가 로봇 위에서 무게중심을 조금만 옮기거나 발로 차도 실제 말처럼 예민하게 반응하기 때문에 오락적 요소도 높다. 또한 탑승자의 근력을 키우도록 걷기, 달리기, 장애물 넘기, 경사 오르기 등 다양한 승마모드를 선택하고 전방의 모니터에는 실제 말을 타고 찍은 상황별 비디오 영상까지 나온다. 로봇기술을 이용해 실제 승마와 가장 유사한 가상경험을 제공하는 운동기구인 셈이다. 엔터테인먼트 기능을 최대한 연계한 승마형 로봇이 헬스케어시장에 새로운 바람이 일어날 것이다.

(2) 마사지체어

가만히 누워 있으면 온 몸을 주물러주는 마사지체어도 본격적인 로봇산업화의 길에 들어섰다. 전동식 마사지체어는 스위치만 켜면 언제라도 안마를 받을 수 있어 효도상품으로 인기가 높지만 아무래도 사람의 섬세한 손길을 따라잡지 못한다. 국내 체어전문업체는 사용자의 체형을 스스로 인식해 필요한 곳에 실제 손과 유사한 자극을 주는 3차원 안마로봇인 '체어봇'(ChairBot)을 연구한다. 사용자가 안마로봇에 앉으면 우선 체형인식 시트가 키와 신체 폭을 측정하고 마사지 효과에서 중요한 경락(지압점)의 위치를 정확히

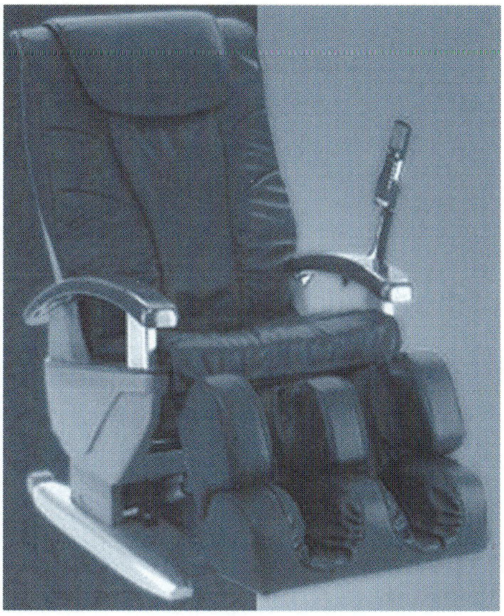

[그림 2-22] 마사지체어

찾아낸다. 이제는 사람의 손기술에 버금갈 정도로 정교한 기계손이 목 뒤에서 종아리까지 곳곳을 시원하게 주무를 차례다. 기계손은 압력감지 센서가 내장돼 사용자의 근육경직도를 인식하고 마사지 과정에서 사용자의 비만정도에 따라 압력을 조절한다. 음성인식 기능도 들어가서 사용자가 편안한지를 수시로 문의한다. 터치스크린을 통해 원격지의 담당 주치의와 영상통화도 가능하다. 신상정보를 이용한 맞춤형 안마서비스는 기본이고 기분 좋게 안마를 받다가 문득 잠이 들어도 걱정이 없다. 안마로봇이 사용자가 자는지도 인식해서 마사지강도를 수면모드로 바꾸기 때문이다.

로봇기술이 헬스케어 분야에서 꽃을 피우려면 단품의 로봇개발보다는 피트니스 센터를 찾는 사람들에게 '계량화된 건강'을 제공하도록 종합 시스템을 구축하는 작업이 더 필요하다. 지능형 헬스로봇이 회원별로 매일 몸무게 변동을 체크해서 정해진 칼로리를 철저히 소모하도록 운동프로그램을 지시하는 헬스로봇시대가 도래된다.

6) 농업 · 건설용 로봇

생물 산업, 건설시공에서의 로봇기술 연구개발의 목표는 작업생산성, 작업쾌적성, 안정성, 환경 보존성 향상을 목표로 한 인간, 컴퓨터, 기계의 복합시스템(로봇시스템), 비구조적 영역작업과 가변적 작업 공정의 생력화와 환경변화에 대한 적응, 유해, 위험 작업 대처 시스템 로봇이다.

일본의 건설업계는 지난 80년대부터 로봇자동화 연구에 매진한 덕분에 지금은 로봇이 초고층빌딩의 골격을 세우고 콘트리트 마감, 내외장 작업까지 하는 수준에 이르렀다. 시미즈·오바야시쿠미·다이세이·후지타 등 일본 유명 건설업체는 자체 연구소를 통해서 다양한 건설로봇을 개발, 사용하고 있다. 유럽, 미국 건설업계도 로봇자동화에 대한 연구는 일찍부터 시작했지만 공사현장의 무인화보다 작업자의 안전확보에 매달려 실용화는 더딘 편이다.

우리나라도 건설로봇에 대한 투자가 본격화되면서 한국생기원이 미장로봇을 국산화했고 교량점검용 로봇도 연구가 진행되고 있다. 건교부는 첨단 융합 건설사업에 따라 빌딩철골 용접로봇과 무인 굴삭기 등 건설로봇의 개발에 지원하고 있다.

(1) 빌딩철골 용접로봇

수 십층의 높은 빌딩을 지으려면 작업자들의 위험부담도 그만큼 높아진다. 특히 거대한 철제빔을 까마득한 높이로 끌어올려 빌딩골조를 조립해가는 용접작업은 안전사고의 위험 때문에 숙련된 기능공이 아니면 엄두도 내지 못한다. 고층건물의 철골용접은 궂은 날씨에는 작업이 불가능해 공사가 중단되므로 일본 건설업체들은 이 같은 문제점을 해결하기 위해 빌딩철골을 따라 올라가는 초대형 로봇크레인을 설치하고 용접작업을 자동화하는 공법을 시험하고 있다. 초대형 크레인이 끌어올린 철골은 자동용접, 볼트체결로봇이 정해진 위치에 조립작업을 수행한다. 고층빌딩의 상층부를 감싼 거대한 구조체(건설로봇)가 예정된 높이까지 올라가면 빌딩골격은 이미 완성된 모습을 드러낸다. 이 로봇공법은 날씨에 영향을 받지 않고 안전사고가 줄며 무엇보다 공기가 줄어드는 장점이 있다. 일본에는 로봇공법으로 지은 고층빌딩이 40여 곳에 이른다.

국내서도 30층 이상 고층건물의 철골용접을 담당하는 초대형 로봇구조체 국산화에 착수했다. 한국형 철골용접 로봇의 특징은 일본에 비해 값싸고 단순한 반자동식 설계를 적용했다. 따라서 실제 주상복합빌딩, 고층아파트 건설현장에 투입할 수 있는 가격대와 실용성을 갖출 것으로 기대된다.

중국의 엄청난 고층빌딩 건축수요를 감안할 때 빌딩골조 용접로봇의 수출 가능성도 높다. 삼성건설 · 두산건설 등도 초고층빌딩 시장에서 경쟁력 향상을 위해 로봇개발에 큰 관심을 보이고 있다. 고층빌딩 건설에 로봇기술을 적용하면 공기단축은 물론이고 작업인력도 줄어든다.

(2) 로봇 굴삭기

[그림 2-23] 원격 트랙터 로봇

[그림 2-24] 멜론 수집 로봇

사람이 없어도 혼자서 땅을 파는 지능형 무인 굴삭기도 4~5년 내 실용화된다. 지뢰위험지역이나 경사진 비탈 등 위험한 작업환경에 투입하는 무인 굴삭기는 볼보 · 고마쓰 등 외국 중장비업체도 탐내는 전략 상품이다.

굴삭기 제조업체인 두산인프라코어는 15톤급의 중형 무인 굴삭기를 개발하고 있다. 1단계로 카메라로 원격조정이 가능한 굴삭기를 개발한다. 무인 굴삭기의 핵심기술은 주변 지형의 3차원 변화를 실시간으로 인식하고 디지털 유압제어장치로 얼마나 효과적인 제어가 가능한지에 달려 있다.

원격제어, 무인작업을 수행하는 무인 굴삭기를 국산화한다면 세계 굴삭기 시장에서 유리한 고지에 오를 것이다. 또 굴삭기의 무인화 기술은 불도저, 그레이더, 덤프트럭 등 여타 건설용 중장비에도 동일하게 적용된다. 따라서 건설업계 전반의 생산성 향상에도 기폭제 역할을 할 것으로 기대된다.

7) 군사용 로봇(Military Robot)

현재 주목받고 있는 분야의 하나로써 첨단 군사용 로봇 시스템이다. 1차 세계대전 때에는 탱크와 비행기가 출현해서 전쟁의 개념을 새로이 했고, 2차 세계대전 때에는 전쟁에 레이더와 핵폭탄 등이 첨단 과학 기술이 이용되었다. 이는 다가올 미래의 첨단 군사 시스템 분야에 최신 기술이 더욱 이용될 것이라고 한다.

국방분야는 지난 세기 로봇기술의 진보를 이끌던 주요 원동력이었다.

로봇은 초강대국 미국이 추구하는 21세기 군사패권의 핵심도구다.

미육군은 지구 반대편의 분쟁지역에서 신속한 승리를 거두는 해법으로 새로운 개념의 로봇전투부대를 구성하기로 했다.

로봇전투부대의 최대 장점은 육중한 탱크, 장갑차 등 수십 톤이 넘는 중장비가 애당초 없기 때문에 기동성이 뛰어나고 전투로봇은 덩치가 작기 때문에 수송기에 실려 세계 어디라도 투입될 수 있다. 전투로봇들은 육상과 공중으로 산개해서 반경 100km 이내 적의 움직임을 감지하고 무인로켓, 곡사포 등 다양한 첨단무기를 유도해서 적을 섬멸한다.

미 국방부는 로봇 기반의 전장환경을 '미래형 전투시스템(FCS)'이라 정의하고 있다. 미국의 FCS사업이 향후 전쟁의 양상을 근본적으로 바꿔놓는 가운데 중국과 러시아는 물론이고 미국의 우방국가들도 경계하는 모습이다.

(1) 한국의 국방로봇 개발 현황

군사로봇 개발의 중심인 국방과학연구소(ADD)는 6개의 바퀴나 다리로 각종 장애물을 넘나드는 '견마형(犬馬型) 로봇'을 개발해 정찰 · 지뢰탐지 등에 활용할 계획이다. 장갑차 형태의 '다목적 감시 로봇차량'과 '투척형 정찰로봇'도 개발된다. 경전투 로봇, 공중무인헬기 및 다목적 화력지원차량도 실용화될 예정이다. 삼성테크윈은 휴전선의 철책경계를 지원하는 용도로 4km 전방까지 감시하는 경계용 로봇을 선보여 세계적 관심을 끌기도 했다.

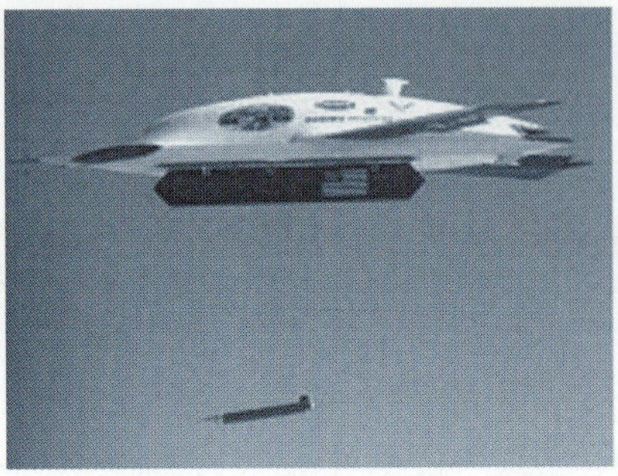

[그림 2-25] 무인 폭격기

[그림 2-26] 무인 정찰기

[그림 2-27] 휴전선 무인 경계로봇

8) 미디어 로봇

로봇도 전화 · 신문 · TV와 같은 정보채널(미디어)의 하나로 대접받는 시대가 왔다. 로봇이 힘든 육체노동을 대신하는 자동기계가 아니라 의사소통의 매개체로 사용하는 사례가 늘면서 미디어로봇이란 새로운 시장이 형성되고 있는 것이다. 미디어 시장에서 로봇기술의 최대 장점은 단순히 정보를 전달하는 기능뿐 아니라 당사자의 인격까지 대변하는 매개체가 될 수 있다는 것이다. 로봇은 인류가 만든 최고급의 정보미디어로서 그 잠재력을 드러내기 시작했다.

미디어로봇은 통신산업과 로봇산업의 합작품이다. 로봇이 미디어 매체로서 성격을 분명히 드러낸 시기는 인터넷 혁명이 시작된 지난 90년대 이후다. 초기에는 인터넷망을 통해서 원격지의 로봇을 제어하는 수준이었지만 점차 로봇을 통해 양방향 의사소통을 하는 연구로 발전했다. 지난 몇 년 새 이동통신과 무선랜의 급격한 보급은 미디어 로봇의 실용화를 더욱 촉진하고 있다. 양방향 비디오 통신이 보편화되면서 로봇기술과 접목하는 시도는 더욱 늘어날 전망이다.

일본에서는 로봇이 라디오 · TV · PC · 휴대폰을 잇는 제5의 미디어 매체로 부상할 것이라는 전망까지 나오고 있다.

미디어로봇이 영상휴대폰, 와이브로, 양방향 TV 등에 비해 특별한 장점은 없지만 미디어로봇은 여타 첨단 미디어 매체를 압도하는 고유한 장점을 갖고 있다. 미디어로서 로봇은 여타 통신매체와 달리 사용자의 인격을 대체하는 상징적 권위를 갖는다. 이는 인간을 모델로 만들어진 기계인 로봇만이 갖는 특성이다. 로봇을 자신의 분신으로 내세워 원격지의 상대방과 커뮤니케이션을 한다면 여타 통신매체(e메일 · 전화 · 영상채팅)보다 훨씬 설득력이 있고 심도있는 대화가 가능하다. 사람이란 모니터 속의 글자나 전화기 음성보다 자신을 응시하는 로봇의 존재감에 더욱 집중할 수밖에 없기 때문이다.

시스코는 RP-7의 로봇기술을 기반으로 새로운 형태의 원격 로봇회의 시스템을 연구하고 있다. 시스코의 혁명적인 영상회의장치란 결국 기동성을 갖춘 영상 미디어, 로봇의 형태로 나타날 것이다. 미디어로봇은 인간의 의사소통능력을 다른 차원으로 향상시키는 첨단매체로 각광받을 것이다.

■ **사례** 미디어로봇의 현재와 미래

〈현재〉

미국 미시건주의 22개 종합병원에서는 로봇닥터 'RP-7'의 활약이 큰 화제를 모으고 있다. 로봇 전원을 켜면 RP-7의 상단부 모니터는 멀리 떨어진 장소에 있는 의사의 얼굴을 비춘다. 의사는 원격 로봇을 통해서 다른 주의 병원에 입원한 환자와 자연스럽게 대화하고 처방을 내린다. 또 의사가 조이스틱을 움직이면 로봇은 병원 내 자유롭게 이동할 수도 있다. 즉, 원격제어로 조정되는 '바퀴달린 영상전화기'인 셈이다. RP-7의 진가는 환자들의 반응에서 극명히 나타난다. 로봇진료를 받는 환자들이 실제 의사선생님을 만난 것처럼 안정감을 느낀다는 점에서 조악한 영상진료와 차별화된다.

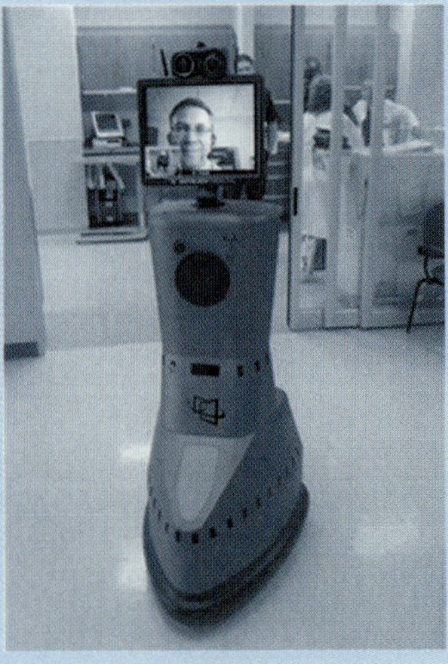

[그림 2-28] RP-7 로봇닥터

로봇닥터는 이동하면서 지접 환자와 눈을 맞추고 격려한다. 또 병실환경을 꼼꼼히 체크하고 간호사에게 직접 처방을 내린다. 심지어 로봇에 내장된 청진기를 통해서 환자의 신체상태를 점검하기도 한다.

미시간 종합병원의 환자와 스태프에게 병원복도를 홀로 돌아다니는 로봇은 이미 단순한 기계장치가 아니라 권위를 갖춘 의사의 분신이다.

의료업계는 로봇닥터를 통해서 촌각을 다투는 응급환자가 도착했으나 담당 전문의가 없을 때 원격진단으로 사망률을 낮추는 효과를 기대하고 있다. 의사들도 응급환자를 위해 상시 대기하는 부담을 경감할 수 있어 로봇닥터의 등장을 환영하고 있다. 의사와 환자를 연결하는 로봇기술의 확산은 의료 서비스 질을 높이고 과도한 의료비를 줄이는 데 큰 도움을 줄 것이다.

〈미래〉

한 초등학교. 어느 날 로봇이 책가방을 메고 교실문을 들어선다.

"오늘은 여러분에게 새로운 친구를 소개하겠어요. 김갑돌군입니다." 원격조종 로봇을 통한 대리등교를 허용하는 법안이 통과된 후, 교통사고로 휠체어를 탄 채 외부와 차단된 생활을 해온 김갑돌은 새로운 법안실험의 첫 대상이 됐다. 김갑돌은 자신의 분신처럼 움직이는 원격제어 로봇을 통해서 학교생활을 새로 시작한다.

아이들은 로봇에게 '히노키오'라는 별명을 붙여주고 학교 전체의 관심은 히노키오에게 쏠린다.

일본 영화 히노키오는 로봇기술이 의사소통의 도구로 사용될 때 궁극적 모델을 보여줘 화제를 모았다. 주인공 소년이 외부와 소통하는 방법은 오직 자신의 대리인 로봇을 통하는 것뿐이다. 소년은 로봇을 통해 단순히 수업내용을 전달받는 정도가 아니라 마치 교실에 있는 듯한 생생한 느낌을 공유한다.

[그림 2-29] 일본영화 "히노끼오"의 한장면

본래 아픈 학생을 대신해 학교에 다니는 출석 로봇으로 개발된 히노키오는 주인공의 사회생활을 대신하는 분신으로 거뜬히 활동한다. 학교 친구들도 히노키오를 기계로봇이 아니라 친구의 인격체로 간주하며 지낸다.

로봇을 매개체로 한 어린이들의 우정을 감동적으로 그려낸 이 영화는 국내 흥행에 별로 성공하지 못했다. 하지만 미디어와 로봇기술의 통합이 가져올 파장을 잘 묘사했다는 점에서 주목할 가치가 있다. 실제로 일본 · 미국에서는 교육현장에서 출석을 대신하거나 전쟁터에서 위험한 취재를 대신하는 미디어로봇에 대한 연구가 활발하다.

■ 인격을 대변하는 매개체로 로봇을 선호

인류가 만든 온갖 미디어 매체를 '생생함'과 '양방향성'이라는 두 가지 측면에서 분류한다. TV · 영화는 생생함에서 책보다 훨씬 앞선다. 전화는 양방향성에서 신문, 이메일을 압도한다. 점점 미래는 생생함과 양방향성이 높아져 '가상 현실감(Telepresence)'을 느끼는데 유리하다. 사람들이 굳이 초대형 HDTV로 주문형 콘텐츠를 보는 데 큰 돈을 쓰는 이유는 현실에 더욱 가까운 미디어 매체를 선호하기 때문이다.

미디어 로봇은 자유롭게 이동하면서 주변 사람과 실시간 소통이 가능한데다 오프라인 환경에 직접 행동을 취할 수도 있다. 인간의 자연스런 의사소통능력을 모방하는데는 지금까지 나온 어떤 미디어 매체도 로봇을 따라가지 못한다. 로봇은 인류가 만들어낸 가장 완벽에 가까운 커뮤니케이션 도구가 될 가능성이 높다.

9) 보안 로봇

과학기술의 힘으로 범죄 없는 세상을 만들 수 있을까. 가능성은 미지수지만 요즘 치안 활동에서 무인로봇의 역할은 눈에 띄게 늘어나는 추세다. 24시간 쉬지 않고 경비구역을 순찰하는 보안로봇(Security Robot)은 도둑을 쫓는 수동적 경비를 능동적 경비로 전환시킬 차세대 무인경비 시스템의 주역으로 각광받고 있다. 올림픽 개막을 선언하는 스태디움, 성대한 개회식 행사가 진행되는 동안 수십대의 보안로봇들이 경기장 곳곳을 살피면서 테러징후를 체크하고 있다. 가파른 계단도 거뜬히 올라가는 이 '로봇공안'들은 수상한 조짐을 감지하면 즉각 영상을 전송하고 좁은 공간에 숨겨진 폭발물도 처리할 수 있다. 이

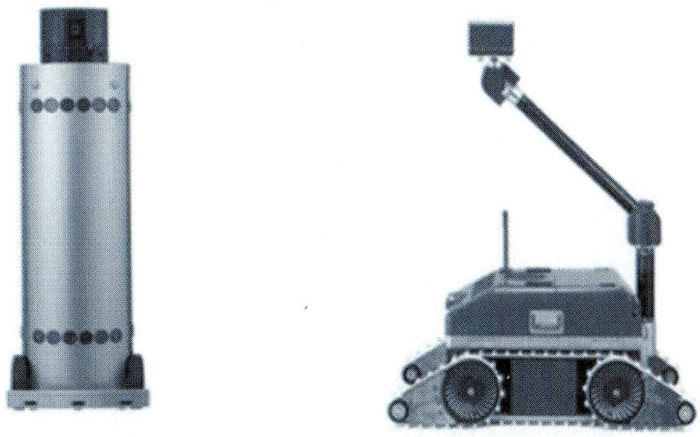

[그림 2-30] 보안로봇 "모스로, 에센드로"

같은 꿈을 실현하기 위해 자체 제작한 보안로봇 3종(제품명 오프로, 모스로, 어센드로)이다. 특히 보안로봇 '오프로'는 이미 독일 월드컵 경기에도 투입되는 등 운영사례가 많이 있다.

보안로봇은 청소로봇에 이어 두번째로 열리는 지능형 로봇시장이다. 실제로 국내외 로봇업체들의 가정용 로봇제품을 살펴보면 방청소를 하거나 집을 지키는 보안기능을 채택한 사례가 대부분이다. 보안로봇이 상용화에 급물살을 타는 이유는 기존 무인경비시스템의 근본적인 취약점 때문이다. 건물 내에서 외부침입자를 감지하는 방범센서와 감시카메라가 한 곳에 고정돼 있어 감시가 어려운 사각지역이 존재한다. 로봇을 방범활동에 투입하면 실내외에서 자유로운 기동성을 갖기 때문에 전통적인 무인경비의 취약점을 단번에 해결할 수 있다. 건물 구석구석을 꼼꼼히 뒤지는 것도 가능하고 지하실에 내려가서 온수파이프의 누수유무를 확인한다던지 건물 유리창이 깨졌는지 점검하는 식의 입체적 경비활동이 가능해지는 것이다.

언제 위험한 상황에 노출될지 모르는 경찰, 경비인력의 입장에서도 보안로봇의 확산은 환영할 일이다. 현장에서 범인과 직접 격투를 벌이는 대신 보안로봇이 전송한 영상정보를 바탕으로 예상 도주로를 차단하면서 추격하는 편이 훨씬 안전하기 때문이다. 우리나라는 잘 짜여진 IT인프라 때문에 방범활동을 위해 로봇기술을 적용하기에 적합한 조건을 갖춰 다양한 형태의 로봇기반 보안서비스가 준비중이다.

■ 보안로봇, 무인경비시스템의 새로운 이름

[그림 2-31] 보안로봇 로미

사람들은 흔히 보안로봇을 건물에 배치하면 알아서 방범활동을 수행할 것으로 기대한다. 하지만 로봇이 보안분야에서 혼자서 할 수 있는 일이란 극히 제한적이다. 상황 판단력이 미숙한 로봇에게 스스로 침입자를 식별하고 총기나 물리력을 사용할 권한을 주는 것은 미친 짓이다. 잘못하면 야근을 위해 밤늦게 회사로 들어가던 직원이 경비로봇에게 봉변을 당할 수 있다.

보안로봇은 우선 침입자가 들어오지 못하도록 경고하고 긴급상황을 재빨리 신고하는 '바퀴달린 보안센서'로 작동할 때 범죄예방에 가장 효과를 발휘한다. 보안로봇의 단계별 대응조치에는 반드시 인간의 주관적 판단이 요구된다. 보안로봇 시장에서 가장 주목할 변수는 로봇자체의 성능보다 기존 무인경비업체들과 연계성이다.

무인경비업체들은 인건비부담을 낮추고 범죄위협에 능동적으로 대처하기 위해 기존 보안센서망에 로봇기술을 접목시키는데 박차를 가하기 시작했다. 경비인력과 보안로봇, 센서망을 하나로 연계된 유비쿼터스 보안체제가 등장하는 셈이다. 사회안전로봇은 여러 대의 로봇이 상호 위치정보를 공유하며 침입자의 예상도주로를 조직적으로 차단하는 집단로봇 제어기술을 구현한다. 또 일부 모델은 항만, 아파트 등 야외를 돌아다니는 순찰기능도 지원하게 된다. 보안로봇의 수요확산을 위해서는 제도적 걸림돌부터 치워야 한다는 주장도 나오고 있다. 기동성을 갖춘 보안로봇은 작동 중에 예기치 못한 사고를 일으킬 수 있어 별도 보험가입이 필수적이다. 무인로봇을 경비업무에 투입하는데 맞춰 경비용역법을 개정하는 등 제도적 보완책이 뒤따라야 한다.

보안로봇은 심각한 방범활동 외에 일상 속의 사소한 안전을 지키는데도 요긴하게 쓸 수 있다. ETRI가 선보인 보안로봇 '로미(ROMI)'는 가정내 모니터링 용도로 쉽게 쓸 수 있는 보급형 로봇의 전형을 보여주고 있다. 로미는 3세대 HSDPA모듈을 내장해 전국 어디서나 초당 10프레임 이상의 고화질 전송이 가능해 화상 휴대폰으로 집안을 모니터링하는 용도이다. SKT는 화상휴대폰의 사용을 촉진하기 위해 HSDPA기반의 보안로봇인 로미를 대당 100만원 이하에 판매하는 방안을 검토 중이다.

감시용 CCTV가 설치된 보안 사이트 중에서도 로봇의 기동성과 연계해 부가가치를 창출할 수 있는 분야이다. 실외 주행기능을 갖춘 보안로봇이 대중화되면 불법주차단속이나 학교의 후미진 구석에서 벌어지는 교내폭력을 감시하는 용도로 꽤 효율적이다.

10) 반도체 및 LCD 로봇

국내 IT산업에서 반도체, LCD의 비중은 절대적이다. 둘 다 명실공히 세계 1위 품목으로 IT강국 대한민국의 버팀목 역할을 하고 있다.

로봇은 반도체와 LCD 생산라인을 24시간 멈추지 않고 돌리는 숨은 일꾼이다. 로봇팔의 속도와 정확성이 향상될수록 우리가 쓰는 전자제품의 가격은 떨어지게 된다. 거대한 반도체, 디스플레이 생산라인에서 반제품을 다음 공정으로 정확히 넘기는 과정에는 정교한 로봇장비의 도움이 필수적이다. 침대보다 넓은 유리판을 다루려면 진동이 극도로 억제된 로봇 팔을 정밀하게 움직이는 제어기술이 필요하다. 예민한 반도체 웨이퍼를 자유자재로 집어들어 검사하고 조립하는 로봇도 일반 산업용 로봇을 훨씬 능가하는 고정밀도와 신뢰성을 요구한다. 각 공정을 24시간 담당하는 로봇팔이 갑자기 고장나면 해당 반도체, LCD생산라인은 생산을 멈추고 로봇가격을 몇십 배 능가하는 손해를 입게 된다. IT산업의 꽃인 반도체와 LCD를 다루는 로봇장비는 아무나 만들 수 없는 것이다.

[그림 2-32] 반도체, LCD생산라인 로봇

산업용 로봇의 주역은 본래 자동차 생산라인에 투입되는 용접로봇이다. 지난 80년대까지 산업용 로봇의 이미지란 거대한 제조공장에서 일사불란하게 자동차를 찍어내는 로봇팔이 전부였다. 그러나 로봇회사들은 폭발적으로 성장하는 IT산업에서 새로운 자동화수요를 발견했다.

무어의 법칙에 따라 해마다 더 정밀한 반도체를 더욱 싼 가격에 만들기 원하는 반도체 업체들이 로봇장비를 대거 주문했다. 다음은 디스플레이 시장의 왕좌를 노리는 LCD 제조사들도 로봇업계의 신규고객 리스트에 올랐다. 반도체, LCD업계가 요구하는 로봇장비는 터프한 산업용 로봇과 달리 생선초밥을 만들 듯이 매우 섬세하고 특수한 기능이 요구됐다. 작업과정에서 불량률을 높이는 먼지를 일으키지 않는 클린로봇, 제품공정상 진공상태에서 작업을 하는 진공로봇 등이 필요했던 것. 이와 관련한 로봇시장은 당연히 반도체, LCD 제조장비를 만들던 미국과 일본기업의 독무대가 됐다.

우리나라의 반도체, LCD 제조라인에 들어가는 각종 로봇장비도 야스카와, 산쿄, 브룩스오토메이션 등 외국계 업체들이 대부분 점유했다.

이 같은 상황은 90년대 말 삼성전자가 생산기술센터를 중심으로 반도체, LCD 로봇 국산화에 착수하면서 조금씩 바뀌었다. 삼성전자의 로봇개발은 외부판매보다 자체 반도체, LCD 라인의 생산성 향상이 목적이었다. 덤으로 외산 장비를 도입할 때도 삼성이 개발한 국산로봇은 장비도입가를 낮추는데 유용한 협상카드로 활용됐다. 삼성의 로봇인력을 주축으로 2000년 산업용 로봇회사 아이램테크가 출범했고 TES, 로보스타, 다사테크, 사이멕스 등 여타 로봇업체들도 관련시장에 잇따라 뛰어들었다.

현대중공업도 차량용 로봇의 대체수요를 찾아 LCD 로봇시장에 접근하고 있다. 삼성전자 외에도 하이닉스와 LPL 등 반도체, LCD 업계 전체가 국산로봇의 등장으로 간접적인 원가절감 혜택을 누렸다.

모터와 감속기를 포함한 로봇의 핵심부품 대부분을 일본에 의존하는 상황에서 똑같은 표준로봇을 만들어서는 승산이 낮다. 반도체, LCD 로봇은 높은 정밀도와 신뢰성이 요구되기 때문에 외산부품의 원가비중이 60% 이상이라고 추정한다.

진공로봇의 경우 국산품 개발은 활발하지만 아직 신뢰성 문제로 실제 생산라인에 적용된 사례는 극히 드물다. 국내 로봇업체들은 수요처의 요구대로 로봇을 개량해주는 커스터마이징 수요에 더욱 매달리고 있다. 로봇분야에서 한·일 간의 부품기술격차나 환율문제를 단기간에 극복할 묘안은 없다. 그렇다고 국내 로봇산업의 중요한 축인 반도체, LCD 로봇의 어려움을 방치할 경우 외산로봇의 시장독점에 따라 관련산업에 악영향이 예상된다.

또 로봇업체는 장비업체와 컨소시엄을 통한 R&D사업을 확대해야 하고 여러 로봇업체들이 힘을 모아 공급자 파워를 높이는 것은 분명 바람직한 변화다.

산업용 로봇 중에서 반도체, LCD 로봇시장을 잡아야 국내 로봇과 IT산업의 경쟁력이 강화된다. 2010년까지 세계 반도체, LCD 로봇시장은 차량용 로봇 시장과 비슷해진다. 이후에는 로봇시장의 주도권이 자동차에서 반도체, LCD 분야로 역전이 된다.

로봇이 내장된 전체장비를 로봇 범주로 간주하는 시각이 필요하다며 일본은 SMD장비도 산업용 로봇통계에 포함시킨다. 반도체, LCD 로봇의 경쟁력 강화를 위한 정부차원의 대책이 필요하고 산업용 로봇에 대한 투자를 서비스로봇과 동등한 수준으로 추진해야 한다.

11) 해양로봇

어둠에 묻힌 깊은 바다 속은 인간의 접근을 불허하는 극한 환경이다. 손톱만한 면적에도 자동차 무게의 엄청난 수압이 짓누른다. 얼음처럼 찬 수온에 전파·빛도 전혀 안닿는 암흑세상이다. 이런 심해 속으로 세계 각국이 자원개발의 손길을 뻗치고 있다. 그 첨병은 해양로봇이다.

요즘 자원난이 심화되면서 깊은 바닷속을 제 집처럼 드나들 수 있는 해양로봇의 경제적 가치가 부각되고 있다. 육지에서 값싸게 지하자원을 채취할 수 있을 때는 굳이 바다 밑 자원까지 기웃거릴 필요가 없었다. 하지만 육상과 근해의 석유자원이 점차 고갈되고 구리 · 니켈 · 코발트 등 전략금속의 가격이 천정부지로 뛰면서 상황이 바뀌고 있다. 바다 속 어디에 묻힌지도 불확실한 해저자원이지만 국가 미래를 위해 무조건 선점할 필요성이 생긴 것이다.

해저탐사기술은 본래 2차 세계대전 이후 미소 양국이 더 깊은 바닷속에 내려가는 군사 경쟁을 벌이면서 급속히 발달했다.

70년대 후반 오일쇼크가 일어나자 군사용 해저탐사기술은 연근해의 해저유전을 개발하는 민수시장에 대거 동원됐다. 거대한 석유시추선의 탐사작업을 지원하는 상업용 해양로봇(무인잠수정)이 처음 등장한 시기도 이때였다.

무인잠수정은 사람이 타는 유인잠수정에 비해 행동반경이 좁고 작업속도가 더디지만 인명손실과 안전성 문제에서 자유로워 90년대 이후 해저탐사의 주역이 되고 있다.

무인잠수정은 해저자원탐사뿐만 아니라 침몰된 선박의 인양, 해저케이블 설치, 수중구조물의 보수 등에 이용된다.

무인잠수정은 크게 바다 위 선박에서 케이블을 통한 원격조정형 ROV(Remotely Operated Vehicle)와 케이블 없이 프로그램에 따라 이동하는 자율형 AUV(Autonomous Underwater Vehicle)로 나눠진다.

최근에는 기동성이 뛰어난 AUV와 장시간 해저작업에 유리한 ROV의 장점을 혼합한 복합형 무인잠수정도 등장하는 추세다.

드넓은 바다에서 석유가 나올 최적의 시추지점을 결정하려면 바닷속을 샅샅이 누비는 무인잠수정의 도움이 필수적이다. 석유탐사에 활용되는 수심 2500m급 무인잠수정은 대당 가격이 50억~60억원에 달한다. 이만한 성능의 무인잠수정을 하루 빌리는 임대료도 3000만원이 훌쩍 넘는다. 문제는 해저유전의 생산량이 눈에 띄게 줄면서 높은 생산비 부담에도 불구하고 더 깊숙한 해저까지 빨대(시추공)를 꽂아야 할 시점이 왔다는 것. 유가 급등 때문에 해적퇴적층을 이잡듯 뒤져 불타는 얼음으로 불리는 고체메탄(가스하이드레이트)를 찾는 수요도 늘고 있다. 또 구리 · 니켈 · 코발트 등 광물자원의 보고인 심해저의 망간단괴를 채취하기 위해 한차원 높은 해양로봇의 잠수성능이 요구된다.

이 때문에 세계 각국은 6000m급 심해까지 들어가는 차세대 무인잠수정 개발에 박차를 가하고 있다.

(1) 한국의 해양로봇 기술 수준

우리나라의 해양로봇 연구는 90년대 초반부터 본격화됐지만 짧은 역사에도 불구하고 선진국 수준에 근접하는 상황이다. 한국해양연구원은 미국 · 일본 · 프랑스에 이어 세계 4번째로 6000m 이상급 무인잠수정인 해미래를 개발했다.

이로써 한국은 태평양 심해저를 비롯해 전세계 바다의 95%를 탐사할 수 있는 능력을 확보했다. 해미래는 지난해 10월 동해의 울릉분지 해저 2050m에 동판 태극기를 설치했고 동해안의 가스 하이드 레이트 개발사업에 투입될 예정이다.

한국해양연구원은 ROV개념의 해미래 외에 자체 수중항법기능을 갖춘 AUV 2종을 함께 개발 중이다. 또한 4000~6000m 해저표면을 기동하며 망간단괴를 채취하는 심해작업로봇 '자항형 채광시스템'을 만들고 오는 2015년 이후 관련기술을 상업화한다는 계획이다. 우리나라가 하와이 동남방의 심해저에 확보한 광구에는 연간 300만톤씩 100년간 채취할 수 있는 망간단괴가 쌓여 있다. 해저환경을 보호하며 망간단괴만 집어 수면까지 올리는 채광시스템의 개발이 관건이다. 대우해양조선의 자회사인 DSME 유텍은 최근 항만 주변에 설치된 기뢰위치를 확인하고 자동으로 제거하는 AUV 시제품인 '옥포 300'을 개발해 군사용 심해장비의 국산화에 두각을 나타내고 있다.

(2) 해양로봇의 핵심기술

무인잠수정이 심해에서 작업을 하려며 엄청난 수압에도 찌그러지지 않는 내압설계와 물이 새지 않는 방수기능이 필수적이다. 무인잠수정은 보통 실린더 또는 원구형의 내압설계가 사용되며 연결부에 물이 새지 않도록 오링으로 방수 처리한다.

해양로봇은 녹이 슬지 않도록 염분부식에 강한 특수 알루미늄 · 티타늄 · 세라믹 소재가 사용된다. 무인잠수정의 추진동력과 수중작업용 로봇팔은 주로 유압 또는 전기모터를 이용한다. 수중영상 취득은 주로 방수 하우징에 내장된 카메라가 사용되지만 부유물 때문에 시계가 좋지 않을 경우 3차원으로 물체를 인식하는 초음파 영상기술도 널리 적용된다.

이밖에 캄캄한 수중에서 무인잠수정의 정확한 위치를 파악하기 위한 음향탐지기(소나)와 가속도센서를 혼합한 수중항법 기술도 발전하고 있다. 빛과 전파가 닿지 않는 심해저의 특성 때문에 유일한 통신수단인 음향을 이용한 통신기술도 개선이 필요하다. 수중음파를 이용한 데이터 전달속도는 현재 수심 1000m에서 최대 10kbps에 불과하지만 다양한 압축기술을 이용해 조금씩 속도를 늘려가고 있다.

한국의 해양로봇기술로 심해 무인잠수정의 방수설계나 지능형 항법기술을 구현하는데 큰 어려움은 없다. 이제는 단품의 해양로봇기술을 넘어 각 해저자원을 개발하는 총체적 시스템을 국산화할 때라는 지적도 있다.

석유시추선은 대당 가격이 최고 1조원, 국내 조선업계도 엄두를 못내는 고부가가치 선박이다. 한국이 심해 망간단괴나 가스하이드레이트를 개발하는 전체 로봇시스템을 먼저 개발한다면 천문학적인 수익을 올리게 될 것이다.

국내 유일의 해양로봇 전문업체 DSME 유텍은 우리나라의 심해로봇기술도 여타 해양강국에 크게 뒤지지 않는다. 비록 해양로봇의 역사는 짧지만 조선과 IT분야의 탄탄한 경쟁력을 바탕으로 세계적 기술수준에 근접하고 있다.

해저자원을 개발하는데 국내 민간기업들의 적극적 투자가 아쉽다. 요즘 국내 조선산업이 최고의 호황을 누리듯이 바닷속의 무한한 자원을 개발하는 사업도 전망이 좋다. 해양로봇시장은 진짜 블루오션이다. 정부과제로 개발한 무인 잠수정 '옥포 300'에 많은 기대가 있다. 이것은 미국 · 노르웨이 등 몇몇 해양강국만이 보유한 인텔리전트 수중항법기능을 구현해 다양한 산업계 응용이 가능하다.

제3장

지능형 로봇의 구조 및 특징

3.1 지능형 로봇의 구조

목적이 정확하게 주어지면 그것을 달성하기 위하여 필요로 하는 작업, 조작 및 그 실행 순서를 자체의 정보에 따라 도출하고, 그것에 따라서 작업을 하여 목적을 달성하는 로봇.

위와 같은 정의가 지능형 로봇의 가장 기본적인 행동에 대한 정의로 해석을 할 수 있으며, 지능형 로봇(Intelligent Robot)에 대한 기술적인 행동에 대한 정의는 "지능로봇이란 시각, 청각, 촉각, 후각, 미각 등 오감센서를 장착한 로봇을 의미한다. 여기서 지능이란 AI(Artificial Intelligence)와는 다른 것이다. 예를 들면, 비전(vision)센서가 장착되어 있는 지능로봇은 센서를 통해 물체를 확인하고 따라 가거나 피할 수 있다. 마찬가지로 후각센서가 장착되어 있는 지능로봇은 향을 맡고 따라 갈 수 있다. 즉, 센서와 센서를 이용할 수 있는 소프트웨어의 결합적 의미라고 하겠다. 따라서 지능로봇은 짜인 프로그램대로 움직이는 것이 아니라 로봇 스스로 행동을 한다는 의미로 정의를 내릴 수 있으며, 다음 표는 지능형 로봇의 기술을 인간의 오감과 행동에 대하여 분류한 것이다.

〈표 3-1〉 지능형 로봇의 구조에 따른 분류

인간의 행동에 따른 분류	지능형 로봇 기술에 따른 분류
운 동	이 동 조작(Manipulation) 촉각 장치(Haptic Device)
감 각	촉 각 시 각 청 각 후 각
제 어	학습 및 인지 자율제어 기반 기술
기 타	동력/전원

3.1.1 운 동

1) 이동성(Mobility)

로봇이 가정이나 실내에 적용되어 다양한 서비스 작업을 수행하기 위해서는 우수한 주행 성능이 요구된다. 특히 가정은 구조적으로 복잡하고 장애물이 산재해 있으며 장애물이 이동하는 환경으로, 이러한 지역에서 로봇이 자율주행을 하기 위해서는 전 방향 주행이 가능한 이동 메커니즘 구조를 가진 로봇이 존재를 하며, 문턱이나 계단의 오르내림을 위해서는 크로라식, 특수차륜식, 보행식 등 방식이 요구된다.

2) 계단이동

건물같이 계단이 많은 환경을 극복하기 위해서 계단의 한계를 극복하는 기능을 갖는 것이 필요하다. 현 개발 현황으로는 탱크형태의 크로라식이 가장 일반적으로 사용되고 있고, 평지주행성이 우수한 특수 차륜식에 대한 개발이 추진중에 있다.

[그림 3-1] 크로라식 구동 형식

[그림 3-2] 특수한 차륜식 계단 승월 로봇

3) 2족 보행

인간 걸음을 100% 흉내낼 수 있는 2족 보행은 평면, 계단 모두에서 사용이 가능하다. 더 좋은 것이 인간이 사는 환경의 대부분에서 적응이 가능해질 것이지만 어려운 기술적인 문제가 많이 있다.

[그림 3-3] 2족 보행 로봇

사용할 수 있는 고출력 모터, 고배율 소형 감속기를 가지고 있어야 하는 기술적인 문제가 존재한다. 이러한 문제를 해결하기 위해 기초적인 2족 보행 로봇의 개발을 시작으로 현재는 보행속도 6km의 정도의 2족 보행 로봇이 등장하였으며 머지않아 사람과 거의 유사한 로봇이 개발이 될 것이다.

3.1.2 조 작

로봇의 조작(Manipulation)에 대한 기술개발은 로봇에서 가장 중요한 부분으로 로봇 구동에 있어서 중요한 역할을 한다. 아래는 조작(Manipulation)에 대한 현재 기술개발 현황 및 기술개발 과제에 대하여 설명하여 본다.

1) 모듈화

로봇의 모듈은 팔(ARM)을 링크와 관절모듈로 나누어 주어진 작업에 적합형태로 쉽게 조립될 수 있는 시스템을 의미한다. 제조하는 입장에서도 모듈만 제조하면 되므로 쉬워지고, 작업에 따른 변신이 가능하고 또 하나의 축이 잘못되면 그것만 바꾸어 주면 되는 장점을 가지는 반면 아직 가격적인 면에서 불리하다는 단점이 있다. 이러한 단점을 보안하기 위해 많은 연구 · 개발이 진행이 되고 있다. 우선 적응(Orientating)부를 하나의 모듈화하며, 위치(Positioning) 부를 1축과 2/3축의 2모듈로 개발하여 저렴한 모듈로 개발하는 것을 목표로 한다.

2) 경량화

경량화는 인간환경에서의 적응력을 높이는 데 매우 중요한 기술이다. 팔이 경량화되고 또 슬림화되면 이들을 이동시키는 이동로봇에게는 부하가 작아지므로 에너지 문제, 하중 문제 등을 해결해주는 매우 중요하다.

3) 스마트 팔

로봇의 팔(ARM)에 다양한 센서들이 결합되어 있어 보다 지능적으로 작업을 할 수 있도록 만들어진 팔(ARM)을 총칭하여 스마트 팔(Smart ARM)이라고 정의할 수 있다. 피부 센서들이 있어 로봇의 외부와의 접촉여부를 알 수 있으며, 또 더 나아가 장애물과 얼마나 떨어져 있는지 또한 알 수 있게 될 것이다. 그리고 동작(actuation)에서 개선도 많이 이루어져 거의 인간의 동작과 유사한 모습을 보이고 크기도 사람과 팔과 비슷하게 된다.

3.1.3 촉각 디바이스

햅틱 인터페이스의 넓은 의미로는 가상환경과 촉각적 상호작용을 하는 시스템 전체를 일컫기도 하지만 좁은 영역의 의미로 사람에게 촉감을 전달하기 위한 물리적 장치

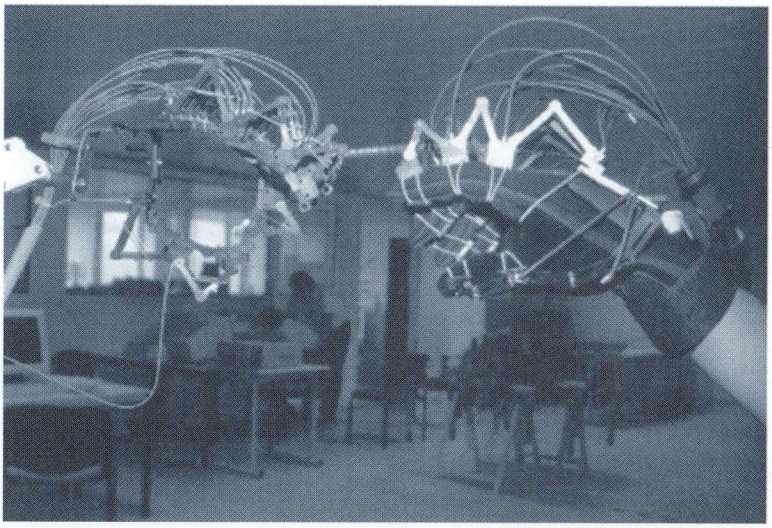

[그림 3-4] 손의 촉각 디바이스

(device)를 말하며, 통상적으로 촉각 디바이스(Haptic device : 햅틱 디바이스)라고 부르기도 한다. 원격지에서 로봇을 제어하는 방법으로 촉각 인터페이스를 이용하여 제어를 하게 되며, 주로 정밀도를 요구하는 작업에서 주로 사용된다.

3.1.4 감 각

1) 소형 힘(Force)/토크센싱(Torque Sensing) 시스템

로봇의 팔과 관절에는 상호 작용하는 힘과 관련한 것으로 로봇이 접촉하는 대상물체에 대해서 사람이 가지고 있는 근감각과 같은 감으로 인식하게 하고, 이 같이 인식된 감을 이용하여 사람의 근감각과 같은 감으로 적절하게 반응을 할 수 있어야 하며, 주변 환경 및 대상물체와 접촉할 때 로봇에게 인간과 유사하게 인식하고 동작하게 하는 기능을 부여하여 로봇을 이용하거나 상대하는 사람들에게 좀 더 친근감을 느끼게 할 수 있어야 한다.

이를 위해서는 아래와 같은 세부 기술이 필요로 하다.

- 힘 · 토크 센싱 및 재생 기술
- 대상물을 잡고 있는 압력 감지 기술
- 대상물의 미끄럼 정도를 느끼게 해주는 전단력 감지 기술

2) 인공피부센서 시스템

로봇이 상호작용을 하고 있는 물체 또는 주변 환경과의 접촉유무뿐만 아니라 접촉력, 접촉 부위에서의 미끄러지는 정보, 접촉 부위의 표면 조도, 접촉 부위의 물성 등의 복합적인 힘의 성분을 분해 또는 합성할 수 있는 기능을 부여하여 로봇의 안정성 향상과 보다 인간 친화적인 수단을 제공하여야 한다.

이를 위해서는 아래와 같은 세부 기술이 필요로 하다.

- 마이크로 어레이 고분자 힘센서 기술
- 전 방향 힘 고성능 감지 및 실시간 신호처리 기술
- 착용 가능한(Wearable) 고분자 감압 천(Sheet) 기술

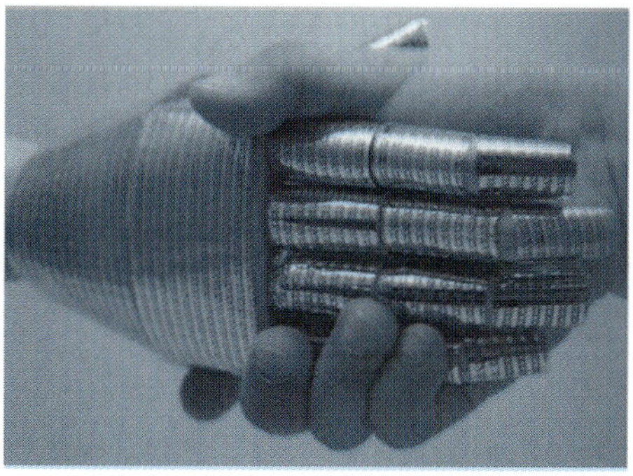

[그림 3-5] 인공피부 손그림

[그림 3-6] 인공피부센서

3.1.5 시 각

1) 실시간 스테레오 시각 시스템

로봇이 물체 또는 주변 환경에 대한 영상정보를 실시간으로 획득하여 작업환경에 대한 정보를 보다 정확하게 판단할 수 있는 수단을 제공하는 시스템이다.

이를 위해서는 아래와 같은 세부 기술이 필요하다.

- 소형 양안식 또는 다안식 입체카메라 시스템
- 입체카메라의 줌, 초점 주시각 및 자동감지 기술
- 입체영상신호 무선화를 위한 부호화/복원 기술

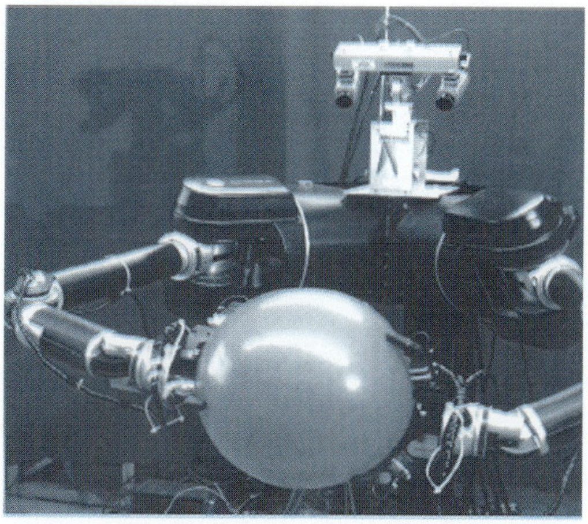

[그림 3-7] 실시간 스테레오 로봇

2) 스마트 스테레오 시각 시스템

인간의 시각과 유사한 기능을 로봇에게 부여하기 위한 것으로 로봇이 주변 환경 및 대상 물체 사이의 3차원 정보를 측정하여 측정된 정보를 이용하여 주변 환경 및 대상 물체를 검출 · 인식 · 재상 · 추적하는 기술이며, 주변 환경 및 대상 물체의 3차원 형상을 사람과 같이 실시간으로 인식할 수 있게 하여 로봇이 스스로 판단하여 주어진 임무를 수행할 수 있는 기능을 제공하여야 한다.

이를 위해서는 아래와 같은 세부 기술이 필요로 하다.

- 물체간 삼차원 형상정보 실시간 획득 기술
- 입체영상정보를 이용한 형상인식 및 추적 기술
- 3차원 형상 복원 및 학습 기술

3) 열화상 인식시스템

화재현상 또는 심야에 주변의 열 분포를 인식하여 열 함유 물체를 인식하고 위치를 추적하는 기술을 말한다.

이를 위해서는 아래와 같은 세부 기술이 필요하다.

- 소형 · 경량 · 고분해능의 적외선 카메라 시스템 기술
- 적외선을 이용한 물체 감지 기술

[그림 3-8] 열화상 카메라

3.1.6 음 성

1) 음성명령언어 인식 기술

로봇이 명령어(Keyword)만을 인식하거나, 명령어 전후에 임의의 음성이 발성되어도 명령어만을 추출하여 인식하거나, 또는 정형화된 문장 형태로 발음된 음성을 인식하여 명령을 수행하는 기술을 말한다.

이를 위해서는 아래와 같은 세부 기술이 필요로 하다.

- 고립음성 인식 기술
- 연속음성 인식 기술
- 음성명령(Keyword) 차례

2) 감정대화 인식 기술

로봇시스템에 효과적으로 적용하기 위하여 로봇에 응용되는 영역을 제한하여 기술을 개발하고, 이를 토대로 응용 영역을 확대하고 영역을 전환하는 기술을 말한다.

이를 위해서는 아래와 같은 세부 기술이 필요로 하다.

- 응용영역 제한 감정이해 대화인식 기술
- 감정이해 · 구현 인식 · 합성 기술

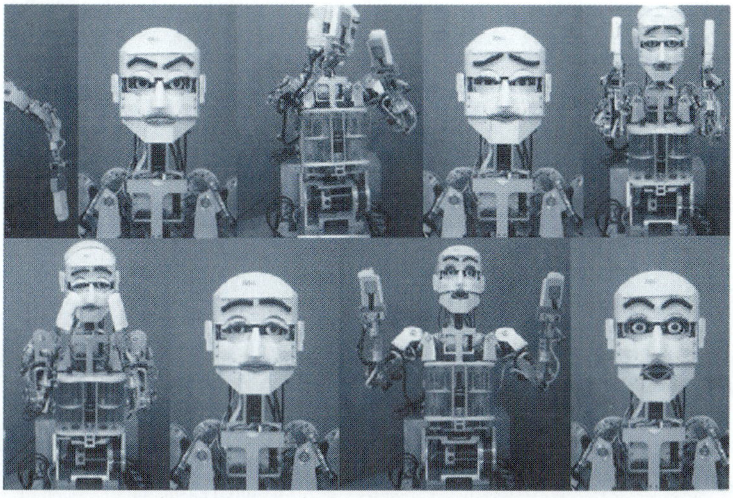

[그림 3-9] 음성인식에 따른 표정변화

3.1.7 후 각

로봇이 활용되는 곳에서 유해가스 누출 등과 같은 생화화적 이상상태를 감지하고 위험 사항을 인식하는 기술을 말한다.

이를 위해서는 아래와 같은 세부기술이 필요로 한다.

- 가스센서의 소형화 기술
- 다종 복합가스 인식용센서 기술

3.1.8 제 어

1) 학습 및 인지

로봇에게 여러 번의 교육을 통해 물체나 행동을 학습시키며, 자율적 학습을 통하여 스스로 대상 체를 인식하고 학습을 강화해 나가는 기술을 말한다. 학습에 이용되는 도구로는 비전(Vision), 센서(Sonar), 인코더(Encoder) 등으로부터의 정보를 종합하여 집안 등의 외부환경을 3차원으로 인식 표시하여야 하며, 사람의 표정 등을 인식하여 그에 대한 로봇의 반응을 표현을 하여야 한다.

2) 자율제어

로봇이 영상정보나 음성명령의 지시를 받고 외부 환경으로부터 이동계획을 세우고 장애물을 회피하여 이동하는 경우 문턱 등 집안 장애물에 의한 미끄러짐 등이 있어도 자기의 절대 위치를 인식할 수 있어야 하며, 로봇의 팔과 손을 가지고 작업을 하기 위해 여러 자유 도중 어느 것을 이용할지 최적화된 계획을 세워 제어를 하여야 한다.

3.1.9 기 타

인간이 존재하기 위해서는 의 · 식 · 주를 해결하는데 존재의 이유가 있다. 로봇 또한 식에 대한 문제를 해결해야 하며, 이에 대한 방안이 배터리 기술 개발이다. 배터리는 로봇에서 가장 중요한 기술로 어떠한 기능보다 초기에 배터리에 대한 설계가 이루어져야 한다. 우선 배터리인 경우에는 자동 충전 기능이 기본적으로 포함이 되어야 하며 이 기능을 구현하기 위해서는 위에 열거된 모든 기술이 바탕이 되어 비로소 자동충전에 대한 기능을 구현함으로써 지능형 로봇이 탄생이 될 수 있다.

3.2 지능형 로봇의 특징

21세기의 인간중심사회에서 돌파형 기술혁명결과를 융합한 새로운 시스템으로서 개인의 삶을 혁신적으로 변화시킬 도구는 인간과 같이 생활하며 인간의 기능을 대신하거나 오히려 인간기능을 능가하여 인간에게 새로운 삶을 누릴 수 있도록 하는 지능형 로봇시스템이라 할 수 있다.

인간기능을 갖는 지능형 로봇이란 인간과 상호작용하면서 현실공간을 공유하고 인간의 기능을 대신할 수 있는 여러 형태의 로봇시스템으로서 인공지능기술, 뇌공학기술, 초소형 기계전자기술, 생체공학기술(BT) 및 나노기술(NT) 등 혁신적인 신기술을 접목한 다양한 로봇이 있다. 본 장에서는 이러한 로봇에 대한 구성에 대하여 알아본다.

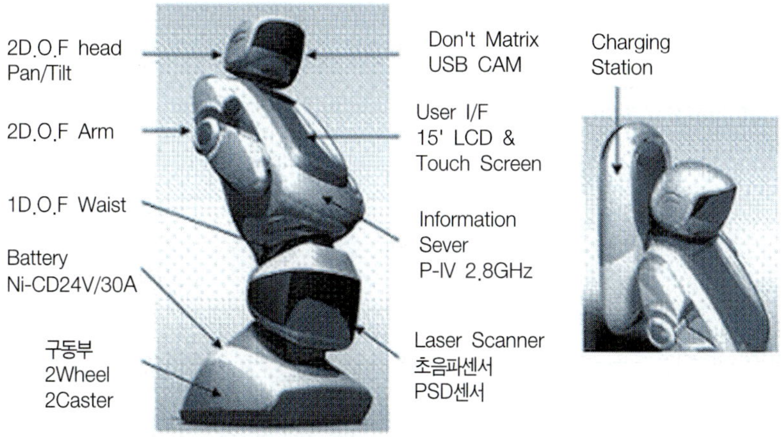

[그림 3-10] 공공안내 도우미 로봇

3.2.1 공공안내 도우미 로봇의 구성 및 특징

공공안내 도우미 로봇은 음성인식 가능 어휘수 및 영상인식 기술을 기반으로 방문객과의 다양한 상호작용을 통해, 실제 사람이 수행하는 안내와 유사한 서비스를 제공하여 방문객의 호기심과 관심을 유도하여야 한다. 예를 들어, "화장실이 어디입니까" 라고 관람객이 물으면 팔의 자유도 및 UI(User Display)를 이용하여 화장실의 방향을 알려 주는 안내 도우미와 똑 같은 역할을 수행할 수 있다. 또한 관람객에게 실질적인 서비스를 제공하게 되는 여러 가지 서비스 및 안내 콘텐츠, 인식 서비스, 센서 네트워크를 통한 환경인식 등은 독립된 서버를 통해서 수행을 기본으로 하며, 이러한 동작을 하기 위해서는 기존이 독립적인 로봇과의 구조는 동일하나, 관람객에 대한 안내 및 의사 표현을 하기 위한 UI 및 사람의 팔과 같은 자유도가 필요하다.

1) 시스템 구성

본 시스템의 구성은 정부에서 추진 중인 공공 도우미 로봇에 대한 시스템 구성으로 사용자들에게 호기심을 불러일으키기 위한 디자인과 안내를 위한 유저 인터페이스(User Interface)로 구성이 되어 있다.

① 4 D.O.F 팔 : 사용자의 안내를 보다 효율적으로 안내하기 위한 2 자유도의 팔을 장착하고 있다.

② 2 D.O.F Pan/경사(Tilting) : 팔 이외의 보다 많은 동작 구현을 위한 Panning 및 Tilting 구조로 설계되어 있다.

③ 1 D.O.F 웨스트 : 보다 로봇의 유연성을 높여 사용자에 대한 안내를 효율적으로 대응하기 위한 허리 부분의 자유도 설계

④ 2 바퀴(Wheel) & 2 캐스터 : 자유로운 주행과 안정된 주행을 위한 2 바퀴(Wheel) & 2 다리바퀴(Caster) 설계

⑤ USB Camera : 원격모니터링 및 감시, 제어를 위한 카메라 장착

⑥ 15" LCD & 터치스크린 : 로봇의 감정을 표현하고, 필요에 따라 고객들에게 필요한 전달사항을 공지해 줄 수 있도록 하였으며, 마이크 및 스피커를 통한 음성인식이나 합성을 통해서 사용자와의 상호작용이 가능하도록 설계

⑦ **레이저센서** : 지능 주행을 하기 위한 환경인식용 메인센서

⑧ **초음파 및 PSD센서** : 전방 및 후방의 물체를 감지하거나, 낭떠러지를 감지하기 위한 센서 설계

⑨ **결합부분(Docking station)** : 자율 주행 중 배터리를 충전하기 위한 충전대설계

이상이 공공안내 도우미 로봇에 대한 구조를 간략히 설명한 것이며, 세부 로봇구조는 일반적인 지능형 로봇구조와 동일한 구조를 가지고 있다.

2) 주요 서비스

지능형 로봇은 로봇의 기본 3원칙에 편리함, 안정함, 즐거움의 3요소를 추가함으로써 인간과 공존하며, 인간에 대한 삶의 질의 향상시킬 수가 있다. 공공안내 도우미의 로봇의 주목적은 특정 공간에서 사용자에 대한 서비스를 주목적으로 하는 로봇이므로 다음과 같은 서비스에 대한 기본 기능을 포함하고 있다.

3.2.2 청소로봇의 특징

조립이나 동장, 용접 등 단순 반복 작업이나 위험한 산업현장에 주로 쓰이던 로봇이 가정으로 몰려오고 있다. 최근 국내외에서 생산된 다양한 제품이 웰빙 바람을 타고 시장에 나오면서 청소용 로봇이 인기를 끌고 있다. 최근 가정용 서비스 로봇으로 청소용 로봇의 개발이 활성화되면서 로봇의 생활화가 성큼 다가서고 있다. 청소용 로봇이 인기를 끌 수밖에 없는 이유는 인건비의 절감과 편의성이 있다. 최첨단 진공청소기들이 수 없이 나오지만 아직은 사람의 손에 의존하고 빗자루나 걸레를 이용하며, 진공청소기를 들고 청소 작업에 나서야 한다. 청소로봇은 이러한 불만을 한꺼번에 없애줄 수 있다.

2000년대 초반 청소로봇의 가전시장 진입이 없었다면 요즘과 같은 로봇 붐은 애당초 기대하기도 힘들었을 것이다. 서비스 로봇의 대표주자인 청소로봇은 크게 고급형과 보급형의 두 가지로 나눌 수 있다. 보급형 청소로봇시장에서 한국의 후발기업들이 기능면에서 차별화된 고급형 제품으로 '로봇 한류'를 만들어 가고 있다.

국내 가전사와 로봇회사들은 외산 청소로봇의 등장을 중대한 도전으로 받아들였다. 미래 로봇시장을 선점하기 위한 국산 청소로봇의 개발경쟁이 불붙고 정부의 로봇지원정책

[그림 3-11] 아이클레보(유진로봇)

[그림 3-12] 룸바(아이로봇)

이 뒤따랐다.

덕분에 한국은 청소로봇 시장에서 선도적인 위치에 올랐다. 미국, 캐나다에 이어서 한국은 세계 3위의 청소로봇시장이다. 소비자들이 청소로봇에 대한 관심이 높고 업체 간의 경쟁도 뜨겁다. LG전자와 삼성전자는 트릴로바이트를 벤치마킹해서 자율 항법기능을 갖춘 고가의 청소로봇개발에 집중했다. 한국형 청소로봇은 차별화된 고급취향의 디자인과 성능을 추구하게 된 것이었다.

지난 수년간 로봇 붐을 타고 많은 기업들이 특화된 기능의 청소로봇을 개발한 결과 고급형 시장의 주도권은 유럽에서 한국기업으로 넘어왔다. 가전제품의 제조역량, 로봇에 대한 유별난 관심, 로봇기동에 유리한 아파트식 거주환경 등은 한국이 아시아의 로봇청소 강국으로 성장하는데 유리한 토양이다.

국내 로봇업체들은 올들어 한 차원 높은 청소기능을 구현하는 신형 로봇제품으로 바닥재의 얼룩을 쉽게 지우고 살균소독까지 하는 스팀청소로봇을 시판하고 있다. 특히 최근 개발한 로봇은 정해진 방만 골라서 청소를 하는 신형 청소로봇을 출시하고 청소로봇의 위치인식에서도 획기적 발전이 되고 있다.

미국의 에볼루션 로보틱스(Evolution Robotics)는 자체 개발한 초저가 위치인식센서를 이용해 현존하는 최고의 청소로봇을 개발하고 있다.

청소로봇의 위치인식 문제를 로봇의 방향전환을 알려주는 자이로(Gyro)센서와 복잡한 매핑 알고리듬을 통해서 벽을 따라 한 바퀴 돌면서 방안구조를 대충 파악한 다음 구역별로 먼지를 빨아들인다. 덕분에 쓸데없이 중복되는 청소구역이나 먼지가 남는 사각지역(Dead Space)이 크게 줄었다.

앞으로 청소로봇시장은 내비게이션과 스팀 등 고기능 제품들이 한판 승부를 벌일 것으로 예상된다. 여기에 청소로봇 가격도 보급형 제품수준으로 내려가고 청소로봇의 수요는 폭발적인 제 2의 성장기에 접어든다. 세계 청소기 시장은 연간 5000만대이상이다. 청소로봇의 비중은 현재 2%에서 2010년대 중반까지 10%를 넘어설 것으로 기대된다. 고령화 사회가 도래함에 따라 체력이 부족한 고령자의 가사노동을 대신할 청소로봇의 수요처는 계속 늘어날 것이다.

3.2.3 극한 작업로봇의 특징

사람이 다가갈 수 없는 혹독한 환경에서 사람과 같은 고도의 작업을 하는 로봇을 극한 작업로봇이라 한다. 극한 작업로봇의 활동하는 주요 작업분야에는 원자력 시설, 심해 등이다. 이러한 특수 환경에서 인간을 대신하여 작업하는 로봇 중 하나며, 최근에는 극한 작업로봇 중 특히 부각되는 로봇은 지진 등으로 무너진 건물 잔해 속으로 들어가 생존자를 탐색하는 인명 구조용 로봇의 개발이 진행중에 있다. 극한 작업로봇의 경우에는 자율주행기술, 환경 인식기술, 자기위치 인식기술, 실시간 통신기술, 정밀센서기술 및 고성능 배터리 기술 등이 복합적으로 적용된 로봇이다.

[그림 3-13] 생존자 탐색(MOIRA)

[그림 3-14] 생존자 탐색(SORYU)

3.2.4 URC 로봇의 특징

현재 미국과 일본 등에서는 하루같이 새로운 기술과 시도로 우리를 깜짝 놀라게 하는 로봇 기술을 선보이고 있다. 감정을 갖는 코그로봇 두 다리로 춤을 추고 점프까지 하는 소니의 큐리오, 로봇 네비케이션 기능을 갖춘 청소로봇까지 다양한 형태로 우리에게 한발 한발 다가오고 있다. 향후 10년 이내에 가정에서 한 대의 로봇을 쓰는 본격적인 로봇 시대가 열릴 것이라고 예측을 하며, 이 로봇에는 지금의 컴퓨터가 음성인식 기능과 이동 기능을 갖추어 집을 돌아다니며 경비 정보서비스 가전제품제어 간단한 심부름 친구 역할 등을 해주는 고지능 심부름 지능형 로봇이 될 수 있다.

1) URC(Ubiquitous Robotics Companion) 정의

지능형 서비스 로봇은 인간과 상호작용을 통하여 인간의 명령 및 감정을 이해하고 반응하며 정보통신기술을 바탕으로 인간에게 다양한 서비스를 제공하며, 외부환경인식 정보의 획득, 지능적 판단, 자율적인 행동 등의 인공지능기술을 이용하여 인간을 지원하는 기술을 바탕으로 인간과 서로 상호작용하면서 가사 지원 교육 엔터테인먼트, IT 등 다양한 형태의 서비스를 제공하는 인간 지향적인 로봇으로 정의할 수 있으며, “언제 어디서나 나에게 필요한 서비스를 제공하는 로봇”의 개념으로 정의한다. 또한 네트워크 정보 콘텐츠 로봇은 URC의 기본 개념에 보다 많은 콘텐츠를 네트워크를 이용하여 사용자에게 제공하는 로봇이다.

2) URC 로봇의 특징

URC 로봇은 기존 산업 로봇과는 다르며 주로 인간과 인터페이스하는 서비스분야에서 사용되는 서비스 로봇 용도이기에 다음과 같이 기본 로봇과는 다른 몇 가지 특징을 지니고 있어야 한다.

- 가장 중요한 것은 URC 로봇이 유선 혹은 무선통신을 통해 각종 외부 디지털 디바이스와 상호연동할 수 있어야 하고 유무선을 통하여 환경인식이나 음성인식 등과 같이 로봇이 수행해야 할 기능을 외부 디바이스에 분담시킴으로써 로봇의 하드웨어 구성을 단순화시켜 제작원가를 절감하고 날씨나 교통정보와 같이 로봇

단독으로는 획득할 수 없는 정보 등을 이용하여 보다 다양한 서비스를 할 수 있는 것이다.

- 산업용 로봇이 일반인의 접근이 통제된 고정된 환경에서 미리 순서가 정해진 일을 반복수행하는 것과는 달리 서비스 로봇은 보고 듣고 말할 수 있으며 주행 혹은 보행기능을 가지고 일반인과 상호작용할 수 있는 최소한의 지능을 보유해야 한다.
- 일반 대중을 대상으로 하기에 값싸게 제작하여 널리 보급될 수 있어야 하며 차후 홈네트워크 등 신기술와의 통합도 용이하게 이루어져야 한다.

3) URC 로봇의 구성

- 네트워크와 접목한 URC 로봇은 크게 하드웨어 부문과 소프트웨어 부문으로 나눌 수 있다.
- 일반적으로 지능을 지닌 로봇은 크게 3가지의 기술로 분류할 수가 있으며 이는 각각 지각(Sensing), 처리(Processing), 행동(Acting)으로 정의될 수 있다.
- 지각은 주위의 환경을 감지하여 처리부에 알려주는 기술이며, 처리기술은 이러한 지각을 이용하여 행동을 결정하는 것이고 행동은 결정된 행동을 이용하여 일련의 정해진 행동을 하는 기술이다.
- 이렇게 나누어진 3가지의 분류는 URC 로봇에 있어서는 처리부분을 네트워크 서버에 분담하여 둠으로써 나머지 두 처리부의 효율을 높일 수 있는 장점이 있다.
- 따라서 URC 로봇을 서버와 연계된 클라이언트로 봤을 때 구동부분과 센서 부분이 바로 핵심적인 기술이라고 할 수 있으며 아울러 유무선 네트워크를 통해 통신을 하므로 처리 프로세서를 맞는 서버와 인터페이스가 되는 네트워크 기술과 독립적인 작동을 할 때 핵심적인 요소 중 하나인 배터리 등 중요한 부품 기술이 된다.

4) 네트워크 기반 로봇의 분류

(1) 독립형 로봇

네트워크와는 전혀 무관하게 독립적으로 운영되는 특화된 기능을 내장한다. 로봇의 구동을 위한 제어시스템, 다양한 센서 및 신호처리 시스템, 콘텐츠 제공을 위한 소프트웨어 및 중앙제어 시스템을 모두 탑재하고 있어 가격이 비싸고 기능이 제한적이다. 엔터테인먼트 로봇이나 퍼스널 로봇의 경우 기능과 동작 특성의 개선이 매우 어렵기 때문에 높은 가격에도 불구하고 활용기간이 길지 않다.

(2) 소 결합용(Loosely-coupled) 네트워크 기반 로봇

인터넷 접속을 통해 실행되는 소프트웨어를 다운로딩받거나 인터넷에서 필요한 정보를 제공받아 사용자에게 전달할 수 있는 형태의 네트워크 활용이 제한적인 로봇을 말한다. 원격지에서 핸드폰 혹인 PDA와 같은 이동통신 단말기를 통해 제어될 수 있고 제한된 정보를 이동통신 단말기에 제공할 수 있다. 이 경우에는 로봇 스스로가 인터넷을 통해 개선된 서비스 콘텐츠를 받아들여 스스로의 기능과 동작특성을 개선할 수 있고, 인터넷에서 사용자가 필요로 하는 정보를 수집하여 제공할 수 있다는 관점에서 한 단계 발전된 로봇이다.

이 로봇은 구동을 위한 제어 시스템, 다양한 센서 및 신호처리 시스템, 콘텐츠 제공을 위한 소프트웨어 및 중앙제어 시스템이 모두 탑재하고 있지만, 네트워크 활용을 통해 정보를 제공하거나 공유할 수 있다는 장점을 갖는다.

(3) 밀 결합용(Closely-coupled) 네트워크 기반 로봇

로봇 자체에는 로봇 구동을 위한 제어기, 센서 인터페이스 및 무선통신 인터페이스만을 장착학고 대부분의 신호처리와 상위수준의 제어 및 인공지능 기능을 네트워크에 연결된 다수의 컴퓨터를 활용하여 처리할 수 있는 로봇을 말한다. 이 로봇은 내부에 대용량 연산능력을 갖춘 컴퓨터가 필요 없어 로봇의 가격을 낮출 수 있고, 필요한 로봇 플랫폼을 활용하여 서로 다른 다양한 서비스를 제공할 수 있는 장점이 있다.

대용량의 센서 데이터들이 유·무선 통신망을 통해 전송되기 때문에 대용량 데이터의 실시간 전송을 위한 네트워크 기술, 환경 변화에 대응할 수 있는 로봇 핵심기술, 필요한 제어 및 인공지능 서비스를 제공할 수 있는 분산형 고성능 서버 시스템 기술이 필요로 한다.

이러한 로봇의 경우에는 저 가격의 로봇을 구입하고 핸드폰에서와 같은 저렴한 콘텐츠 사용료만을 제공함으로써 유용한 서비스를 제공받을 수 있어 다양한 정보를 제공받을 수 있다.

(4) 센서 네트워크 기반 로봇

환경 속에서 내장된 센서 네트워크를 활용할 수 있는 네트워크 기반 로봇이다.

네트워크의 이용이 활성화되면 생활공간 속에 설치된 센서 네트워크와 연계하여 로봇과 환경에 대한 정보를 추출, 활용할 수 있어 로봇이 제어 및 인공지능 기능에 대한 신뢰성을 더욱 높일 수 있어 다양한 분야에 적용할 수 있다.

5) URC 로봇의 구조

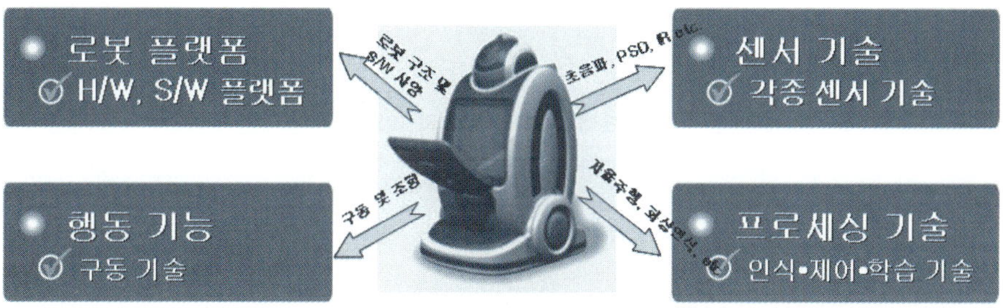

[그림 3-15] 지능형 로봇 기본 구조

URC 로봇은 기본적인 구조는 공공 안내 도우미 로봇 및 청소 로봇(고기능형)과 하드웨어는 유사하다. 단 사용자에게 보다 많은 서비스를 제공하기 위한 정보 네트워크 기능이 보강되어 있으며, 또한 내장된 하드웨어의 사양이 고사양, 저가격으로 구성되어 있다.

(1) 임베디드 프로세서

로봇의 고속연산처리를 위한 중앙제어시스템으로는 인텔 PAX27x와 모토로라의 ARM926EJ의 연산제어장치를 사용을 한다. 이 외 다수의 중앙제어시스템이 출시가 되어 있으며 이러한 연산제어장치를 사용하는 경우도 있다.

이 중앙제어시스템은 로봇의 동작 소요 시간을 증대하기 위해 저전력 프로세서 및 무선단말을 응용으로 하는 멀티미디어 처리가 기본으로 내장되어 있고, 로봇 내부 인터페이스 버스인 USB 1.1 or 2.0 호스트와 슬레이브를 기본으로 지원을 하고 있다. 고해상도 CMOS/CCD 비디오센서 인터페이스와 LCD 컨트롤러를 추가적으로 부착하지 않도록 설계되어 있어 하드웨어에 대한 공간을 최소한으로 줄일 수 있다.

(2) 내장형 하드웨어

URC 로봇에 내장되는 하드웨어 모듈을 총칭하며 로봇의 전체기능을 관리하며, 로봇 내부의 네트워크와 무선 LAN 기반의 외부 액세스 네트워크를 연동하는 유무선 네트워크 허브 기능을 갖는다.

로봇 내부의 주요 기능 모듈은 대용량의 데이터 이동이 필요한 음원추적 및 음성인식을 위한 오디오 인터페이스, 비전 인터페이스 그리고 수 ms 이내의 실시간 응답시간을 요구하는 제어 통신망 기반의 센서 및 액추에이터(Actuator) 모듈로 구성된다.

〈표 3-2〉는 일본의 로보리아와 한국의 URC 로봇의 플랫폼, 동작, 특징별로 비교 설명하였다.

〈표 3-2〉 URC 로봇의 비교

항 목		로보리아(일본)	URC(한국)
플랫폼	개발자/연도	일본 Tmsuk사/2005(상용)	한국/2005. 10(시범사업용)
	신장/무게	26cm/3.3kg	-
	구동	휠(Wheel) 방식	휠(Wheel) 방식
	센서	Camera, 인체감지센서, 음향감지센서	Camera, 초음파센서, 적외선센서, 가속도센서, 범퍼센서
기능/서비스	방범기능	○(열감지를 이용한 침입자 감지)	○(Camera를 이용한 침입자 감지)
	원격조작	○(휴대폰)	○(휴대폰 및 인터넷[PC, PDA])
	화상전화	○(단, 전용 휴대폰 이용시) *기능 휴대폰 : NTT DoCoMO의 FOMA의 휴대폰	×
	긴급연락	○	×
	정보서비스(뉴스 날씨 등)	×	○
	교육 및 엔터테인먼트	×	○
	자율 이동	×	○
	자율 충전	×	○
특징	판매가격	294,000원	미정(100만원대 예상)
	네트워크 활용	화상전화, 원격 조작 및 방범 기능 활용시 시용	원격 및 방법뿐 아니라 각종 서비스/콘텐츠 이용시 네트워크를 활용하여 서버에서 제공

제 4 장

지능형 로봇제어 시뮬레이터의 개요

4.1 지능형 로봇 시뮬레이터의 개요

지능형 로봇 시뮬레이터(EDRS)는 2차원 가상 격자 맵에서 가상 자율 이동로봇의 이동 기능과 센서 시스템을 통합하여 해당 기능을 시뮬레이션한다.

로봇 시뮬레이터는 초기 로봇 응용 프로그램 설계에서 알고리즘 개발과 성능향상의 과정을 가상환경에서 실제 로봇 시스템과 근접한 특성을 고려한 개발이 이루어질 수 있도록 한다.

지능형 로봇 시뮬레이터(EDRS)는 사용자에게 다양한 환경과 로봇을 제공하여, 쉽고 빠르게 지능형 로봇을 개발하고 교육하기 위한 시뮬레이션 소프트웨어이다. 또한, 3D 환경을 토대로 역동적인 로봇 시뮬레이션을 제공할 뿐만 아니라, Kinetic 엔진을 통해 실감나는 로봇 시뮬레이션과 섬세한 동작 제어를 제공한다.

- 지능형 로봇 시뮬레이터(EDRS)는 사용자가 쉽고 편리하게 로봇을 시뮬레이션 하기 위한 강력한 로봇 시스템을 제공한다.
- 사용자는 지능형 로봇 시뮬레이터를 이용해 체계적이 로봇 응용 시스템을 실현할 수 있다.
- 손쉽고 빠르게 사용자가 원하는 환경에서 다양한 종류의 지능형 로봇 시뮬레이션을 실현할 수 있다.

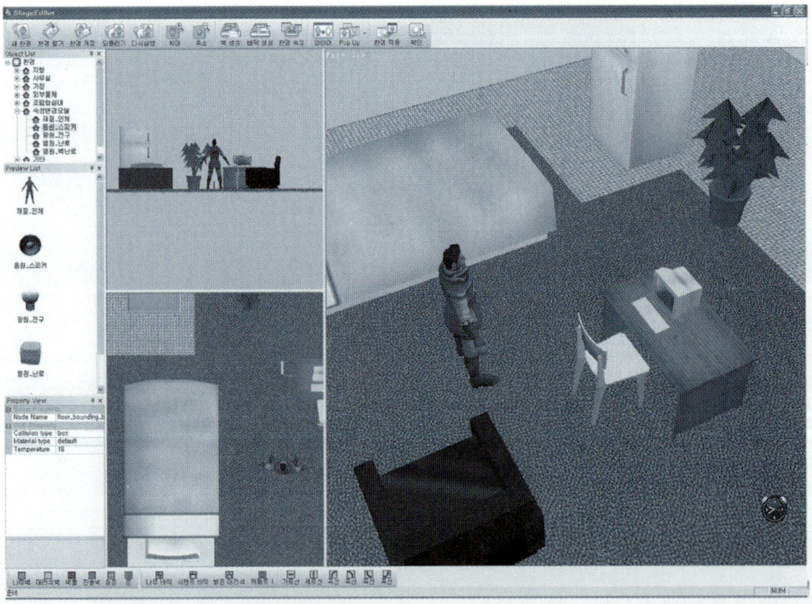

[그림 4-1] 지능형 로봇 시뮬레이터의 가상환경

4.2 지능형 로봇 시뮬레이터를 이용한 로봇 개발

지능형 로봇 시뮬레이터를 이용한 로봇 개발과정은 다음과 같이 진행된다.

① 로봇의 센서와 제어기를 PC에서 시뮬레이션하면서 원격 PC에서 제어 소프트웨어를 개발한다. 지능형 로봇 시뮬레이션은 로봇 하드웨어로는 불가능한 테스트를 다양하게 할 수 있어 강인한 소프트웨어를 개발할 수 있다.

② 지능형 로봇 시뮬레이터를 이용하여 제어 소프트웨어 개발이 어느 정도 완료되었다면, 지능형 로봇 시뮬레이터를 로봇 하드웨어와 디바이스 드라이버로 교체한다. 이는 제어 소프트웨어에서 연결 정보를 수정하면 된다.

로봇 하드웨어와 연결된 제어 소프트웨어는 지능형 로봇 시뮬레이터에서 예측하지 못한 문제들을 가지고 있다. 제어 소프트웨어는 여전히 원격 PC에서 개발되기 때문에 로봇에 탑재하여 개발하는 것보다 디버깅이 편리하다.

③ 하드웨어 테스트가 완료된 경우 원격 PC에서 개발한 제어 소프트웨어를 로봇으로 탑재하여 로봇이 독립적으로 기능을 수행할 수 있다.

④ 로봇에서 사용중인 센서와 액추에이터를 같은 클래스에 속하는 다른 종류로 바꾸어 제어 소프트웨어가 정상적으로 동작하는지 본다.

지능형 로봇 시뮬레이터(EDRS)는 RFID센서와 카메라 디바이스(Camera Device)를 제외한 센서 디바이스(Sensor Device)와 운송수단 디바이스(Vehicle Device)를 시뮬레이션 할 수 있다. 디바이스 클래스별로 시뮬레이터가 존재하며, 시뮬레이터에서 프로파일(profile)의 교체만으로 특성이 다른 다양한 센서들을 만들어 낼 수 있다.

현대 산업기술의 근간이 되는 첨단기술인 메카트로닉스, 생산자동화, 로보틱스 및 생산정보화 분야의 고급기술자와 연구자 양성에 중점을 두고 있다. 현대 산업사회는 고도의 정밀화, 자동화, 지능화 및 정보화가 요구되고 있으며, 이와 관련하여 자동차 및 항공기 등의 수송기계와 컴퓨터, 영상음향기기, 가전기기 등의 정밀기기 제조업계에서는 기계공학기술이 전기전자공학, 인공지능, 컴퓨터 및 정보공학기술과 함께 융합된 형태로 응용, 발전되고 있다.

이러한 산업계의 요구에 부응하기 위해 우리 전공에서는 정역학, 동역학, 기구학, 고체

역학, 진동공학 등의 기계공학의 기본과목, 그리고 공학기초로서 중요한 센서공학, CAD/CAM 공학 등을 교육한다. 아울러 우리 전공에서는 디지털제어, 로봇공학, 생산자동화 및 신호처리 등에 대한 이론과 실무지식을 학습·연마하여 이 분야의 우수한 전문인력을 양성하는 것을 목표로 하고 있다.

4.3 지능형 로봇 시뮬레이터의 특징

4.3.1 사용자 지향형 로봇 모델링

3DS 맥스에서 로봇을 디자인한 후에 로봇에 조인트와 충돌 오브젝트를 부여하여 로봇의 내부와 외부의 속성을 사용자의 의도에 따라 설정할 수 있다.

또한 편집한 로봇은 로봇 편집기와 환경편집기에서 로드하여 지능형 로봇 시뮬레이션을 수행할 수 있다.

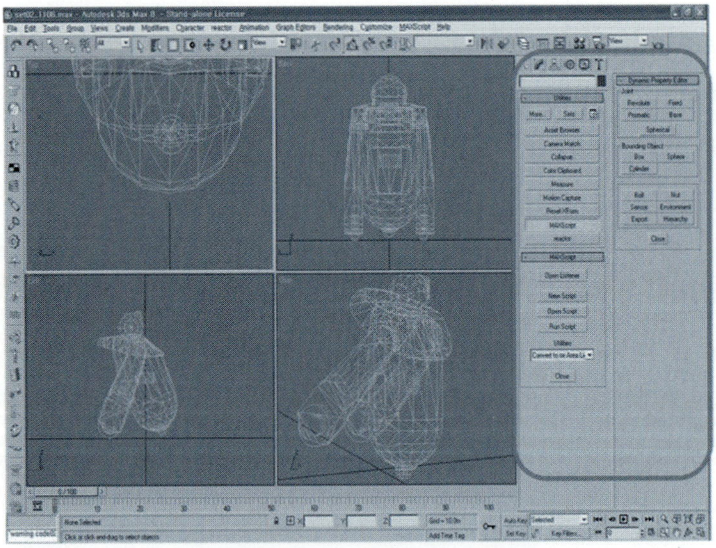

[그림 4-2] 3D MAX(동적인 특성 편집기)

4.3.2 다양한 조합형 로봇 모델링

다양한 로봇을 설계할 수 있도록 로봇에디터 리스트의 창에서 다양한 종류의 로봇 캐릭터, 유저 모델 등을 선택하여 머리, 몸통, 팔, 손, 다리 등을 선택하여 사용자에 의하여 조합할 수 있도록 리스트를 구성하였고, 로봇의 조합 또는 완성형 로봇의 객체 상관관계를 트리 형식으로 제공한다.

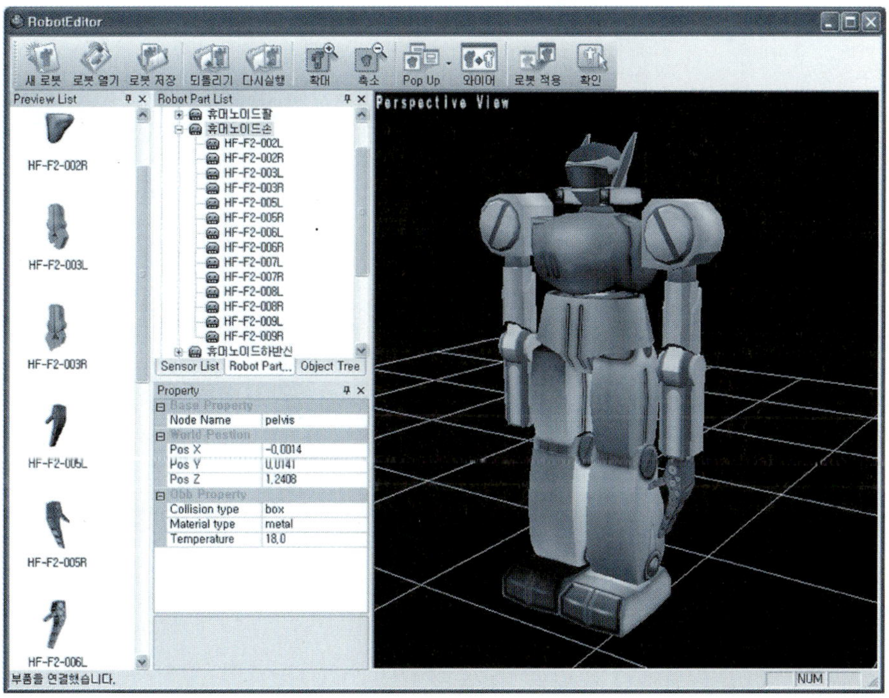

[그림 4-3] 다양한 조합형 로봇 모델링 편집기

4.3.3 다양한 센서 및 효과적 센서 배치

센서 리스트에서는 생성한 로봇에 삽입된 센서 리스트를 제공하여 사용자가 용도에 맞추어 사용할 수 있도록 하였고, 다양한 센서의 효과적인 배치를 위하여 최소거리, 최대거리 센싱 단위거리와 형태를 선택할 수 있도록 하였다.

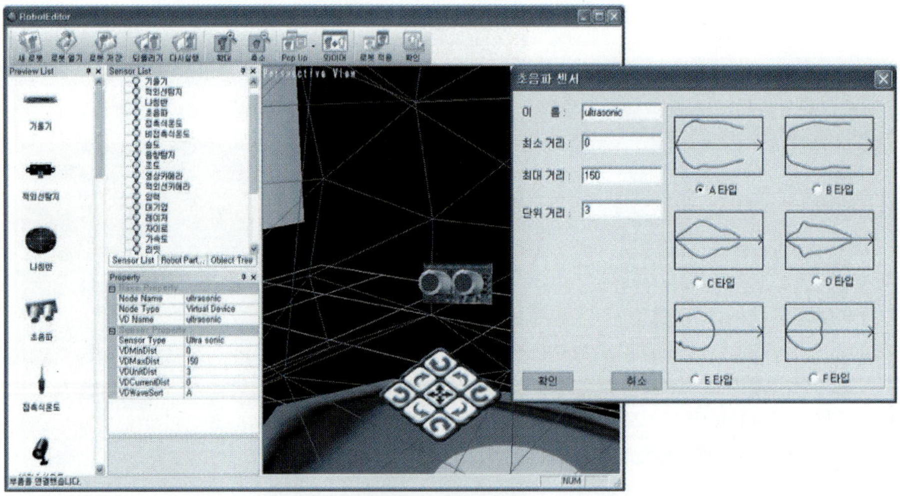

[그림 4-4] 다양한 센서 및 효과적 센서 배치

4.3.4 라이브러리 방식으로 편리하게 다양한 시뮬레이션 환경구성

로봇이 동작하는 환경을 구성하여 로봇의 기능을 최대한 효과를 거둘 수 있도록 다양한 시뮬레이션 환경을 구축할 수 있다.

각 환경 리스트를 라이브러리 방식으로 작성하여 지형, 사무실 등의 객체들을 구성할 수 있고 그 구성환경들의 속성창을 통하여 분석이 가능하다.

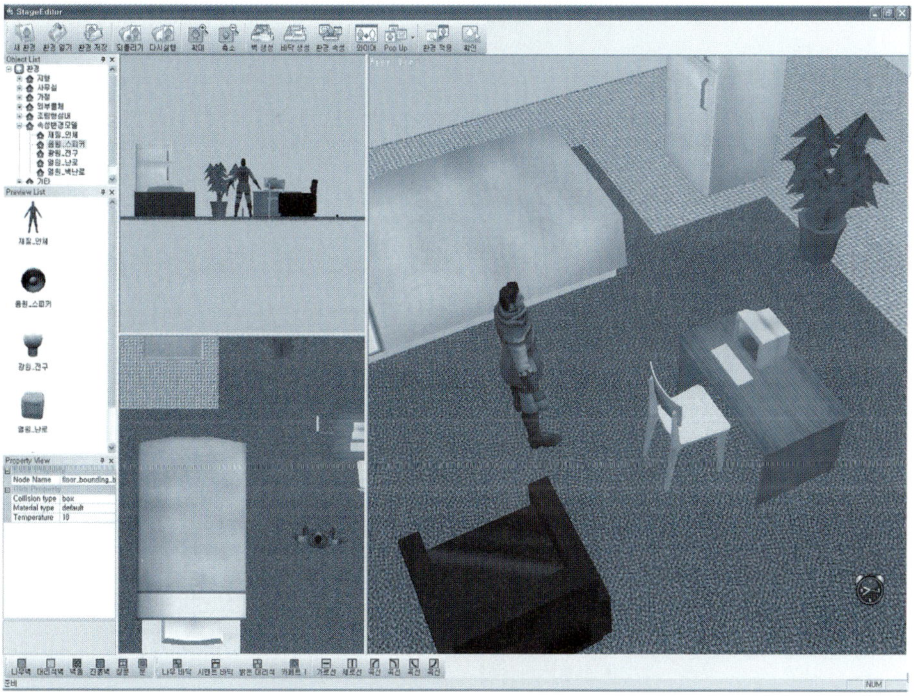

[그림 4-5] 시뮬레이션 환경구축 편집기

4.3.5 사용자 수준에 맞는 로봇 제어

본 지능형 로봇 시뮬레이터에서 초보자를 위하여 순서도 기반 프로그래밍과 중·고급자를 위하여 C나 C++로 프로그래밍할 수 있도록 구성하였다.

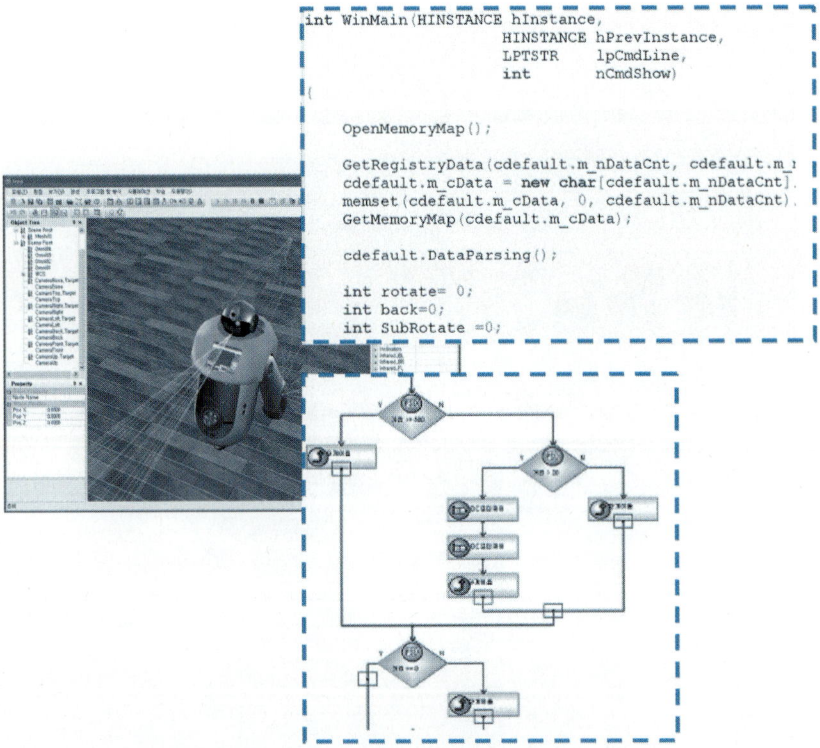

[그림 4-6] 사용자 수준에 맞는 로봇제어

4.3.6 EDRS 지능형 로봇 시뮬레이션 구조

지능형 시뮬레이터는 총 5단계로 구성되어 있다. 1단계는 로봇이론교육 및 로봇시뮬레이션에 필요한 라이브러리를 생성, 2단계는 로봇 및 환경라이브러리를 이용한 로봇과 환경구성, 3단계는 시뮬레이션 환경구성, 4단계는 C/C++, 순서도 기반 언어를 이용한 로봇제어 프로그램 작성, 5단계는 로봇 및 환경시뮬레이션으로 구성되어 있다.

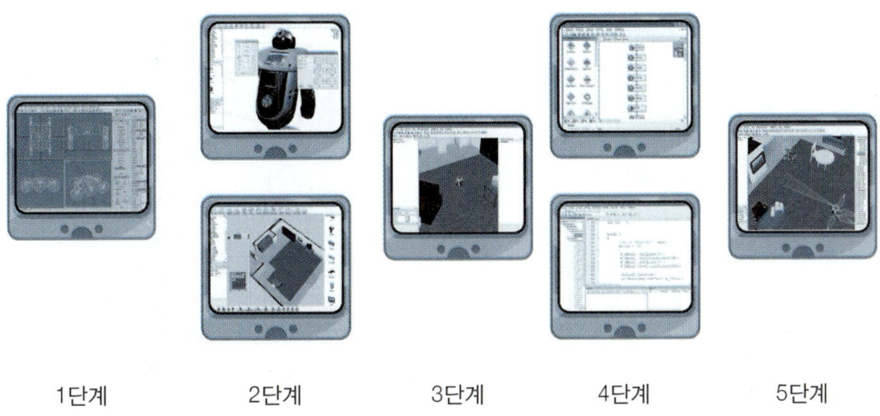

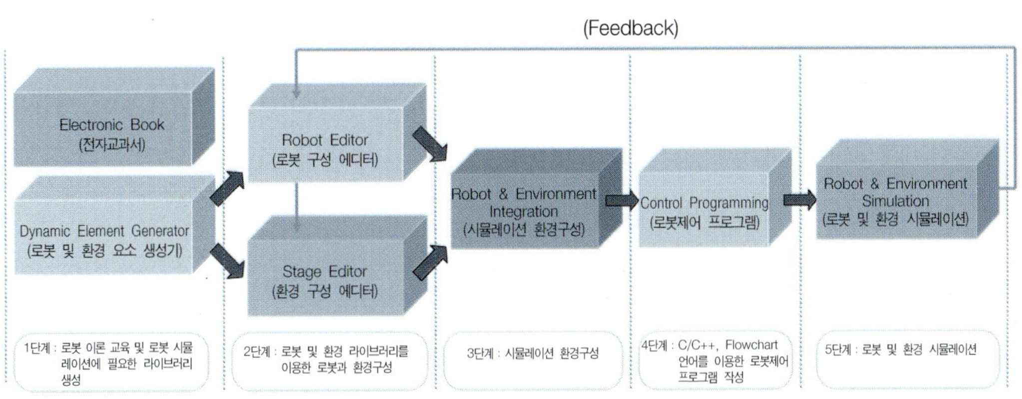

[그림 4-7] EDRS 지능형 로봇 시뮬레이션 구조

4.4 지능형 로봇 시뮬레이터의 기능

지능형 로봇 시뮬레이터는 실제 물리 공간을 추상화한 가상공간과 가상공간에서 동작하는 가상로봇을 구성하고, 가상환경(가상환경 = 가상공간 + 가상로봇)을 통해 발생하는 데이터에 의해 가상로봇이 동작하는 지능형 로봇 시뮬레이션 플랫폼이다.

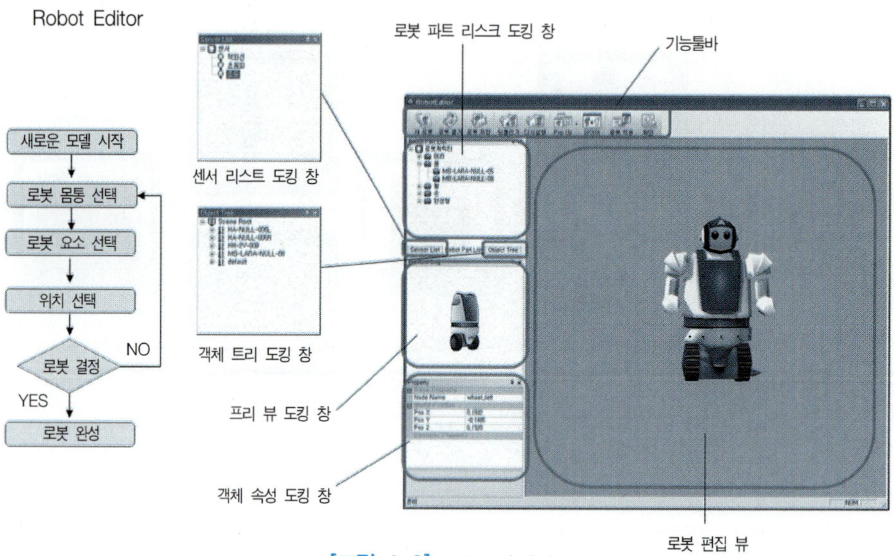

[그림 4-8] 로봇 편집기

사용자는 로봇 생성기를 이용하여 로봇을 만들고, 총 28종의 준비된 센서를 로봇의 특정위치에 배치하여 시뮬레이션하고자 하는 로봇을 구성한다.

이때 사용자는 미리 준비된 로봇 라이브러리를 이용하거나 새로운 라이브러리를 로봇 라이브러리 생성기(3D MAX Plug In)를 통해 시뮬레이션하고자 하는 로봇을 여러 가지 형태로 구성할 수 있다.

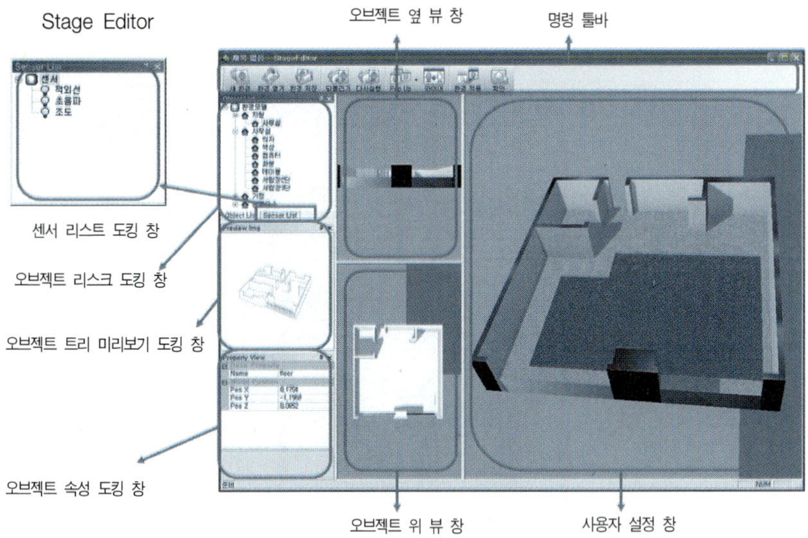

[그림 4-9] 지능형 로봇 환경편집기

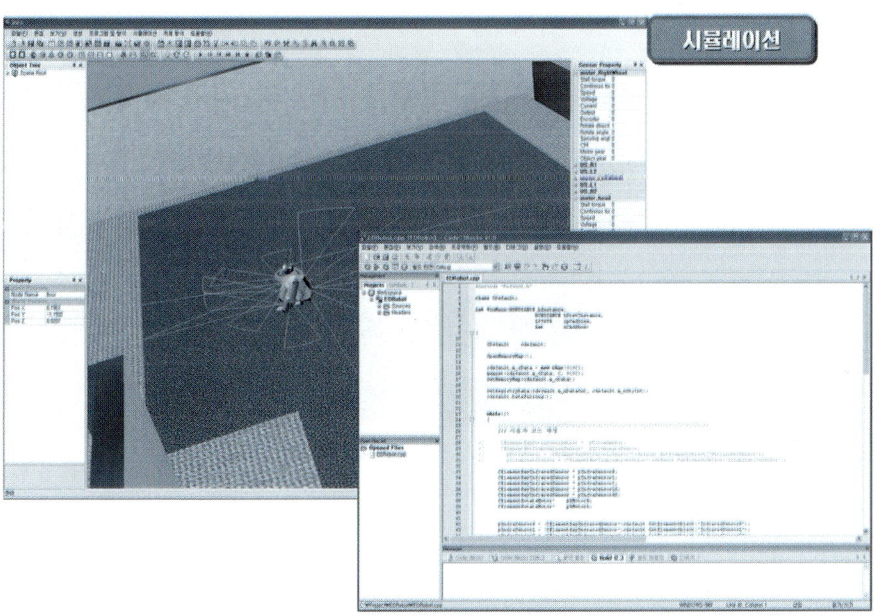

[그림 4-10] 지능형 로봇 동작

로봇이 구성되면 로봇이 동작할 환경을 환경생성기를 통해 구성한 후 순서도 기반 프로그램이나 C/C++ 언어를 이용하여 로봇을 시뮬레이션할 수 있다.

교육용 동영상

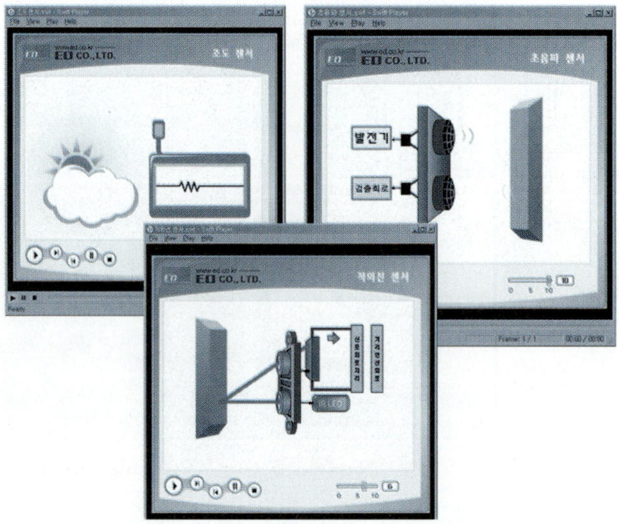

[그림 4-11] 교육용 동영상

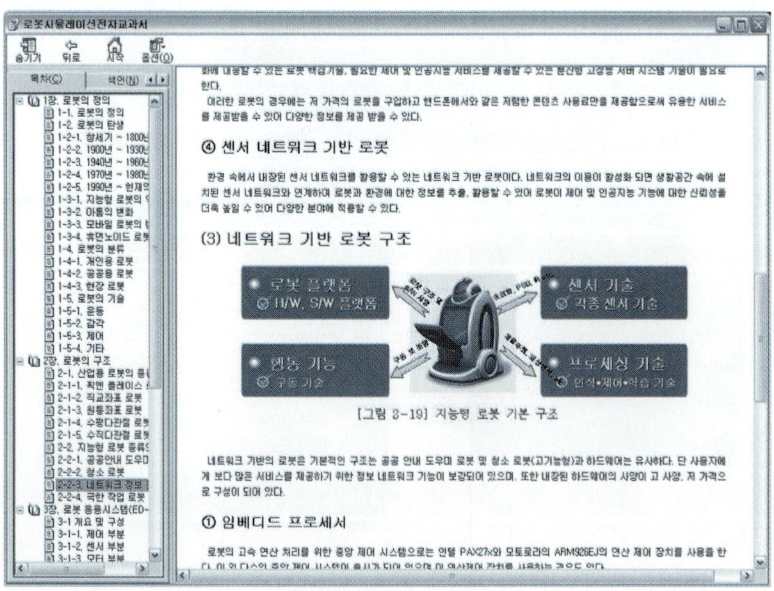

[그림 4-12] 전자교과서

또한 시뮬레이션 기능 이외에도 전자교과서와 센서 및 액추에이터에 대한 플래시 동영상을 제공하여 사용자가 로봇을 효과적으로 교육할 수 있도록 하고 있다.

4.5 지능형 로봇 시뮬레이터의 실행 툴

4.5.1 다이나믹 요소 발생기

다이나믹 요소 생성기(Dynamic Element Generator)는 로봇을 구성하기 위한 라이브러리와 환경 요소 라이브러리를 3DS 맥스 플러그인을 이용하여 생성한다. 또한 편리한 GUI를 제공하여 로봇 설계에 초보자도 손쉽게 자신만의 로봇을 만들어 낼 수 있다.

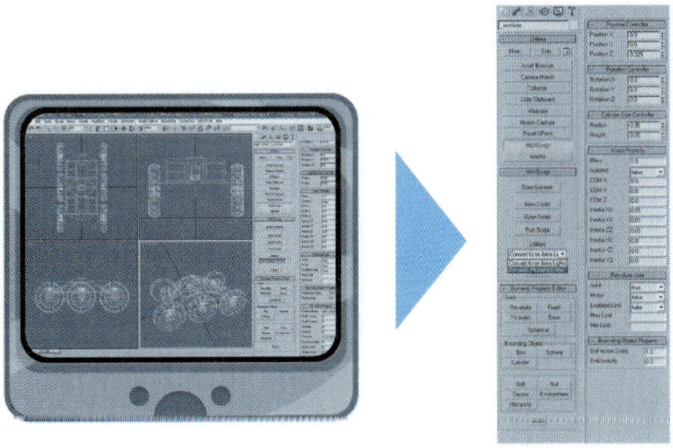

[그림 4-13] 다이나믹 요소 발생기

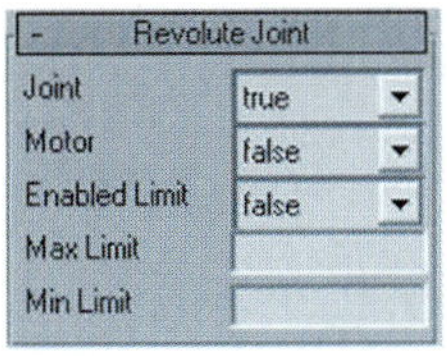

[그림 4-14] 회전 조인트 설정

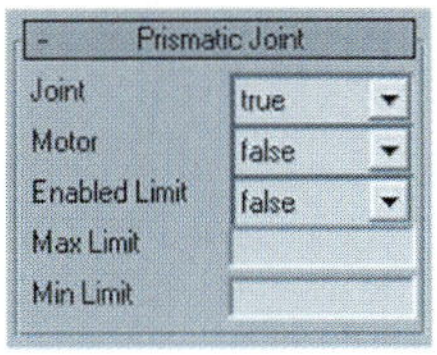

[그림 4-15] 각 기둥 조인트 설정

[그림 4-16] 고정 설정

[그림 4-17] 구형 조인트 설정

1) 다이나믹 요소 생성기 세부 기능

① **조인트** : 로봇 오브젝트간의 관절 설정

- 회전 조인트(Revolute Joint) : 기준이 되는 축(Z축)에 대한 회전이 가능한 조인트 설정(그림 4-14)
- 각 기둥 조인트(Prismatic Joint) : 두 오브젝트를 같은 방향으로 미끄러지듯 움직이게 연결하는 조인트 설정(그림 4-15)
- 고정 조인트(Fixed joint) : 두 개의 오브젝트를 움직이지 않게 연결하는 조인트 설정(그림 4-16)
- 가상 조인트(Base) : 모든 오브젝트가 연결되는 가상의 조인트 설정
- 구형 조인트(Spherical) : 구형을 객체를 다리 바퀴(Caster) 형태의 구형 바퀴로 설정(그림 4-17)

② **충돌 박스(Bounding Box)** : 동역학 시뮬레이션을 할 때 다른 물체와 충돌하는 부분을 그래픽스(메쉬) 대신에 충돌 박스를 만들어서 사용

- 박스(Box) : 사각형 정육면체로 충돌 박스 설정(그림 4-18)
- 실린더(Cylinder) : 실린더 형태로 충돌 박스 설정(그림 4-19)
- 구(Sphere) : 구 형태로 충돌 박스 설정(그림 4-20)

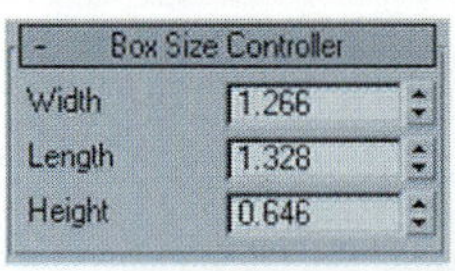

[그림 4-18] 박스 크기 설정기

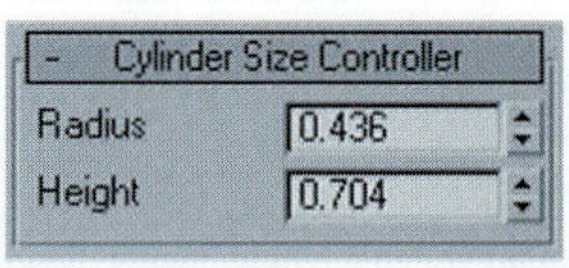

[그림 4-19] 실린더 크기 설정기

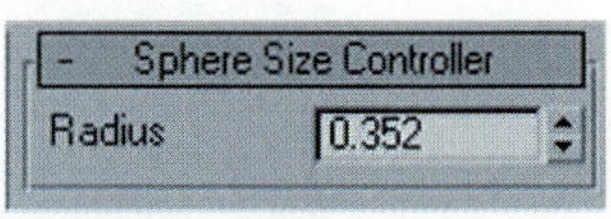

[그림 4-20] 구 크기 설정기

③ **오브젝트 연결자** : 로봇 부품 간에 서로 붙는 역할을 수행

- 볼트(Bolt) : 두 개의 로봇 부품에서 기준이 되는 부품을 볼트라고 정의하고, 아이디를 설정하여 결합한다.
- 너트(Nut) : 기준이 되는 부품에 붙을 부품을 너트라고 정의하고, 아이디를 설정하여 결합한다.

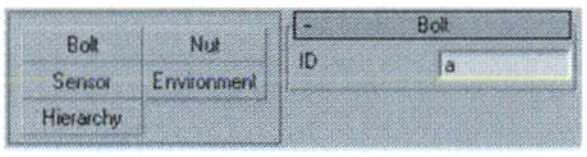

[그림 4-21] 볼트 설정

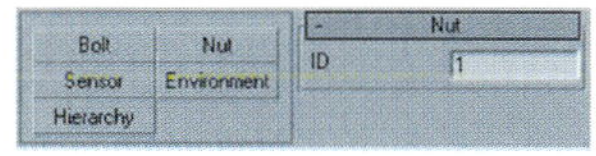

[그림 4-22] 너트 설정

④ 계층구조(Hierarchy) : 조인트, 바운딩 오브젝트, 오브젝트 연결자를 만든 후 이들 간에 계층적 구조설정

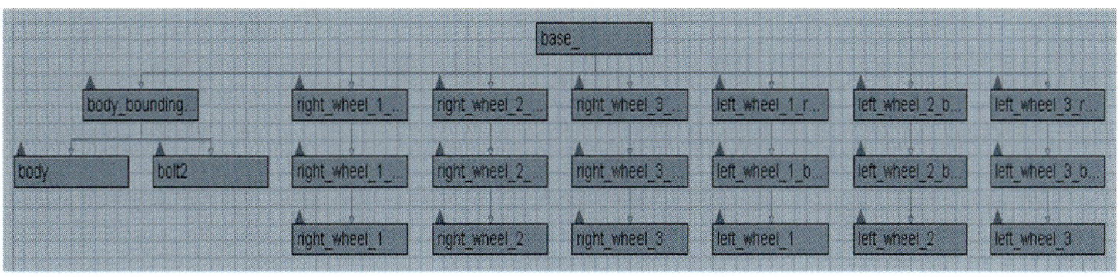

[그림 4-23] 계층구조

⑤ 로봇과 환경을 이루는 요소에는 여러 가지 물리적인 속성과 기계적 파라미터를 포함

- DC모터 설정
  - 토크, 모터 기어비 등을 설정
- 물리 속성 설정
  - 무게, 위치 등을 설정
- 재질 속성 설정
  - 객체의 재질 설정
- 센서 종류 설정
  - 광선류, 물리류, 환경류 등의 센서 종류 설정

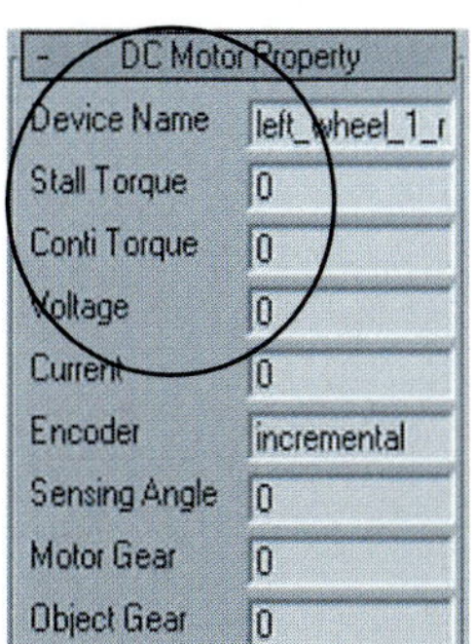

[그림 4-24] DC모터 설정

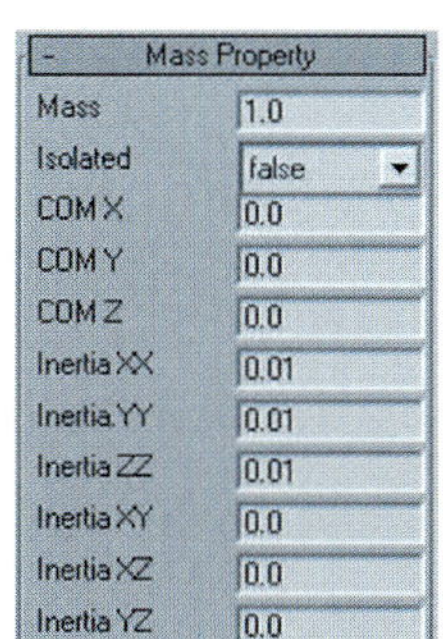

[그림 4-25] 물리 속성 설정

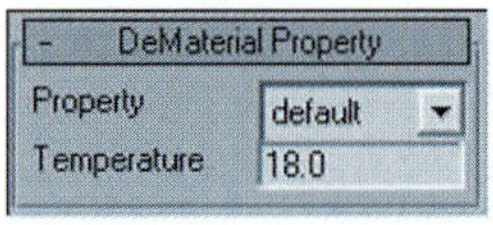

[그림 4-26] 재질 속성 설정

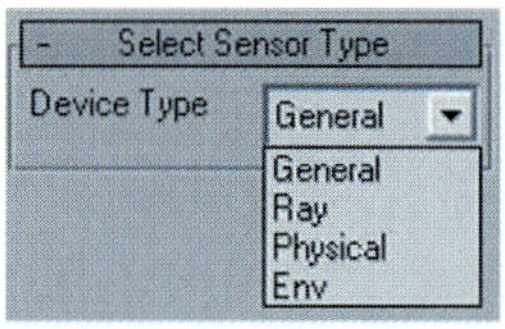

[그림 4-27] 센서 종류 설정

2) 로봇 편집기 : 로봇 라이브러리를 이용한 로봇 디자인 툴

로봇 편집기(Robot Editor)는 라이브러리 방식으로 초보자도 쉽고 편리하게 로봇 구성이 가능하며, 다양한 로봇을 사용자에 맞게 재생산할 수 있다. 또한 다양한 센서를 사용자가 원하는 위치에 다이나믹(Dynamic)하게 위치시키고 파라미터를 설정하여 시뮬레이션에 적용 가능하다.

① **로봇 라이브러리** : 로봇 라이브러리는 휴머노이드, 모바일 로봇, 견마형 로봇 등을 제공하며, 사용자가 라이브러리 개발 툴을 이용하여 개발된 라이브러리를 추가적으로 등록할 수 있다.

② **센서 라이브러리** : 센서 라이브러리는 28종의 센서를 제공하며, 사용자가 로봇의 표면 또는 내부에 센서 배치 도구를 이용하여 부착할 수 있다.

③ **라이브러리 미리보기** : 라이브러리 미리보기는 사용할 로봇과 센서 라이브러리에 대한 미리보기를 할 수 있다.

④ **객체 속성** : 객체 속성은 로봇 및 센서 객체에 대한 속성을 확인할 수 있다.

⑤ **센서 배치 도구** : 센서 배치 도구는 센서 배치시 자유로운 회전 및 위치 조정이 가능하여 사용자가 원하는 위치에 센서를 적절하게 배치할 수 있도록 해준다.

⑥ **센서 속성 설정** : 센서 배치 도구에 의해 배치된 센서는 각 센서의 특징에 맞도록 속성을 변경할 수 있다.

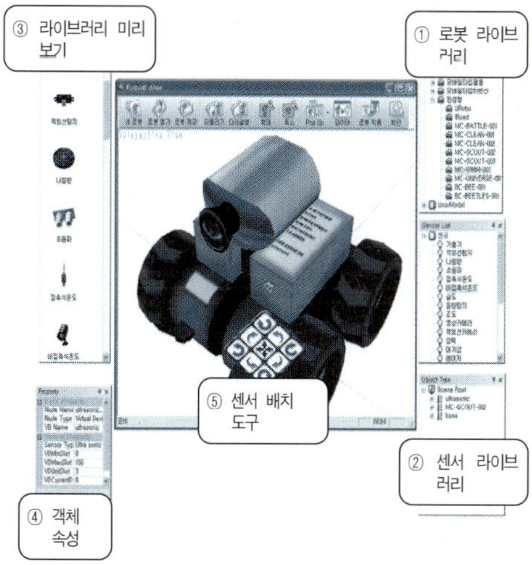

[그림 4-28] 로봇 편집기

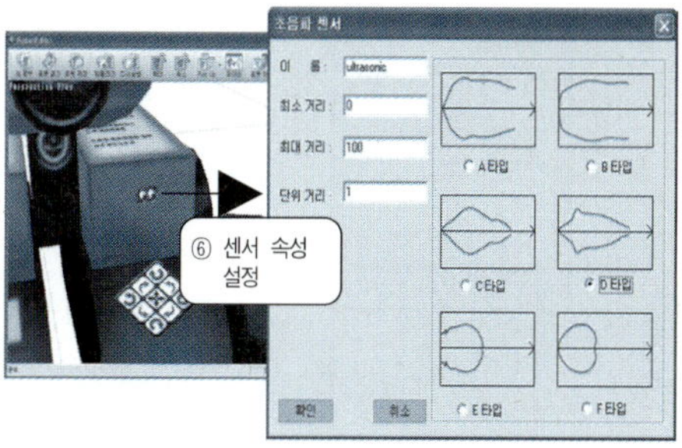

[그림 4-29] 센서 속성 설정

3) 환경편집기(Stage Editor) : 환경 라이브러리를 이용한 환경 디자인 툴

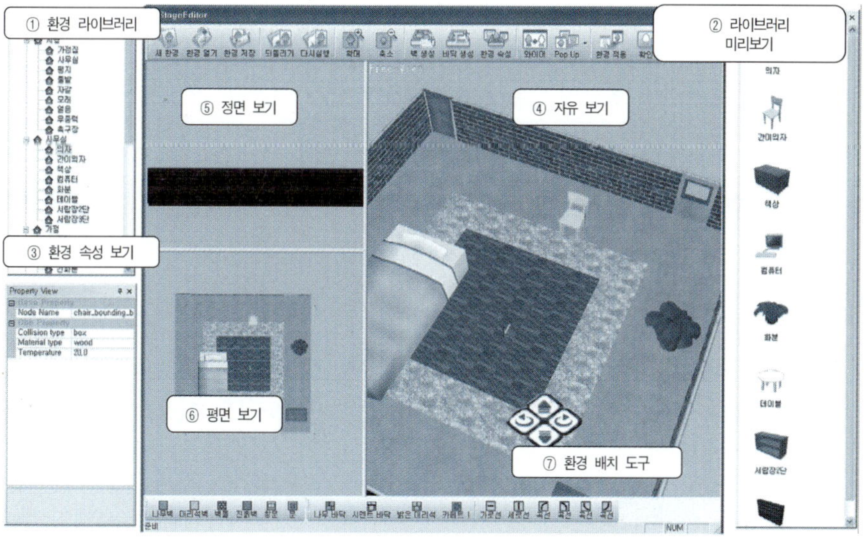

[그림 4-30] 환경편집기

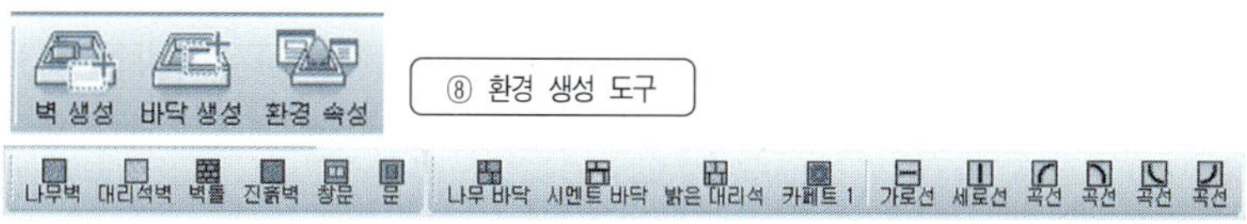

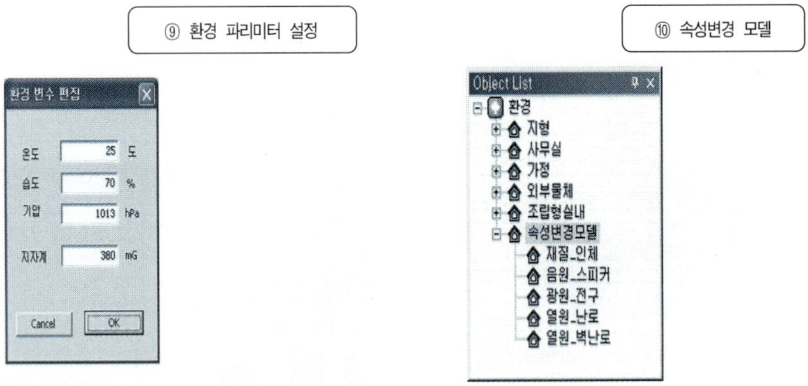

[그림 4-31] 환경편집기 속성 창

스테이지 편집기는 환경편집기라고도 하며, 라이브러리 방식으로 쉽고 편리하게 로봇 시뮬레이션 환경을 구성할 수 있다.

① **환경 라이브러리** : 환경 라이브러리는 기본 환경과 환경에 포함되는 여러 가지 요소들을 라이브러리로 포함하고 있다. 또한 사용자가 라이브러리 개발툴을 이용하여 개발한 라이브러리를 추가적으로 등록할 수 있다.

② **라이브러리 미리보기** : 라이브러리 미리보기는 사용할 환경 라이브러리에 대한 미리보기를 할 수 있다.

③ **환경속성보기** : 선택된 환경 객체에 대한 속성을 보여준다.

④⑤⑥ **보기** : 사용자가 환경을 구성하기위해서 자유보기와 정면도, 평면도를 동시에 제공하여 입체적으로 환경 구성이 가능하다.

⑦ **환경 배치 도구** : 환경을 구성하기 위한 객체는 구성 도구를 이용하여 편리하게 배치할 수 있다.

⑧ **환경 생성 도구** : 바닥 및 벽 등을 사용자가 원하는 형태로 구성하기 위해서 제공되며, 여러 가지 형태의 바닥, 벽, 문 등 쉽고 빠르게 구성할 수 있는 강력한 환경설정 도구이다.

⑨ **환경 파라미터 설정** : 온도, 습도, 기압, 지자계 등의 환경 파라미터를 설정 가능하며, 설정된 값은 시뮬레이션시 적용된다.

⑩ **속성변경모델** : 특정 센서에 입력을 제공하기 위한 속성변경모델을 제공한다. 속성변

경모델은 인체감지, 음원, 광원, 열원 등으로 구성된다.

4) 프로그래밍 언어 : 로봇을 제어하기 위한 프로그램 제작 툴

① FL(Flowchart Language) : 순서도 기반(Flowchart Language) 언어는 센서 및 액추에이터를 제어 블록 및 상태 블록을 통하여 손쉽게 로봇제어 프로그래밍이 가능하다.

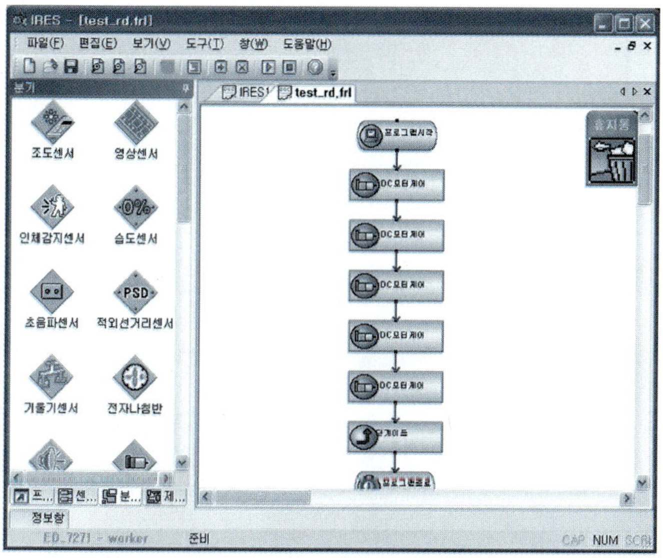

[그림 4-32] 순서도 기반 언어

② 프로그래밍 언어에 익숙하지 못한 초보자들이 로봇을 간단히 테스트해 볼 수 있다.

③ C/C++ : C/C++ 전용 편집기를 제공하며 시뮬레이터와 자동 연동을 통해 시뮬레이션이 가능하다.

④ 프로그래밍 언어에 기초적인 지식만 있으면 좀 더 복잡하고 광범위한 시뮬레이션을 해볼 수 있다.

⑤ 센서 및 액추에이터를 제어하기 위한 API 함수를 제공한다.

⑥ MFC, JAVA, Python 등의 기타 언어에서 제어가 가능하도록 제어 라이브러리와 예제 프로젝트를 제공한다.

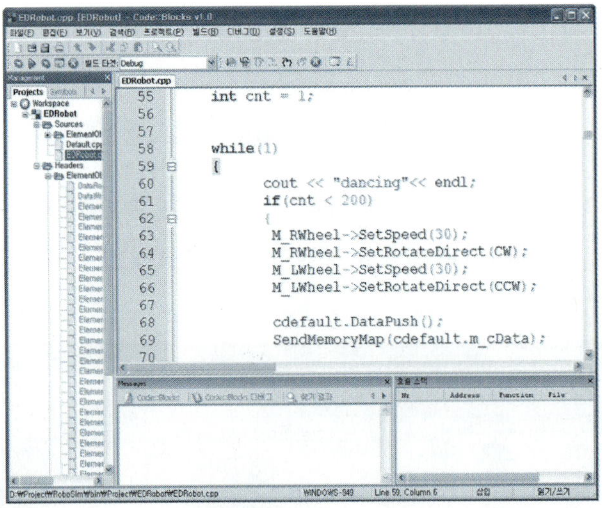

[그림 4-33] C/C++ 언어

5) 동작구동 시뮬레이션 : 로봇 및 환경 시뮬레이션 툴

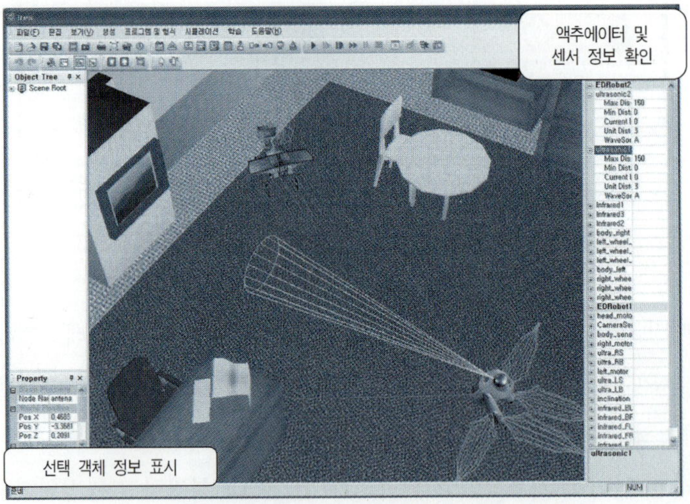

[그림 4-34] 동작 구동 시뮬레이션

로봇 편집기와 환경편집기에서 작성된 로봇과 환경은 시뮬레이터에서 조합되어 시뮬레이션된다.

시뮬레이션 초기 위치 지정

시뮬레이션 컨트롤

제어 언어 및 Release/Debug 선택

① 시뮬레이션 중에는 적외선, 초음파 등의 각종 센서 동작 상태를 육안으로 확인 가능하다.

② 여러 대의 로봇을 하나의 환경에서 동시에 시뮬레이션 가능하다.

③ 액추에이터 및 센서의 정보를 전용 리포트뷰를 통해서 확인 가능하다.

④ 시뮬레이션을 시작하기 전에 로봇의 초기 위치 지정이 가능하다.

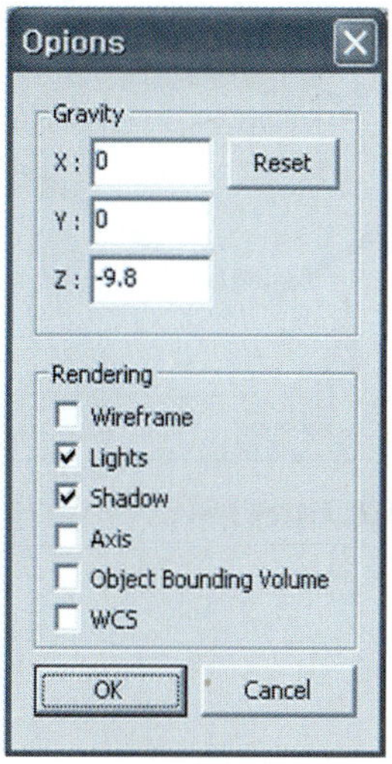

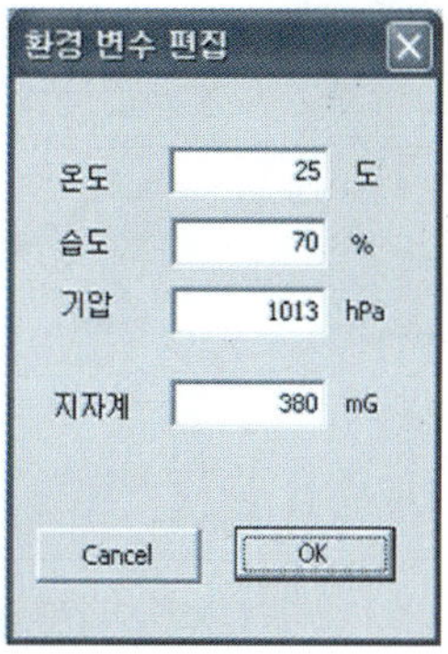

시뮬레이션 Option 및 환경변수 설정

⑤ 다양한 형태의 컨트롤을 통해서 시뮬레이션이 가능하며, 시뮬레이션 중 객체의 상태가 확인 가능하다.

⑥ 시뮬레이션을 수행할 때 C/C++ 및 순서도 기반 언어(Flowchart Language)를 Release, Debug 형태로 실행 가능하다.

⑦ 옵션(Option) 설정을 통해 Wire Frame 보기, 조명, 그림자, 중심축, 충돌 박스 보기 등의 기능을 설정한다.

⑧ 환경변수 편집 윈도우를 이용하여 시뮬레이션 중 전체 환경온도, 습도, 기압, 지자계 변경이 가능하고 바로 시뮬레이션에 적용된다.

6) 비전 시뮬레이션(Vision Simulation) : 영상센서를 이용한 비전 시뮬레이션

① 순서도 기반(Flowchart Language), C/C++, MFC, .NET 이용하여 비전(Vision) 알고리즘 시뮬레이션이 가능하다.(15F/sec)

② 사용자가 최대 10대까지 영상 카메라를 삽입할 수 있어 다양한 형태로 활용이 가능하다.

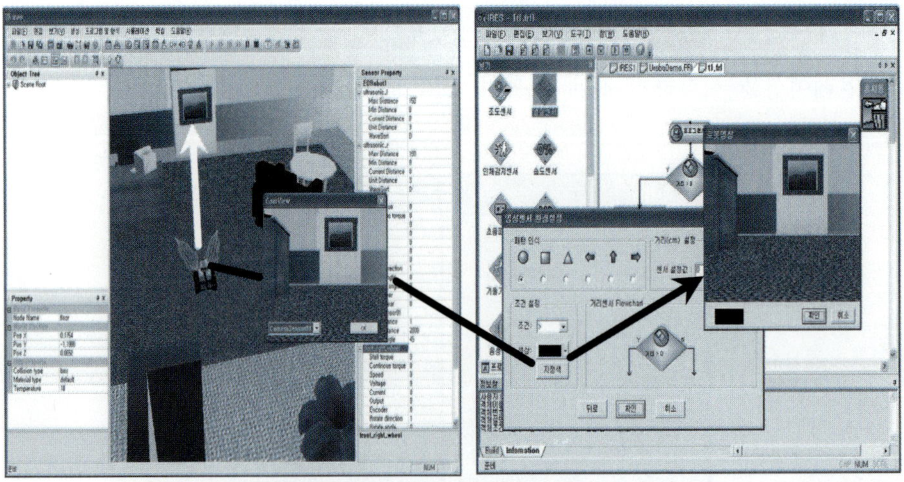

[그림 4-35] 비전 시뮬레이션

7) 전자교과서

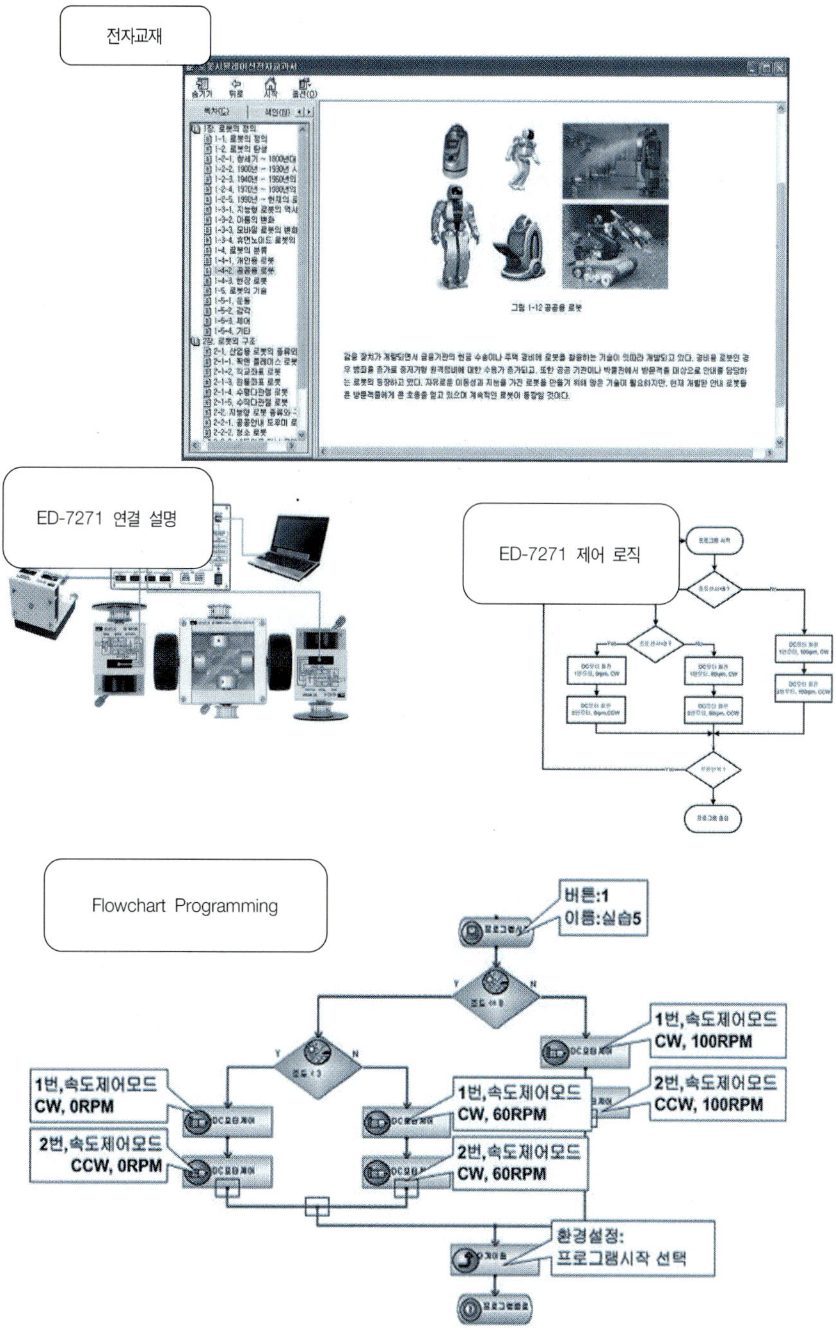

[그림 4-36] 전자교과서의 내용 (1)

① 지능 로봇의 이론적 학습이 가능하도록 전자교과서를 제공하다.
② 로봇의 역사부터 기초 이론 및 제어 이론에 대한 내용 포함한다.
③ 머니플레이터의 제어 기초 이론 및 응용 이론을 포함한다.
④ ED 장비와의 연계를 위한 이론 및 실습 예제를 포함한다.
⑤ 실습 예제에 대한 상세한 설명과 초보자도 쉽게 접근 가능한 내용으로 구성되어 있다.

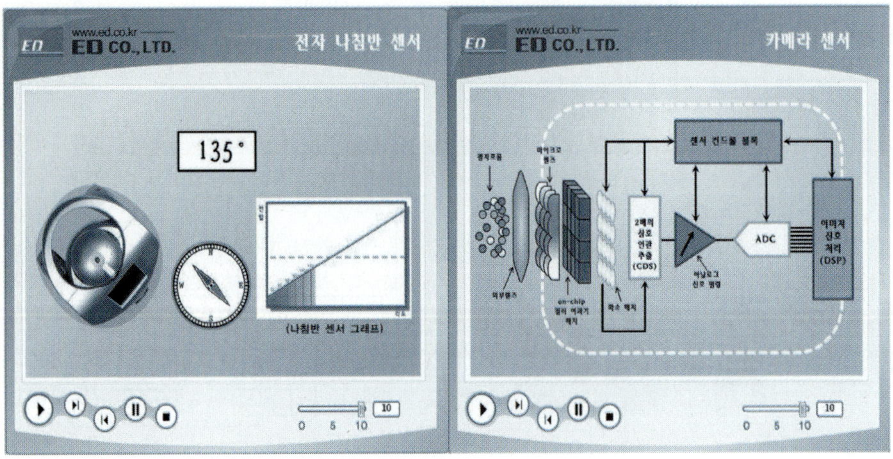

[그림 4-37] 전자교과서의 내용 (2)

⑥ 센서와 액추에이터에 대한 교육을 보조하기 위한 플래시 애니메이션 제공한다.
⑦ 센서와 액추에이터 동작 원리에 대한 다이나믹한 동영상 자료를 제공한다.
⑧ 플래시 동영상에 대한 플레이 제어와 속도제어 가능하다.

제 5 장

지능형 로봇제어 시뮬레이터의 환경설정

5.1 지능형 로봇 시뮬레이터(EDRS)의 윈도우 환경
5.2 지능형 로봇 시뮬레이터(EDRS)의 설치 환경
5.3 지능형 로봇 시뮬레이터(EDRS)의 실행
5.4 지능형 로봇 구축
5.5 지능형 로봇 시뮬레이션(EDRS)의 환경구축

5.1 지능형 로봇 시뮬레이터(EDRS)의 윈도우 환경

지능형 로봇 시뮬레이터는 윈도우의 작업환경에서 동작한다. 따라서 윈도우의 사용법을 충분히 익혀야 원활한 사용이 가능하다.

부팅과정을 마치고 나면 윈도우의 초기 시작 화면을 보게 된다. 초기 시작 화면은 아래 그림과 같은 구성으로 이루어져 있다.

초기 화면은 아이콘, 시작버튼, 빠른 실행 아이콘, 작업 표시줄 등으로 구성되어 있다.

[그림 5-1] 윈도우 환경

5.1.1 바탕 화면 아이콘

바탕 화면 아이콘은 자주 사용하는 응용프로그램이나 문서를 쉽게 열 수 있게 해주는 바로가기이다. 바탕 화면 아이콘은 윈도우에 기본적으로 설정되어 있는 것 이외에도 사용자가 임의로 아이콘을 바탕 화면에 등록시킬 수 있다.

[그림 5-2] 바탕 화면 아이콘

1) 내 컴퓨터

내 컴퓨터 아이콘을 이용하여 시스템의 내용을 볼 수 있고 파일 및 폴더 등을 관리할 수 있다.

2) 시스템 등록 정보

제어판에서 가장 중요한 설정항목으로서 컴퓨터 주변기기에 관한 정보가 이 곳에 모두 집결해 있다. 특히 시스템 등록정보 중에서 장치 관리자는 시스템에 붙어 있는 주변장치의 등록상황을 모두 표시해 주며 드라이버를 업데이트하거나 충돌이 발생할 때 수동설정으로 정상적인 동작을 할 수 있게 조정할 수 있는 기능도 있다.

3) 내 문서

내 문서는 윈도우를 사용하는 사용자에게 작업을 보관하기 위한 기본 폴더로 제공된다. 대부분의 응용 프로그램이 기본적으로 "내 문서" 폴더를 작업공간으로 사용한다.

4) 휴지통

휴지통은 사용자가 파일을 지운 경우 지운 파일을 임시로 보관하는 장소이다. 잘못 지운 파일은 휴지통에서 복원할 수 있다.

5.1.2 작업 표시줄

작업 표시줄은 바탕 화면과 함께 윈도우의 시작 화면을 구성하는 요소이다. 작업 표시줄은 시작 버튼, 빠른 실행, 작업 표시 등으로 구성되어 있다.

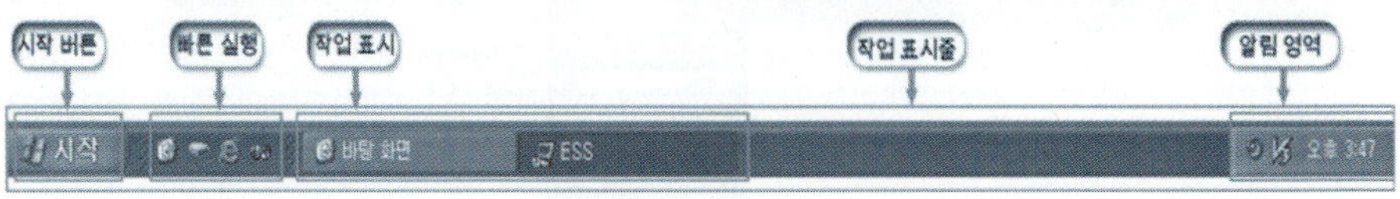

[그림 5-3] 작업 표시줄

1) 빠른 실행

빠른 실행은 한 번의 클릭으로 응용 프로그램을 실행시켜 주는 도구 창이다. 자주 사용하는 응용 프로그램일 경우 빠른 실행 도구모음에 등록하여 사용하면 편리하다. 아이콘을 도구모음에 등록하기 위해서는 [그림 5-4]에서와 같이 아이콘을 드래그하여 빠른 실행 위치로 이동하면 된다.

[그림 5-4] 빠른 실행

2) 시작 버튼

시작 버튼은 프로그램의 실행, 문서열기, 시스템 설정변경, 도움말 보기, 찾기 등의 작업을 수행하는 버튼이다. 시작 버튼을 클릭하면 계단식 메뉴를 통해 응용 프로그램을 열거나 옵션을 사용자가 정의할 수 있다.

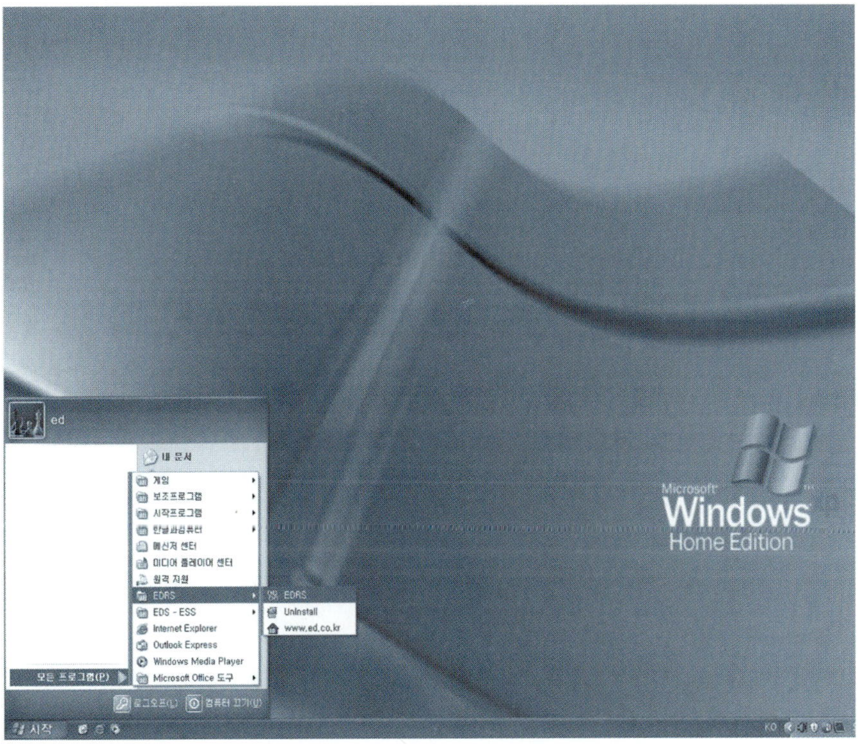

[그림 5-5] 시작 버튼

3) 작업 표시

윈도우 응용 프로그램을 실행하면 실행중인 응용 프로그램은 작업 표시줄에 표시된다.

5.2 지능형 로봇 시뮬레이터(EDRS)의 설치 환경

5.2.1 컴퓨터 메모리

1) 최소사양

펜티움(Pentium) 4의 1GB 이상의 CPU에 확장 메모리를 포함하여 적어도 500MB 이상의 메모리를 가진 퍼스널 컴퓨터가 필요하다.

2) 권장사양

펜티움(Pentium) 4의 2GHz 이상의 CPU에 확장 메모리를 포함하여 1GB 이상의 메모리를 가진 퍼스널 컴퓨터를 권장한다.

5.2.2 하드디스크

지능형 로봇 시뮬레이션과 관련된 파일을 모두 설치하고 지능형 로봇 시뮬레이션을 원활히 사용하려면 하드디스크(HDD)에 사용 가능한 용량이 2GB 이상 있어야 한다.

5.2.3 CD-ROM 드라이브

지능형 로봇 시뮬레이션을 설치하기 위해서 CD-ROM 드라이브가 필요하다.

5.2.4 마우스

지능형 로봇 시뮬레이션의 기능을 최대한 활용하려면 컴퓨터 본체에 연결할 수 있고 한글/영문 윈도우 2000/XP 버전 이상에 적합한 마우스가 필요하다.

5.2.5 프린터

지능형 로봇 시뮬레이션을 인쇄하려면 윈도우 2000/XP 버전 이상에서 사용할 수 있는 프린터가 필요하다.

5.2.6 한글 윈도우(OS)

한글 윈도우 2000/XP 이상의 버전이 필요하다.

5.3 지능형 로봇 시뮬레이터(EDRS)의 실행

5.3.1 EDRS 설치

1) 자동 실행

EDRS를 설치하기 위해서는 EDRS 설치 CD가 필요하다. 설치 CD를 CD-ROM 드라이브에 삽입하면 설치 프로그램은 자동으로 동작한다. 자동설치 프로그램이 시작되면 EDRS를 설치할 수 있다.

[그림 5-6] EDRS InstallShield Wizard 시작

2) 수동 실행

자동으로 설치하지 않고 사용자가 직접 설치를 원할 경우 윈도우 탐색기를 이용한 방법과 실행창을 이용한 방법으로도 설치 가능하다.

(1) 탐색기 이용

탐색기를 이용한 설치방법은 윈도우즈 탐색기를 이용하여 CD로 이동한 후 EDRS 폴더에 "setup.exe" 파일을 실행함으로써 설치가 가능하다.

(2) 실행창 이용

실행창을 이용한 설치는 윈도우즈의 시작버튼을 클릭한 후 실행 메뉴를 선택하여 직접

CD 안의 "setup.exe" 파일의 경로를 입력하면 된다.

그 이후의 과정은 탐색기를 이용한 방법과 같다.

마법사가 실행 된 후 EDRS 인스톨 메인 그림이 자동으로 화면에 표시된다.

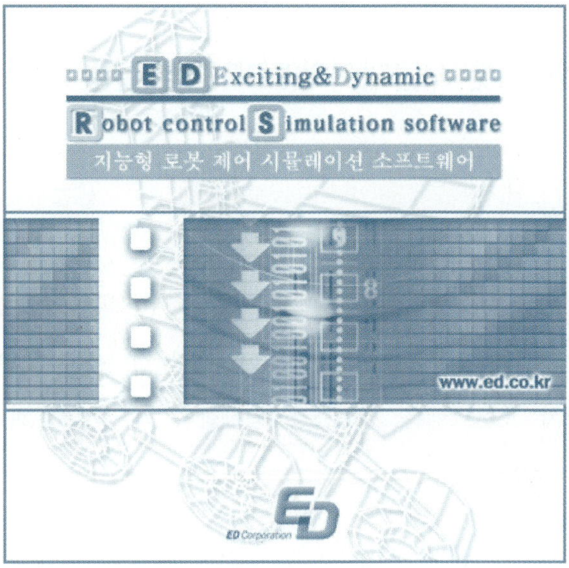

[그림 5-7] EDRS

5.3.2 EDRS 설치 과정

EDRS의 로고가 표시된 후 일정 시간이 지나면 다음의 EDRS InstallShield Wizard 설치 준비 화면이 표시된다.

1) 설치 시작

EDRS InstallShield Wizard 준비 화면이 끝나면 자동적으로 화면의 설치창이 나타난다.

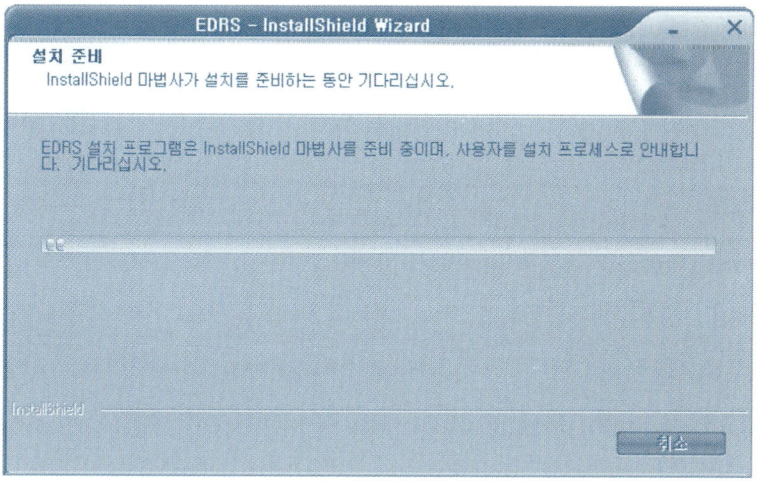

[그림 5-8] EDRS InstallShield Wizard 준비 화면

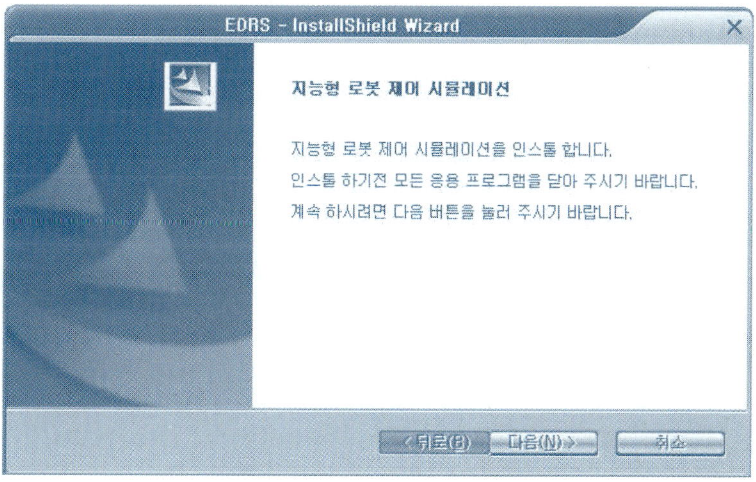

[그림 5-9] EDRS InstallShield 설치

2) 사용권 계약 동의서

설치창에서 '다음'을 누르면 소프트웨어 사용권 계약 동의서가 나타난다. 중요한 내용이므로 사용자는 자세히 읽어 차후 불이익이 없도록 해야 한다.

"위의 내용에 동의합니다." 버튼을 클릭하면 '다음' 버튼이 활성화된다.

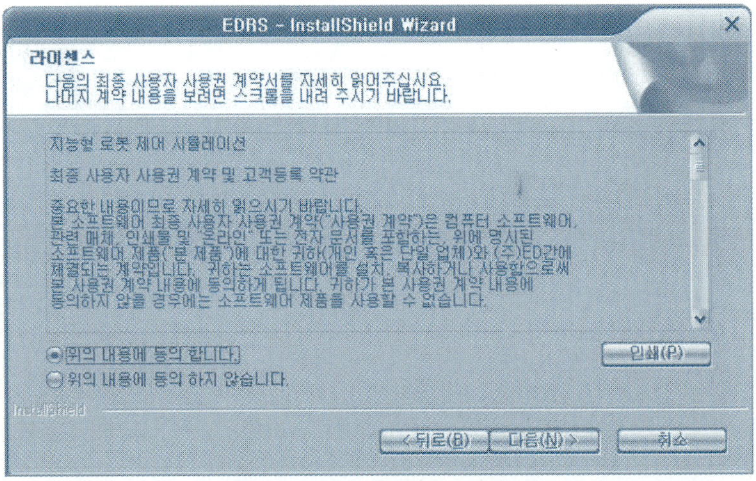

[그림 5-10] 사용권 계약 동의서

3) 사용자 정보입력

라이센스 설치창에서 '다음' 버튼을 누르면 사용자 정보입력 창이 나온다. 이름(U)에는 사용자 이름을 입력하고, 회사(C)에는 소속을 입력한다.

[그림 5-11] 사용자 정보 입력

4) 설치 폴더 선택

사용자 정보를 입력한 후에는 프로그램 설치 디렉토리를 선택하게 된다. 디렉토리는 기본적으로 "설치 드라이버₩EDRS"가 설정되어 있다. 설치 디렉토리를 변경하고자 할 때에는 [변경] 버튼을 클릭하면 [폴더 선택] 창이 나온다. 이를 사용하여 사용자가 원하는 위치에 설치가 가능하다. 디렉토리의 입력을 끝마치면 확인 버튼을 누른다.

[그림 5-12] 설치 폴더 선택

5) 파일복사

경로명을 지정한 후 [다음] 버튼을 누르면 프로그램을 사용하는데 필요한 파일이 하드에 복사된다.

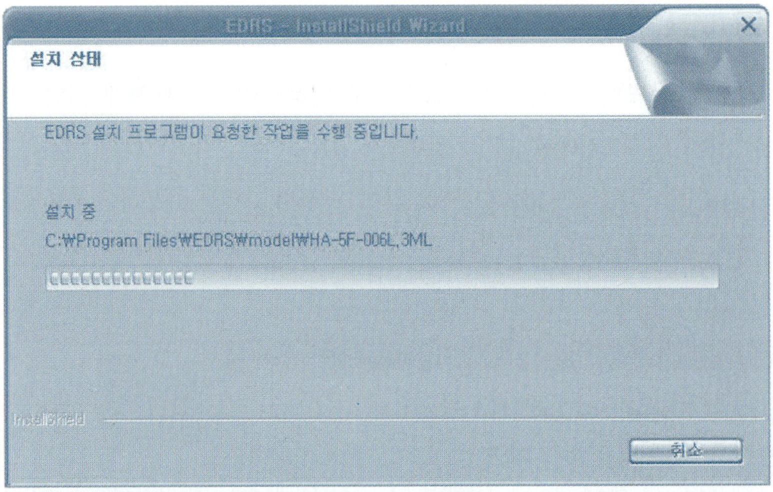

[그림 5-13] EDRS 설치

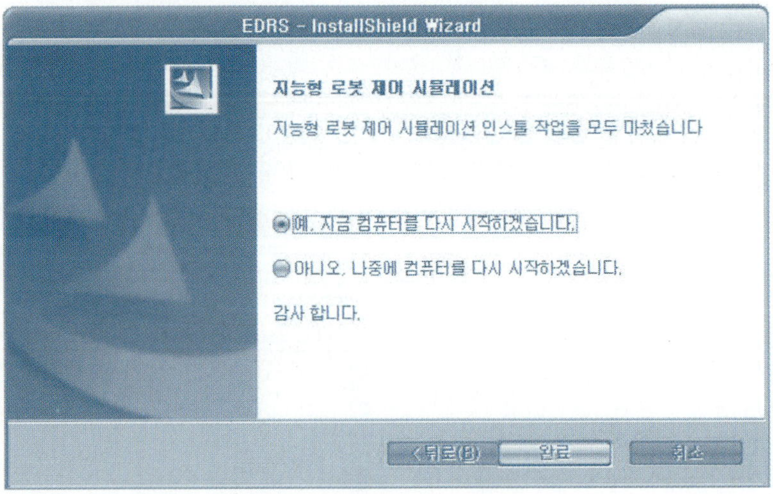

[그림 5-14] EDRS 설치 완료

6) 설치 완료

설치 과정을 끝마치고 완료 버튼을 눌러 재부팅하면 EDRS의 실행 준비가 완료된다.

5.3.3 실행 방법

EDRS의 설치를 끝마치면 EDRS의 실행이 가능하다.

프린트 포트에 EDRS 전용 Key-Lock을 장착하고 EDRS를 실행한다. EDRS를 실행하는 방법은 시작 버튼을 클릭하여 실행하는 방법, 실행창을 이용하여 실행하는 방법 그리고 가장 간편한 바탕 화면의 아이콘을 클릭하여 실행하는 방법이 있다.

1) 시작 버튼을 이용한 실행

시작 버튼을 이용한 실행 방법은 시작 버튼을 클릭하여 [시작]−[모든 프로그램]−[EDRS]−[EDRS]의 순서로 실행하면 된다.

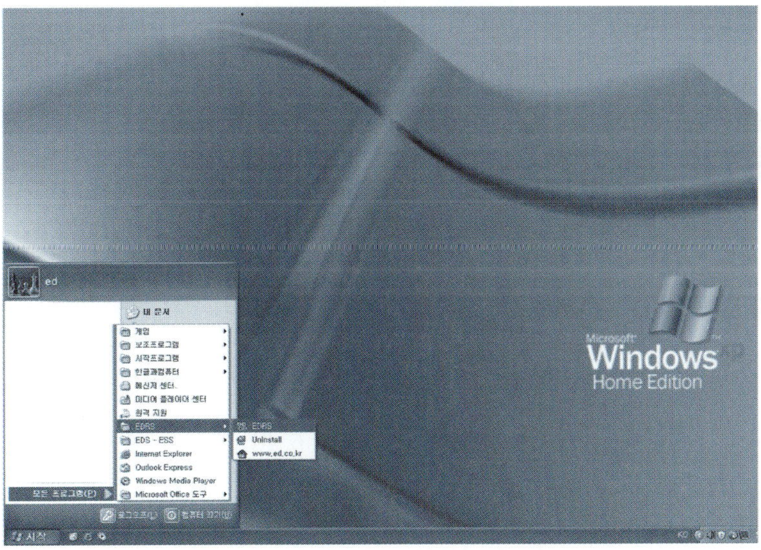

[그림 5-15] 시작 버튼을 이용한 실행

2) 실행 창을 이용한 실행

[시작] 버튼을 클릭하여 메뉴 중에 실행을 누르면 실행 창이 활성화된다. 실행 창이 활성화되면 [찾아보기] 버튼을 이용하여 EDRS가 설치된 디렉토리를 찾아 [열기] 버튼을 누른다. [열기] 버튼을 누르면 실행 창의 열기에 EDRS 실행 파일의 위치가 입력된다. 사용자는 실행 창의 확인 버튼을 누름으로써 EDRS를 실행할 수 있다.

[그림 5-16] 실행 창을 이용한 실행

3) 바탕 화면 아이콘을 이용한 실행

마지막 방법은 가장 간편한 방법인 바탕 화면의 아이콘을 이용한 방법이다. EDRS를 설치하면 바탕 화면에 자동으로 아이콘이 등록된다. 따라서 이 아이콘을 더블클릭하면 EDRS를 실행할 수 있다.

[그림 5-8]과 같이 바탕 화면 아이콘을 이용한 EDRS를 실행을 할 수 있다.

[그림 5-17] 바탕 화면 아이콘을 이용한 실행

5.3.4 지능형 로봇 시뮬레이터(EDRS)의 구동

앞에서 언급한 여러 가지 실행방법 중 하나로 EDRS를 구동하면 다음과 같이 EDRS가 실행된다.

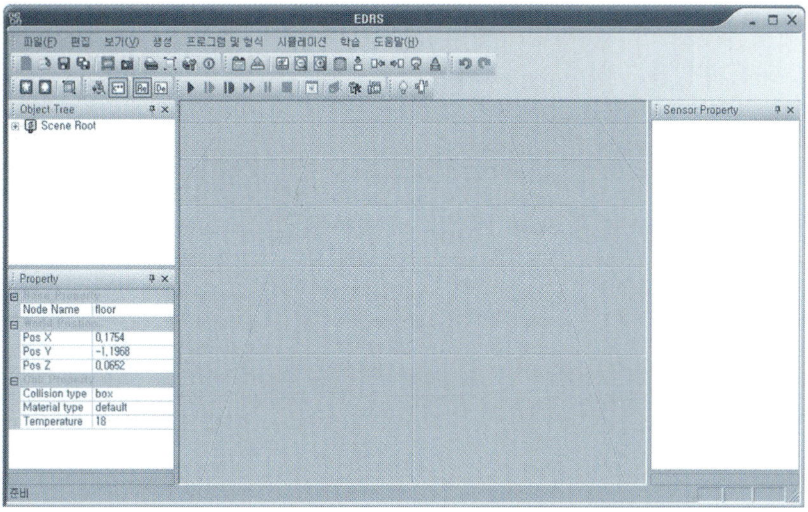

[그림 5-18] EDRS 실행

주의해야 할 것은 EDRS는 PC 프린트 포트에 Key-Lock을 장착한 상태에서 동작하며, 만약 Key-Lock을 장착하지 않은 경우 아래와 같이 라이센스를 등록해야만 동작한다. 라이센스가 정상적으로 입력되면 "축하합니다! 라이센스 인증이 완료되었습니다!"는 메시지가 나타난다.

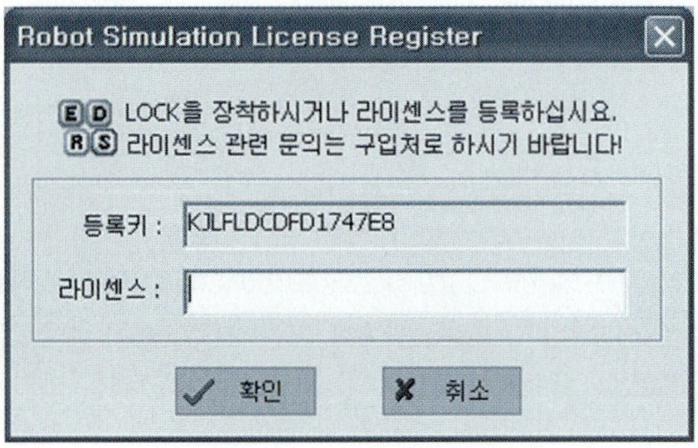

[그림 5-19] 라이센스 등록기

5.4 지능형 로봇 구축

앞 절에서 환경설정을 마친 후 지능형 로봇 구축을 따라해 보기 형식으로 직접 로봇을 구성하고 적용, 환경을 구성하고 적용하여 자유주행 시뮬레이션까지 해보며 사용자가 쉽게 접근할 수 있도록 예를 보여준다.

여기서는 직접 로봇의 몸통, 머리, 팔, 손 등을 붙여가며 형태를 만들고 거기에 센서를 추가해서 시뮬레이션을 하기 위한 로봇을 만들게 된다.

① 생성 → 로봇 생성 클릭

[그림 5-20] 로봇 생성

② 로봇에디터가 실행되었다.

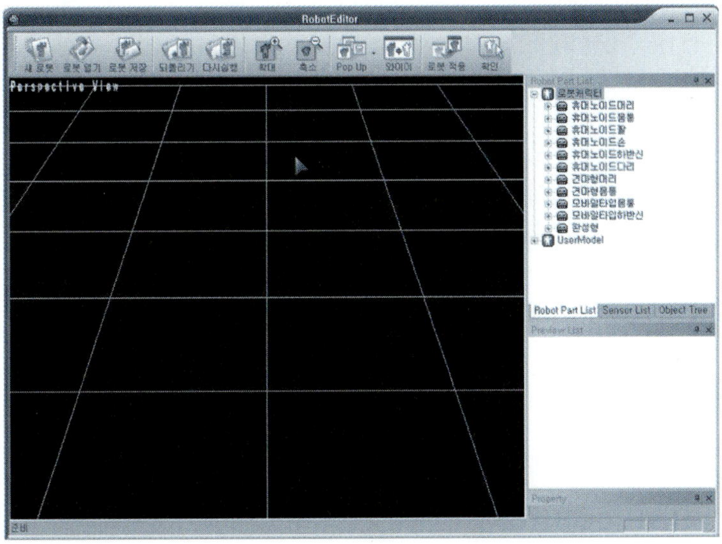

[그림 5-21] 로봇에디터 실행

③ 몸통 설치

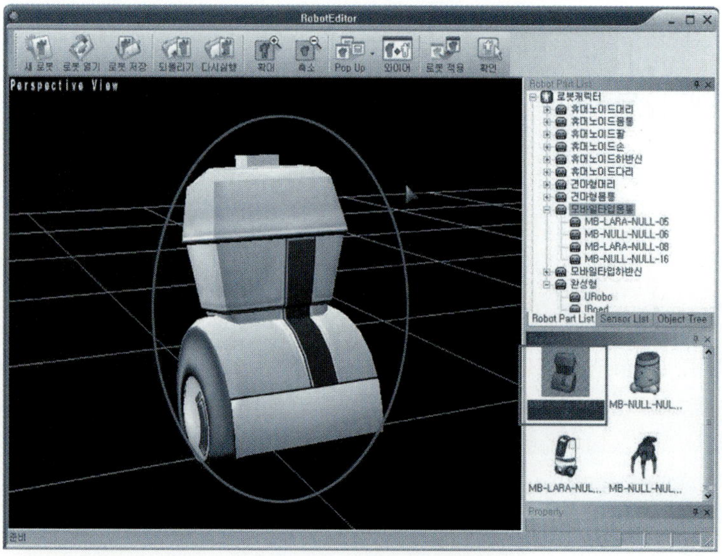

[그림 5-22] 몸통 설치

여기서는 모바일 타입 몸통 MB_LARA_NULL-05라는 몸통을 사용한다.

몸통이름을 눌러 드래그하여도 되고, Preview 창에서 해당 그림을 드래그하여도 상관없다.

로봇에디터에서 중요한 것은 완성형을 제외한 로봇을 조립하기 위해서는 우선 몸통을 먼저 3D공간으로 끌어와서 화면상에 설치해줘야 한다.

머리 먼저 설치하려하거나 다리 먼저 설치하려 하면 아무것도 화면상에 나타나지 않고 상태 표시줄에서 "베이스모델을 먼저 로드해주십시오." 라는 문구가 뜨게 된다.

④ 머리 설치

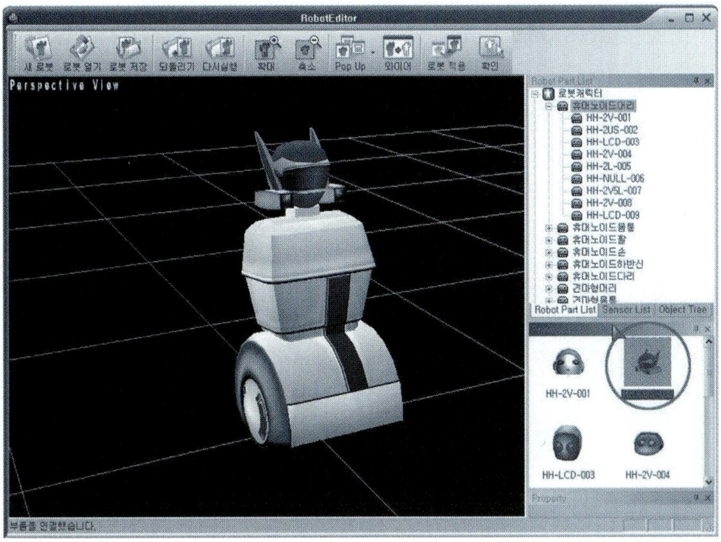

[그림 5-23] 머리 설치

휴머노이드머리 → HH-2US-002를 설치한다.

⑤ 양팔 설치

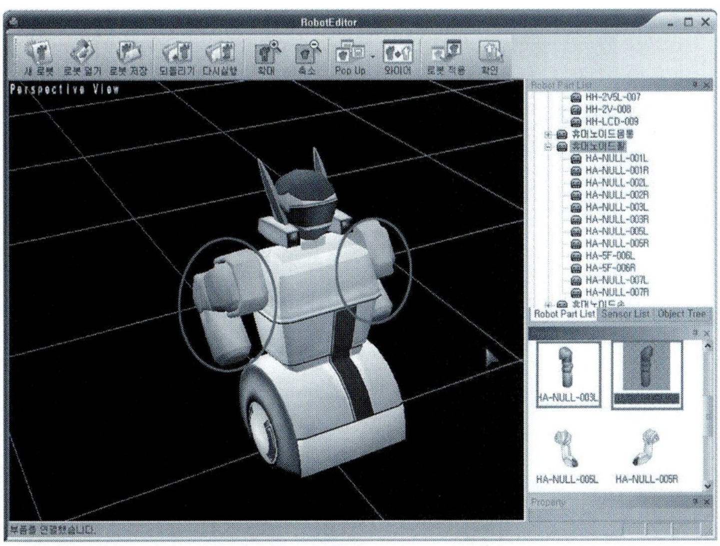

[그림 5-24] 양팔 설치

휴머노이드팔 → HA-NULL-003L, HA-NULL-003R을 설치한다.

제5장

⑥ 양손 설치

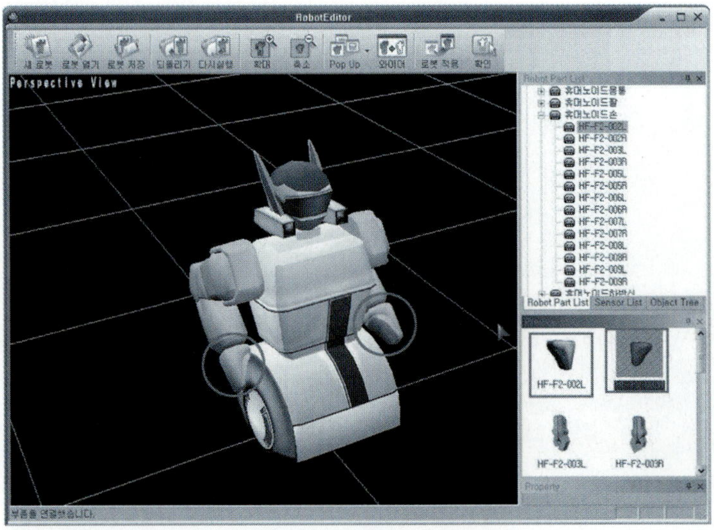

[그림 5-25] 양손 설치

휴머노이드손 → HF-FP2-002L, HF-F2-002R 설치한다.

⑦ 초음파센서 설치

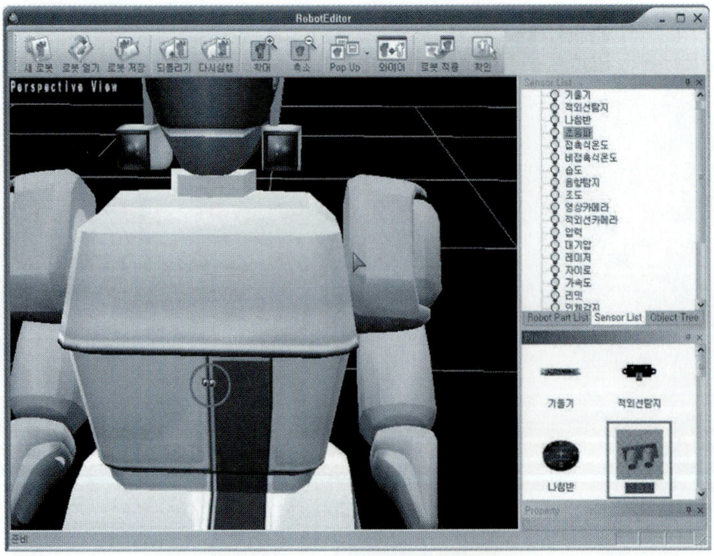

[그림 5-26] 초음파센서 설치

⑧ 초음파센서 설정

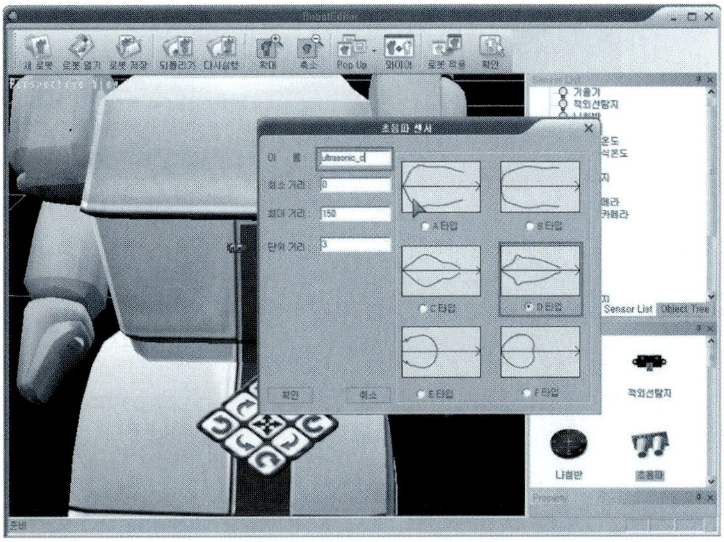

[그림 5-27] 초음파센서 설정

초음파센서를 더블클릭하면 나타나는 창으로 여기서 센서 이름과 여러 가지 설정을 할 수 있다.

⑨ 중심축 ON/OFF

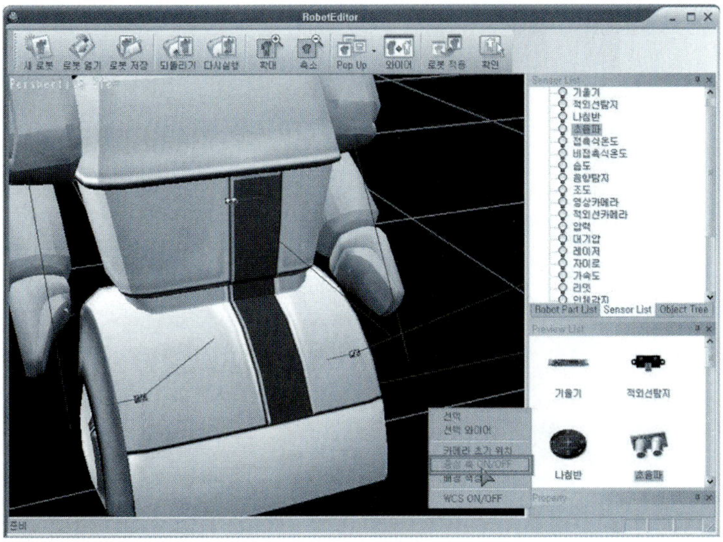

[그림 5-28] 중심축 ON/OFF

중심축을 ON/OFF하는 이유는 센서에서 발사되는 초음파나 적외선의 방향이 어디로 향해있는지 알 수 있기 때문이다.

⑩ 초음파센서 각도 조정

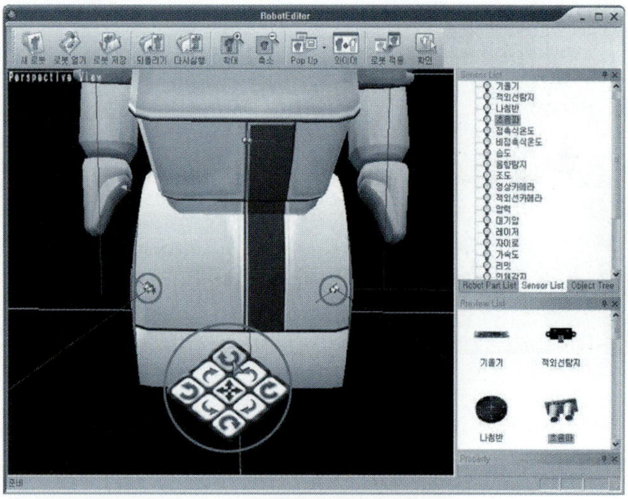

[그림 5-29] 초음파센서 각도 조정

⑪ 로봇 저장

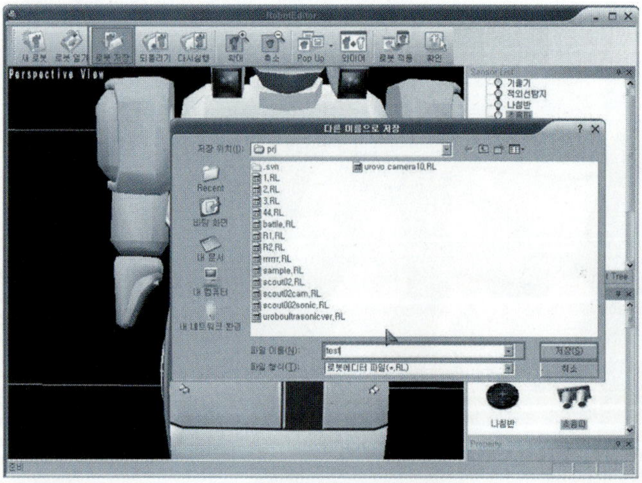

[그림 5-30] 로봇 저장

로봇 저장 버튼을 눌러 저장한다. 파일 이름은 test로 한다.

⑫ 로봇 불러오기

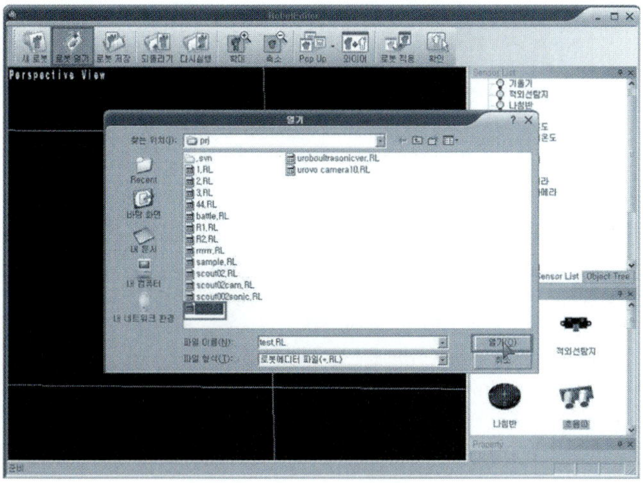

[그림 5-31] 로봇 불러오기

다시 로봇 열기 버튼을 눌러 test.RL 파일을 선택 후 열기를 누른다.

⑬ 로봇 적용하기

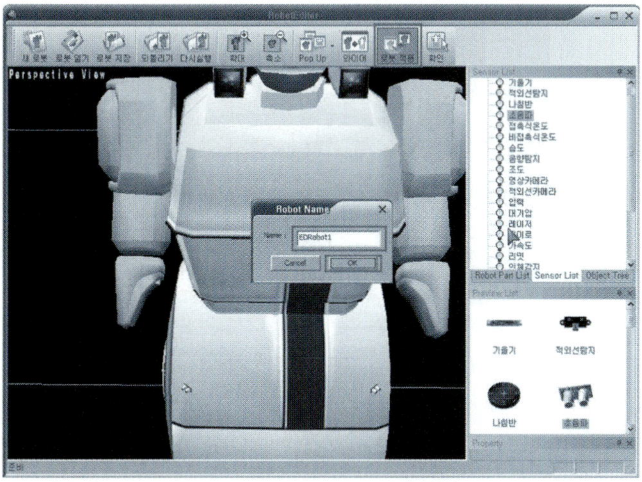

[그림 5-32] 로봇 적용하기

로봇 적용 버튼을 눌러 로봇을 메인으로 보낸다. 이때 로봇 이름을 정해주게 되는데 이 로봇 이름은 시뮬레이션하기 위한 언어에서 사용하게 된다.

⑭ 로봇이 적용된 메인화면

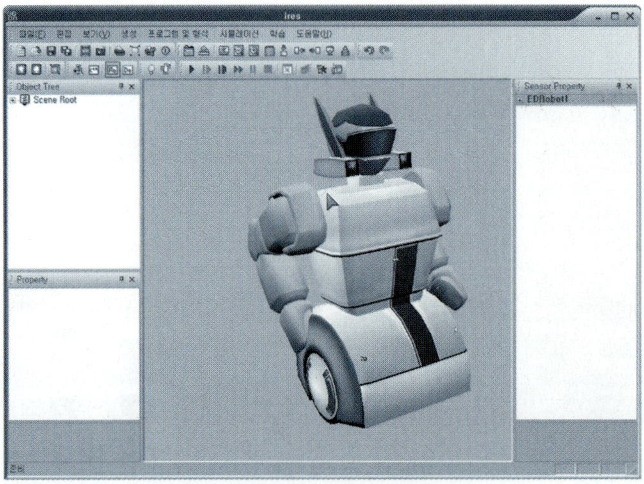

[그림 5-33] 로봇 적용 화면

5.5 지능형 로봇 시뮬레이션(EDRS)의 환경구축

지능형 로봇 시뮬레이션의 환경구축은 로봇이 가상적인 환경을 사전에 유저가 구축하여 로봇과 함께 시뮬레이션할 수 있도록 한다.

여기서는 원래 있던 지형에서 오브젝트를 올려서 사용하는 방법과 직접 자기가 바닥과 벽을 만들어 지형 자체를 만들어서 사용하는 방법을 이용하여 구축한다.

5.5.1 기존에 있는 지형에 오브젝트 올려 사용하기

① 생성 → 환경 생성 클릭

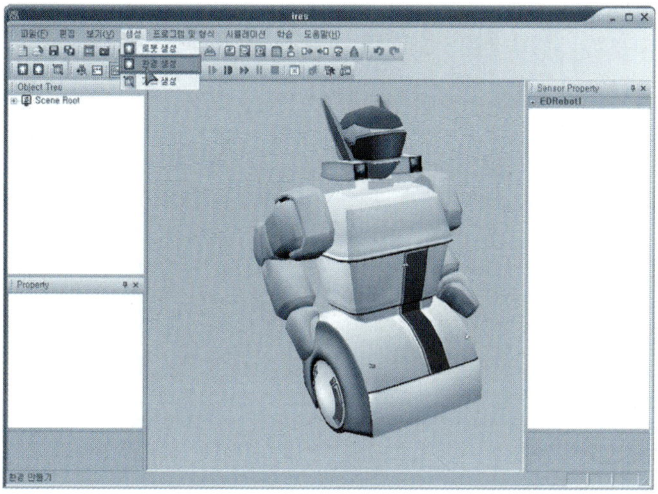

[그림 5-34] 환경 생성

② 환경편집기가 실행되었다.

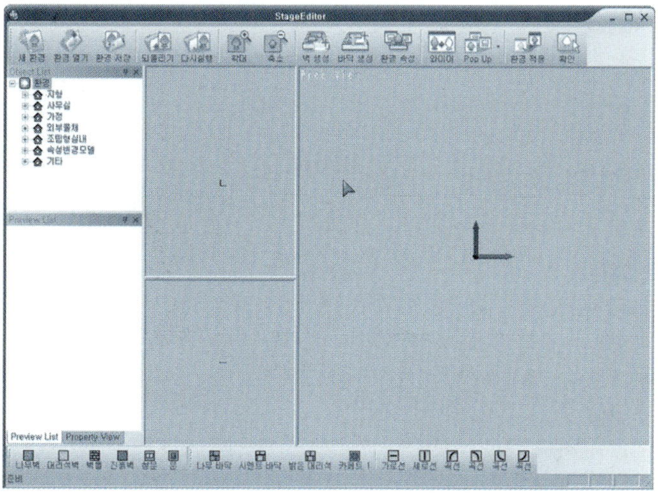

[그림 5-35] 환경편집기 실행

③ 사무실 설계

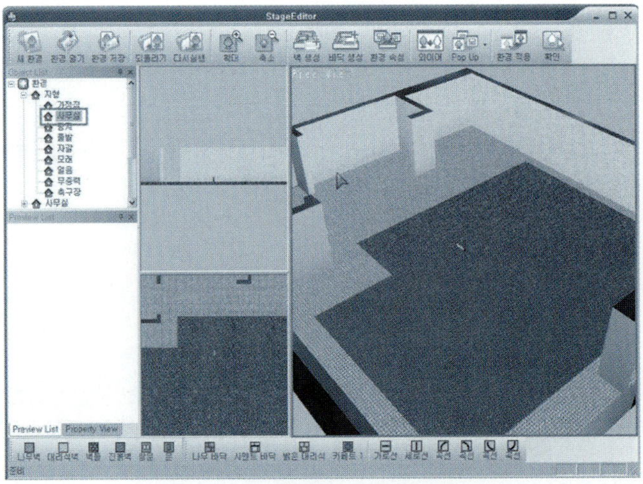

[그림 5-36] 사무실 설계

지형 → 사무실을 3d공간인 Free View로 드래그한다.

④ 책상 설치

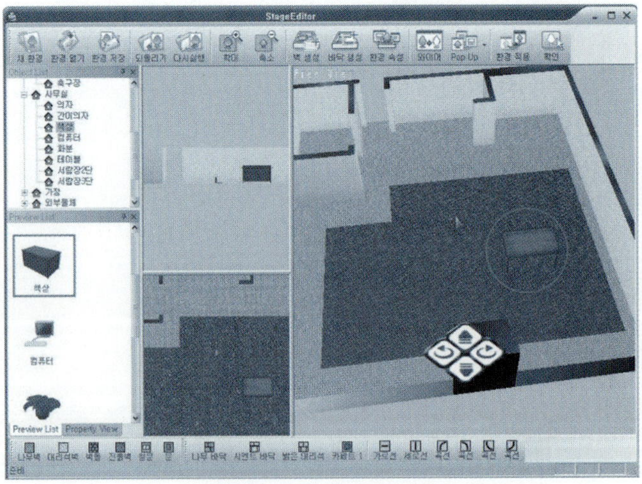

[그림 5-37] 책상 설치

사무실 → 책상을 Free View로 드래그한다.

⑤ 책상 회전하기

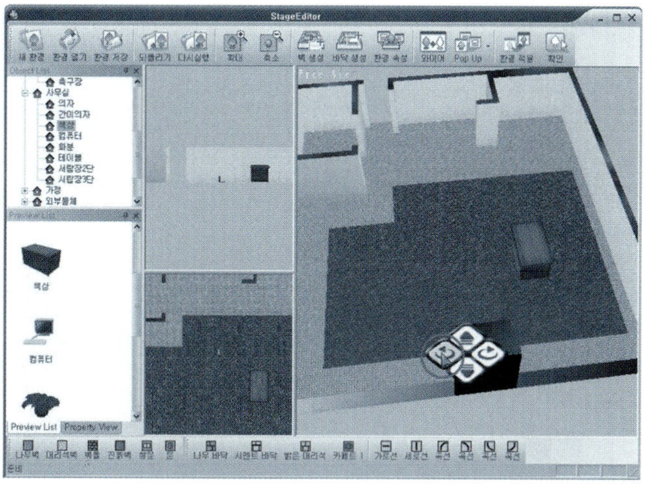

[그림 5-38] 책상 회전하기

책상을 회전시키기 위하여 4개의 아이콘 중 왼쪽으로 돌리는 아이콘을 클릭한다.

⑥ 의자 설치

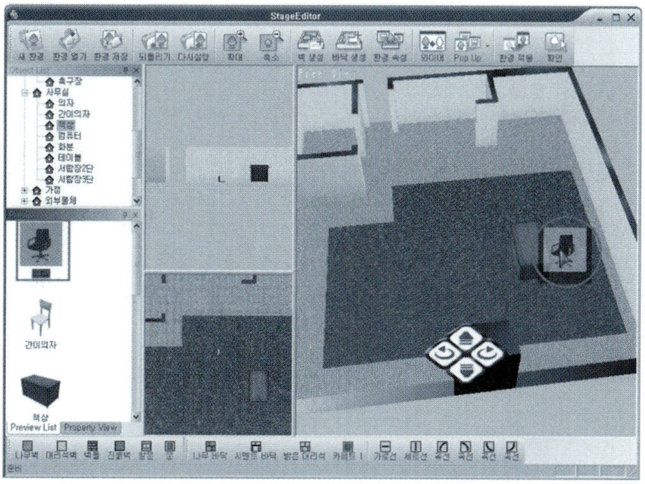

[그림 5-39] 의자 설치

사무실 → 의자를 클릭하여 책상 부근에 드래그한다.

⑦ 의자 위치 조정

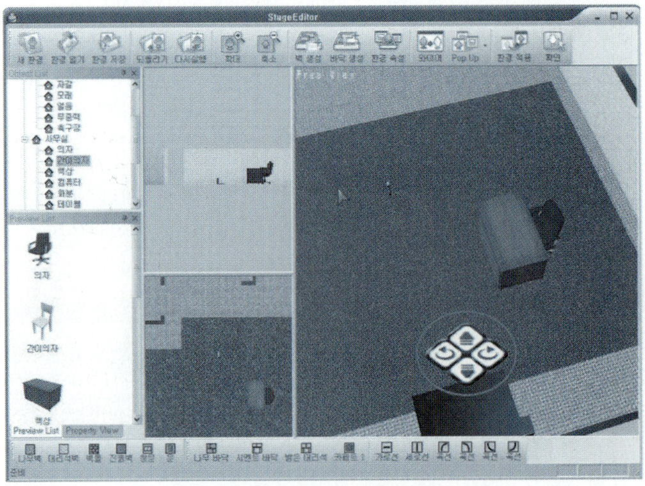

[그림 5-40] 의자 위치 조정

⑧ 여러 가지 오브젝트 설치

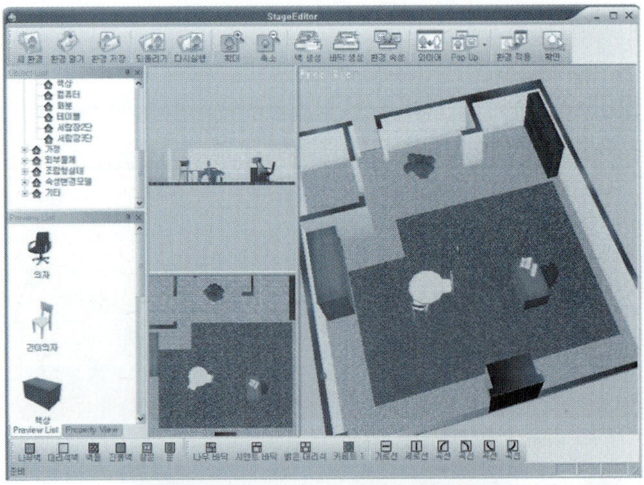

[그림 5-41] 오브젝트 설치

위와 같은 방식으로 여러 가지 오브젝트를 올려보며 사무실 분위기를 내본다.

⑨ 인체 설치

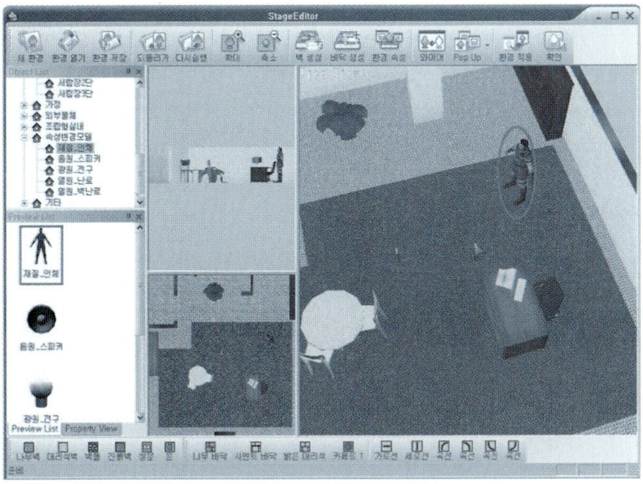

[그림 5-42] 인체 설치

로봇이 돌아다니면서 소리, 온도, 빛, 재질에 대한 반응을 할 수 있도록 환경에 설치할 수 있는데, 속성변경모델 → 재질 인체를 공간에 드래그한다.

⑩ 난로 설치

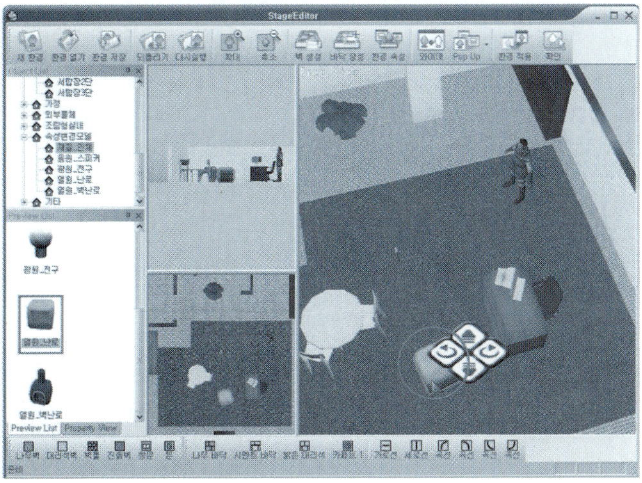

[그림 5-43] 난로 설치

속성변경모델 → 열원 난로를 공간에 드래그하여 설치한다.

⑪ 전구 설치

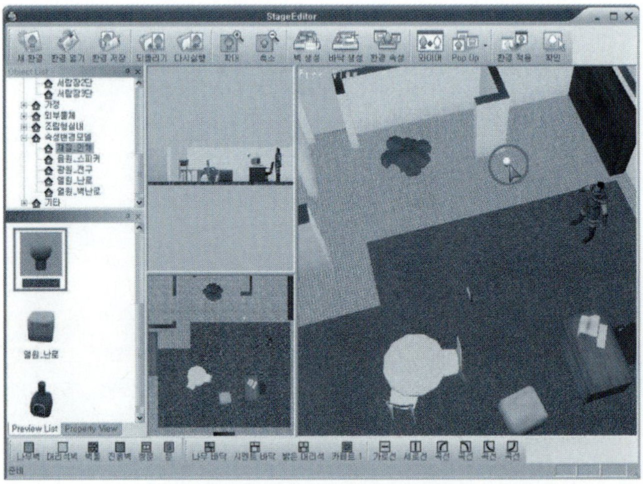

[그림 5-44] 전구 설치

속성변경모델 → 광원 전구를 공간에 드래그하여 설치한다.

⑫ 환경 저장

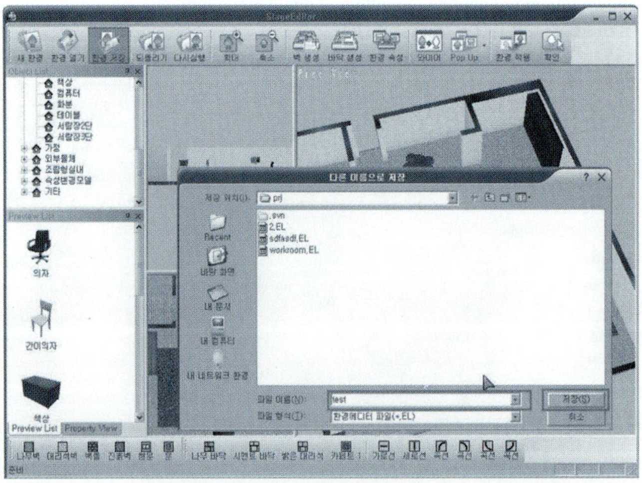

[그림 5-45] 환경 저장

환경 저장 버튼을 눌러 저장한다. 파일 이름은 test로 한다.

⑬ 환경 열기

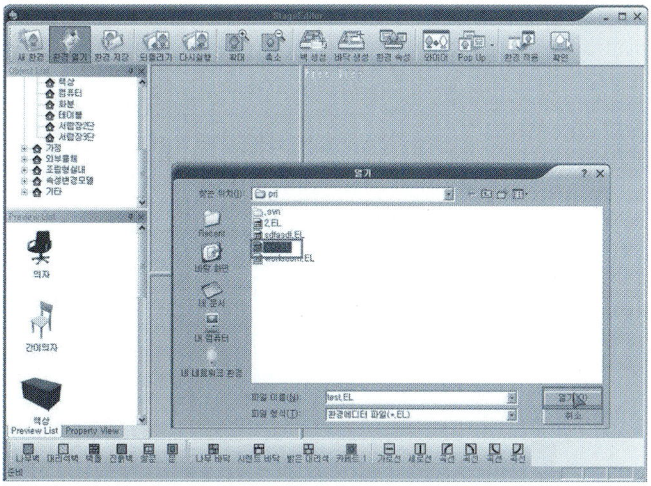

[그림 5-46] 환경 열기

"새 환경" 버튼을 누른 뒤 "환경 열기" 버튼을 눌러 test.EL 파일 선택 후 열기를 누른다.

5.5.2 지능형 로봇 시뮬레이션의 사용자 지형구축

이번에 직접 만들어 볼 지형은 평범하지만 여러 가지 바닥을 설치해본다.

① 벽 생성 버튼 클릭

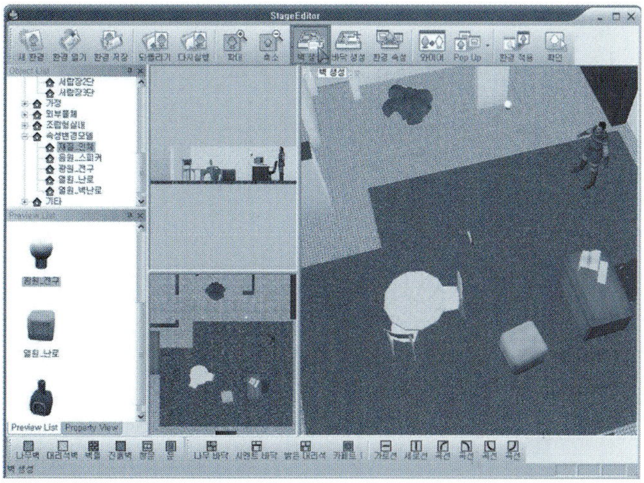

[그림 5-47] 벽 생성 버튼 클릭

벽 생성 버튼을 누른다.

② 벽 생성 화면

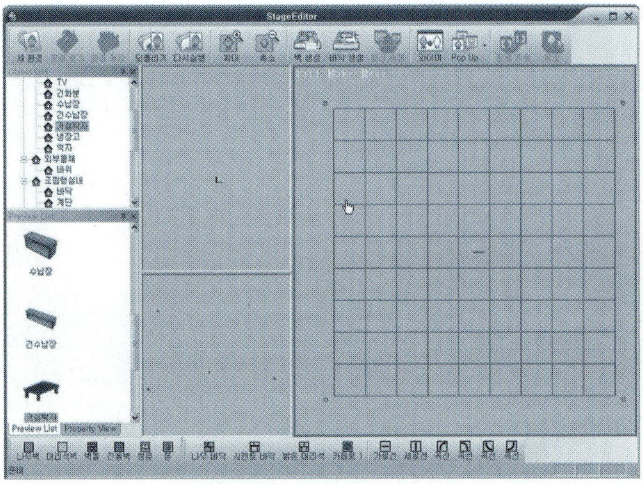

[그림 5-48] 벽 생성 화면

빨간 박스 안에 그리드가 있는데 보이는 선에 클릭을 하면 그 부분에 벽이 하나 생긴다. 쭉 드래그하여 설치할 수도 있다.

③ 벽 선택

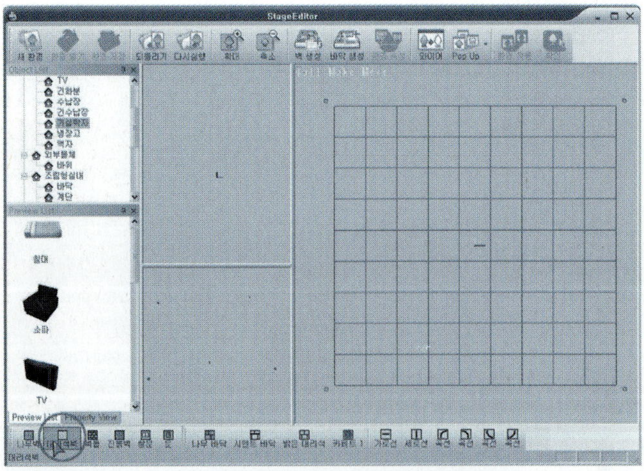

[그림 5-49] 벽 선택

하단에 대리석벽 아이콘을 클릭하여 선택한다.

④ 벽 설치

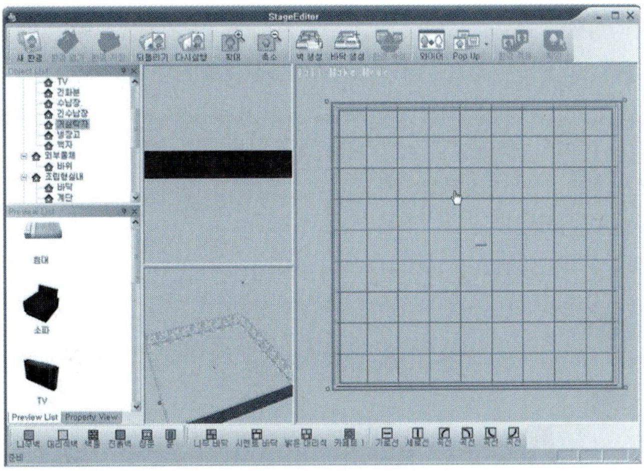

[그림 5-50] 벽 설치

겉 테두리부분을 쭉 드래그해가면서 네모난 공간의 벽을 만들었다.

⑤ 바닥 생성 버튼 클릭

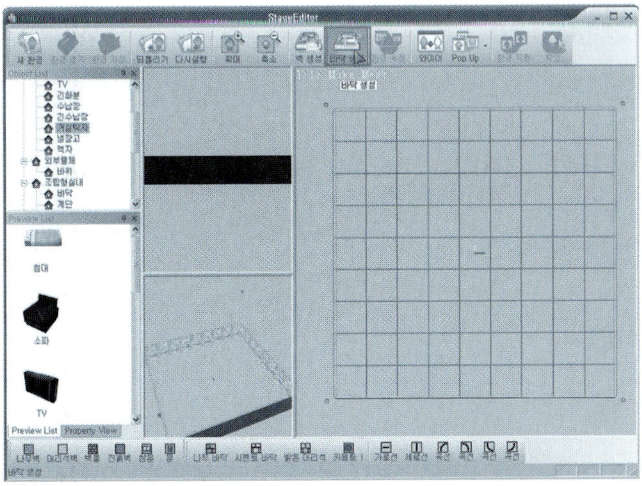

[그림 5-51] 바닥 생성 버튼 클릭

바닥 생성을 위해 바닥 생성 버튼을 클릭한다.

⑥ 시멘트 바닥 선택

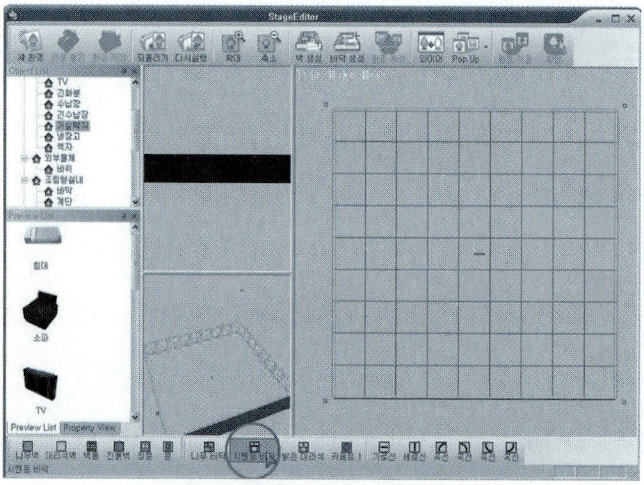

[그림 5-52] 시멘트 바닥 선택

하단에 시멘트 바닥 아이콘을 클릭하여 선택하였다.

⑦ 시멘트 바닥 설치

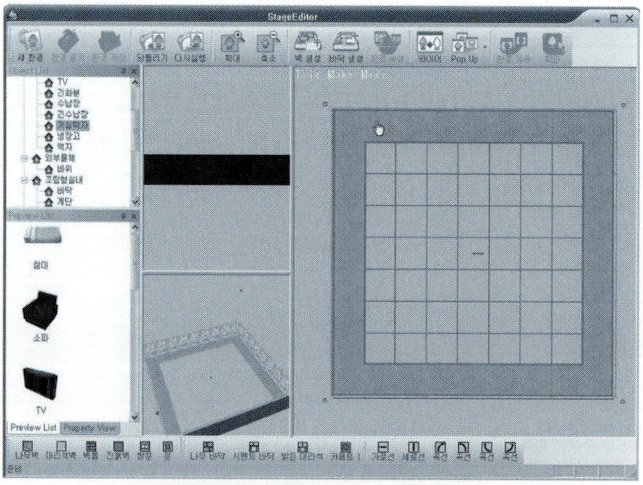

[그림 5-53] 시멘트 바닥 설치

마찬가지로 그리드에 쭉 드래그해주면 바닥이 생성된다.

⑧ 나무 바닥 선택

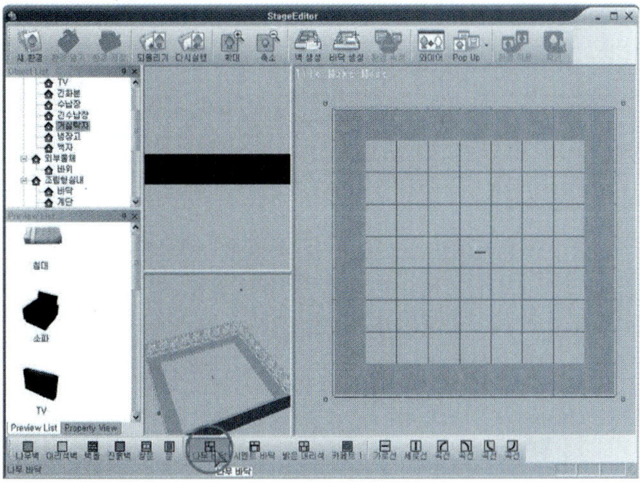

[그림 5-54] 나무 바닥 선택

나무 바닥 아이콘을 클릭해 나무 바닥을 선택했다.

⑨ 나무 바닥 설치

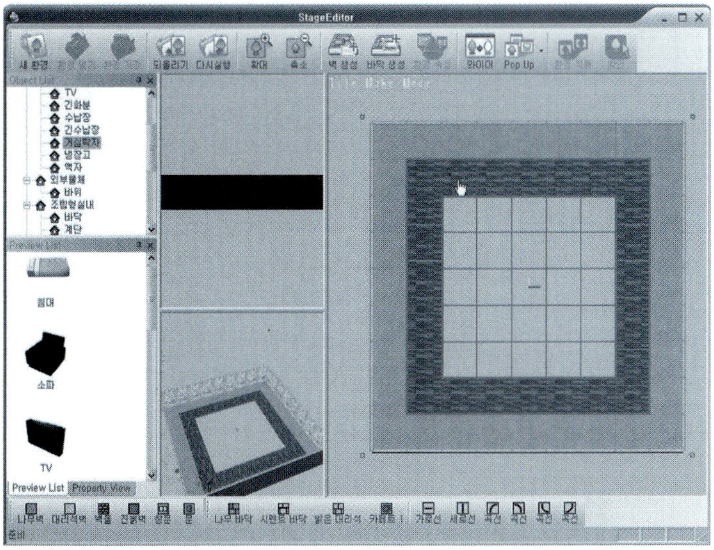

[그림 5-55] 나무 바닥 설치

안쪽으로 네모를 그려가며 드래그하여 나무 바닥을 설치하였다.

⑩ 밝은 대리석 선택

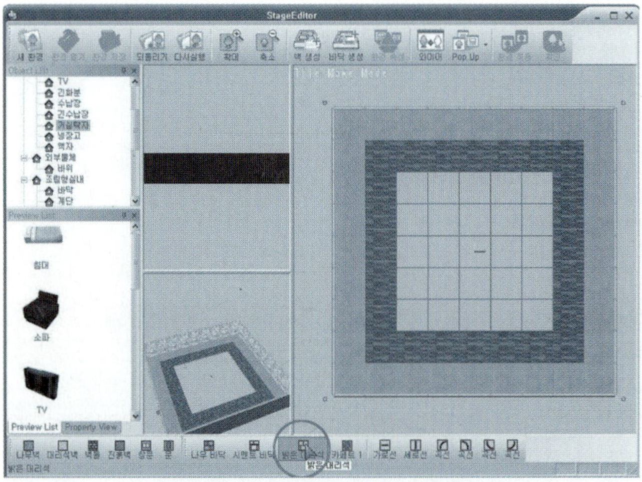

[그림 5-56] 밝은 대리석 선택

밝은 대리석 아이콘을 클릭하여 밝은 대리석 선택하였다.

⑪ 밝은 대리석 설치

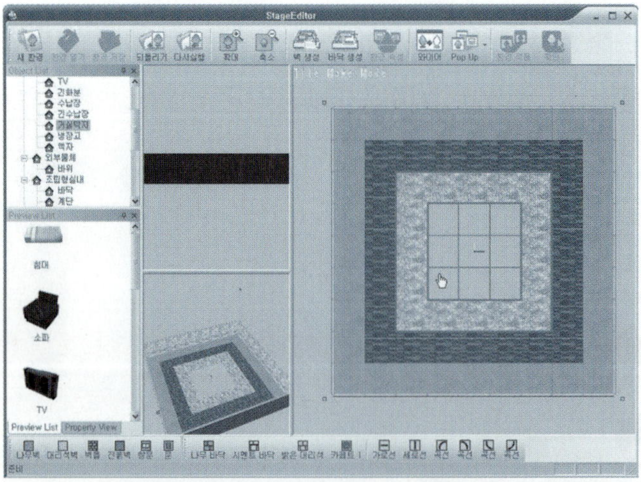

[그림 5-57] 밝은 대리석 설치

좀 더 안쪽으로 네모를 그려가며 드래그하여 밝은 대리석을 설치하였다.

⑫ 카펫 선택

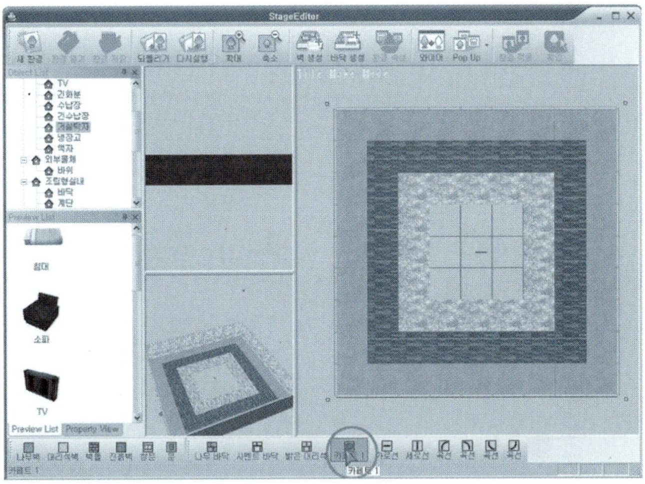

[그림 5-58] 카펫 선택

카펫 I 아이콘을 클릭하여 카펫을 선택하였다.

⑬ 카펫 설치

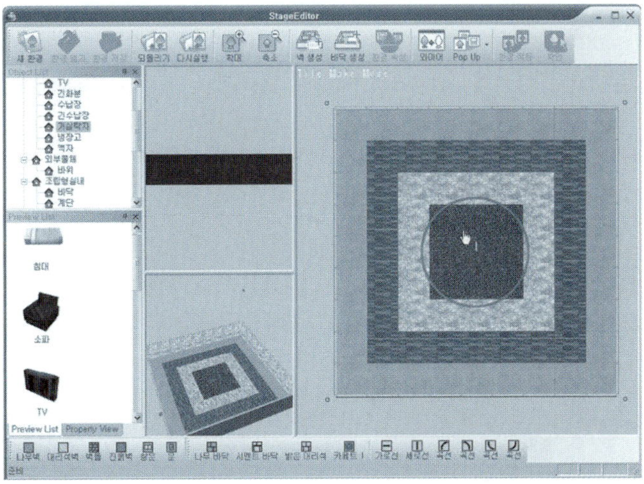

[그림 5-59] 카펫 설치

완료 후 "ESC" 키를 한번 눌러주면 적용 버튼이 활성화되어 메인에 적용시킬 수 있다.

⑭ 사용자가 만든 환경 적용

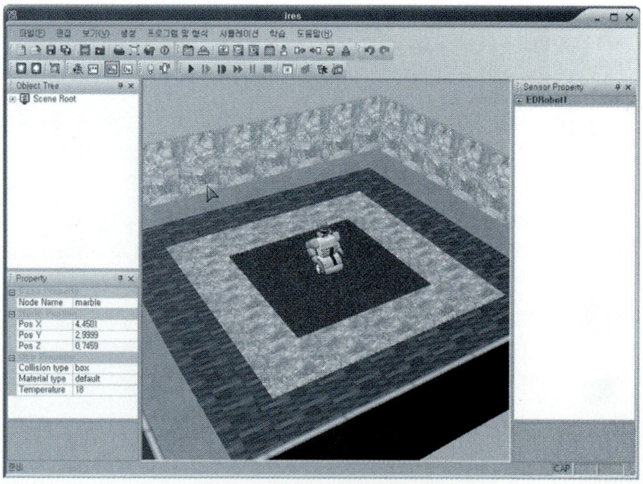

[그림 5-60] 환경 적용

환경편집기에서 "환경 적용"을 클릭

⑮ 이전 저장된 환경 불러오기

[그림 5-61] 저장된 환경 불러오기

우리가 시뮬레이션할 공간은 이전에 저장해두었던 test.EL 파일로 할 것이다. test.EL 파일을 로드하여 환경을 적용해두도록 하자.

제6장
지능형 로봇제어 시뮬레이터의 구성

6.1 지능형 로봇 시뮬레이터의 메뉴 구성

6.1.1 파일 메뉴

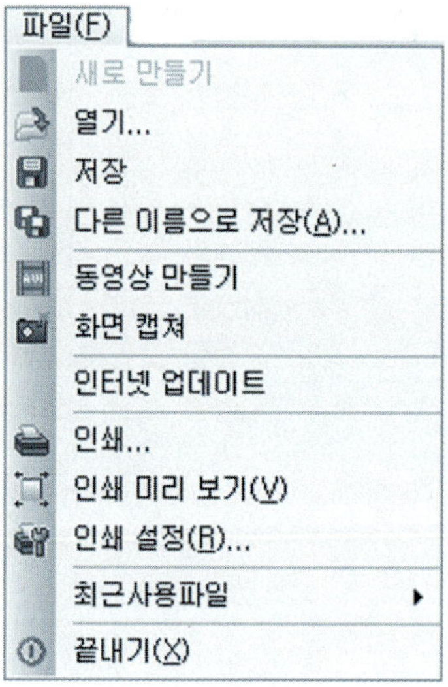

[그림 6-1] 파일 메뉴

[파일] 메뉴는 새 프로젝트, 새 파일, 열기, 닫기, 저장, 인쇄 등 EDRS의 가상 시뮬레이션 프로젝트를 작성하는 데 가장 기본이 되는 메뉴로 구성되어 있다.

① 새로 만들기(Ctrl+N) : 새 프로젝트, 새로운 작업공간을 만든다.
현재 프로젝트가 열려 있는 상태에서 새로 만들기를 클릭하면 그림에서와 같이 현재 진행 중인 프로젝트를 닫을 것인지 물어본다.

[그림 6-2] 프로젝트 닫기

② **열기 (Ctrl+O)** : 확장자가 "IRS"인 파일로 저장되어진 지능형 로봇 시뮬레이터 파일을 불러온다.

③ **저장(Ctrl+S)** : 현재 작업 중인 프로젝트를 "IRS" 확장자를 가지는 파일로 저장한다.

④ **다른 이름으로 저장** : 현재 작업 중인 프로젝트를 다른 이름으로 저장한다.

⑤ **동영상 만들기** : AVI 또는 MPG 시뮬레이션 동영상을 만든다.

⑥ **화면캡쳐** : 현재 화면을 그림 파일로 저장한다.

⑦ **인터넷 업데이트** : 지능형 로봇 시뮬레이터를 Http를 이용 최신의 버전으로 업데이트한다.

⑧ **인쇄** : 현재 선택되어진 창을 인쇄한다. 프린터 등록정보를 확인할 수 있으며 인쇄 범위를 설정하고 인쇄매수를 지정한다.

⑨ **인쇄 미리보기** : 현재 선택되어진 창의 인쇄하고자 하는 화면을 확대, 축소하여 미리 볼 수 있다.

⑩ **인쇄 설정** : 컴퓨터와 연결된 프린트의 정보를 설정한다. 인쇄용지의 크기 및 방향을 지정할 수 있다.

⑪ **최근에 사용한 파일** : 최근 사용한 파일 목록을 보여준다.

⑫ **끝내기** : 지능형 로봇 시뮬레이터를 종료한다.

6.1.2 편집 메뉴

[편집] 메뉴는 객체를 복사, 삭제, 붙여 넣기, 찾기 등과 같이 객체의 편집 시 필요한 명령을 포함하고 있다.

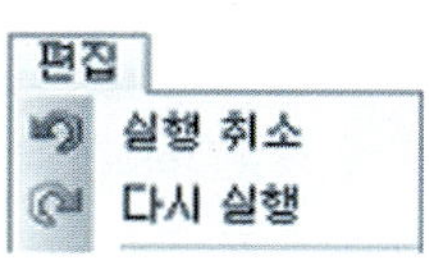

[그림 6-3] 편집 메뉴

① 실행 취소(Ctrl+Z) : 가장 최근에 사용된 명령부터 차례대로 실행된 명령을 취소한다.

② 다시 실행(Ctrl+Shift+Z) : "실행 취소" 명령에 의해 취소했던 작업을 다시 복구한다.

6.1.3 보기 메뉴

[보기] 메뉴는 페이지의 확대/축소를 비롯하여 작업 시 필요한 환경에 대한 메뉴들로 이루어져 있다. 또한 IRES 사용을 위한 상태 표시줄, 도구모음, 격자 등을 지정할 수 있고 객체에 대한 속성을 설정할 수 있는 객체 속성 설정 창이나 워크스페이스 창, 요소 라이브러리 창을 보이게 한다.

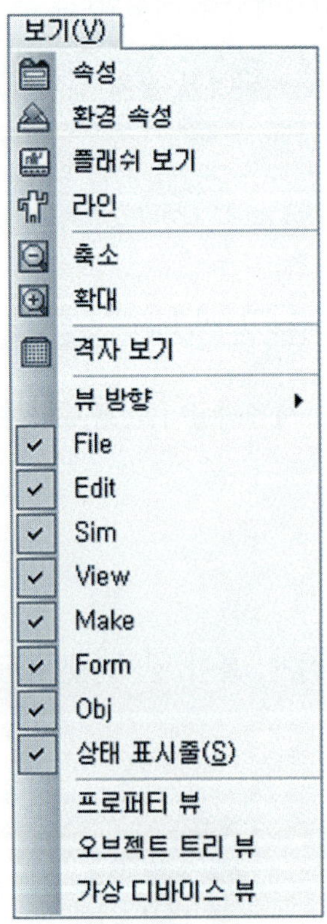

[그림 6-4] 보기 메뉴

① **속성** : 객체의 속성 값을 설정할 수 있는 창을 오픈해준다.

② **환경 속성** : 환경의 속성 값을 설정할 수 있는 대화상자를 오픈해준다.

③ **플래시 보기** : 센서와 액추에이터에 관련된 플래시를 보여준다.

④ **라인** : 모든 객체를 라인으로 표현한다.

⑤ **축소** : 현재 선택되어진 작업 창의 내용을 축소

⑥ **확대** : 현재 선택되어진 작업 창의 내용을 확대

⑦ **격자보기** : 격자를 Show / Hide시킨다.

⑧ **뷰 방향** : 현재 선택되어진 뷰의 위 / 왼쪽 / 오른 쪽 / 앞 / 뒤의 방향을 설정한다.

⑨ File : 파일 도구모음을 보여준다.

⑩ Edit : 편집 도구모음을 보여준다.

⑪ Sim : 시뮬레이션 도구모음을 보여준다.

⑫ View : 보기 도구모음을 보여준다.

⑬ Make : 만들기 도구모음을 보여준다.

⑭ Form : 폼 도구모음을 보여준다.

⑮ Obj : 오브젝트 도구모음을 보여준다.

⑯ **상태 표시줄** : 상태 표시줄을 보여준다.

⑰ **프로퍼티 뷰** : 프로퍼티 뷰를 보여준다.

⑱ **오브젝트 트리 뷰** : 오브젝트 트리 뷰를 보여준다.

⑲ **가상 디바이스 뷰** : 가상 디바이스 뷰를 보여준다.

6.1.4 생성 메뉴

[생성] 메뉴는 로봇, 환경, 기본 모양에 대한 기능들로 구성되어 있으며, 로봇을 새로 생성하거나 불러오고 새로운 환경을 적용시킬 수 있다.

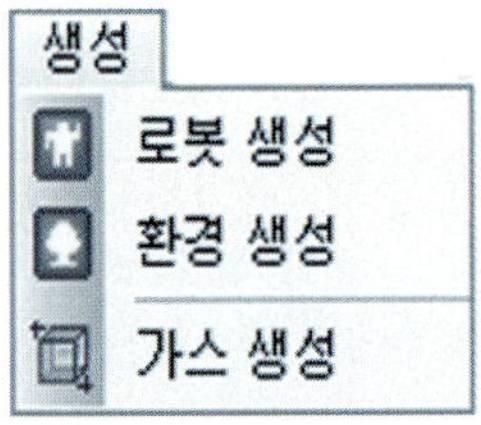

[그림 6-5] 생성 메뉴

① 로봇 생성 : 로봇을 만들기 위한 프로그램을 로드한다.

② 환경 생성 : 환경을 만들기 위한 프로그램을 로드한다.

③ 가스 생성 : 환경에 실험을 위한 가스를 생성한다.

6.1.5 프로그램 및 형식 메뉴

[프로그램 및 형식] 메뉴는 로봇을 구동할 언어를 선택해 선택한 작업을 하도록 해준다.

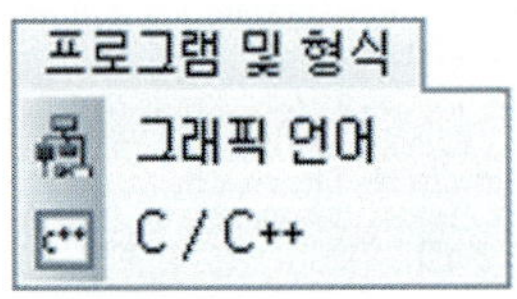

[그림 6-6] 프로그램 및 형식 메뉴

① 그래픽 언어 : 순서도 기반의 형식으로 만들어 로봇에 적용해 볼 수 있는 언어로 구성되어 있다.

드래그와 드롭(Drag & Drop)으로 쉽게 연결 가능하며 디버그 모드가 있어 순차적으로 수행되는 모습을 볼 수 있다.

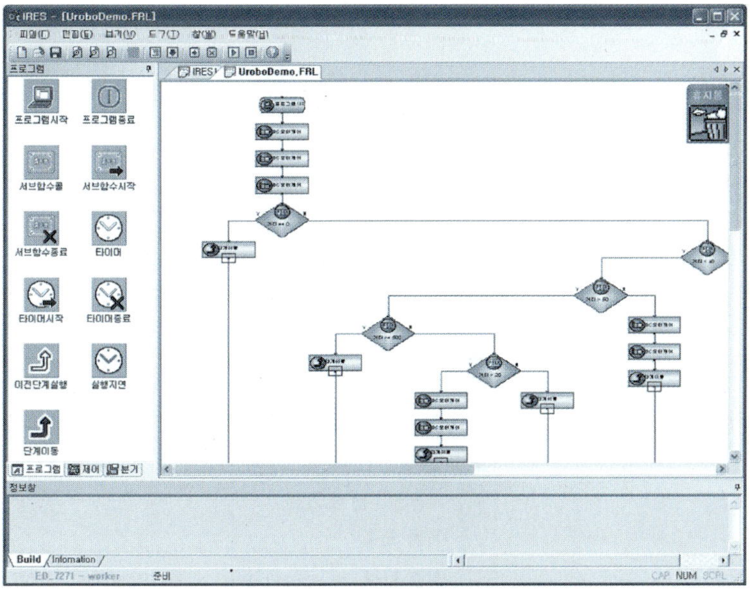

[그림 6-7] 그래픽 언어(IRES)

② C / C++ : 마이크로소프트 코드블록을 이용하여 C언어나 C++ 언어를 이용하여 직접 루틴을 작성할 수 있다.

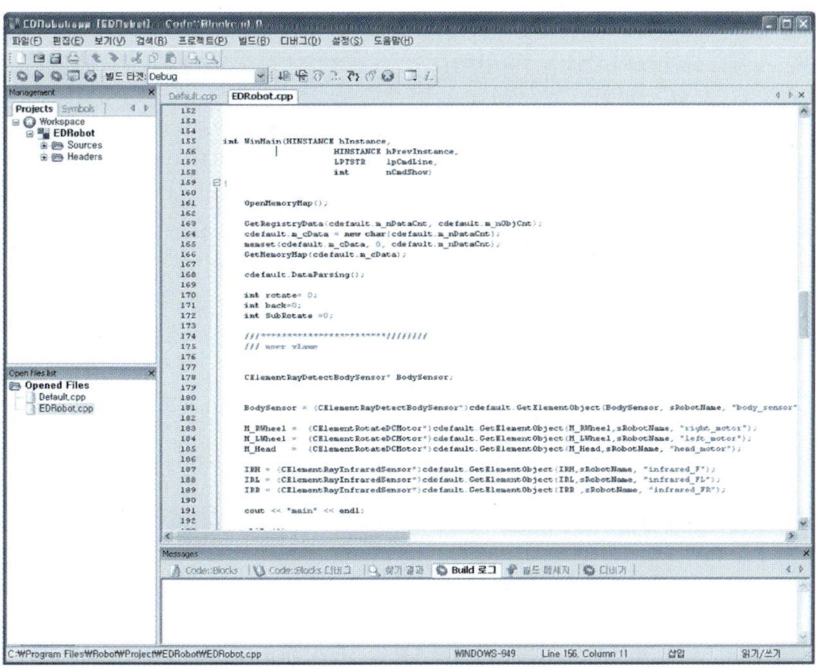

[그림 6-8] C/C++ 언어

6.1.6 시뮬레이션 메뉴

[시뮬레이션] 메뉴에는 시뮬레이션을 시작하며 여러 가지 할 수 있는 옵션 기능들을 갖추고 있다.

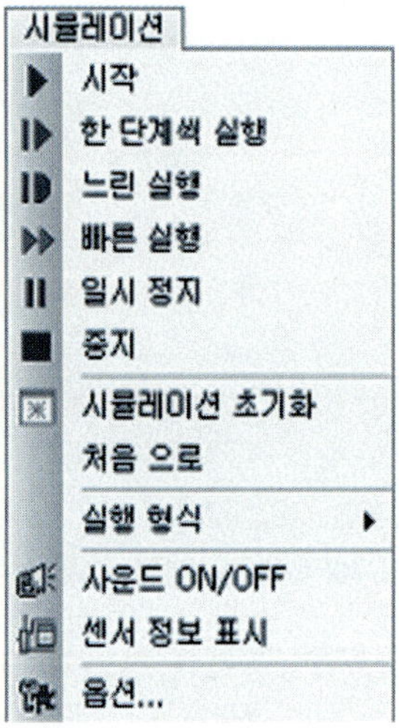

[그림 6-9] 시뮬레이션 메뉴

① **시작** : 시뮬레이션을 시작한다.

② **한 단계씩 실행** : 단계별로 시뮬레이션을 시작한다.

③ **느린 실행** : 시뮬레이션을 느리게 수행한다.

④ **빠른 실행** : 시뮬레이션을 빠르게 수행한다.

⑤ **일시 정지** : 잠시 일시 정지시킨다.

⑥ **중지** : 시뮬레이션을 중지한다.

⑦ **시뮬레이션 초기화** : 시뮬레이션을 수행하기 바로 전으로 초기화시킨다.

⑧ **처음으로** : 맨 처음으로 다시 초기화시킨다.

⑨ Re De **실행 형식** : 디버그와 릴리즈 모드로 시뮬레이션을 수행한다.

⑩ **사운드 ON/OFF** : 시뮬레이션 시 사운드 사용여부에 대해 설정한다.

⑪ **센서 정보 표시** : 설치된 센서 정보를 표시해준다.

6.1.7 학습 메뉴

[학습] 메뉴는 IRES를 보다 효율적으로 사용하기 위한 메뉴이다.

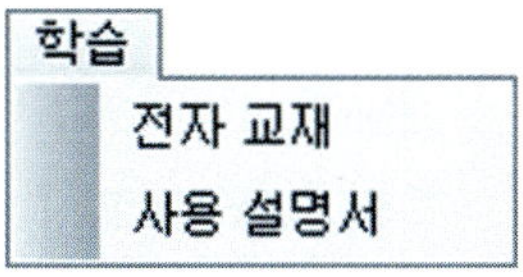

[그림 6-10] 학습 메뉴

① **전자 교재** : 전자 교재 및 지능형 로봇 시뮬레이터(EDRS)를 통하여 쉽게 로봇 시뮬레이션에 접할 수 있게 구성되어 있다.

② **사용 설명서** : EDRS 프로그램에 대해서 설명해 놓은 사용 설명서이다.

6.1.8 도움말 메뉴

[도움말] 메뉴는 IRES의 사용 설명서와 정보를 보여준다.

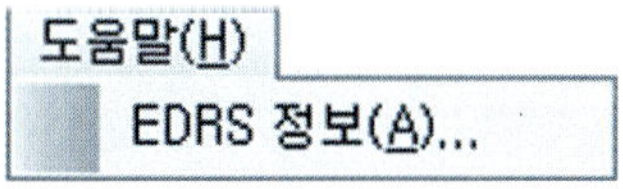

[그림 6-11] 도움말 메뉴

① **EDRS 정보** : IRES의 정보, 버전 번호, 저작권을 표시한다.

6.1.9 지능형 로봇 시뮬레이터(EDRS)의 네트워크

지능형 로봇 시뮬레이터(EDRS) 네트워크 메뉴는 TCP/IP를 이용하여 다른 컴퓨터의 로봇까지 여러 대의 컴퓨터를 이용하여 네트워크 시뮬레이션을 해볼 수 있다.

네트워크 시뮬레이션은 기본적으로 서버에서는 클라이언트들에게 제공될 환경 파일(EL)이 있어야 하며, 클라이언트의 경우 서버에 제공될 로봇파일(RL)이 있어야 한다.

로봇파일과 환경파일은 각각 로봇에디터와 환경에디터에서 생성하여 사용할 수 있다.

1) 서버와 클라이언트 생성 메뉴

네트워크 메뉴에는 서버 생성과 클라이언트 메뉴가 있다.

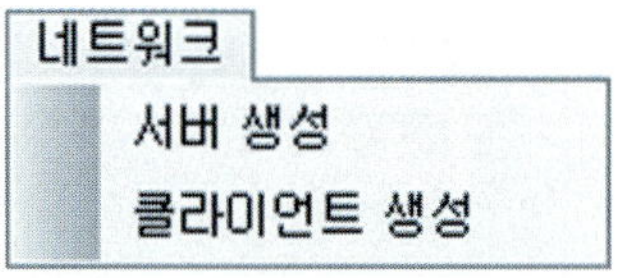

[그림 6-12] 네트워크 메뉴

서버 생성 메뉴 버튼을 클릭하면 다음과 같은 윈도우창이 열린다.

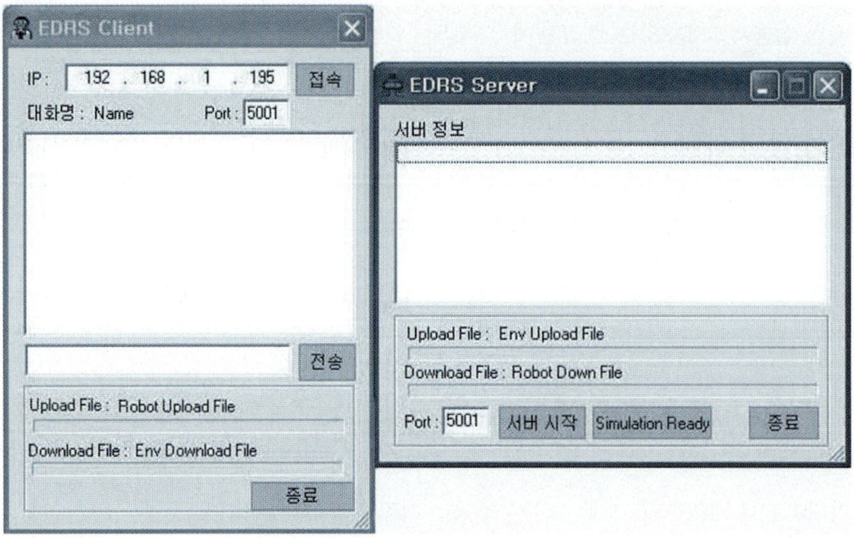

[그림 6-13] 네트워크

서버 생성 버튼을 누르면 서버 창과 클라이언트 창이 생성이 되는데, 서버 창은 다른 컴퓨터의 접속 상황, 업로드 상황을 볼 수 있으며, 클라이언트 창은 서버에 접속 상황 및 대화, 다운로드 상황 등을 알 수 있으며 각각의 세부 명칭은 다음과 같다.

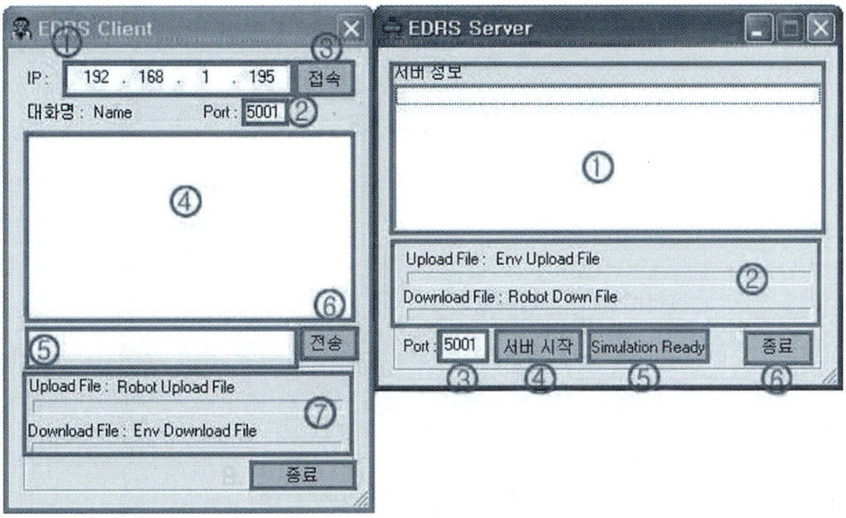

[그림 6-14] 서버 설정 화면

(1) 클라이언트(Client)

① **IP 입력** : 서버의 IP를 입력할 수 있다.

② **Port 입력** : 서버의 열린 포트(Port)를 입력할 수 있다.

③ **접속** : 서버에 접속할 수 있다.

④ **대화창** : 대화 및 현재 상황을 실시간으로 알 수 있다.

⑤ **대화 입력 창** : 대화를 입력할 수 있다.

⑥ **전송** : 대화 창에 입력한 내용을 서버에 전송한다.

⑦ **파일 전송** : 파일의 업로드 및 다운로드 상황을 알 수 있다.

⑧ **종료** : 네트워크를 종료하고 창을 닫는다. (서버 겸 클라이언트의 경우 클라이언트 창과 서버 창이 같이 닫힌다)

(2) 서버(Server)

① **서버 정보** : 클라이언트, 현재 서버의 정보 등을 디스플레이해준다.

② **파일 전송** : 파일의 업로드 및 다운로드 상황을 알 수 있다.

③ **Port 입력** : 생성할 서버의 포트(Port)를 입력한다.

④ **서버 시작** : 포트(Port)를 이용하여 서버를 생성시킨다.

⑤ Simulation Ready : 클라이언트의 접속 및 파일 업로드, 다운로드가 끝났을 경우 각 클라이언트에 파일 로드 등의 준비 단계를 명령한다.

⑥ **종료** : 서버를 종료시킨다. (클라이언트와 같이 닫힌다)

2) 서버 겸 클라이언트인 경우

지능형 로봇 시뮬레이터(EDRS) 서버(Server)는 다른 컴퓨터와의 네트워크 시뮬레이션에서 중심이 되는 부분으로 성능이 좋은 컴퓨터를 이용하면 좋은 속도를 낼 수 있다.

TCP/IP 네트워크를 시작하려면 지능형 로봇 시뮬레이터(EDRS) 서버 창을 이용하여 서버 소켓을 생성시켜야 한다.

지능형 로봇 시뮬레이터(EDRS) 서버의 왼쪽 아래를 보면 포트(Port) 입력란이 있는데, 오픈할 포트를 적는다. 유의할 점은 다른 프로그램에서 사용하지 않는 포트를 이용하여야 한다.

[그림 6-15] 서버 포트 지정

포트를 적었으면 서버 시작을 누르면 각 클라이언트에 전송할 환경 파일인 *.EL 파일을 선택할 수 있는 창이 나온다.

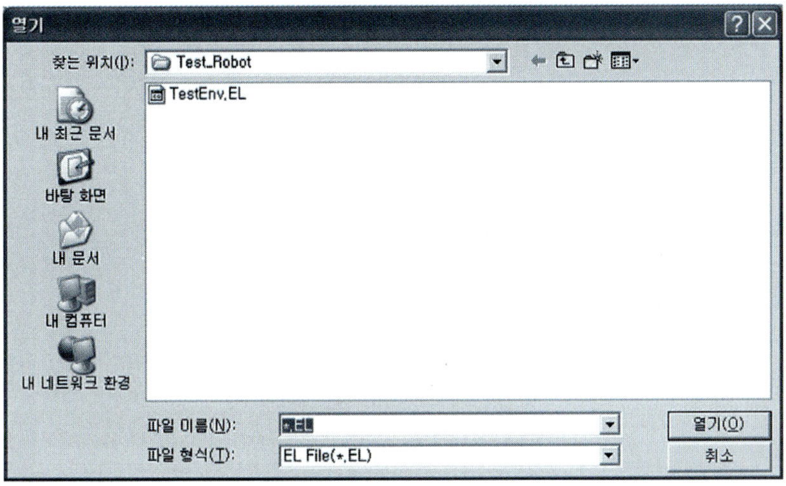

[그림 6-16] 서버 환경 열기

원하는 환경 파일을 선택 후 열기를 누른다.

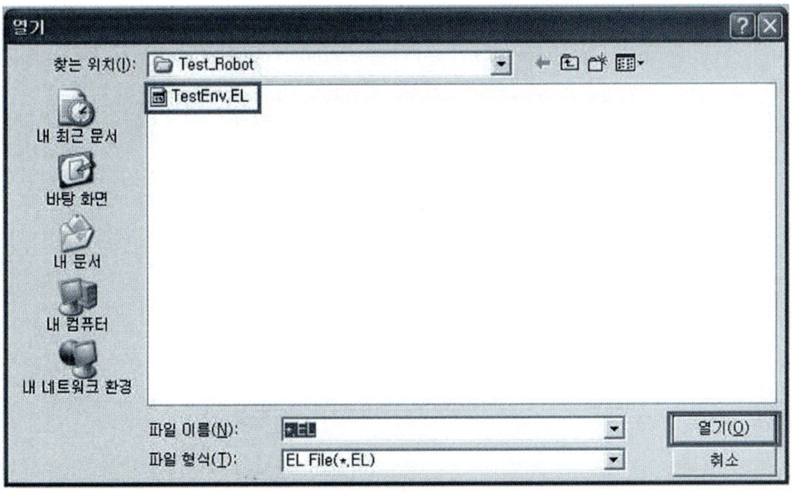

[그림 6-17] 서버 환경 선택

제6장

서버가 제대로 작동되었을 경우 "서버 생성 성공"이라는 문구가 서버 정보 창에 나타난다.

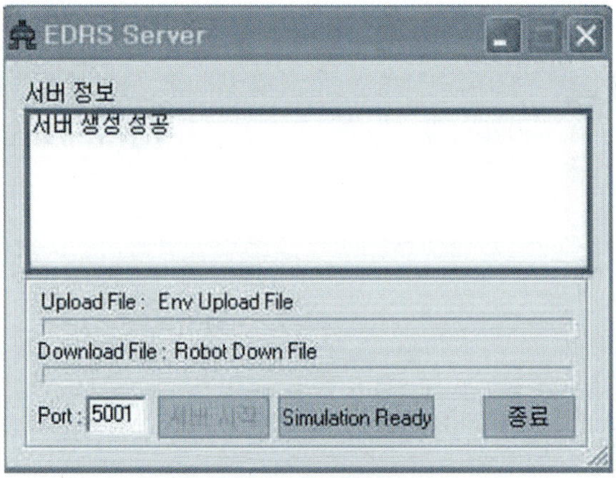

[그림 6-18] 서버 생성 성공

다음은 생성한 서버에 지능형 로봇 시뮬레이터(EDRS) 클라이언트(Client)를 접속해야 한다.

지능형 로봇 시뮬레이터(EDRS) 클라이언트 창에 서버의 IP와 포트를 입력한 후 접속 버튼을 누르면 로봇파일인 *.RL 파일을 선택할 수 있게 나오는데, 서버에 전송할 로봇파일(*.RL)을 선택한다.

[그림 6-19] 클라이언트에서 접속

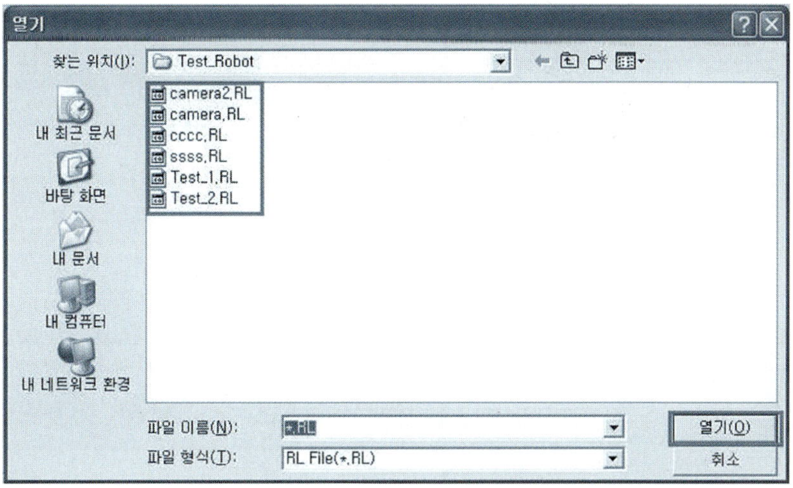

[그림 6-20] 사용할 로봇 선택

서버에 접속이 성공하면 "서버 접속 성공" 문구가 대화창에 디스플레이되며, 환경 파일을 자동으로 내려 받고 로봇파일을 업로드하게 된다.

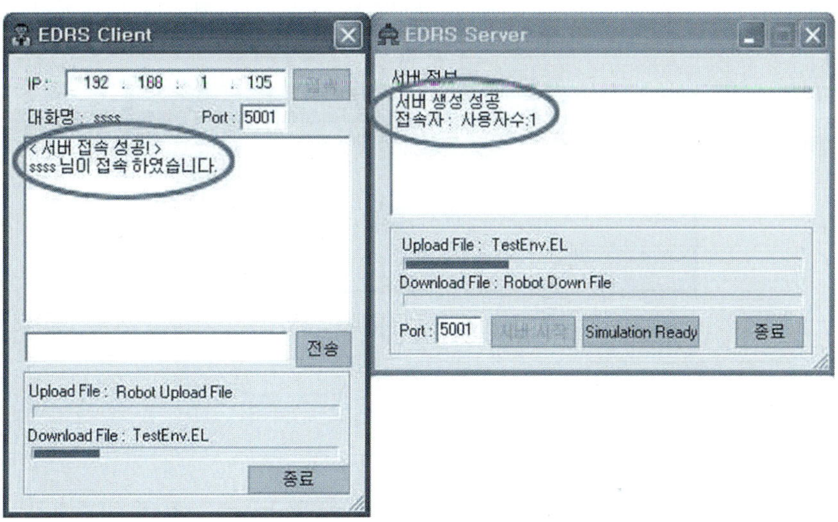

[그림 6-21] 서버에 업로드

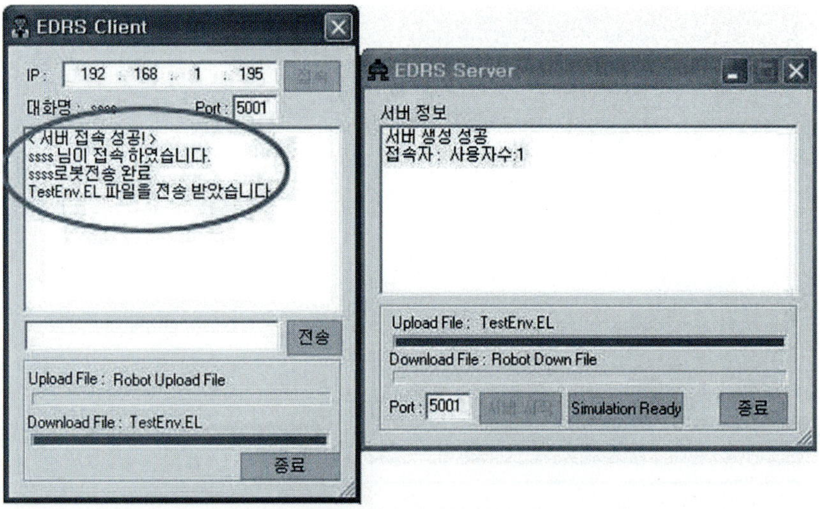

[그림 6-22] 전송 완료

모든 클라이언트가 접속되고 파일업, 다운로드가 끝나면 서버에서 시뮬레이션 준비(Simulation Ready) 버튼을 누르면 모든 클라이언트의 파일 동기화 창이 자동으로 오픈된다. 시뮬레이션 준비를 하려면 전체 클라이언트 사용자가 최소 2 이상되어야 한다.

[그림 6-23] 파일 동기화

파일 동기화가 끝나면 파일 동기화 창이 자동으로 닫히며, 서버 겸 클라이언트와 클라이언트 모두 자동 파일 로딩이 된다.

파일 자동 로딩이 모두 완료됐으면 각 클라이언트는 자신의 로봇만 이동시킬 수 있는데, 각 클라이언트는 적당한 위치에 자신의 로봇을 위치시킨다.

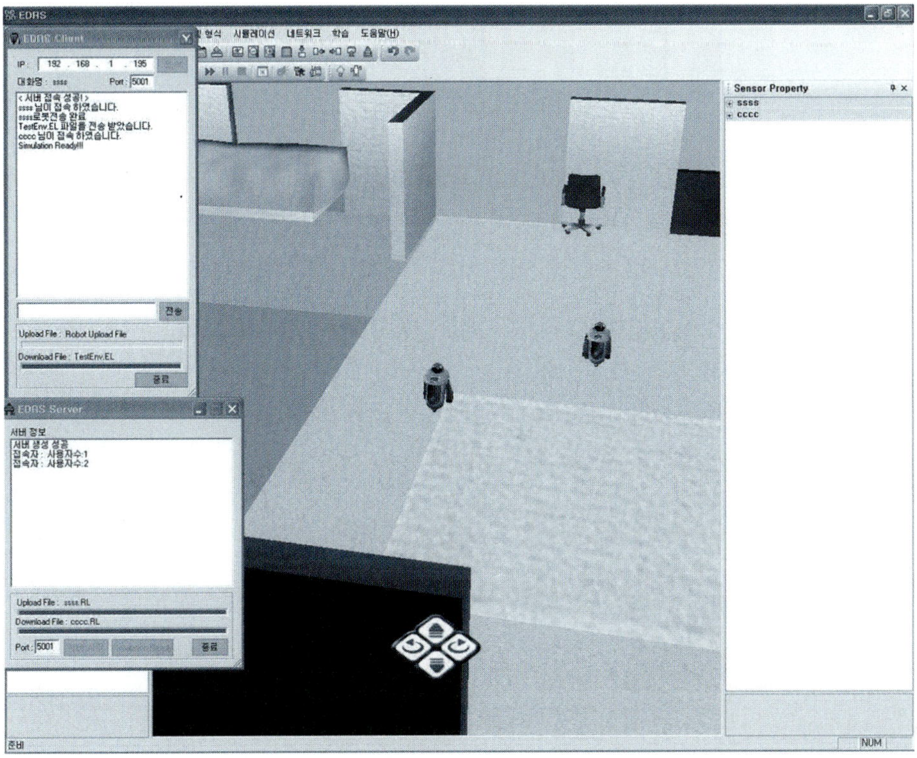

[그림 6-24] 서버, 클라이언트 완료

자신의 로봇을 적당한 위치에 놓은 클라이언트는 자신이 작성한 플로우차트 또는 C/C++ 프로그램을 오픈한다.

서버 겸 클라이언트는 모든 사용자가 완료됐으면 지능형 로봇 시뮬레이터(EDRS) 시뮬레이션 시작을 눌러 시뮬레이션을 시작한다.

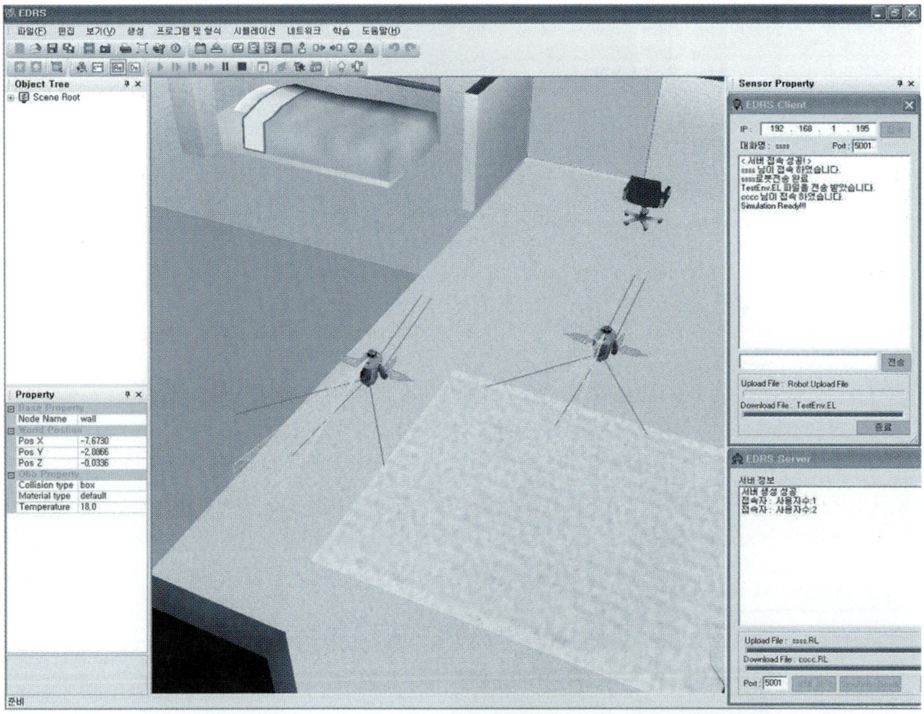

[그림 6-25] 시뮬레이션 시작

3) 클라이언트인 경우

지능형 로봇 시뮬레이터(EDRS) 클라이언트(Client) 창에 서버의 IP와 포트를 입력한 후 접속 버튼을 누르면 로봇파일인 *.RL 파일을 선택할 수 있게 나오는데, 서버에 전송할 로봇 파일(*.RL) 파일을 선택한다.

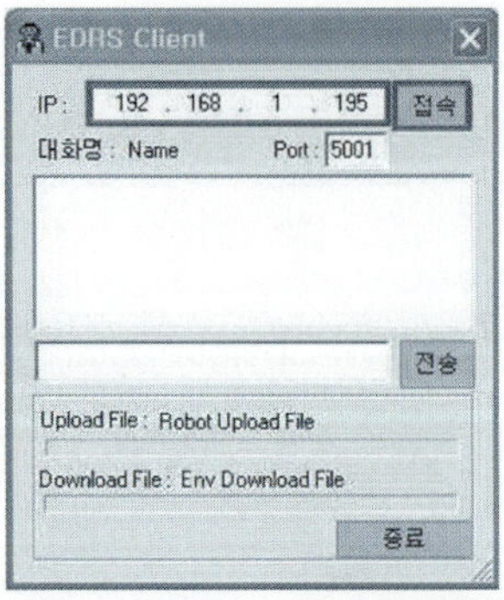

[그림 6-26] 클라이언트 창

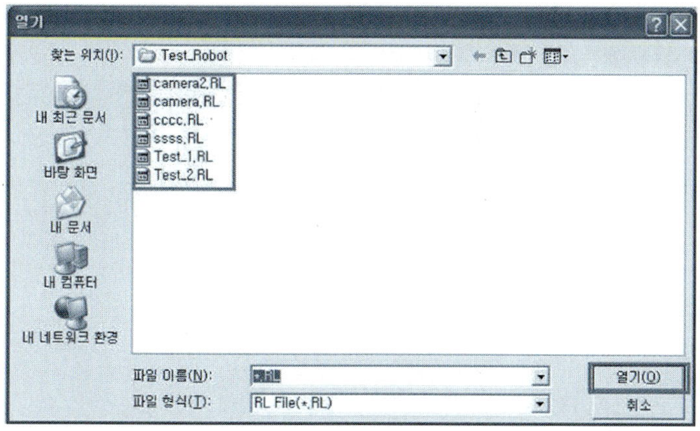

[그림 6-27] 로봇파일 선택

서버에 접속이 성공하면 "서버 접속 성공" 문구가 대화창에 디스플레이되며, 환경 파일을 자동으로 내려받고 로봇파일을 업로드하게 된다.

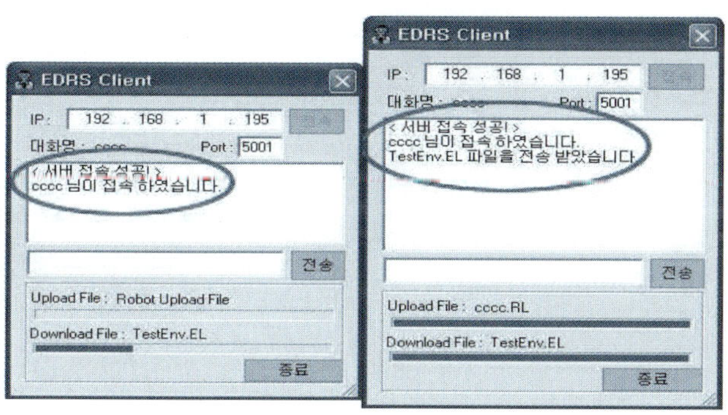

[그림 6-28] 클라이언트에서 서버 접속

대화를 하며 기다리는 클라이언트는 서버의 시뮬레이션 준비(Simulation Ready) 버튼에 의해서 자동으로 서버와의 파일 동기화가 시작되어 파일을 자동으로 다운로드 및 파일 로딩이 된다.

파일 로딩이 성공적으로 끝나면 클라이언트는 자신의 로봇만 움직일 수 있으며, 이때 적당한 위치에 로봇을 위치시키고, 자신이 작성한 순서도 기반의 언어(FlowChart) 또는 C/C++를 오픈한다.

시뮬레이션 시작은 서버에서 시작을 화면으로 자동 시작한다.

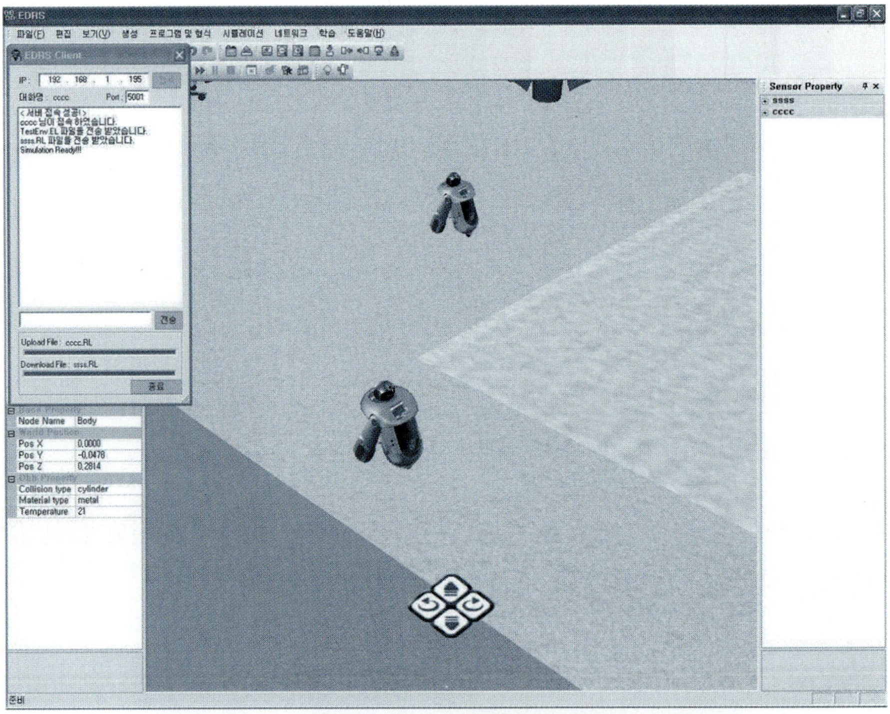

[그림 6-29] 시뮬레이션 시작

6.2 지능형 로봇 시뮬레이터의 도구모음 구성

사용자가 자주 사용하는 기능 중 유사한 기능들을 툴바로 구성하여 작업을 용이하게 하였다. 툴바를 드래그하면 툴바의 위치를 옮길 수 있다.

6.2.1 파일 도구

[그림 6-30] 파일 도구

명 령	설 명
새로 만들기	새로운 작업공간을 만든다.
열기	저장된 파일을 읽어온다.
저장	현재 선택된 작업 중인 파일을 저장한다.
다른 이름으로 저장	다른 이름으로 파일을 저장한다.
동영상 만들기	AVI 또는 MPG로 시뮬레이션 동영상을 만든다.
화면 캡쳐	현재 화면을 그림 파일로 저장한다.
인쇄	현재 작업을 인쇄한다.
미리보기	인쇄할 형식을 미리본다.
인쇄설정	프린터 설정을 한다.
종료	프로그램을 종료한다.

6.2.2 편집 도구

[그림 6-31] 편집 도구

명 령	설 명
실행 취소	가장 최근에 사용된 명령부터 차례대로 실행된 명령을 취소한다.
다시 실행	"실행 취소" 명령에 의해 취소했던 작업을 다시 복구한다.

6.2.3 보기 도구

[그림 6-32] 보기 도구

명 령	설 명
속성	객체의 속성 값을 설정할 수 있는 창을 오픈해준다.
환경 속성	환경 속성에 대한 창을 오픈해준다.
플래시 보기	센서와 액추에이터에 관련된 플래시를 보여준다.
축소	작업화면을 축소한다.
확대	작업화면을 확대한다.
격자보기	격자를 표시(Show) / 숨기기(Hide) 시킨다.
위에서 보기	시점을 위에서 아래로 보는 방향으로 전환한다.
오른쪽에서 보기	시점을 오른쪽에서 왼쪽을 보도록 방향을 전환한다.
왼쪽에서 보기	시점을 왼쪽에서 오른쪽으로 보도록 방향을 전환한다.
밑에서 보기	시점을 밑에서 위로 보도록 방향을 전환한다.
뒤에서 보기	시점을 뒤에서 앞쪽으로 보도록 방향을 전환한다.

6.2.4 생성 도구

[그림 6-33] 생성 도구

명 령	설 명
로봇 생성	로봇 생성 윈도우를 보여준다.
환경 생성	환경 생성 윈도우를 보여준다.
가스 생성	가상환경에 가스를 생성한다.

6.2.5 시뮬레이션 도구

[그림 6-34] 시뮬레이션 도구

명 령	설 명
시작	시뮬레이션을 시작한다.
한 단계 실행	단계적으로 시뮬레이션을 실행한다.
느린 실행	느린 동작으로 시뮬레이션을 실행한다.
빠른 실행	빠른 동작으로 시뮬레이션을 실행한다.
일시 정지	시뮬레이션을 일시 정지한다.
정지	시뮬레이션을 중지시킨다.
시뮬레이션 초기화	시뮬레이션을 초기화시킨다.
사운드	사운드를 ON 또는 OFF한다.
옵션	중력이나 빛에 대한 옵션을 설정한다.
센서 정보 표시	장착된 센서의 정보를 표시해준다.

6.2.6 프로그램 및 형식 도구

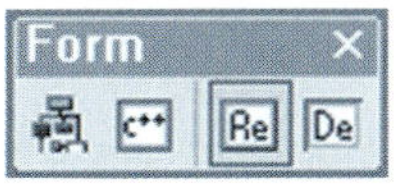

[그림 6-35] 프로그램 및 형식 도구

명 령	설 명
그래픽 언어	로봇동작을 위한 언어를 순서도 기반의 언어로 설정한다.
C / C++	로봇동작을 위한 언어를 C/C++ 언어로 설정한다.
릴리즈 모드	릴리즈 모드로 컴파일한다.
디버그 모드	디버그 모드로 컴파일한다.

제6장

6.2.7 오브젝트 도구

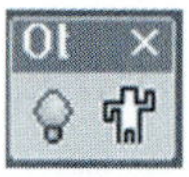

[그림 6-36] 오브젝트 도구

명 령	설 명
라인	모든 객체를 라인으로 표현한다.

6.3 지능형 로봇 시뮬레이터의 오른쪽 마우스 메뉴 구성

6.3.1 로봇 생성 & 환경 생성 오른쪽 마우스 메뉴(Pop-Up Menu)

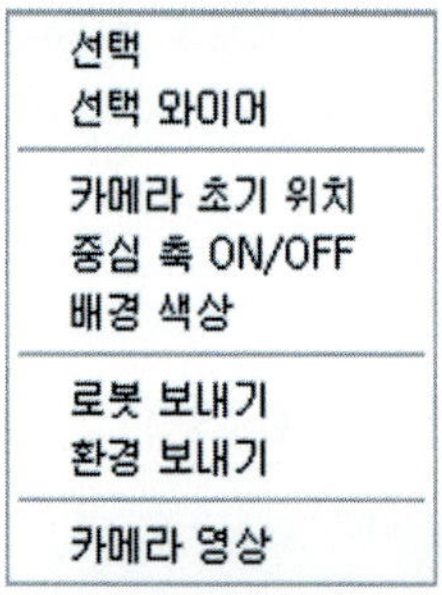

[그림 6-37] 로봇 생성 & 환경 생성 오른쪽 마우스 메뉴

명 령	설 명
선택	지정된 객체를 선택한다.
선택 와이어	와이어를 선택한다.
카메라 초기 위치	카메라를 처음의 초기 위치로 지정한다.
중심축 ON/OFF	중심축을 잘 보이도록 표시하는 것을 ON/OFF한다.
배경 색상	작업 배경의 색상을 바꾼다.
로봇 보내기	로봇 편집기(Robor Editor)로 보내 로봇을 생성, 저장한다.
환경 보내기	스테이지 편집기(Stage Editor)로 보내 환경을 생성, 저장한다.
카메라 영상	카메라 뷰(Cam View)에서 영상을 본다.

6.4 지능형 로봇 시뮬레이터의 기본 창 구성

6.4.1 오브젝트 트리(Object Tree)

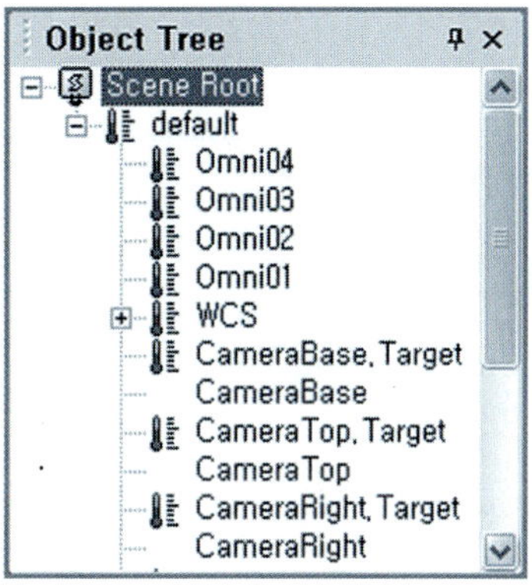

[그림 6-38] 오브젝트 트리

가상환경에서의 빛, 카메라, 등 여러 가지 오브젝트 리스트가 표시된다.

6.4.2 속성(Property)

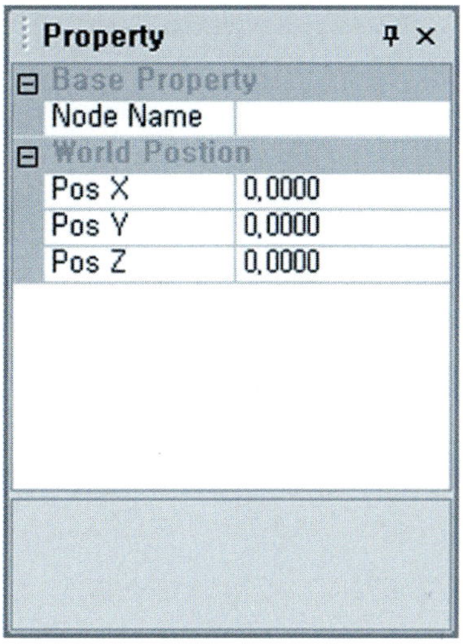

[그림 6-39] 속성

오브젝트의 속성(노드이름, 위치, 충돌타입) 정보가 나타난다.

6.4.3 센서 속성(Sensor Property)

로봇의 각 구동 기기 또는 센서들의 속성들을 볼 수 있다.
시뮬레이션 중에는 센서들의 값이나 모터의 구동 값 등이 실시간으로 업데이트된다.

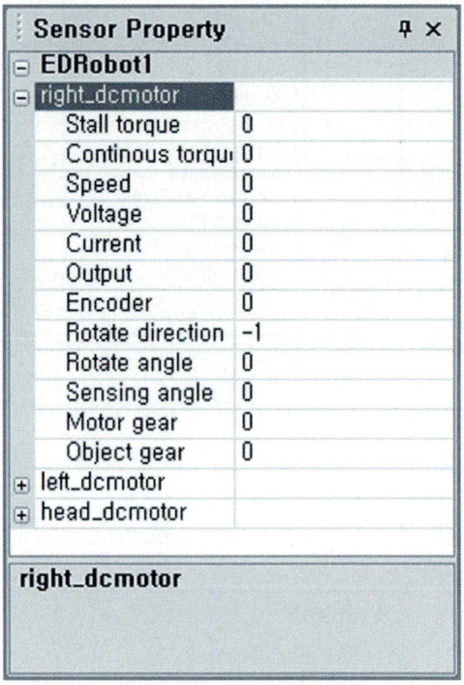

[그림 6-40] 센서 속성

6.5 지능형 로봇 시뮬레이터의 로봇 편집기 및 환경 편집기

6.5.1 로봇 편집기

로봇을 쉽게 생성하도록 여러 가지 기능을 제공한다.

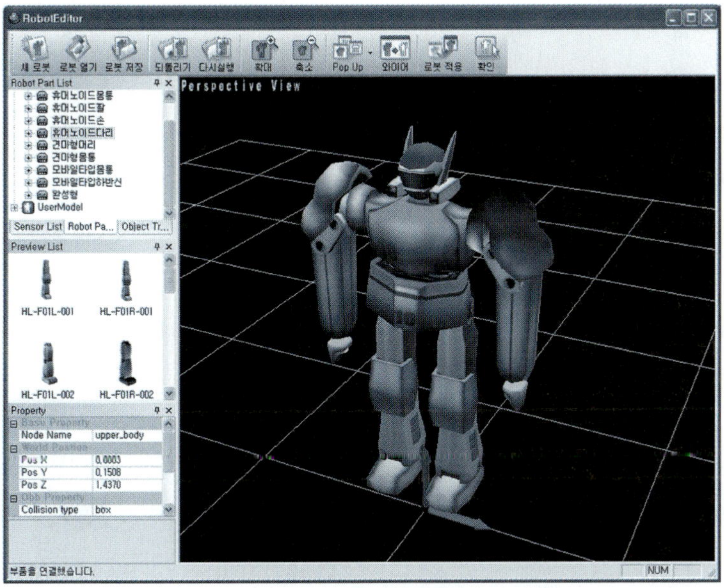

[그림 6-41] 로봇 편집기

① **새 로봇** : 새롭게 로봇을 제작할 공간을 만들어준다.

② **되돌리기** : 방금 한 작업을 되돌린다.

③ **다시실행** : 되돌린 작업을 다시 실행한다.

④ **확대** : 작업 뷰를 확대한다.

⑤ **축소** : 작업 뷰를 축소한다.

⑥ **Pop-Up** : 로봇 생성창에서 사용할 여러 가지 리스트나 속성 창을 띄워준다.

⑦ **와이어** : 로봇의 선택된 객체를 뼈대 형식으로 보여준다.

⑧ **로봇 적용** : 작업한 로봇을 가상환경에 적용시킨다.

⑨ **확인** : 작업한 로봇을 가상환경에 적용시키면서 작업 창은 꺼진다.

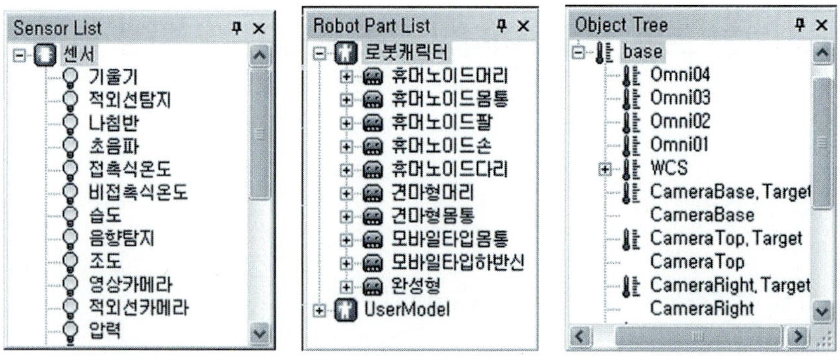

센서 리스트 　　 로봇 리스트 　　 객체 트리

[그림 6-42] 로봇 편집기 리스트 창

① **센서 리스트** : 생성한 로봇에 삽입될 센서 리스트 제공

② **로봇 리스트** : 휴먼 로이드, 견마형, 모바일 타입, 완성형 등의 로봇 모양이 있으며, 여러 가지 제공된 로봇을 이용하여 조합될 로봇 리스트

③ **객체 트리** : 로봇의 조합 또는 완성형 로봇의 객체 상관관계를 트리 형식으로 제공

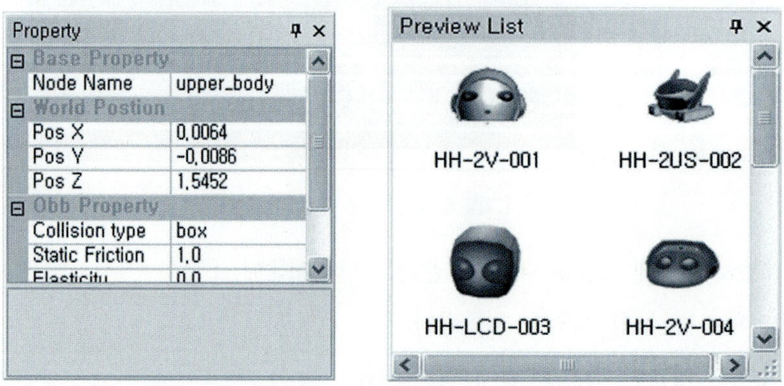

속성 창 　　 미리보기 창

[그림 6-43] 속성, 미리보기 창

④ **속성 창** : 선택된 객체의 속성을 제공

⑤ **미리보기 창** : 조합될 객체의 모양 이미지를 제공

6.5.2 환경 편집기

환경을 쉽게 생성하도록 여러 가지 기능을 제공한다.

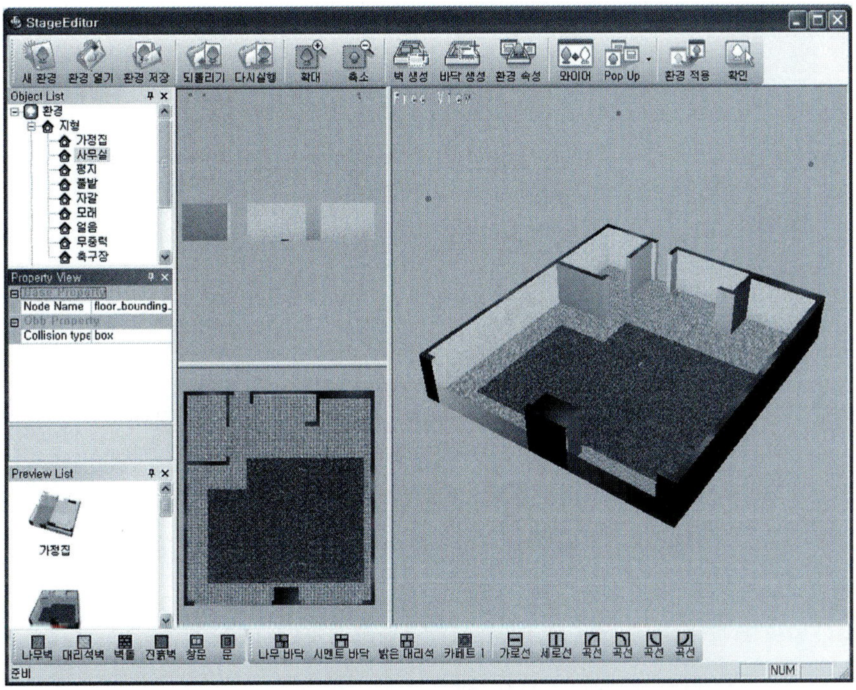

[그림 6-44] 환경 편집기

① **새 환경** : 새로운 환경을 만들기 위해 제작공간을 만들어준다.

② **환경 열기** : 제작했던 환경을 불러온다.

③ **환경 저장** : 제작한 환경을 저장한다.

④ **되돌리기** : 방금 한 작업을 다시 되돌린다.

⑤ **다시실행** : 되돌린 작업을 다시 실행한다.

⑥ **확대** : 작업 뷰를 확대한다.

⑦ **축소** : 작업 뷰를 축소한다.

⑧ **벽 생성** : 벽을 생성한다.

⑨ **바닥 생성** : 바닥을 생성한다.

⑩ **환경 속성** : 환경에 대한 여러 가지 속성을 조정한다.

⑪ **와이어** : 선택 객체를 뼈대 형식으로 보여준다.

⑫ **Pop-Up** : 환경 편집기에서 사용할 여러 가지 리스트나 속성 창을 띄워준다.

⑬ **환경적용** : 작업한 환경을 가상환경에 적용시킨다.

⑭ **확인** : 작업한 환경을 가상환경에 적용시키면서 작업 창은 꺼진다.

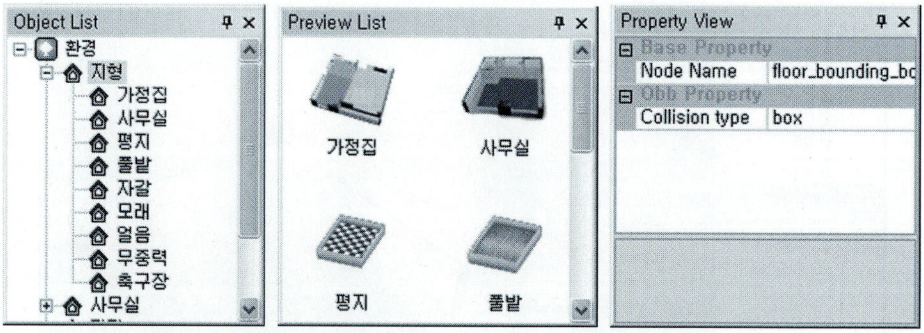

환경 리스트　　　미리보기 창　　　속성 창

[그림 6-45] 환경 리스트, 미리보기 창, 속성 창

⑮ **환경 리스트** : 가상환경설정에 제공될 객체들의 리스트

⑯ **미리보기 창** : 가상환경설정에 제공될 객체의 모양 이미지를 제공

⑰ **속성 창** : 선택된 객체의 속성을 제공

[그림 6-46] 벽 선택 툴

[그림 6-47] 바닥 선택 툴

⑱ **벽 선택 툴** : 벽 생성 버튼을 눌러 활성화시킨 후 벽 선택 툴에서 만들고자 하는 벽의 모양을 선택할 수 있다.

⑲ **바닥 선택 툴** : 바닥 생성 버튼을 눌러 활성화시킨 후 바닥 선택 툴에서 만들고자 하는 바닥의 모양을 선택할 수 있다.

6.6 지능형 로봇 시뮬레이터의 업데이트

6.6.1 업데이트의 과정

EDRS을 최신의 버전으로 업데이트한다.

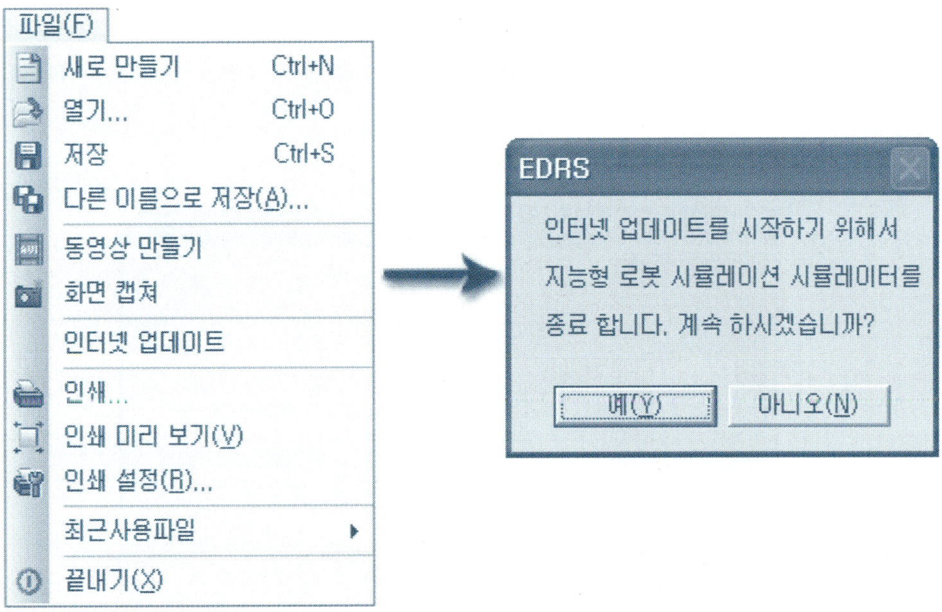

[그림 6-48] 인터넷 업데이트 클릭

EDRS 파일 메뉴의 인터넷 업데이트를 클릭하면 현재의 EDRS 종료한다는 메시지 박스가 뜬다. 만약 저장을 안한 작업 중인 파일이 있다면 “아니오”를 누른 후 저장을 하고 인터넷 업데이트를 다시 시도한다.

IRES 파일 메뉴의 인터넷 업데이트를 클릭하면 현재의 IRES 종료한다는 메시지 박스가 뜬다. 만약 저장을 안한 작업 중인 파일이 있다면 아니오를 누른 후 저장을 하고 인터넷 업데이트를 다시 시도한다.

인터넷 업데이트 메뉴를 클릭 후 IRES 종료 메시지에서 예를 클릭하면, 현재의 IRES는 종료된다.

인터넷 업데이트 시작 화면의 기능은 다음과 같다.

① **모두 다시 받기** : 예전 버전부터 최신 버전의 목록까지 업데이트된 모든 목록의 파일을 모두 받는다.
② **시작** : 인터넷 업데이트를 시작한다. 사용자 버전이 최신버전이라면 업데이트가 되지 않고, 사용자 버전보다 업데이트될 파일이 최신 버전일 때 업데이트가 된다.
③ **취소** : 현재의 인터넷 업데이트 프로그램을 종료 후 자동으로 IRES 프로그램을 실행한다.

[그림 6-49] 인터넷 업데이트 시작 화면

6.7 지능형 로봇 시뮬레이터의 화면 제어

화면의 줌인(Zoom In), 줌 아웃(Zoom Out), 이동, 회전 등은 마우스의 휠과 키보드 자판의 왼쪽 Ctrl 버튼을 사용한다.

[그림 6-50] 화면 줌 인(Zoom In) / 줌 아웃(Zoom Out)

위와 같이 마우스 휠을 앞으로 밀면 줌 인(Zoom In)이 되고, 뒤로 하면 줌 아웃(Zoom Out)이 된다.

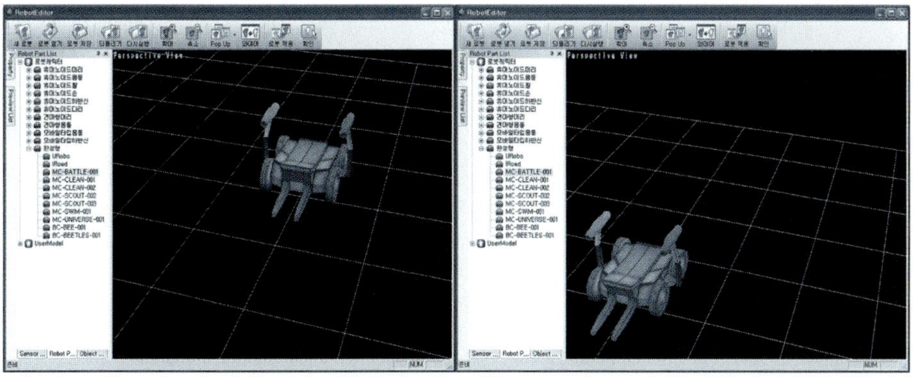

[그림 6-51] 화면 이동

마우스 휠을 누른 상태에서 마우스를 이동시킨다.

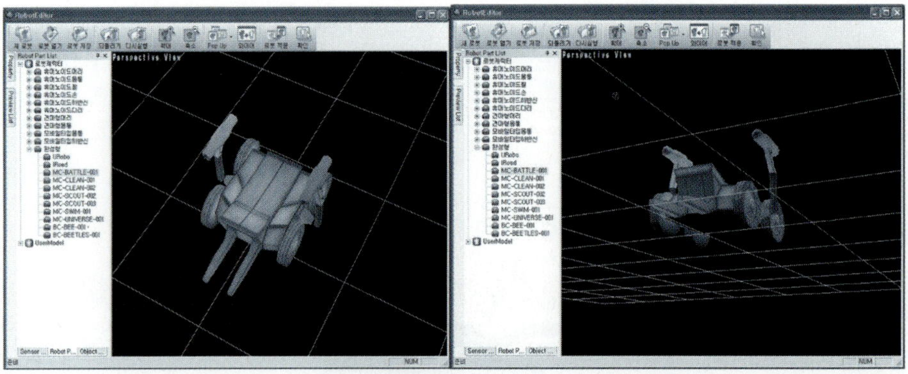

[그림 6-52] 화면 회전

마우스 휠을 누르고 키보드 자판의 왼쪽 Ctrl 키를 동시에 누른 상태에서 마우스를 이동시킨다.

제7장

지능형 로봇 시뮬레이터의 순서도 기반 프로그래밍

7.1 순서도 기반 프로그래밍의 개요

로봇응용시스템에서 사용하는 순서도 기반의 로봇제어 소프트웨어는 Intelligent Robot Education Studio의 앞 글자를 따서 "IRES"라고 명한다. IRES는 비주얼 C++를 대신해 로봇을 제어 가능한 순서도 기반의 프로그래밍 언어이다. 프로그래밍 언어에 익숙하지 못한 초보자들에게 또는 로봇을 간단히 테스트 제어하고 싶은 사용자를 위해 만들어져 있어, 그 사용 방법이 무척이나 간단명료하다.

7.2 IRES 프로그램 전체 구성

IRES 프로그램은 로봇을 움직이게 하기 위해서 로봇의 프로그램을 작성, 수정할 수 있는 스튜디오(Studio) 역할을 한다. 메인 프로그램에 로봇과 환경을 만들어 순서도기반(Flowchart)에서 프로그램을 작성하여 시뮬레이션을 할 수 있게 된다. 즉, IRES에서 프로그램 작성을 하여 메인에 있는 로봇을 움직이게 할 수 있다는 것이다.

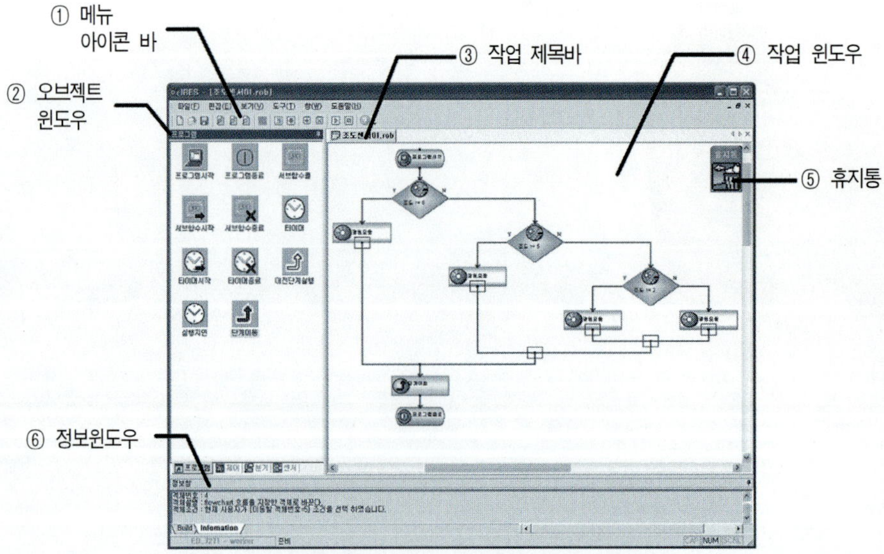

[그림 7-1] 순서도 기반 프로그램 전체 구성

① **메뉴 아이콘 바(Menu Icon Bar)** : IRES의 전반전인 기능을 수행할 수 있는 메뉴 바

② **오브젝트 윈도우(Object window)** : 작성할 프로그램의 객체들이 모여 있는 곳이다. 여기의 객체들을 "Work Window"에 끌어다 놓음으로써 프로그램을 작성할 수 있다.

③ **작업 제목바(Work Title Bar)** : 지금 작성하고 있는 프로그램의 이름을 나타낸다.

④ **작업 윈도우(Work Window)** : 프로그램을 작성하는 공간이다.

⑤ **쓰레기 통(Trash Can)** : 객체들을 "Work Window"에서 이곳으로 끌어다 놓으면 삭제할 수 있다.

⑥ **정보 윈도우(Information Window)** : 객체를 클릭하면 객체에 대한 상세 정보를 표시하고, 컴파일시 에러나 경고를 나타낸다.

7.3 메뉴 구성

7.3.1 파일 메뉴

[파일] 메뉴는 새 파일, 열기, 닫기, 저장 등 프로그램을 작성하는데 가장 기본이 되는 메뉴로 구성되어 있다.

① **새 파일(Ctrl+N)** : 새 프로젝트, 페이지 파일을 선택하여 파일을 새로 만든다.

② **파일 열기(Ctrl+O)** : 파일로 저장되어진 파일을 불러온다.

③ **파일 닫기** : 현재 작업 중인 파일을 닫는다.

④ **파일 저장(Ctrl+S)** : 현재 선택되어진 파일을 "FRL" 확장자를 가지는 파일로 저장한다.

⑤ **종료** : IRES를 종료한다.

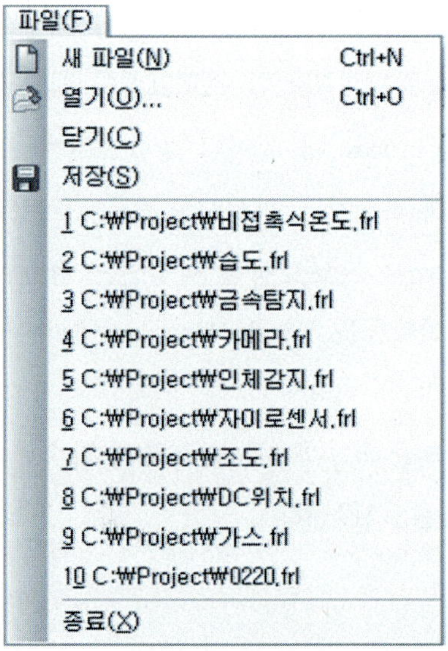

[그림 7-2] 파일 메뉴

7.3.2 편집 메뉴

[편집] 메뉴는 뷰 확대, 뷰 축소, 뷰 정상의 메뉴로 구성되어 있다.

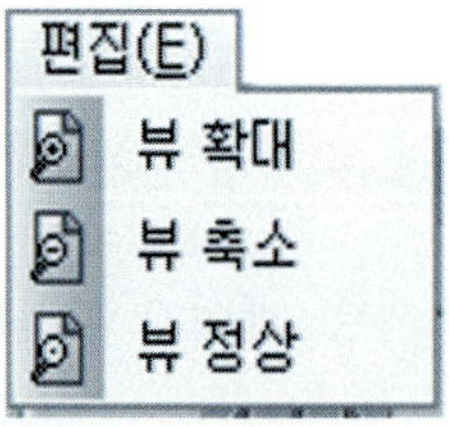

[그림 7-3] 편집 메뉴

① **뷰 확대** : 작업 창의 객체를 확대해서 볼 수 있다.

② **뷰 축소** : 초기 화면 작업 창의 전체 객체를 볼 수 있어 프로그램의 양이 많아졌을 때 사용하면 편리하다.

③ **뷰 정상** : 초기화면 형태의 뷰로 돌아온다.

7.3.3 보기 메뉴

[보기] 메뉴는 툴바와 상태 표시줄을 나타내고 사라지게 하는 메뉴로 구성되어 있다.

[그림 7-4] 보기 메뉴

① **표준(Standard)** : 기본 툴바를 나타내고 사라지게 한다.

② **상태 표시줄** : 상태 표시줄을 나타내고 사라지게 한다.

7.3.4 도구 메뉴

[도구] 메뉴는 시뮬레이션을 하기 위해 필요한 기능을 가진 메뉴로 구성되어 있다.

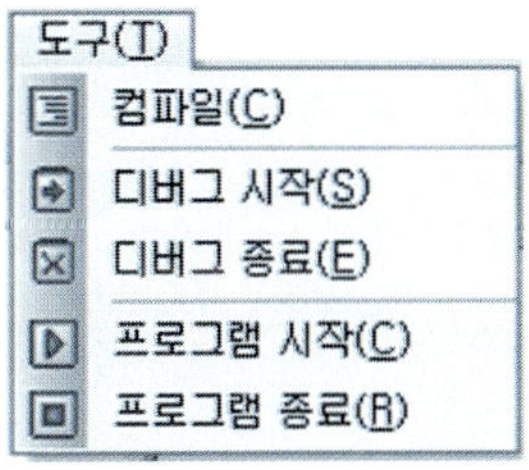

[그림 7-5] 도구 메뉴

① **컴파일** : 현재 프로그램을 컴파일한다.

② **디버그 시작** : 컴파일 후 프로그램 실행을 하는데 어떤 절차로 프로그램이 동작하는지 눈으로 확인할 수 있다.

③ **디버그 종료** : 디버그를 종료한다.

④ **프로그램 시작** : 프로그램의 시뮬레이션을 시작한다.

⑤ **프로그램 종료** : 프로그램의 시뮬레이션을 종료한다.

제7장

7.3.5 창 메뉴

[창] 메뉴는 여러 개의 창을 아래의 3가지 형태로 정렬하여 작업이 가능하도록 하는 메뉴이다.

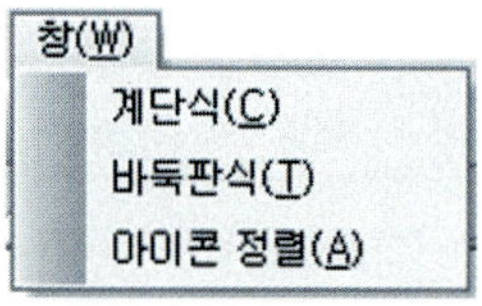

[그림 7-6] 창 메뉴

① **계단식 배열** : 현재 열려 있는 모든 창들을 서로 엇갈려 겹치도록 계단 형태로 정렬한다.

② **수평 바둑판식 배열** : 현재 열려 있는 모든 창들을 수평 바둑판 형태로 정렬한다.

③ **수직 바둑판식 배열** : 현재 열려 있는 모든 창들을 수직 바둑판 형태로 정렬한다.

7.4 도구모음 구성

사용자가 자주 사용하는 기능 중 유사한 기능들을 툴바로 구성하여 작업을 용이하게 하였다. 툴바를 드래그하면 툴바의 위치를 옮길 수 있다.

7.4.1 표준 도구

[그림 7-7] 표준 도구

①  **새로운 파일** : 프로그램을 새로 작성할 작업 창을 생성한다.

②  **열기** : 파일로 저장된(FRL) 파일을 불러온다.

③ **저장** : 현재 선택된 작업 중인 작업 창을 저장한다.

④ **뷰 확대** : 작업 창의 객체를 확대해서 볼 수 있다.

⑤ **뷰 축소** : 작업 창의 객체를 축소해서 볼 수 있다.

⑥ **뷰 정상** : 초기 화면 형태의 뷰로 돌아온다.

⑦ **메인 함수로 이동** : 초기에 메인 함수의 작업 창으로 이동한다.

⑧ **컴파일** : 프로그램을 컴파일한다.

⑨ **디버그 시작** : 프로그램을 디버깅한다.

⑩ **디버그 종료** : 프로그램 디버깅을 종료한다.

⑪ **프로그램 시작** : 프로그램의 시뮬레이션을 시작한다.

⑫ **프로그램 종료** : 프로그램의 시뮬레이션을 종료한다.

⑬ **IRES 정보** : IRES의 정보를 표시한다.

7.5 객체의 특징

객체윈도우(Object Window)에 여러 객체들이 있는데 여기 객체들만 있으면 로봇 혹은 로봇 응용 시스템를 원활하게 제어할 수 있다. 각 객체에 대한 간략한 설명을 한다. 객체 아이콘과 함께 있는 다이얼로그는 각 객체에 해당하는 환경설정에 대한 내용이다. 환경 설정을 하는 방법은 객체윈도우에서 작업윈도우에 객체를 옮겨놓고 해당 객체에서 더블 클릭이나 오른쪽 클릭 후 환경설정을 클릭해주면 환경설정 다이얼로그를 띄울 수 있다.

※ 환경설정이 있는 객체는 무조건 환경설정을 해야 컴파일할 때 에러 메시지를 띄우지 않을 것이다.

7.5.1 프로그램 객체

메인 함수의 시작을 의미한다. 모든 프로그램 작성시 꼭 들어가야 하는 객체이다. IRES 에서 "프로그램 시작 객체"가 없다면 프로그램 컴파일할 때 에러 메시지를 띄운다.

[그림 7-8] 프로그램 객체

1) 로봇 이름

로봇의 이름을 설정한다.

①  프로그램종료 **프로그램종료** : 이 객체 역시 "프로그램 시작" 객체와 마찬가지로 모든 프로그램 내에 포함되어야 할 객체이고 없으면 컴파일 때 에러 메시지를 띄운다. 메인함수의 종료를 나타낸다.

②  서브함수콜 **서브함수콜** : 서브 함수를 사용할 때 이 객체 하위에 프로그램을 작성할 수 있다. 이 객체를 작업 창에 드래그하여 놓고 더블 클릭함으로써 서브함수 내에 들어가 프로그램 작성이 가능하다.

③  서브함수시작 **서브함수시작** : "프로그램 시작" 객체와 같은 개념으로 서브함수 내에서 프로그램 시작의 위치를 가리킨다.

④  서브함수종료 **서브함수종료** : 서브함수 함수 종료를 의미한다. 서브함수 내에서 이 객체가 없으면 컴파일 때 에러 메시지를 띄운다.

⑤ 

타이머 : 타이머 함수. 프로그램 작성할 때는 "서브함수 콜" 객체와 비슷한 개념이다. 더블클릭하고 객체안으로 들어가 별도의 프로그램 작성이 가능하다. 하지만 다른 점은 "서브함수 콜"은 메인 프로그램과 서브함수로 이어서 순차적으로 동작하는데 반하여 타이머는 그 순차적인 동작과 관계없이 별도의 프로그램 시작과 종료를 일정 주기의 설정값에 의해 반복 실행한다.

⑥ 

타이머시작 : 타이머 함수 내에서 함수의 시작을 나타내는 객체이다.

⑦ 

타이머종료 : 타이머 함수 내에서 함수의 종료를 나타내는 객체이다.

⑧ 
이전단계실행 : 바로 위의 객체를 반복 실행하는 작업을 수행한다.

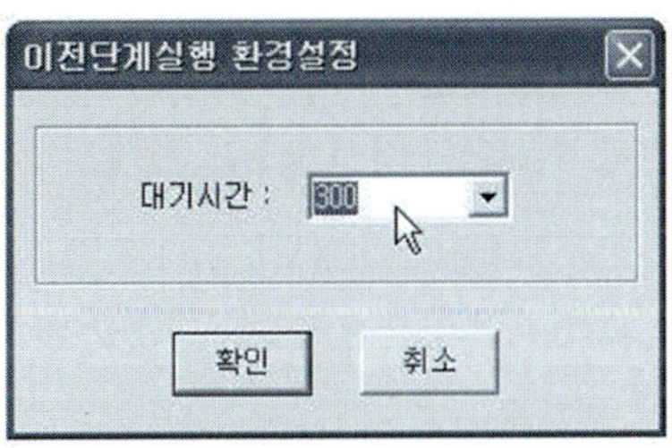

[그림 7-9] 이전단계실행 환경설정

2) 대기시간

바로 위의 객체를 실행하고 그다음 루프 실행 간의 시간 간격을 말한다. 300은 300msec마다 반복 실행 설정을 말한다.

① 

실행지연 : 지연 함수 루틴이다. 이 객체에서 설정한 시간동안 잠시 대기하고 다음 객체를 실행한다.

② 

단계이동 : 반복할 구간을 설정하면 그 구간의 객체들을 반복 실행한다.

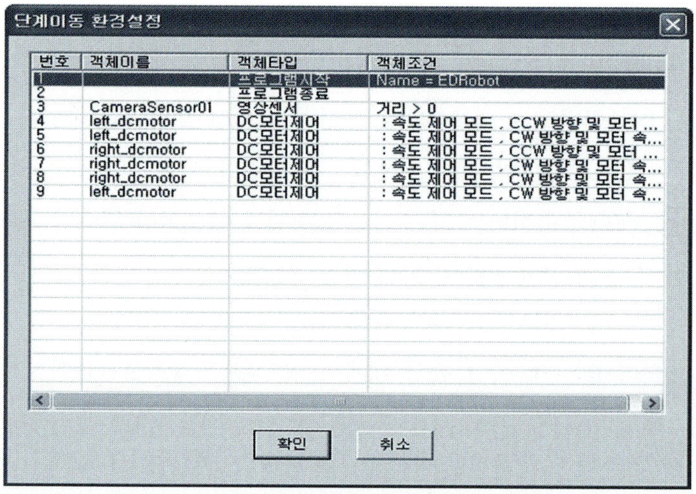

[그림 7-10] 단계이동 환경설정

현재 작업윈도우에 있는 객체들을 표시하고 있다. 목록 중 객체를 선택하면 단계이동 객체를 실행할 때 선택한 객체로 점프를 하게 된다. 이 객체를 이용해서 무한 반복이나 조건 실행 등 다양한 프로그램 루프를 작성할 수 있다.

7.5.2 분기 객체

분기 객체는 IF 제어문의 순서도 모양인 마름모 형태이며, 객체를 더블클릭해 각각의 객체속성에 맞게 환경설정 다이얼로그에 조건 설정을 해주면 된다.

①  조도센서 **조도센서** : 조도센서 모듈의 데이터 값을 읽고 데이터에 대한 조건을 부여하고 조건에 따라 분기할 수 있는 역할을 한다.
원하는 조도 값과 조건(==, !=, 〉, 〈, =, 〈=, 〉=)을 설정하면 간단히 조건문을 구성할 수 있다.

②  영상센서 **영상센서** : 영상카메라의 값을 읽고 조건을 생성하고 조건에 대한 분기를 할 수 있다. 환경설정에 따라 영상패널에 종류와 카메라로부터 패널까지 거리를 판단할 수 있다.

영상센서객체는 2가지 환경설정을 제공한다. 인식패널과 카메라 사이의 거리를 조건으로 생성할 수 있고, 패널의 인식여부만을 가지고 분기 조건을 생성한다.

③ 

인체감지센서 : 인체감지센서 모듈을 위한 객체이며 인체감지의 조건부여 및 조건에 따른 분기를 할 수 있다.

인체감지센서 모듈의 조건은 감지가 되는 경우 안 되는 경우 두 가지의 선택만을 할 수 있다. 이렇게 분기 조건을 만들어 분기문을 구성할 수 있다.

④ 

습도센서 : 습도센서 모듈의 습도 값을 읽고 습도에 대한 조건을 생성하며 조건에 대한 분기를 할 수 있다.

습도 값과 조건을 선택해 분기 조건을 생성한다.

⑤ 

초음파센서 : 초음파센서 모듈의 거리 값을 읽고 거리에 대한 조건을 생성하며 조건에 대한 분기를 할 수 있다.

거리 값과 조건을 선택하면 분기 조건을 생성한다.

⑥ 

적외선 거리센서 : 적외선 거리센서 모듈의 거리 값을 읽고 거리에 대한 조건을 생성하며 조건에 대한 분기를 할 수 있다.

거리 값과 조건을 선택하면 분기 조건을 생성한다.

⑦ 
기울기센서 : 기울기센서 모듈의 기울기 값을 가지고 조건을 생성하고 조건에 대한 분기를 할 수 있다.

기울기 값과 조건을 선택하면 분기 조건을 생성한다.

⑧ 

전자나침반 : 전자나침반에서 출력 값을 읽고 각도에 대한 조건을 생성하면 조건에 대한 분기를 할 수 있다.

방위각과 조건을 선택하면 나침반 각도 값에 대한 분기 조건문을 생성할 수 있다.

⑨ 

음성인식 : 10가지의 녹음된 음성의 음성 값을 가지고 조건을 생성하면 조건에

대한 분기를 할 수 있다.

※ 먼저 음성인식 모듈의 음성인식 녹음과정을 통해 어떤 음성이 몇 번째에 등록이 되어 있는지 기억을 해두어야 한다. 적어두길 바란다. 하드웨어 모듈의 녹음된 순서와 "음성인식 환경설정"의 순서를 일치시킨다. 하드웨어 음성인식 녹음 방법은 하드웨어 설명부분을 참고한다.

⑩ 

DC모터 : DC모터의 회전 거리 및 회전 각도를 가지고 조건을 생성하며 조건에 대한 분기를 설정을 한다.

2개의 모터 중에 한 개의 모터를 선택하고 각도나 cm단위 선택, 그리고 이동거리 선택을 하면 모터의 회전수에 따른 분기 조건을 생성할 수 있다.

⑪ 

스텝(STEP)모터 : 스텝모터의 회전 거리 및 회전 각도를 가지고 조건을 생성하며 조건에 대한 분기를 설정을 한다.

각도 및 cm의 단위를 선택하고 이동거리량을 선택하면 스텝 모터의 움직인 거리 값 혹은 각도 값으로 분기 조건을 생성할 수 있다.

⑫ 

RC모터 : RC모터의 각도를 가지고 분기 조건을 생성하면 각 조건에 맞게 분기 실행을 한다.

좌우로 움직이는 모터를 팬 모터, 상하로 회전하는 모터는 기울기 모터이다.

두 모터 중 한 개의 모터를 선택하고, 방위각과 조건을 선택하여 분기 조건을 생성할 수 있다.

⑬ 

접촉식온도센서 : 접촉식온도센서 모듈의 온도 값을 읽고 온도에 대한 조건을 생성하며 조건에 대한 분기를 할 수 있다.

온도 값과 조건을 선택하면 분기 조건을 생성한다.

⑭ 

비접촉식온도센서 : 비접촉식 온도센서 모듈의 온도 값을 읽고 온도에 대한 조건을 생성하며 조건에 대한 분기를 할 수 있다.

온도 값과 조건을 선택하면 분기 조건을 생성한다.

⑮ 음향탐지센서 **음향탐지센서** : 음향탐지센서 모듈의 음향 값을 읽고 음향에 대한 조건을 생성하며 조건에 대한 분기를 할 수 있다.
음향 값과 조건을 선택하면 분기 조건을 생성한다.

⑯ 적외선 카메라 센서 **적외선 카메라센서** : 적외선 카메라의 값을 읽고 조건을 생성하고 조건에 대한 분기를 할 수 있다. 환경설정에 따라 영상패널의 종류와 카메라로부터 패널까지 거리를 판단할 수 있다.
적외선 카메라센서 객체는 두 가지 환경설정을 제공한다. 인식패널과 카메라 사이의 거리를 조건으로 생성할 수 있고, 패널의 인식여부만을 가지고 분기조건을 생성한다.

⑰ 압력센서(눌림) **압력센서(눌림)** : 압력센서(눌림) 모듈의 압력 값을 읽고 거리에 대한 조건을 생성하며 조건에 대한 분기를 할 수 있다.
압력 값과 조건을 선택하면 분기 조건을 생성한다.

⑱ 압력센서(대... **압력센서(대기압)** : 압력센서(대기압) 모듈의 압력 값을 읽고 거리에 대한 조건을 생성하며 조건에 대한 분기를 할 수 있다.
압력 값과 조건을 선택하면 분기 조건을 생성한다.

⑲ 레이저센서 **레이저센서** : 레이저센서 모듈의 거리 값을 읽고 거리에 대한 조건을 생성하며 조건에 대한 분기를 할 수 있다.
거리 값과 조건을 선택하면 분기 조건을 생성한다.

⑳ 자이로센서 **자이로센서** : 자이로센서의 값(각도, 각속도)을 읽고 조건을 생성하고 조건에 대한 분기를 할 수 있다.
자이로센서 객체는 두 가지 환경설정을 제공한다. 각도와 각속도의 값 두 가지를 가지고 분기 조건을 생성한다.

㉑ 가속도센서 **가속도센서** : 가속도센서 모듈의 속도 값을 읽고 속도에 대한 조건을 생성하며 조건에 대한 분기를 할 수 있다.

속도 값과 조건을 선택하면 분기 조건을 생성한다.

㉒ 리밋센서 **리밋센서** : 리밋센서 모듈의 설정 값을 읽고 설정에 대한 조건을 생성하며 조건에 대한 분기를 할 수 있다.

리밋센서 모듈의 조건은 ON / OFF 두 가지의 선택만을 할 수 있다. 이렇게 분기 조건을 만들어 분기문을 구성할 수 있다.

㉓ 오존센서 **오존센서** : 오존센서 모듈의 현재농도 값을 읽고 농도에 대한 조건을 생성하며 조건에 대한 분기를 할 수 있다.

현재농도 값과 조건을 선택하면 분기 조건을 생성한다.

㉔ 가스센서 **가스센서** : 가스센서 모듈의 현재농도 값을 읽고 농도에 대한 조건을 생성하며 조건에 대한 분기를 할 수 있다.

현재농도 값과 조건을 선택하면 분기 조건을 생성한다.

㉕ 이온센서 **이온센서** : 이온센서 모듈의 현재농도 값을 읽고 농도에 대한 조건을 생성하며 조건에 대한 분기를 할 수 있다.

현재농도 값과 조건을 선택하면 분기 조건을 생성한다.

㉖ 금속탐지센서 **금속탐지센서** : 금속탐지센서 모듈의 거리 값을 읽고 거리에 대한 조건을 생성하며 조건에 대한 분기를 할 수 있다.

거리 값과 조건을 선택하면 분기 조건을 생성한다.

㉗ 촉각센서 **촉각센서** : 촉각센서 모듈의 압력 값을 읽고 압력에 대한 조건을 생성하며 조건에 대한 분기를 할 수 있다.

압력 값과 조건을 선택하면 분기 조건을 생성한다.

㉘ 

지자기센서 : 지자기센서 모듈의 현재 값을 읽고 현재 값에 대한 조건을 생성하며 조건에 대한 분기를 할 수 있다.

현재 값과 조건을 선택하면 분기 조건을 생성한다.

7.5.3 제어 객체

① 

DC모터제어 : DC모터의 회전 방향, 속도, 이동 거리를 제어할 수 있다.

DC모터의 환경설정은 두 가지 모드로 이루어져 있다. 속도제어모드, 위치제어모드이다.

속도제어모드는 속도 값을 선택해주면 그 속도로 모터는 회전을 한다.

위치제어모드는 현재 위치를 기준으로 속도와 목표거리 혹은 목표 각도를 정해주면 그 정해진 값만큼만 회전을 하고 "완료 후 위치초기화"를 선택하면 기준 위치를 초기화 한다.

② 

STEP모터제어 : STEP모터의 회전 방향, 속도, 이동 거리를 제어할 수 있다.

STEP모터의 환경설정은 두 가지 모드로 이루어져 있다. 속도제어모드, 위치제어 모드이다.

속도제어모드는 속도 값을 선택해주면 그 속도로 모터는 회전을 한다.

위치제어모드는 속도와 원하는 거리 값 혹은 각도 값을 지정해주면 해당 각도만큼만 회전을 하고 멈춘다. 완료 후 위치초기화를 하면 초기 기준 값을 초기화하여 다음에 다시 원하는 거리 값이나 각도 값만큼 회전한다.

③ 

RC모터제어 : RC모터의 방향과 각도를 제어할 수 있다.

RC모터의 환경설정은 RC모터를 선택하고, 모드선택을 할 수 있다.

증가모드는 RC모터제어 객체가 실행될 때마다 설정한 각도만큼 일정하게 증가 혹은 감소한다. 위치모드는 객체가 실행되면 그 목표 각도 값으로 모터가 회전한다.

7.6 IRES 프로그램 작성방법

7.6.1 객체 삽입

프로그램을 작성하기 위한 최소한의 작업으로 좌측의 객체윈도우에서 우측의 작업 윈도우로 객체를 옮겨 놓음으로써 프로그램 작성이 시작된다. 객체윈도우에서 원하는 객체를 한번 클릭 후 우측의 작업윈도우에서 다시 한번 클릭하면 작업윈도우에 객체가 하나 추가되는 것을 볼 수 있다. 여기서는 객체윈도우에서 작업윈도우까지 드래그하는 경향이 있는 드래그가 아니라 객체윈도우에서 클릭 작업윈도우에서 클릭이다.

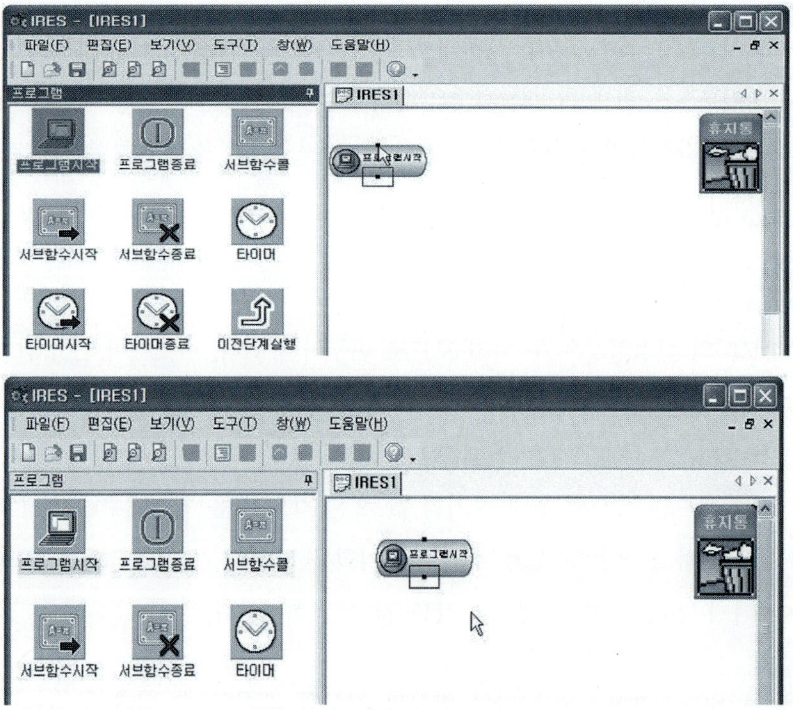

[그림 7-11] 객체 삽입

7.6.2 객체 연결

객체의 연결 순서에 따라 순서도 형식으로 프로그램을 작성하여 동작시키는 어플리케이션 소프트웨어이다. 순서도 형식으로 연결하기 위해선 아래의 객체를 이동하여 위의 객체의 네모 박스에 마우스 커서를 놓고 클릭해 주면 연결선이 생성되어 두 객체가 연결되는 것을 볼 수 있다.

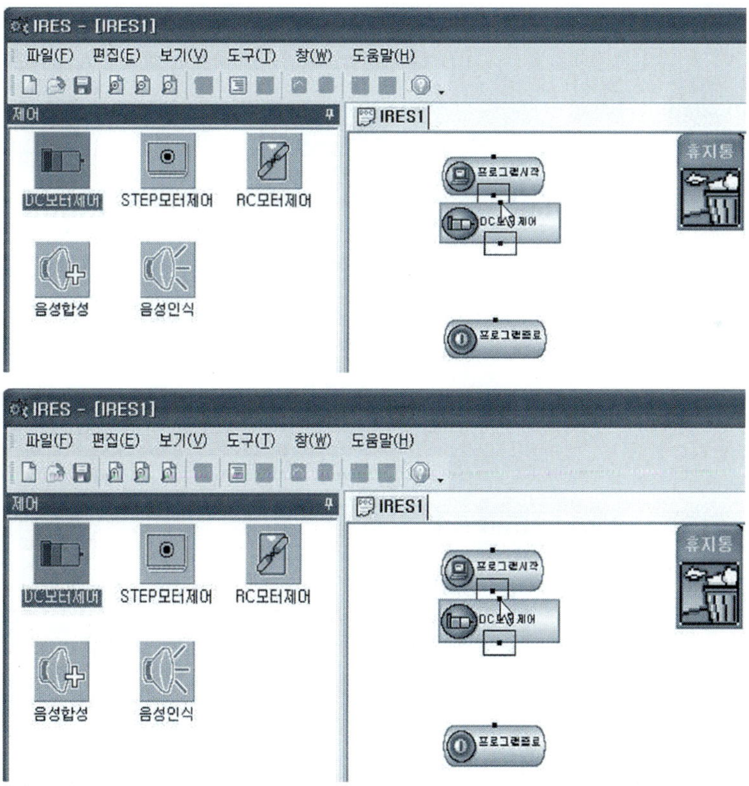

[그림 7-12] 객체 연결

7.6.3 객체 분리

프로그램을 작성 도중 객체를 잘못 옮기거나 실수로 객체를 생성했을 때 객체를 이동 혹은 삭제할 필요가 있다. 객체를 옮기는 방법은 옮기고 싶은 객체를 영역 선택하는 방법처럼 드래그하여 선택해주면 객체는 연결선이 사라지면서 마우스 커서와 함께 움직인다.

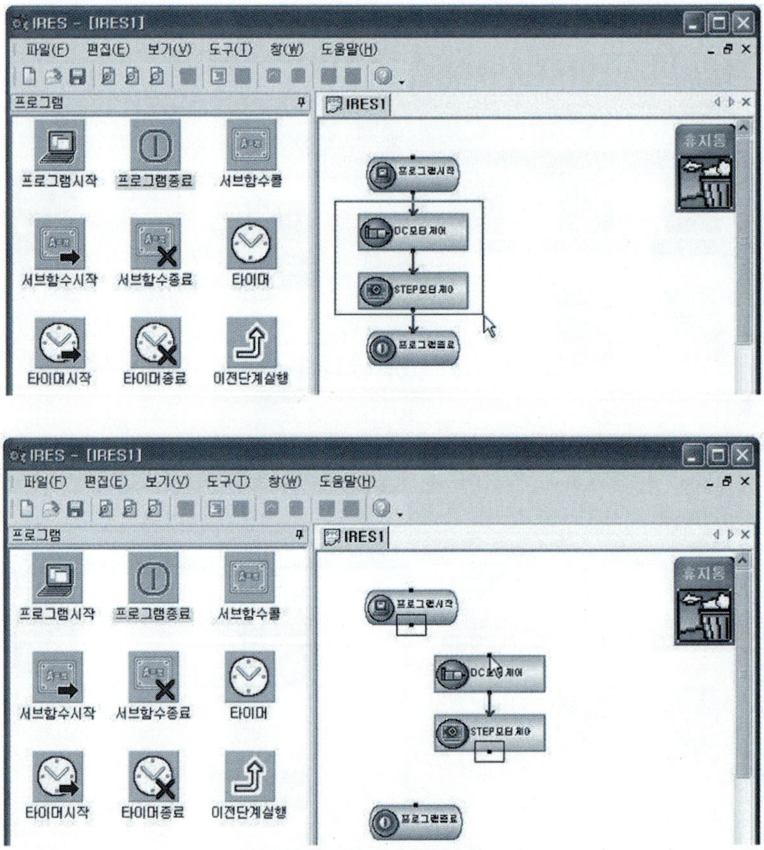

[그림 7-13] 객체 분리

7.6.4 객체 삭제

객체를 삭제하는 방법은 드래그하여 객체 분리 이후 작업 창 우측위의 "휴지통" 영역에서 클릭하면 객체는 사라진다.

다음과 같이 객체가 삭제된 것을 확인할 수 있다.

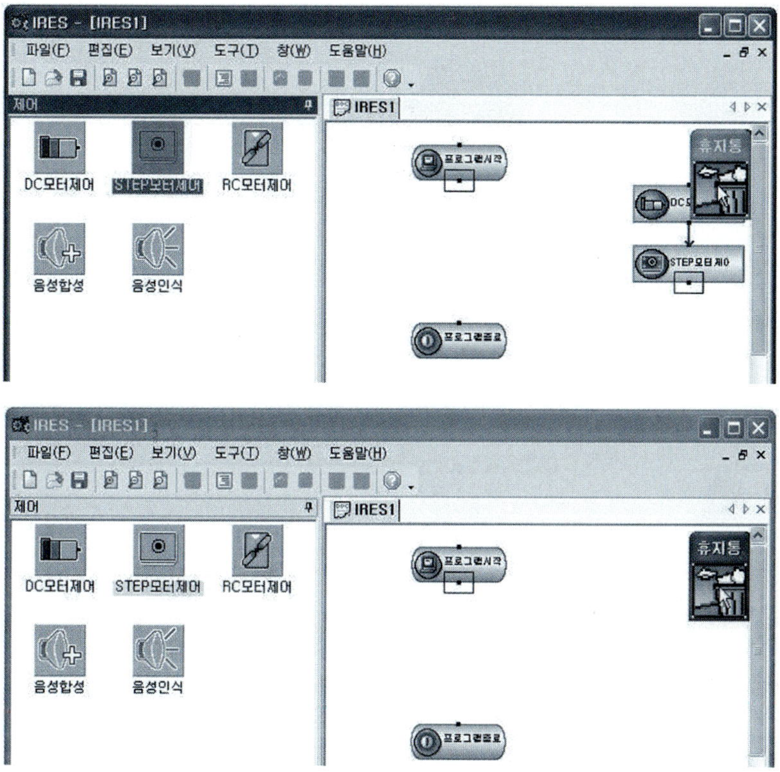

[그림 7-14] 객체 삭제

7.6.5 샘플 프로그램 작성

앞에서 설명했던 과정을 복습하는 의미로 프로그램의 작성과정을 한번만 따라 해보겠다. 한번만 해보면 다른 프로그램들은 금방 작성할 것이다.

이번에 해볼 프로그램은 센서의 값을 비교하여 로봇을 전진하는 것을 작성해볼 것이다.

① 메인 프로그램의 프로그램 및 형식 메뉴에서 그래픽 언어를 클릭하여 IRES 순서도 기반(Flowchart) 프로그램을 실행시킨다.

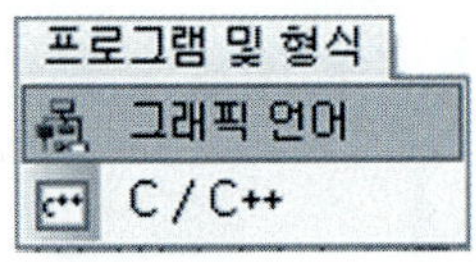

[그림 7-15] 프로그램 및 형식

② IRES의 초기 화면을 볼 수 있다.

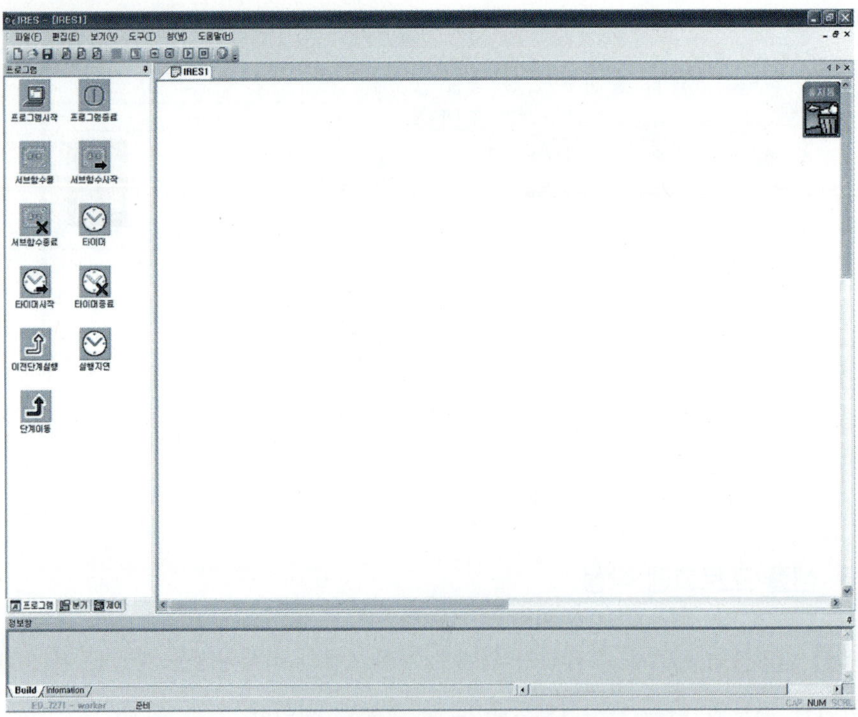

[그림 7-16] IRES 초기 화면

③ 프로그램 객체들을 작업 창에 옮겨 놓는다. 가장 먼저 "프로그램 시작" 객체와 "프로그램 종료" 객체를 작업 창이 옮겨 놓는다.

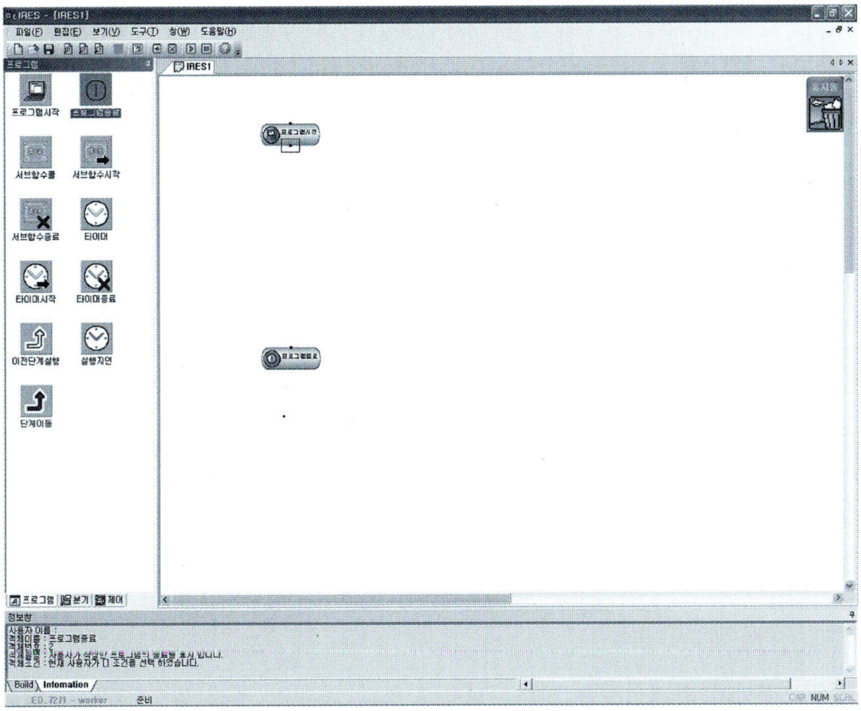

[그림 7-17] 객체 옮김

④ "프로그램 시작"을 더블클릭해서 환경설정한다. 버튼번호를 선택하고 로봇 이름을 넣어준다. 로봇 이름은 메인 프로그램에서 제어할 로봇의 이름이다.

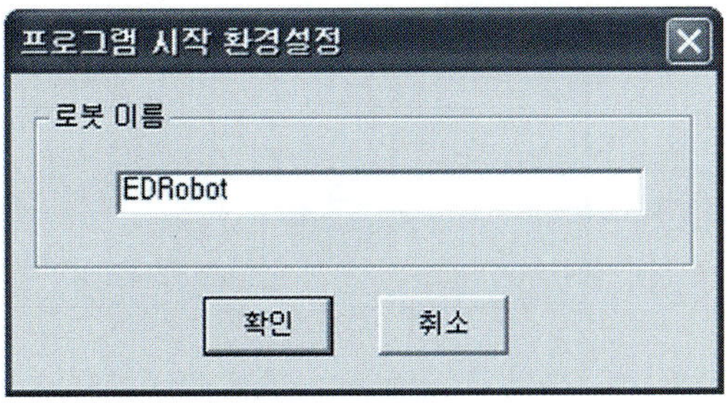

[그림 7-18] 프로그램 시작 환경설정

⑤ 분기 객체윈도우에서 "초음파센서" 객체를 끌어 놓는다.

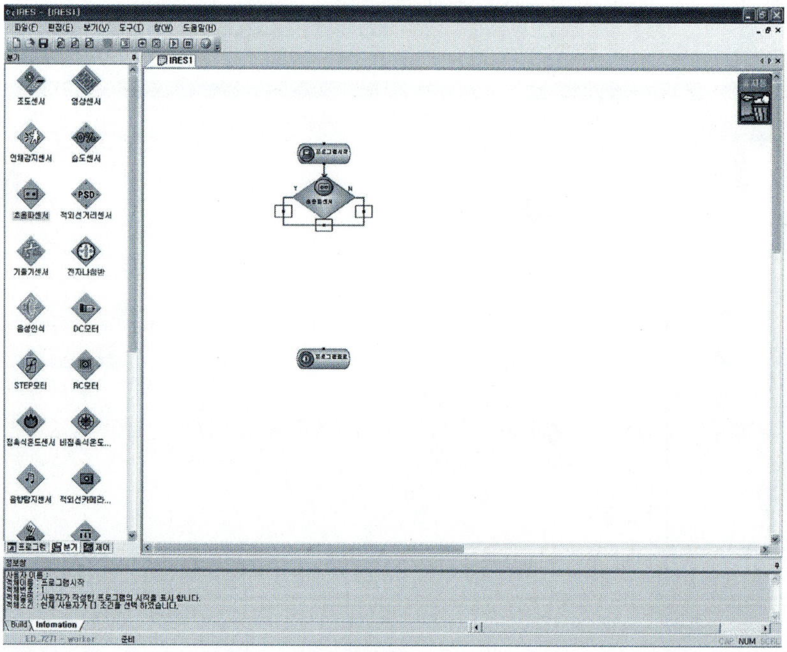

[그림 7-19] 초음파센서 객체 끌어 놓기

⑥ 초음파센서의 환경설정을 한다. 센서 이름과 비교할 거리 및 조건을 입력한다. "Ultrasonic이라는 이름을 가진 센서의 값이 50보다 크거나 같으면"이라는 분기 문을 작성하였다.

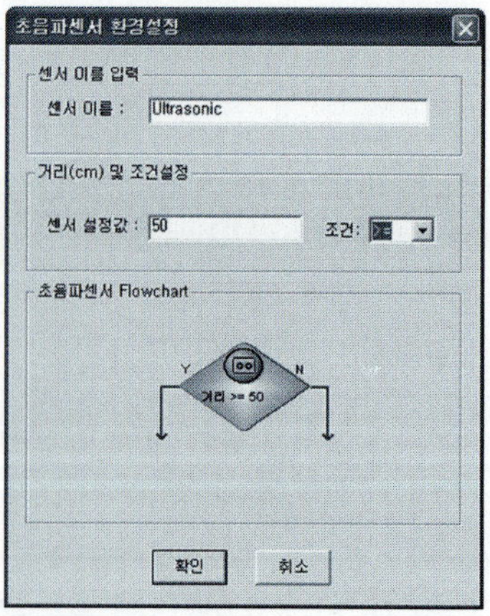

[그림 7-20] 초음파센서 환경설정

⑦ 제어 객체윈도우에서 "DC모터제어" 객체를 끌어 놓는다.

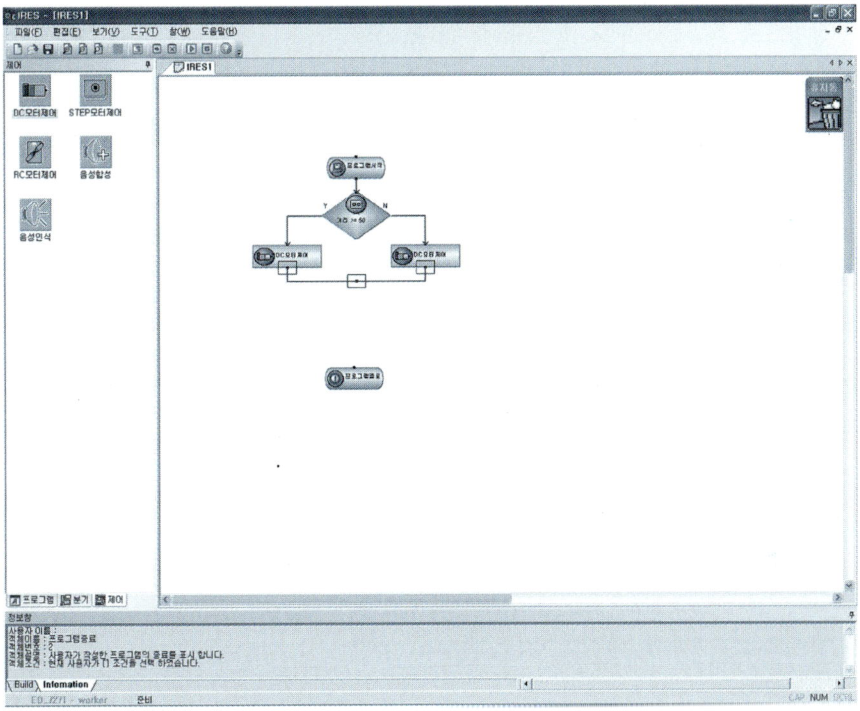

[그림 7-21] DC모터제어 객체 끌어 놓기

⑧ DC모터제어 환경설정을 한다. 초음파센서의 분기문이 Yes일 경우와 No일 경우의 DC모터제어 환경을 각각 설정한다.

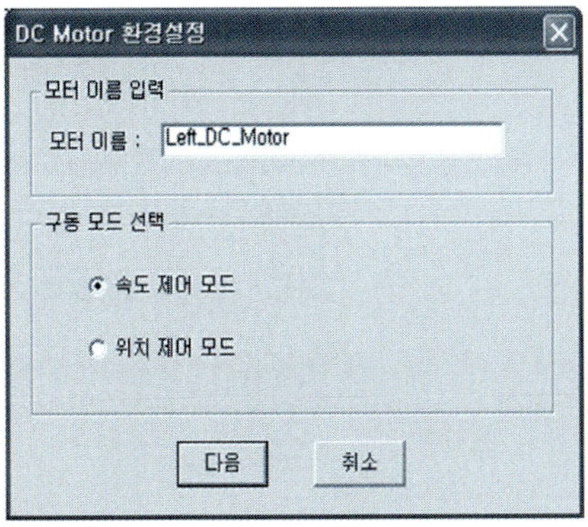

Yes일 경우

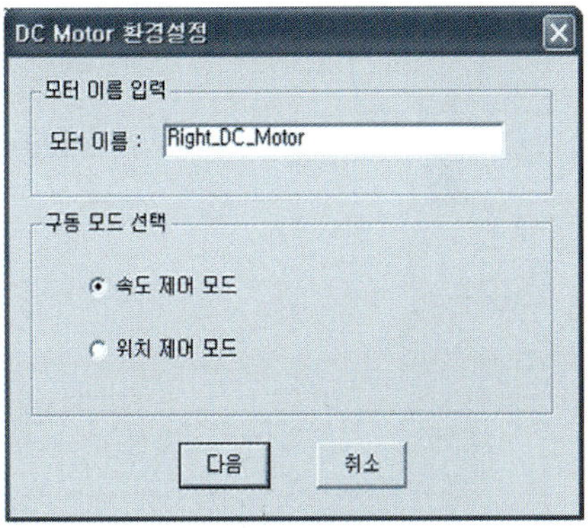

No일 경우

초음파센서의 거리 값이 50보다 크거나 같으면 left_DC_Motor 이름을 가진 모터가 CW 방향으로 30의 속도로 움직이며, 50보다 작으면 Right_DC_Motor 이름을 가진 모터가 CCW 방향으로 30의 속도로 움직이게 된다.

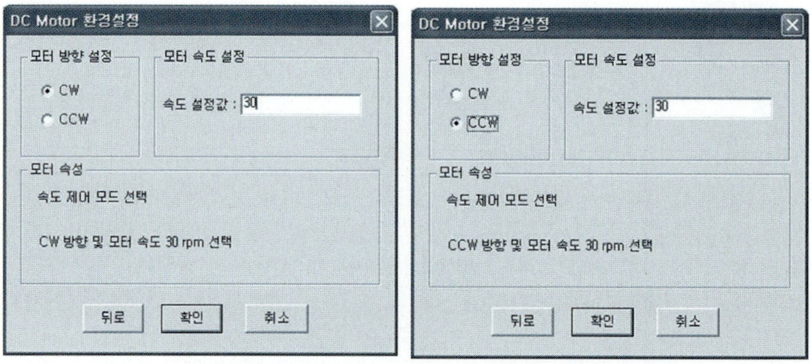

Yes일 경우 No일 경우

[그림 7-22] DC모터 환경설정

⑨ "단계이동" 객체를 옮겨놓고 환경설정을 한다.

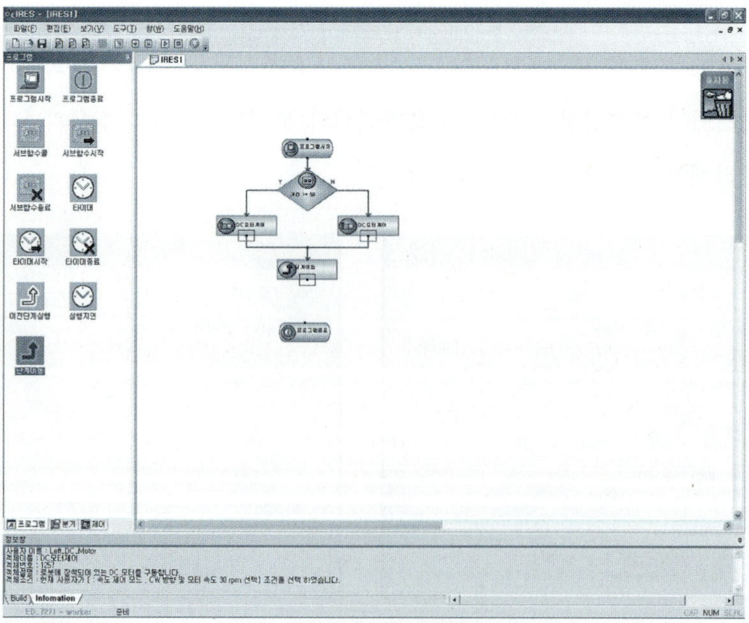

[그림 7-23] 단계이동 객체 옮김

환경설정은 “프로그램 시작”을 선택한다. 이렇게 선택을 하면 “단계이동” 객체를 실행하면 다시 “프로그램 시작” 객체로 되돌아가 무한 루프 동작을 한다.

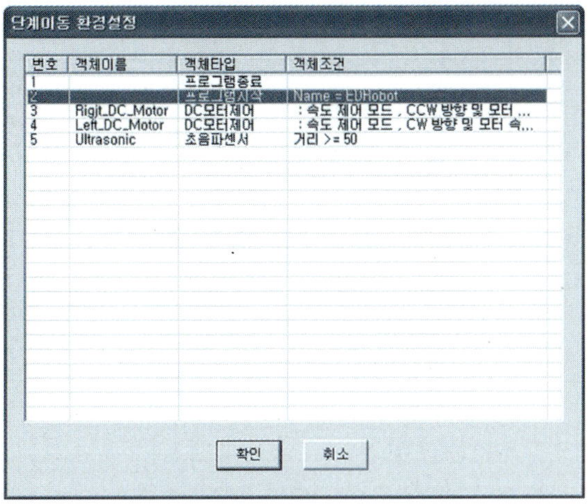

[그림 7-24] 단계이동 환경설정

⑩ “프로그램 종료” 객체를 연결한다.

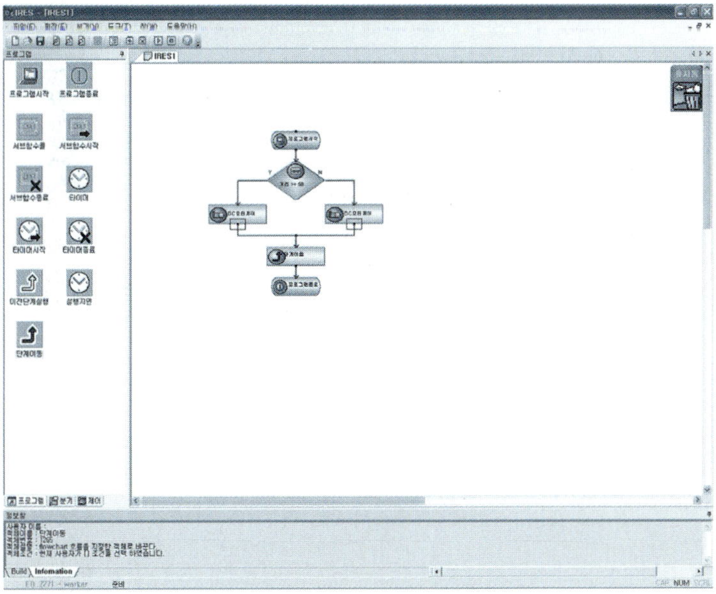

[그림 7-25] 프로그램 종료 객체 연결

⑪ 컴파일한다.

⑫ 컴파일하면 정보 창에 "Building end : 6 Object, 0 error(s), 0 Warning (s)"라고 표시되며 에러 없이 올바르게 컴파일된 것을 알 수 있다.

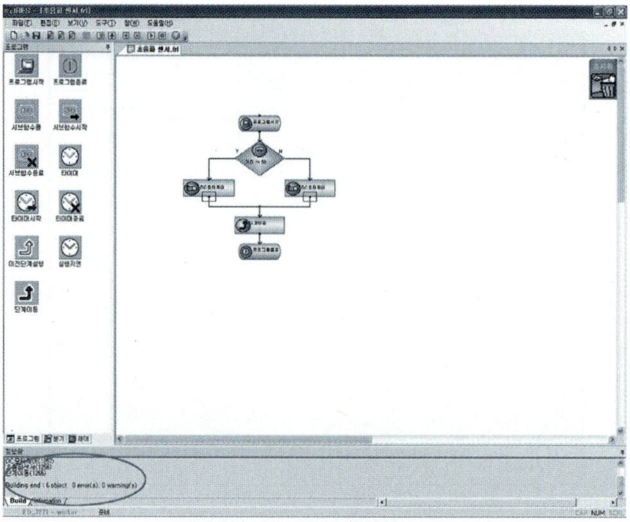

[그림 7-26] 컴파일 확인

⑬ 프로그램을 동작시킨다.

프로그램 동작은 프로그램 시작과 디버그 시작 두 가지가 있다. 디버그 시작을 눌러 프로그램을 동작시켜 본다.

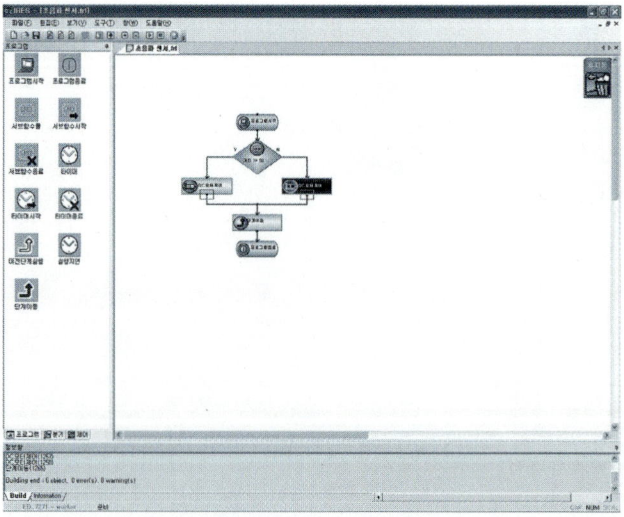

[그림 7-27] 프로그램 동작

IRES 순서도 기반(Flowchart) 프로그램에 의해 작동 중인 메인 프로그램의 로봇 시뮬레이션 모습이다.

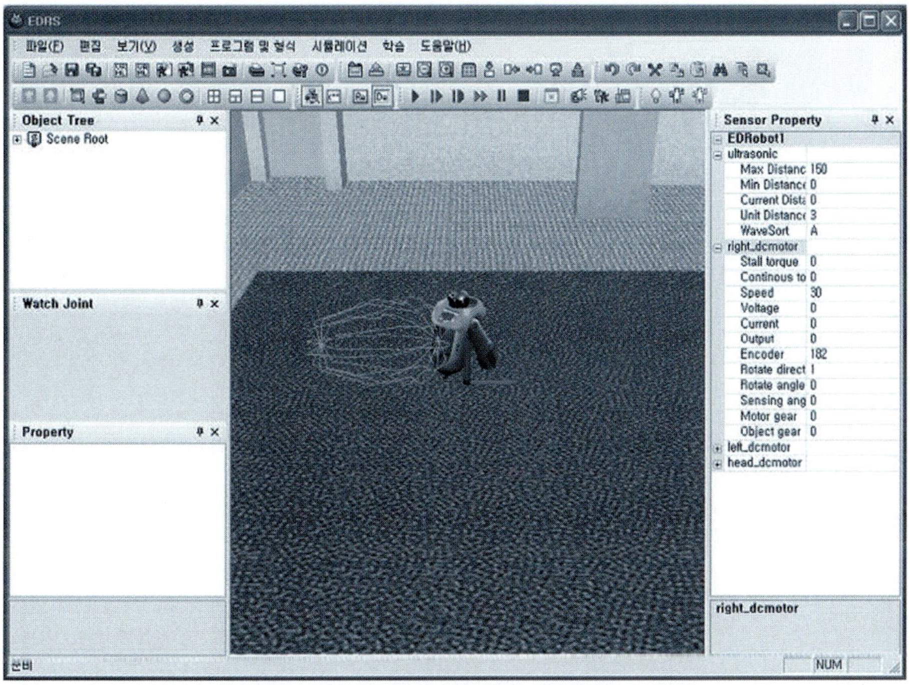

[그림 7-28] 작동중인 로봇 시뮬레이션의 모습

제 8 장

지능형 로봇 시뮬레이터의 C/C++ 프로그래밍

8.1 C/C++ 프로그래밍의 개요
8.2 프로그램 전체 구성
8.3 메뉴 구성
8.4 도구모음 구성
8.5 프로그램 작성방법

8.1 C/C++ 프로그래밍의 개요

로봇 프로그램을 작성하기 위해 그래픽 언어와 함께 제공하는 C/C++ 프로그래밍 환경이다. 순서도 기반의 그래픽 언어는 프로그래밍 언어에 익숙하지 못한 초보자들에게 또는 로봇을 간단히 테스트 제어하고 싶은 사용자를 위해 만들어져 있는데 반해, C/C++는 프로그래밍 언어에 기초적인 지식만 있으면 조금 더 복잡하고 광범위한 시뮬레이션을 해 볼 수 있는 장점이 있다.

8.2 프로그램 전체 구성

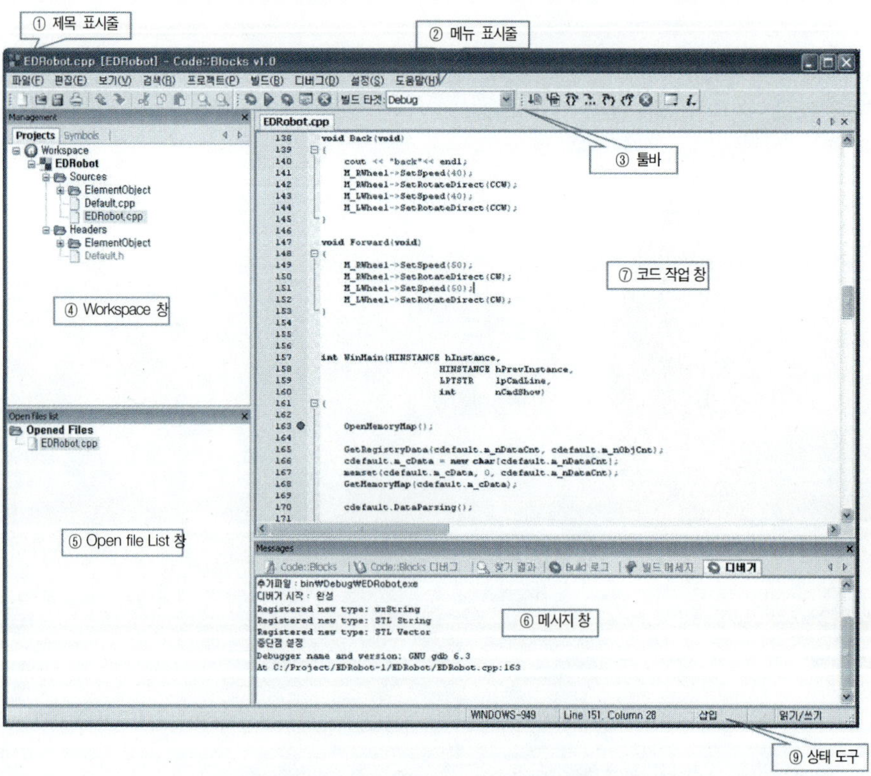

[그림 8-1] C/C++ 프로그램 전체 구성

C/C++은 로봇을 움직이게 하기 위해서 로봇의 프로그램을 작성, 수정할 수 있는 스튜디오(Studio) 역할을 한다. 메인 프로그램에 로봇과 환경을 만들어 C/C++ 환경에서 프로그램을 작성하여 시뮬레이션을 할 수 있게 된다.

① **제목 표시줄** : 현재 선택된 창의 제목을 나타낸다.
② **메뉴 표시줄** : 풀다운 메뉴로 구성되어 있으며, 선택된 창 구성에 따른 메뉴를 나타낸다.
③ **툴바** : 표준 툴바를 비롯하여 컴파일, 디버거 툴바로 구성되어 있다.
④ **워크스페이스 창** : 현재 작업중인 프로젝트의 이름과 프로젝트를 구성하는 파일을 표시한다.
⑤ **오픈 파일 리스트(Open file List)** : 워크스페이스 창의 파일 중 현재 열려 있는 파일목록을 보여준다.
⑥ **메시지 창** : 디버그, 찾기, 빌드메시지 등 프로그램을 실행하면서 발생하는 모든 메시지를 나타낸다.
⑦ **코드작업 창** : 사용자가 프로그램을 작성하는 작업 창이다.
⑧ **실배선 창** : 요소 창에서 요소를 선택하여 실배선 창에 회로를 구성 시뮬레이션을 해볼 수 있게 한다.
⑨ **상태 도구** : C/C++ 프로그램의 메뉴 정보와 객체의 위치 좌표 등을 표시한다.

8.3 메뉴 구성

8.3.1 파일 메뉴

[파일] 메뉴는 NEW, 열기, 닫기, 저장 등 프로그램을 작성하는데 가장 기본이 되는 메뉴로 구성되어 있다.

[그림 8-2] 파일 메뉴

① NEW : 새로운 프로젝트 또는 파일을 생성한다.

② 열기(Ctrl+O) : 프로젝트 파일 또는 C/C++ 파일을 불러온다.

③ 최근 프로젝트 : 최근 프로젝트 목록을 보여준다.

④ 최근 파일 : 최근 파일의 목록을 보여준다.

⑤ 저장 : 현재 활성화된 페이지의 파일을 저장한다.

⑥ 다른 이름으로 저장 : 현재 활성화된 페이지의 파일을 다른 이름으로 저장한다.

⑦ 모든 파일 저장 : 수정된 모든 파일을 저장한다.

⑧ 프로젝트 저장 : 현재 활성화된 프로젝트를 저장한다.

⑨ 다른 이름으로 프로젝트 저장 : 현재 활성화된 프로젝트를 다른 이름으로 저장한다.

⑩ 다른 이름으로 템플릿 프로젝트 저장 : 현재 활성화된 프로젝트를 다른 이름으로 템플릿으로 저장한다.

⑪ Workspace 저장 : 작업공간(Workspace)를 저장한다.

⑫ Workspace 다른 이름으로 저장 : 작업공간(Workspace)를 다른 이름으로 저장한다.

⑬ Workspace 닫기 : 작업공간(Workspace)를 닫는다.

⑭ Close file : 현재 활성화된 파일을 닫는다.

⑮ Close all files : 현재 열려져 있는 모든 파일을 닫는다.

⑯ 프로젝트 닫기 : 현재 활성화된 프로젝트를 닫는다.

⑰ 모든 프로젝트 닫기 : 현재 열려져 있는 모든 프로젝트를 닫는다.

⑱ 인쇄 : 현재 페이지를 인쇄한다.

⑲ 속성 : 현재 활성화된 파일의 속성을 보여준다.

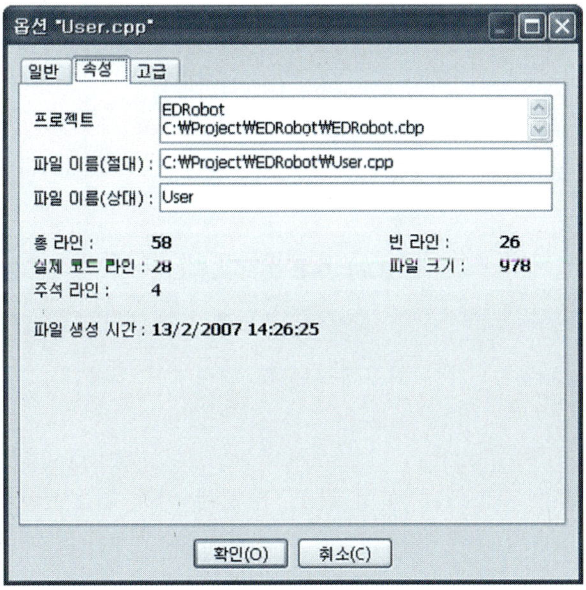

[그림 8-3] 파일의 속성

⑳ 종료 : 프로그램을 종료시킨다.

8.3.2 편집 메뉴

[편집] 메뉴는 실행 취소, 다시실행, 기타 편집 메뉴로 구성되어 있다.

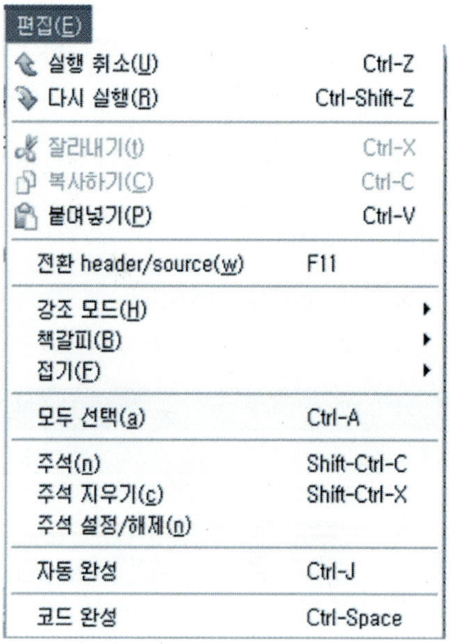

[그림 8-4] 편집 메뉴

① **실행 취소**(Ctrl+Z) : 가장 최근에 사용된 명령부터 차례대로 실행된 명령을 취소한다.

② **다시 실행**(Ctrl+Shift+Z) : "실행 취소" 명령에 의해 취소했던 작업을 다시 복구한다.

③ **잘라내기**(Ctrl+X) : 파일을 작성할 때 특정 객체를 다른 파일로 옮기거나 다른 곳에서 사용하기 위해 잠시 잘라둔다. 잘라내기 한 객체는 클립보드에 저장되므로 여러 번 붙여넣기 할 수도 있다.

④ **복사하기**(Ctrl+C) : 선택되어진 내용을 다른 곳에서 사용하기 위해 복사한다.

⑤ **붙여넣기**(Ctrl+V) : 복사되어 클립보드에 있는 내용을 마우스 포인터의 위치에 붙인다.

객체가 선택된 상태에서 [Ctrl]키를 누르고 객체를 드래그하면 선택된 객체와 동일한 객체가 복사되어 붙여넣기 된다.

⑥ 전환 header/source : 헤더(header) 파일과 소스(source) 파일과의 전환을 해준다.
⑦ 강조 모드 : 여러 가지 형태의 코드 형식으로 프로그램할 수 있다.
⑧ 책갈피 : 필요한 코드의 부분을 기억하기 위해 책갈피 기능을 제공한다.
⑨ 접기 : 블록화된 부분의 코드를 접거나 펼쳐볼 수 있는 기능을 제공한다.
⑩ 모두 선택 : 현재 활성화된 페이지의 모든 텍스트를 선택한다.
⑪ 주석 : 현재 커서나 선택한 부분에 주석을 설정한다.
⑫ 주석 지우기 : 현재 커서나 선택한 부분의 주석을 지워준다.
⑬ 주석 설정/해제 : 현재 커서나 선택한 부분의 주석을 설정하거나 해제해준다.
⑭ 자동 완성 : 현재 코드의 부분을 자동으로 완성해준다.
⑮ 코드 완성 : 현재 코드의 관련 함수나 변수를 보여준다.

8.3.3 보기 메뉴

[보기]메뉴는 상태 표시줄, 툴바와 각종 창을 보이거나 감추거나 할 수 있는 메뉴로 구성되어 있다.

[그림 8-5] 보기 메뉴

① Layouts : 현 프로그램의 레이아웃을 바꾸거나 저장할 수 있다.
② Toolbars : 툴바[메인(Main), 컴파일러(Compiler), 디버거]의 구성요소를 보이거나 감출 수 있다.

③ Manager : 메니저(Manager) 창을 보이거나 감출 수 있다.

④ Open files list : 파일 열기 리스트(Open files list) 창을 보이거나 감출 수 있다.

⑤ Messages : 메시지(Messages) 창을 보이거나 감출 수 있다.

⑥ Status bar : 상태바(Status bar) 창을 보이거나 감출 수 있다.

⑦ FullScreen : 전체 화면으로 볼 수 있다.

8.3.4 검색 메뉴

[검색] 메뉴는 상태 표시줄, 툴바와 각종 창을 보이거나 감추거나 할 수 있는 메뉴로 구성되어 있다.

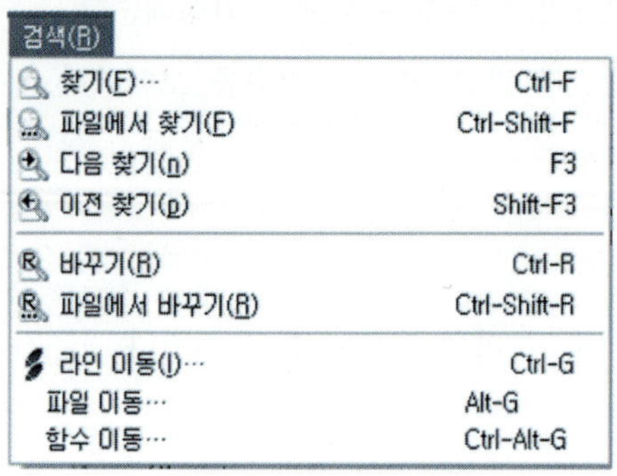

[그림 8-6] 검색 메뉴

① 찾기 : 현재 활성화되어 있는 페이지에서 찾고자 하는 문구나 단어를 검색할 수 있다.

② 파일에서 찾기 : 현재 활성화되어 있는 프로젝트의 모든 파일에서 찾고자 하는 문구나 단어를 검색할 수 있다.

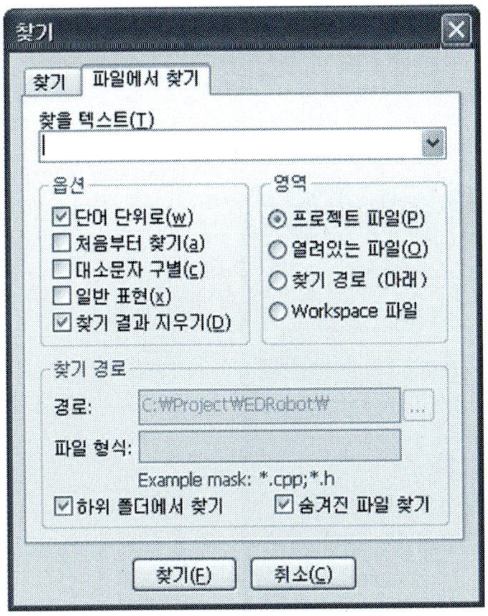

[그림 8-7] 파일에서 찾기

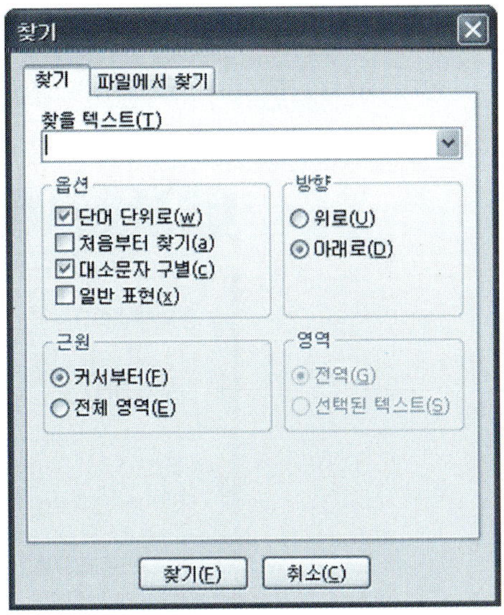

[그림 8-8] 찾기 화면

③ 다음 찾기 : 찾기를 통해 검색한 문구와 단어를 다음 부분부터 다시 찾아준다.

④ 이전 찾기 : 찾기를 통해 검색한 문구와 단어를 이전 부분부터 다시 찾아준다.

⑤ 바꾸기 : 현재 활성화된 페이지의 단어나 문구를 사용자가 원하는 단어나 문구로 바꾸어 준다.

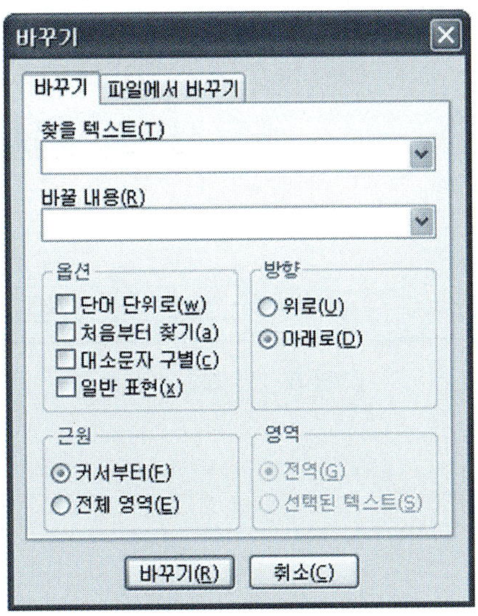

[그림 8-9] 바꾸기

제8장

⑥ 파일에서 바꾸기 : 현재 활성화된 프로젝트의 모든 파일에서 단어나 문구를 사용자가 원하는 단어나 문구로 바꾸어 준다.

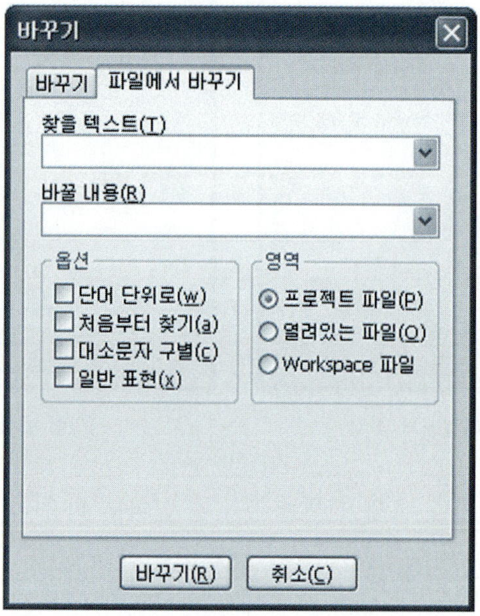

[그림 8-10] 파일에서 바꾸기

⑦ 라인 이동 : 원하는 라인으로 이동한다.

[그림 8-11] 라인 이동

⑧ 파일 이동 : 원하는 파일로 이동한다.

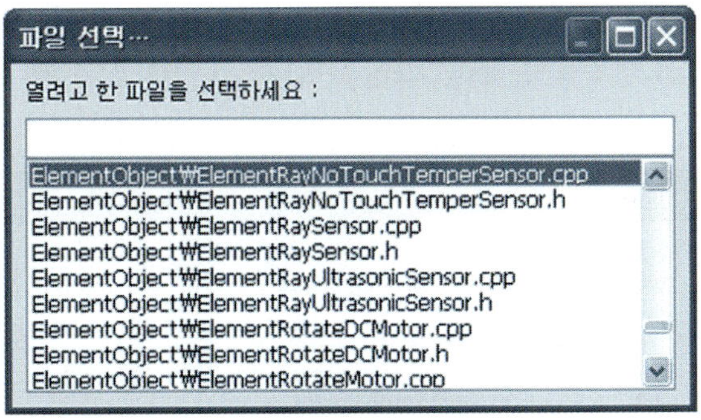

[그림 8-12] 파일 이동

⑨ 함수 이동 : 원하는 함수로 이동한다.

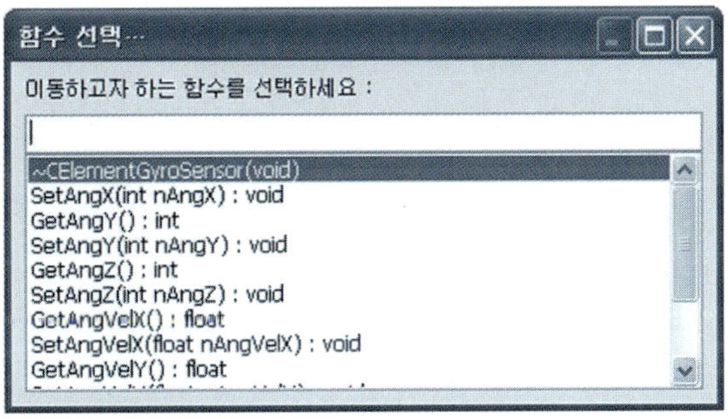

[그림 8-13] 함수 이동

8.3.5 프로젝트 메뉴

[프로젝트] 메뉴는 프로젝트에 관련된 메뉴로 구성되어 있다.

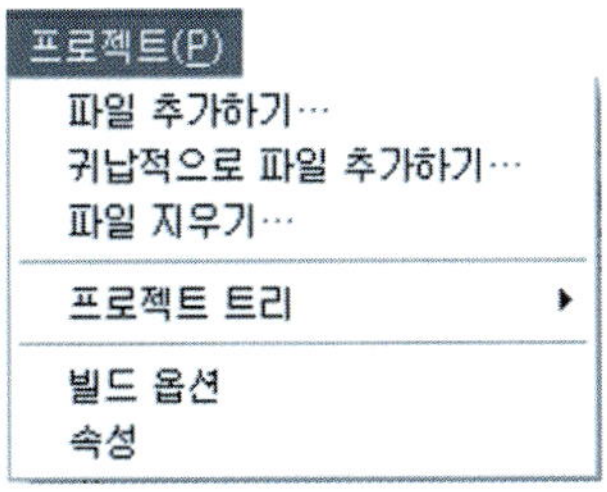

[그림 8-14] 프로젝트 메뉴

제8장

① **파일 추가하기** : 프로젝트에 원하는 파일을 추가한다.

② **귀납적으로 추가하기** : 프로젝트에 원하는 파일을 폴더 단위로 추가한다.

③ **파일 지우기** : 프로젝트에서 필요 없는 파일을 선택해서 지울 수 있다.

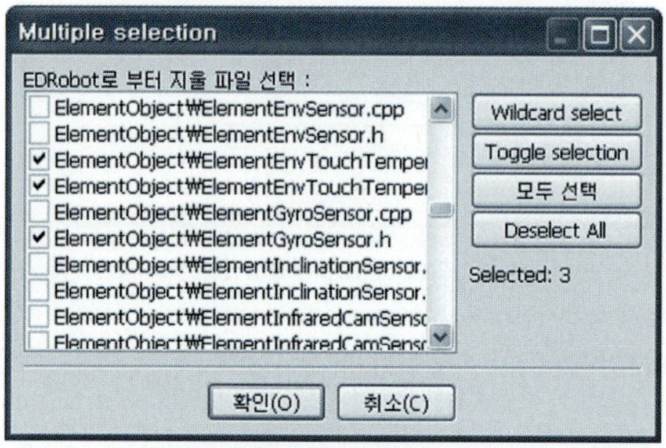

[그림 8-15] 파일 지우기

④ **프로젝트 트리** : 프로젝트 트리의 모양을 변경할 수 있다.

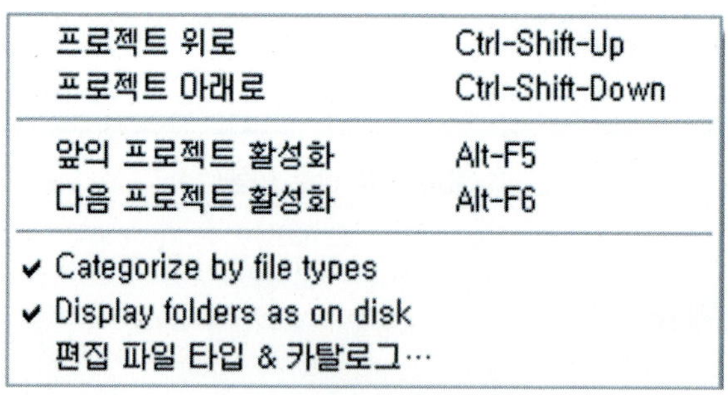

[그림 8-16] 프로젝트 트리

⑤ **빌드 옵션** : 프로젝트 빌드에 관한 사항을 설정 및 수정할 수 있다.
각종 Lib 파일 및 dll 파일을 링크시킬 수 있다.

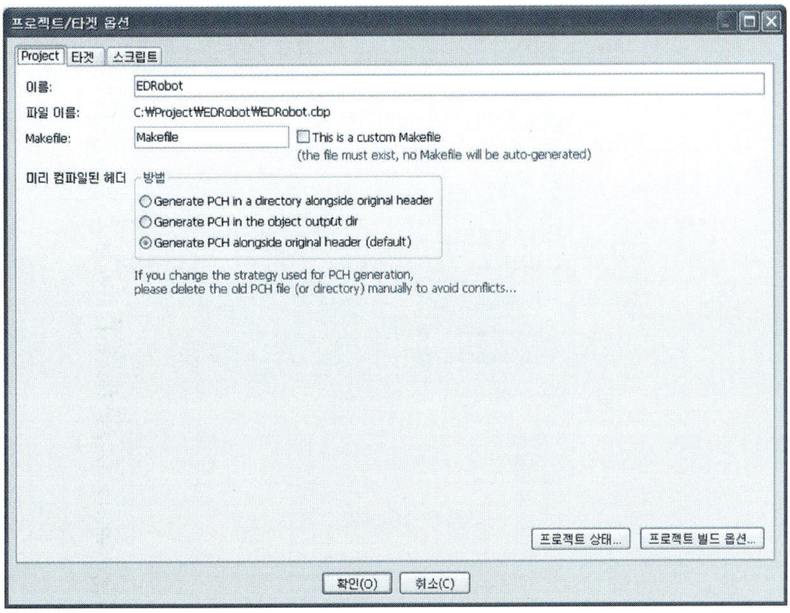

[그림 8-17] 빌드 옵션

⑥ **속 성** : 프로젝트 속성에 관련된 사항을 설정 및 수정할 수 있다.

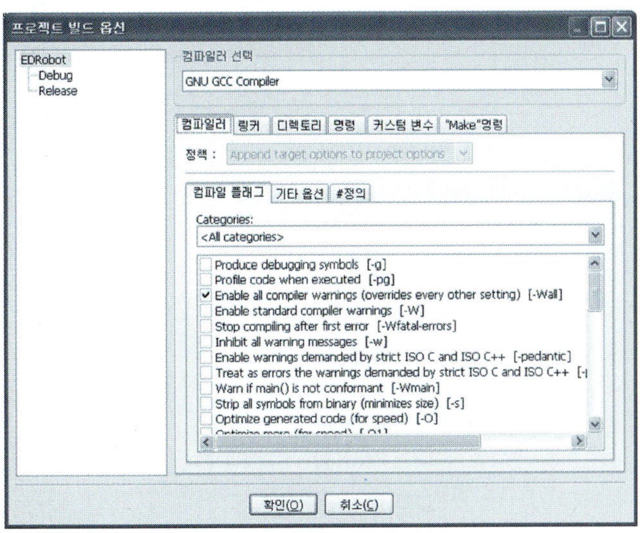

[그림 8-18] 속성

제8장

8.3.6 빌드 메뉴

[빌드] 메뉴는 빌드, 실행, 리빌드 등 시뮬레이션을 하기 위해 필요한 메뉴들로 구성되어 있다.

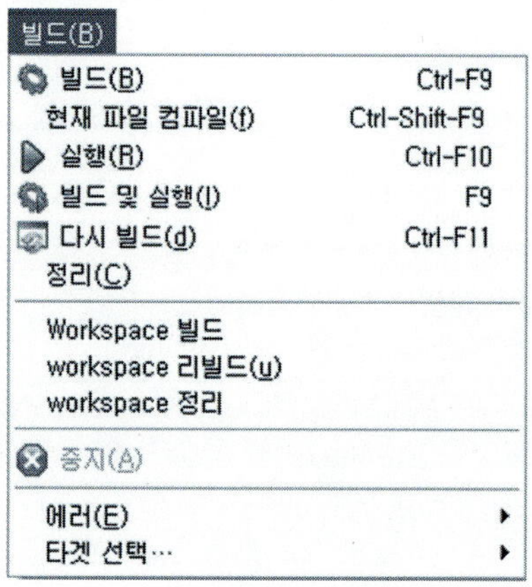

[그림 8-19] 빌드 메뉴

① **빌드** : 현재 프로젝트를 빌드한다.

② **현재 파일 컴파일** : 현재 파일을 컴파일한다.

③ **실행** : 빌드된 프로젝트를 실행한다. 메인 프로그램의 시뮬레이션을 시작한다.

④ **빌드 및 실행** : 현재 프로젝트를 빌드하고 실행한다.

⑤ **다시 빌드** : 현재 프로젝트를 다시 빌드한다.

⑥ **정리** : 빌드된 프로젝트를 다시 빌드하기 위해 정리한다.

⑦ **Workspace 빌드** : 작업공간(Workspace) 내의 모든 프로젝트를 빌드한다.

⑧ **Workspace 리빌드** : 작업공간(Workspace) 내의 모든 프로젝트를 다시 빌드한다.

⑨ **Workspace 정리** : 작업공간(Workspace) 내의 모든 프로젝트를 정리한다.

⑩ **중지** : 현재 빌드 또는 컴파일 및 실행을 중지시킨다.

⑪ **에러** : 에러가 발생했을 경우 에러를 찾아간다.

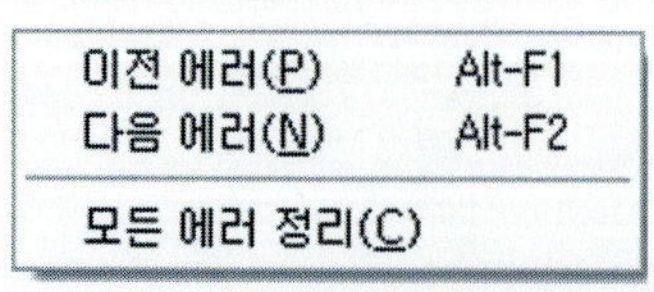

[그림 8-20] 에 러

⑫ **타겟 선택** : Debug/Release를 선택한다.

8.3.7 디버그 메뉴

[디버그] 메뉴는 디버그를 하기 위해 필요한 메뉴들로 구성되어 있다.

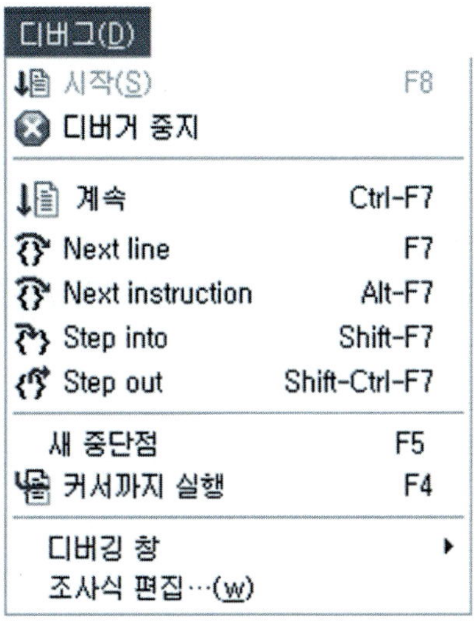

[그림 8-21] 디버그 메뉴

① **시작** : 디버그를 시작한다.

② **디버거 중지** : 디버그를 중지한다.

③ **계속** : 디버그를 계속해서 진행한다.

④ Next line : 다음 라인으로 디버그를 진행한다.

⑤ Next instruction : 다음 중단점으로 이동한다.

⑥ Step into : 한 단계씩 코드를 실행한다.

⑦ Step put : 프로시저 단위로 실행한다.

⑧ **새 중단점** : 중단점을 설정하거나 해제한다.

⑨ **커서까지 실행** : 커서까지 실행한다.

⑩ **디버깅 창** : 디버그에 필요한 창을 제공한다.

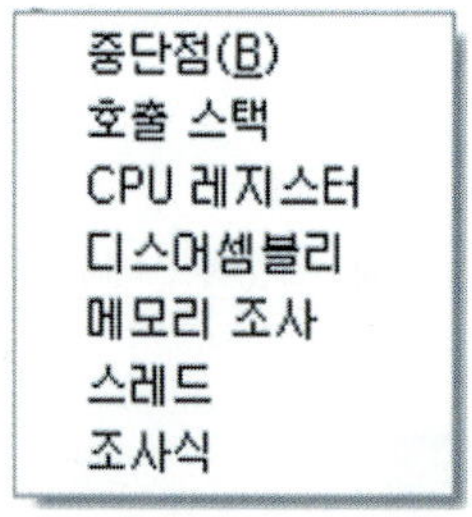

[그림 8-22] 디버깅 창

⑪ **조사식 편집** : 디버그하면서 각 변수나 객체를 수정할 수 있다.

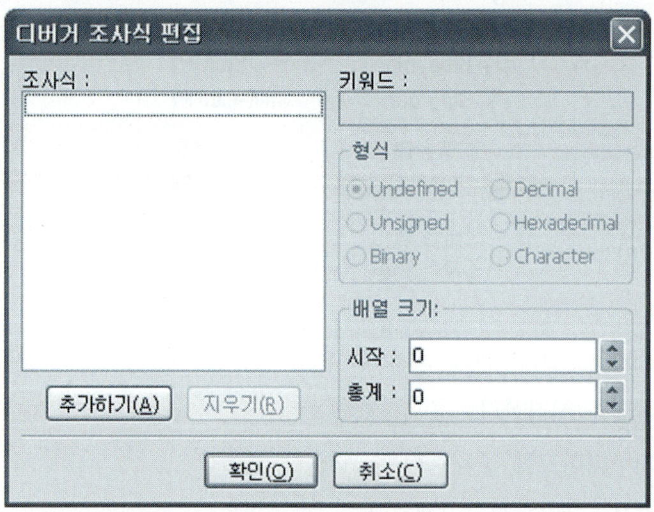

[그림 8-23] 조사식 편집

8.3.8 설정 메뉴

[설정] 메뉴는 프로그램의 환경 및 컴파일 디버거의 속성 등을 설정할 수 있다.

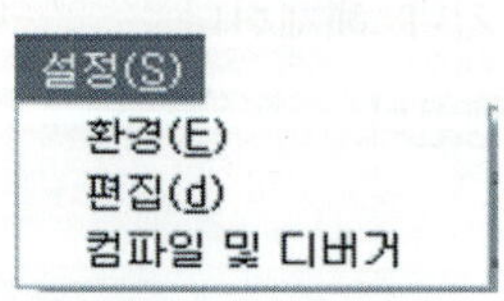

[그림 8-24] 설정 메뉴

① **환경** : 프로그램의 환경을 설정한다.

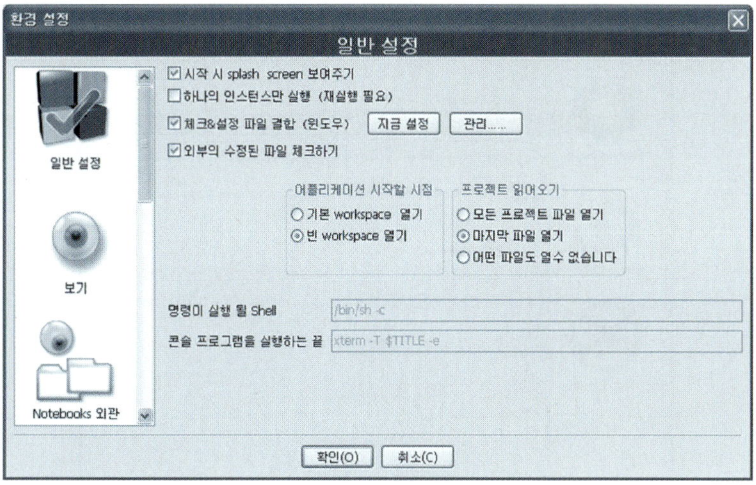

[그림 8-25] 환경설정

② **편집** : 편집기의 모양 및 각종 환경을 설정할 수 있다.

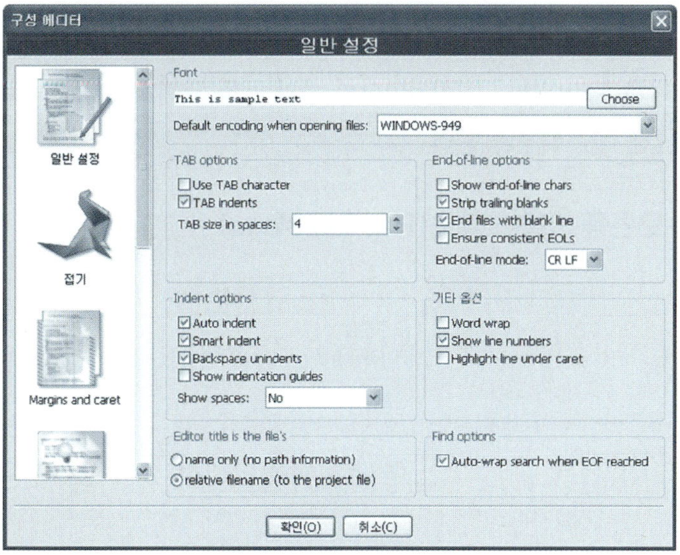

[그림 8-26] 구성 에디터

제8장

③ **컴파일 및 디버거** : 컴파일 및 디버거의 각종 환경을 설정할 수 있다.

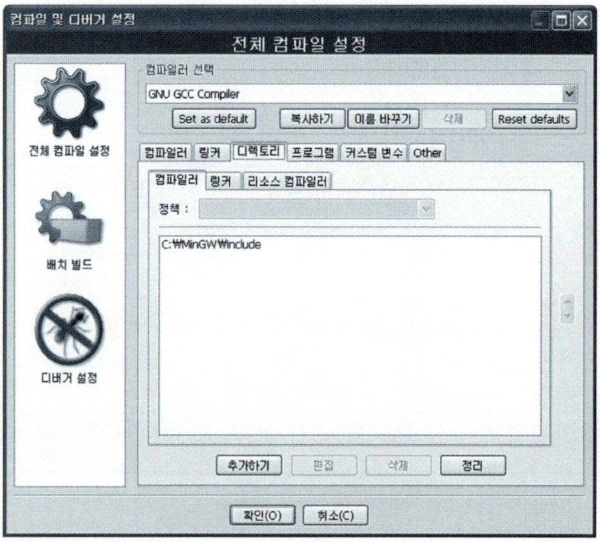

[그림 8-27] 디버거 설정

C/C++ 환경에서 프로그램을 하기 위해서는 MINGW가 필요하다. 로봇 시뮬레이션 프로그램을 설치하게 되면 기본으로 C드라이버에 MINGW가 설치되게 된다.

MINGW가 다른 드라이버에 설치되었다면 컴파일 및 디버거에서 디렉토리를 MINGW가 설치된 경로에 맞추어주면 된다.

8.3.9 기본 오른쪽 마우스 메뉴(Pop-Up Menu)

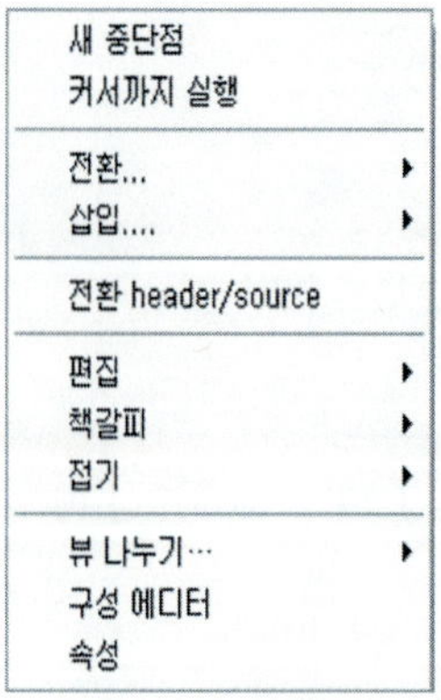

[그림 8-28] 기본 오른쪽 마우스 메뉴

명 령	설 명
새 중단점	새 중단점을 설정한다.
커서까지 실행	커서까지 실행시킨다.
전환	현재 열려 있는 페이지 중에서 원하는 페이지를 오픈한다.
삽입	클래스 메소드를 정의/선언한다.
전환 header/source	헤더(header) 파일과 소스(source) 파일과의 전환을 해준다.
편집	편집 메뉴의 기능을 사용한다.
책갈피	필요한 코드의 부분을 기억하기 위해 책갈피 기능을 제공한다.
접기	블록화된 부분의 코드를 접거나 펼쳐 볼 수 있는 기능을 제공한다.
뷰 나누기	뷰 나누기 기능을 제공한다.
구성 편집기	구성 편집기를 보여준다.
속성	현재 페이지의 속성을 보여준다.

8.4 도구모음 구성

8.4.1 메인 툴바

[그림 8-29] 메인 툴바

명 령	설 명
새로운 파일	새로운 프로젝트나 소스파일을 생성한다.
열기	저장되어 있는 프로젝트나 소스파일을 불러온다.
저장	현재 선택된 페이지를 저장한다.
인쇄	현재 선택된 작업 창을 프린터로 출력한다.
실행 취소	바로 전에 했던 작업을 취소한다.
다시 실행	취소한 실행을 다시 실행한다.
잘라내기	선택되어진 내용을 다른 곳에서 사용하기 위해 잘라둔다.
복사하기	선택되어진 내용을 다른 곳에서 사용하기 위해 복사한다.
붙여넣기	복사/잘라내기 되어 있는 내용을 마우스의 위치에 넣는다.
찾기	현재 선택되어진 작업 창의 특정 문자열을 찾는다.
바꾸기	현재 선택되어진 작업 창의 특정 문자열을 바꾼다.

8.4.2 컴파일러(Compiler) 툴바

[그림 8-30] 컴파일러 툴바

명 령	설 명
빌드	현재 프로젝트를 빌드한다.
실행	현재 프로젝트를 실행한다.
빌드 및 실행	현재 프로젝트를 빌드 및 실행한다.
리빌드	현재 프로젝트를 리빌드한다.
중지	디버그(Debug)나 컴파일 및 빌드를 중지한다.
빌드 타겟	디버그(Debug) / 릴리즈(Release)를 선택한다.

8.4.3 디버거 툴바

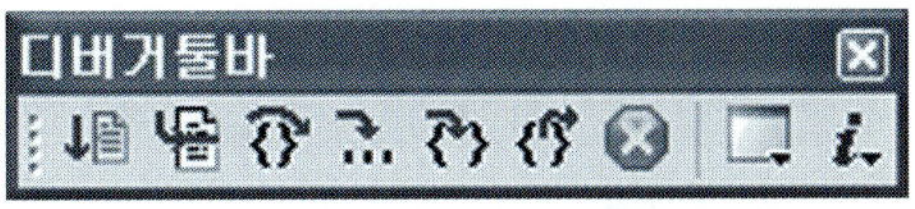

[그림 8-31] 디버거 툴바

명 령	설 명
시작	디버그를 시작한다.
커서까지 실행	커서까지 실행한다.
Next line	다음 라인으로 디버그를 진행한다.
Next instruction	다음 중단점으로 이동한다.
Step into	한 단계씩 실행한다.
Step out	프로시저 단위로 실행한다.
중지	디버그를 중지한다.
디버깅 창	디버그에 필요한 창을 열어준다.

8.5 프로그램 작성방법

8.5.1 프로그램 시작 및 프로젝트 생성

메인 프로그램의 프로그램 및 형식 메뉴에서 C/C++ 프로그램을 실행시킨다.

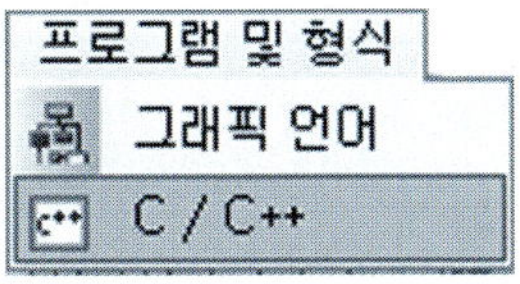

[그림 8-32] 프로그램 시작 및 프로젝트 생성

새로운 프로젝트를 생성하거나 기존의 프로젝트를 열어볼 수 있다.

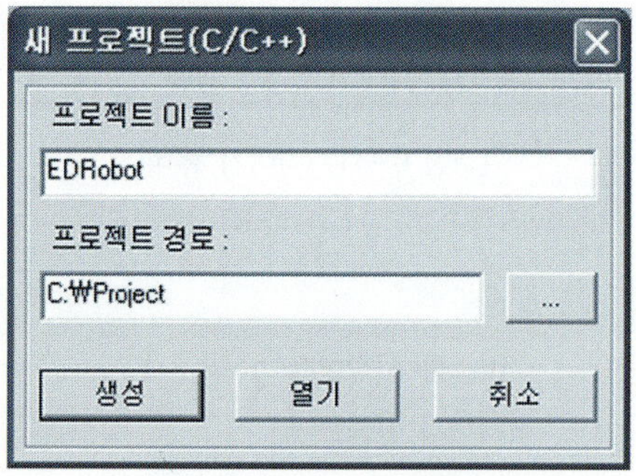

[그림 8-33] 새 프로젝트

생성을 클릭하면 새로운 프로젝트를 생성하게 되는데, 같은 이름의 프로젝트가 존재하면 다음과 같은 메시지 박스가 나타나는데, 예를 클릭하면 기존의 프로젝트를 초기화하게 되고, 아니오를 클릭하면 기존의 프로젝트를 오픈해주게 된다.

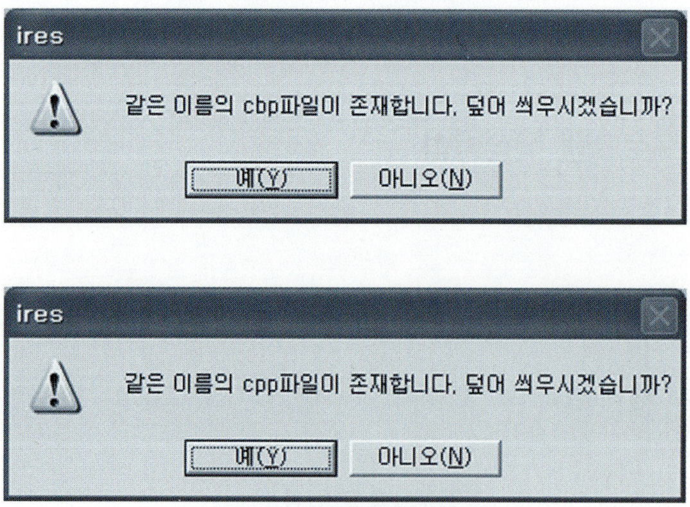

[그림 8-34] 덮어 씌우기

열기를 클릭하게 되면 기존의 프로젝트를 열어서 시뮬레이션해 볼 수 있다.

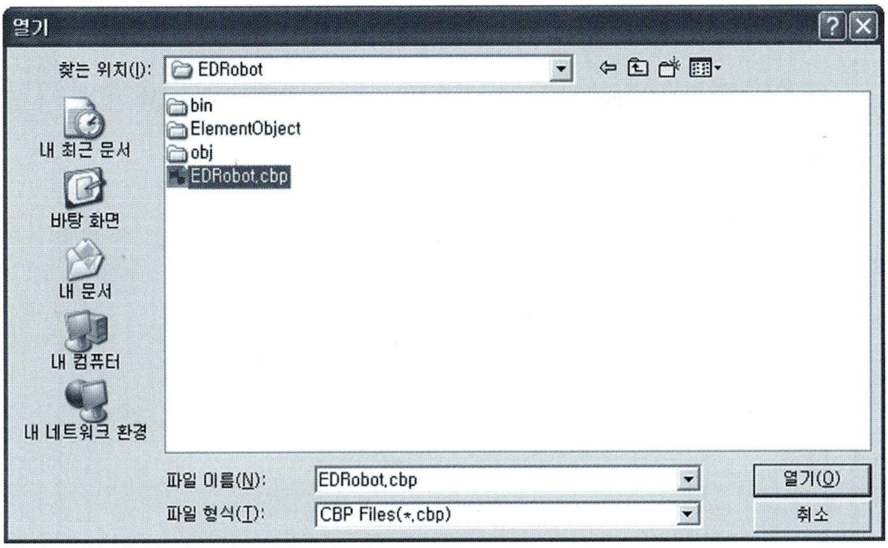

[그림 8-35] 프로젝트 열기

다음은 C/C++ 작성 프로그램의 초기 화면이다.

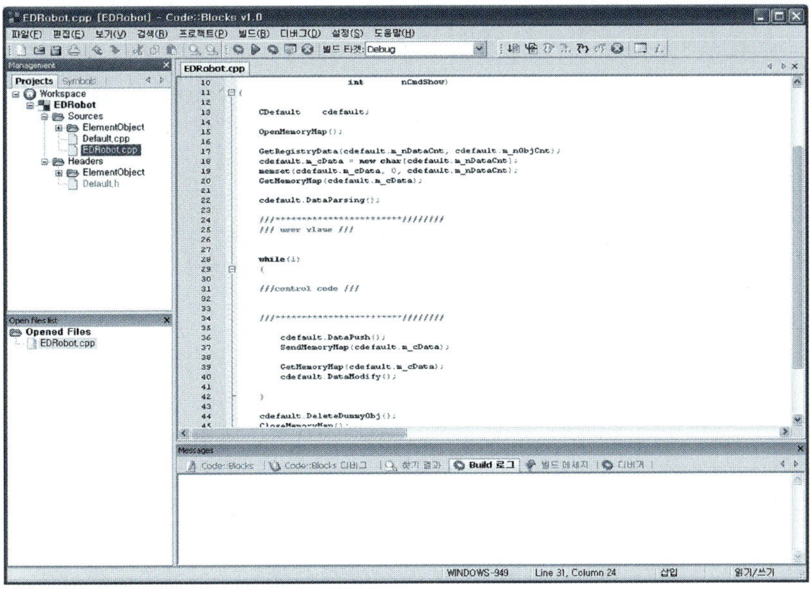

[그림 8-36] C/C++ 프로그램의 초기 화면

생성을 하게 되면 프로젝트 이름(EDRobot)으로 프로젝트가 생성되게 된다.

프로젝트에는 EDRobot.cbp 프로젝트 파일과 EDRobot.cpp라는 사용자가 작성할 파일이 생성된다. 또한 사용자가 참조할 각종 파일이 생성된다.

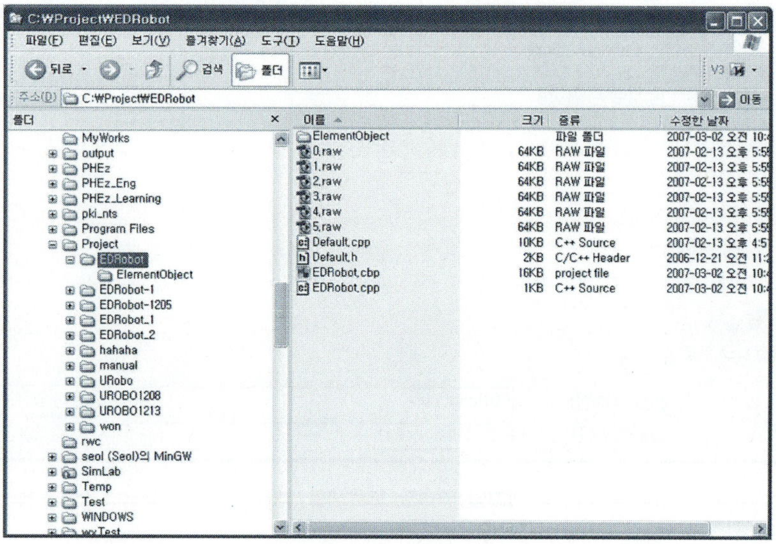

[그림 8-37] 파일 생성 확인

Default 클래스는 프로그램의 기본구조를 만드는 클래스로서 유저가 각종 모터, 센서 클래스를 얻어오는 함수를 가지고 있다. ElementObject 폴더 안에는 각종 모터, 센서에 관련된 클래스가 존재한다. 유저는 프로그램을 작성할 때 위의 클래스를 사용해서 원하는 로봇제어 프로그램을 작성할 수 있다.

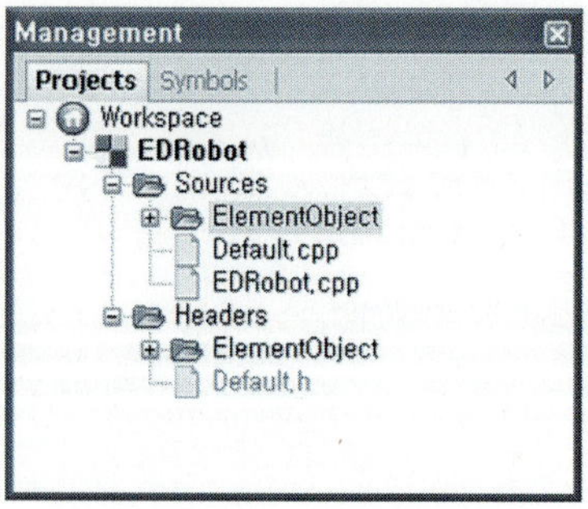

[그림 8-38] Management 화면

유저는 프로젝트 이름(EDRobot)을 가진 EDRobot.cpp에 프로그램을 작성하여 로봇을 시뮬레이션할 수 있다. 아래는 기본 골격을 나타낸 것이다. 사용자는 유저 값(User value)과 제어 값(Control value)에 필요한 프로그램 코드만 작성하면 된다.

EDRobot.cpp

```
#include "Default.h"
#define CW -1
#define CCW 1

class CDefault;

int WinMain(HINSTANCE hInstance,
                    HINSTANCE hPrevInstance,
                    LPTSTR    lpCmdLine,
                    int       nCmdShow)
{

    CDefault    cdefault;

    OpenMemoryMap();

    GetRegistryData(cdefault.m_nDataCnt, cdefault.m_nObjCnt);
    cdefault.m_cData = new char[cdefault.m_nDataCnt];
    memset(cdefault.m_cData, 0, cdefault.m_nDataCnt);
    GetMemoryMap(cdefault.m_cData);

    cdefault.DataParsing();

    ///************************////////
    /// user vlaue ///


    while(1)
    {

    ///control code ///


    ///************************////////

        cdefault.DataPush();
        SendMemoryMap(cdefault.m_cData);

        GetMemoryMap(cdefault.m_cData);
        cdefault.DataModify();

    }

    cdefault.DeleteDummyObj();
    CloseMemoryMap();

    delete []cdefault.m_cData;

    return 0;
}
```

```
///************************////////
/// user vlaue ///


while(1)
{

///control code ///


///************************////////

    cdefault.DataPush();
    SendMemoryMap(cdefault.m_cData);

    GetMemoryMap(cdefault.m_cData);
    cdefault.DataModify();

}
```

[그림 8-39] 코드 작성

유저 값(User value) 부분에 변수 및 클래스를 선언하고 제어 값(Control code) 부분에 로봇을 제어할 수 있는 프로그램을 작성하여 메인 프로그램의 로봇들을 시뮬레이션할 수 있다.

8.5.2 C/C++ 프로젝트 생성

C/C++에서 프로젝트를 생성하기 위해서는 파일 메뉴에서 New의 프로젝트(Project)를 클릭한다.

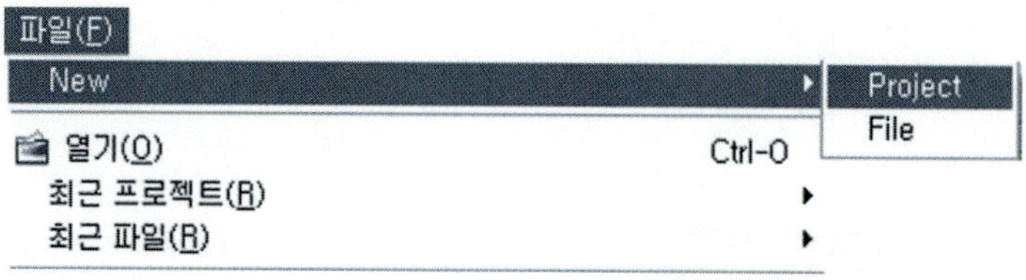

ED Project(C++)을 선택한다.

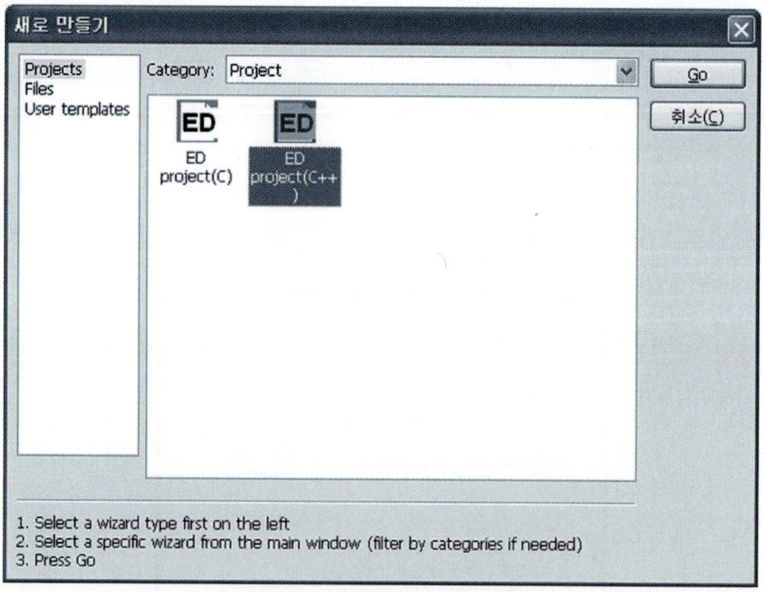

[그림 8-40] Project 선택

프로젝트 이름을 입력하여 Next, Finish를 클릭해준다.

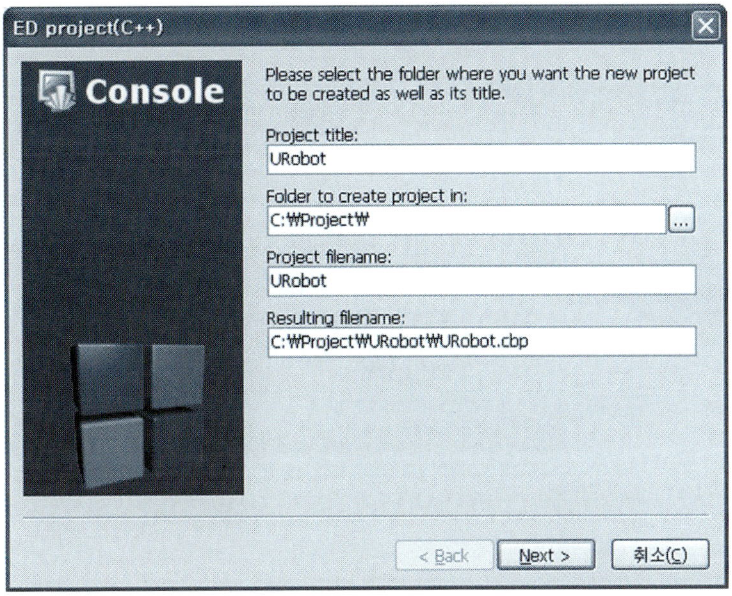

[그림 8-41] 프로젝트 이름 입력

다음과 같이 URobot 프로젝트가 생성될 것이다.

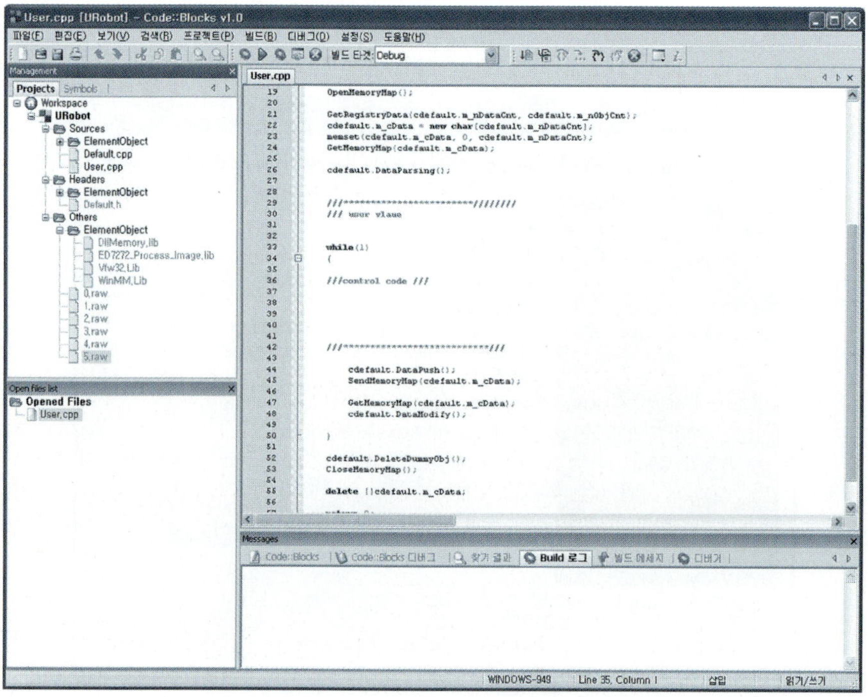

[그림 8-42] Urobot 프로젝트

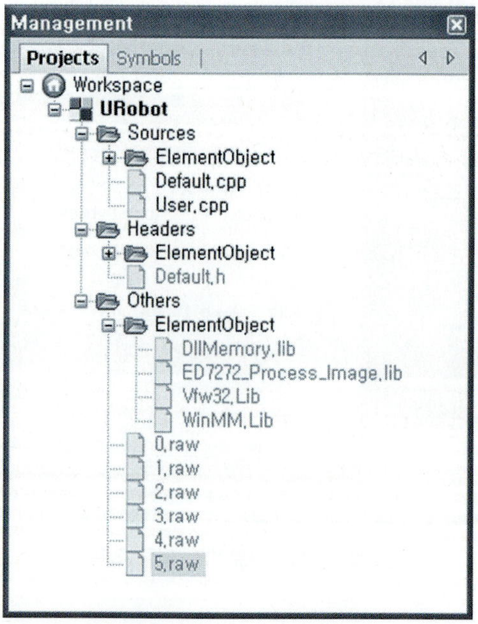

[그림 8-43] Management

C/C++에서 프로젝트를 생성하게 되면 메인 프로그램에서 생성했던 프로젝트와 다른 것을 확인할 수 있을 것이다. Other이라는 폴더에 lib 파일과 raw 파일이 있는데, 이것은 로봇을 시뮬레이션할 때 사용되는 파일들로서 유저는 신경을 쓰지 않아도 되는 부분이다. 또한 사용자가 프로그램 코드를 작성하는 파일은 User.cpp이다.

8.5.3 샘플 프로그램 작성

앞에서 설명했던 과정을 복습하는 의미로 프로그램의 작성과정을 한번만 따라 해보겠다. 한번만 해보면 다른 프로그램들은 금방 작성할 것이다.

이번에 해볼 프로그램은 센서의 값을 비교하여 로봇을 전진하는 것을 작성해볼 것이다. (적외선센서 1개와 두 개의 바퀴(모터)를 가진 로봇을 시뮬레이션)

① 메인 프로그램의 프로그램 및 형식 메뉴에서 C/C++ 프로그램을 실행시킨다.

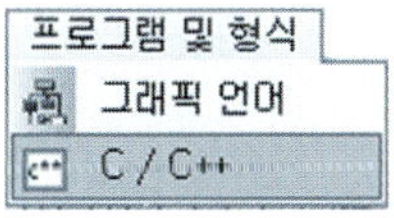

[그림 8-44] C/C++ 프로그램 실행

새로운 프로젝트를 생성하거나 기존의 프로젝트를 열어볼 수 있다.

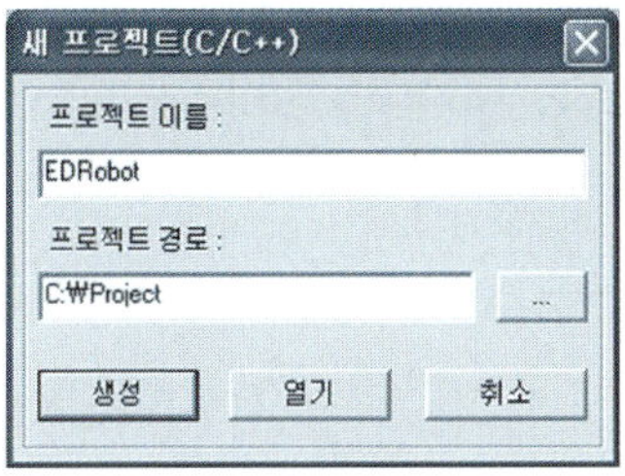

[그림 8-45] 프로젝트 생성

② C/C++ 작성 프로그램의 초기 화면을 볼 수 있다.

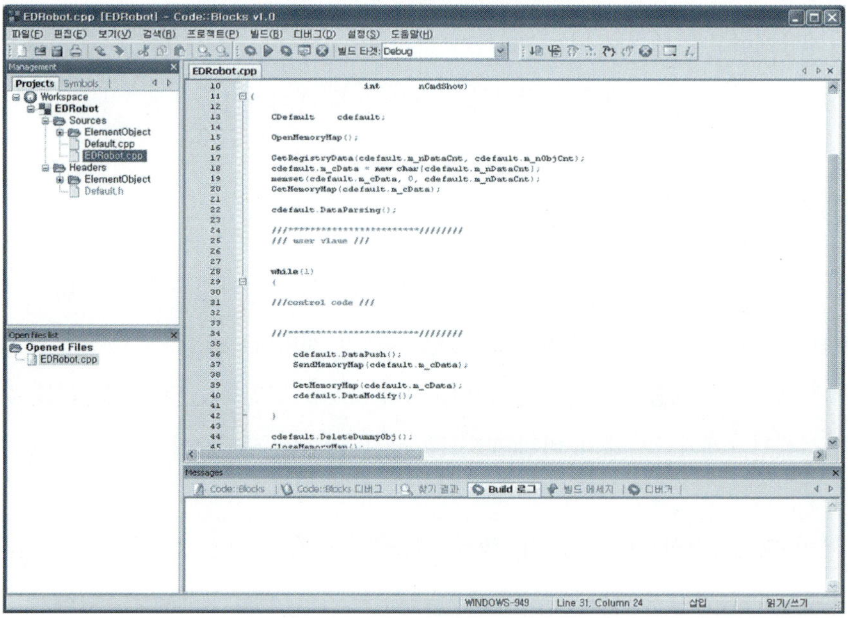

[그림 8-46] C/C++ 프로그램 초기 화면

유저가 로봇제어 프로그램을 작성할 파일은 다음과 같이 구성되어 있다. 유저는 밑의 코드를 모드 이해할 필요 없이 빨간 부분의 유저값(User value)과 제어코드(Control code) 부분에 코드만 작성하면 된다.

빨간 부분외의 코드는 메인 프로그램과 C/C++ 프로그램간의 데이터를 교환하기 위해 작성된 코드이며, 모든 데이터는 CDefault 클래스 안에 존재한다. 따라서 CDefault 클래스에서 원하는 데이터를 얻어오는 방법만 알면 쉽게 프로그램을 작성할 수 있다.

```
#include "Default.h"
#define CW -1
#define CCW 1

class CDefault;

int WinMain(HINSTANCE hInstance,
                    HINSTANCE hPrevInstance,
                    LPTSTR    lpCmdLine,
                    int       nCmdShow)
{

    CDefault    cdefault;

    OpenMemoryMap();

    GetRegistryData(cdefault.m_nDataCnt, cdefault.m_nObjCnt);
    cdefault.m_cData = new char[cdefault.m_nDataCnt];
    memset(cdefault.m_cData, 0, cdefault.m_nDataCnt);
    GetMemoryMap(cdefault.m_cData);

    cdefault.DataParsing();

    ///************************////////
    /// user vlaue ///

    while(1)
    {

    ///control code ///


    ///************************////////
        cdefault.DataPush();
        SendMemoryMap(cdefault.m_cData);

        GetMemoryMap(cdefault.m_cData);
        cdefault.DataModify();

    }

    cdefault.DeleteDummyObj();
    CloseMemoryMap();

    delete []cdefault.m_cData;

    return 0;
}
```

[그림 8-47] 코드 작성

제8장

③ 유저 값 부분에 사용할 변수나 클래스를 선언하고 값을 얻어온다.

```
///*************************////////
/// user vlaue ///

/// 로봇 이름
string  sRobotName = "EDRobot";

/// 모터 선언
CElementRotateDCMotor*  M_RWheel;
CElementRotateDCMotor*  M_LWheel;

/// 적외선 센서 선언
CElementRayInfraredSensor * IRF;

/// 모터 얻어오기
M_RWheel =  (CElementRotateDCMotor*)cdefault.GetElementObject(M_RWheel,sRobotName, "right_motor");
M_LWheel =  (CElementRotateDCMotor*)cdefault.GetElementObject(M_LWheel,sRobotName, "left_motor");

/// 적외선 센서 얻어오기
IRF = (CElementRayInfraredSensor*)cdefault.GetElementObject(IRF,sRobotName, "infrared_F");

/// 센서 거리값 저장 변수
int     nDist = 0;
```

[그림 8-48] 변수 클래스 선언

로봇제어를 하기 위해 필요한 데이터는 CDefault 클래스에 존재하기 때문에 CDefault의 멤버 함수인 GetElementObject() 함수를 사용하여 값을 얻어올 수 있다.

모터나 센서를 얻어오는 GetElementObject() 함수의 인자 값은 (센서나 모터 선언 변수, 로봇 이름, 센서나 모터 이름)이다. 여기서 두 번째와 세 번째 인자인 로봇 이름과 센서나 모터 이름은 메인 프로그램에서 사용하는 로봇과 로봇에 포함된 모터와 센서 이름을 말한다.

모든 센서나 모터 값은 위와 같은 함수형식을 사용하여 얻어올 수 있다.

위의 코드는 두 개의 모터(왼쪽, 오른쪽)와 하나의 적외선센서를 선언하였으며, 적외선센서의 거리 값을 담아둘 변수로 구성되어 있다.

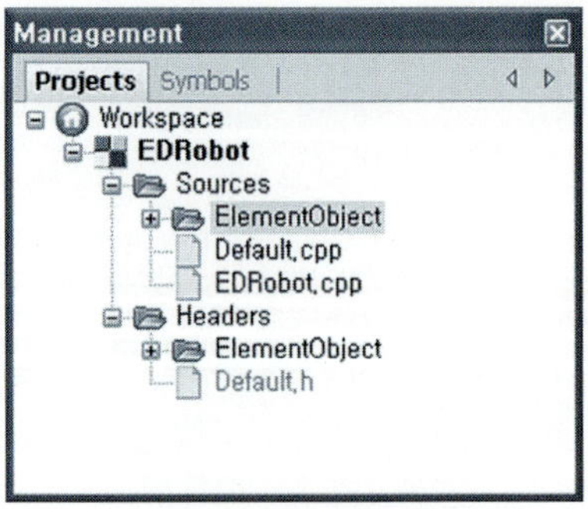

[그림 8-49] Management

각각의 센서와 모터는 ElementObject 폴더 안에 클래스로 정의되어 있다. 각 클래스를 오픈해보면 변수 및 함수가 다 구현되어 있어서 유저는 필요한 것들만 참조해서 프로그래밍하면 된다.

④ 제어 코드(Control Code) 부분에 유저 값(User value) 부분에서 선언된 변수나 클래스를 사용하여 유저만의 프로그램을 작성한다. while 문 안에 프로그램을 작성하기 때문에 시뮬레이션이 종료될 때까지 제어 코드 부분이 반복적으로 실행되게 된다.

```
while(1)
{

///control code ///

nDist = IRF->GetCurrentDist();

if(nDist == 0)
{
    /// Forward
    cout << "Forward!"<< endl;
    M_RWheel->SetSpeed(40);
    M_RWheel->SetRotateDirect(CW);
    M_LWheel->SetSpeed(40);
    M_LWheel->SetRotateDirect(CW);
}
else if(nDist > 0 && nDist > 50)
{
    /// TurnLeft
    cout << "TurnLeft!" << endl;
    M_RWheel->SetSpeed(20);
    M_RWheel->SetRotateDirect(CW);
    M_LWheel->SetSpeed(20);
    M_LWheel->SetRotateDirect(CCW);
}
else if(nDist >= 50 && nDist < 100)
{
    /// TurnRight
    cout << "TurnRight!"<< endl;
    M_RWheel->SetSpeed(20);
    M_RWheel->SetRotateDirect(CCW);
    M_LWheel->SetSpeed(20);
    M_LWheel->SetRotateDirect(CW);
}
else if(nDist >= 100)
{
    cout << "Back"<< endl;
    M_RWheel->SetSpeed(40);
    M_RWheel->SetRotateDirect(CCW);
    M_LWheel->SetSpeed(40);
    M_LWheel->SetRotateDirect(CCW);
}
else
{
    cout << "Nothing!"<< endl;
}

///************************////////
```

[그림 8-50] 제어 보드(Control Code)

제8장

위의 코드는 적외선센서 값이 0이면 로봇을 앞으로 전진시키고, 0보다 크거나 50보다 작으면 로봇을 왼쪽으로 움직이게 하고, 50보다 크거나 같고 100보다 작으면 로봇을 오른쪽으로 움직이게 하고, 100보다 크거나 같으면 로봇을 뒤로 후진시키는 간단한 프로그램이다.

⑤ 위와 같이 프로그램 작성이 다 끝나면 빌드를 한다.

프로그램에 에러가 없으면 메시지 창의 빌드(Build) 로그에 다음과 0 error, 0 warnings이라는 메시지가 출력된다.

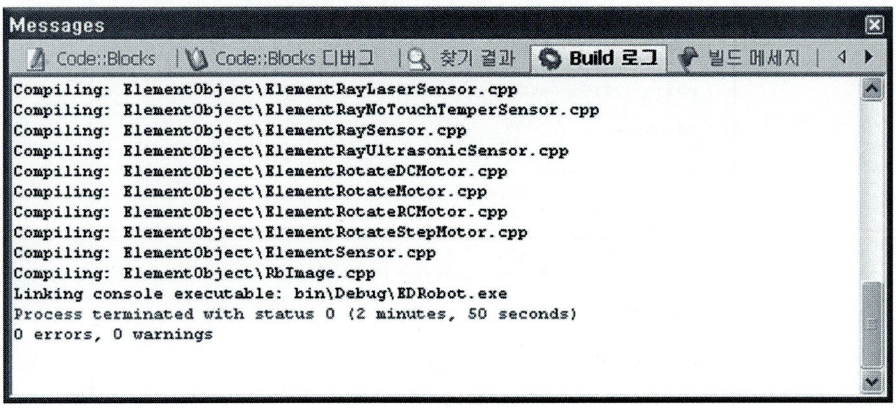

[그림 8-51] 빌드 화면

⑥ 빌드를 해서 에러가 없으면 실행을 클릭하여 메인의 로봇을 시뮬레이션할 수 있다. 다음은 위의 코드로 메인의 로봇을 시뮬레이션하는 모습이다. 로봇에 여러 센서가 장착되었는데 코드에서는 로봇의 정면 부분의 적외선센서만을 사용하여 로봇을 시뮬레이션한 것이다.

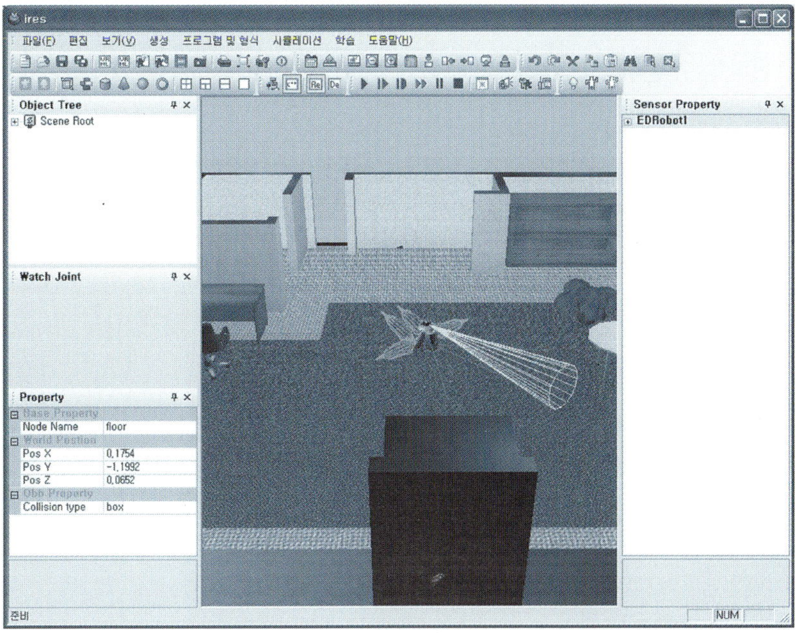

[그림 8-52] 적외선센서만을 이용하여 로봇 시뮬레이션

C/C++에서는 시뮬레이션을 실행하면 다음과 같은 커맨드 창이 뜬다. 유저는 커맨드 창에 메시지를 출력해볼 수 있다.

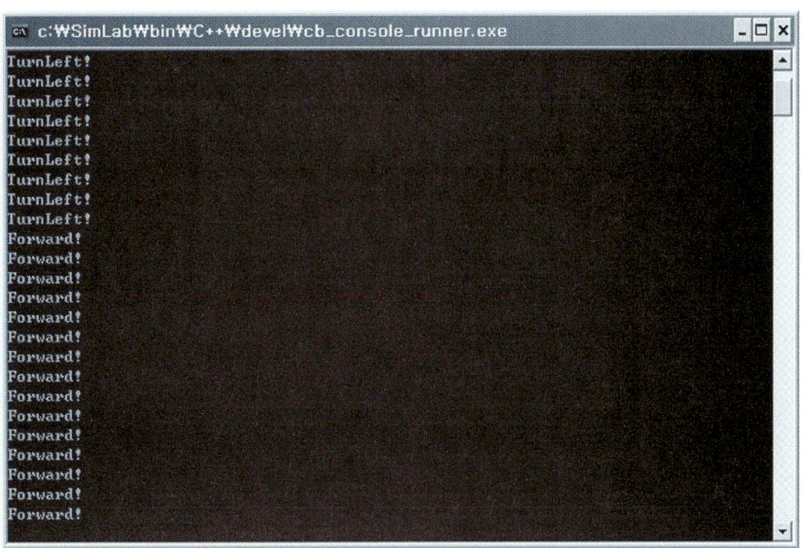

[그림 8-53] 커맨드 창

⑦ 모터나 센서 값들을 시뮬레이션하면서 알아볼 수 있도록 디버그로 시뮬레이션해본다. 원하는 부분에 중단점을 설정하여 디버그해 볼 수 있다.

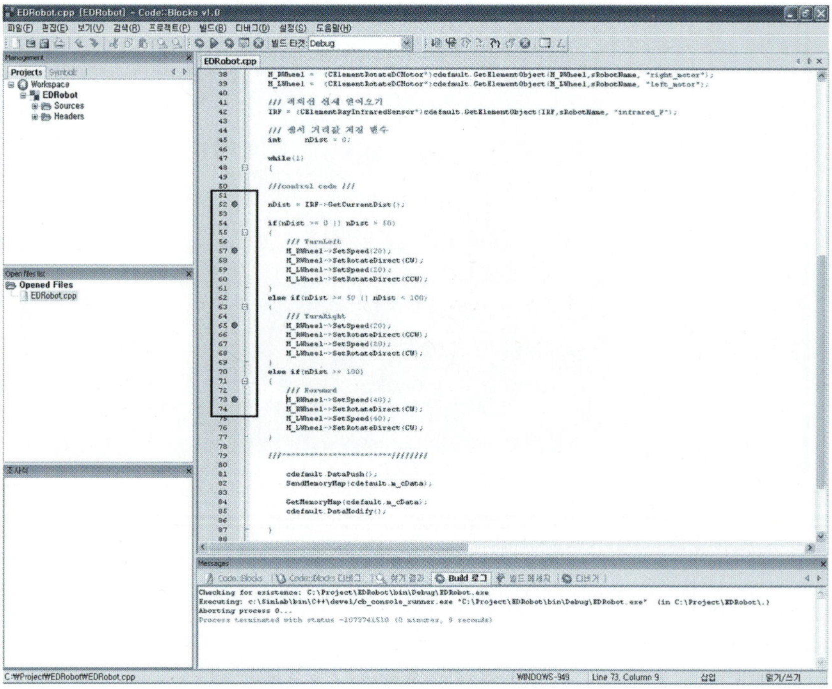

[그림 8-54] 중단점 설정, 디버그

디버그를 하면 중단점에서 프로그램이 정지하여 커서가 위치하게 된다.

위의 첫 번째 중단점인 nDist = IRF → GetCurrentDist(); 코드 라인에서 nDist 값을 확인해 보고 싶다면 디버그 메뉴의 디버깅 창에서 조사식을 클릭한다.

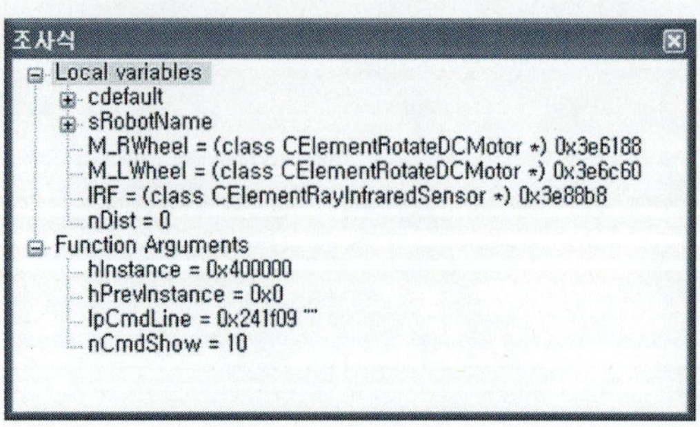

[그림 8-55] 조사식

조사식에 추가할 변수나 객체를 드래그해서 선택하고 마우스 오른쪽 버튼을 클릭하면 팝업창이 나타난다. 다음과 같이 조사식 "nDist(드래그해서 선택한 변수나 객체)"를 클릭한다.

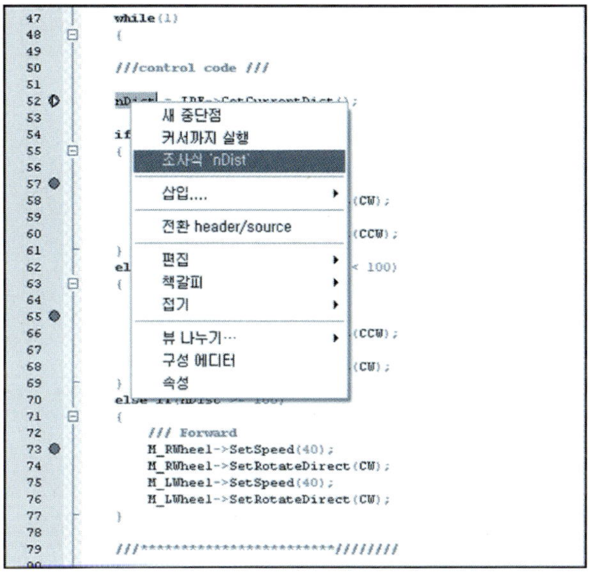

[그림 8-56] 조사식 nDist 클릭

다음과 같이 조사식에 드래그한 변수나 객체의 값이 추가되어진다.

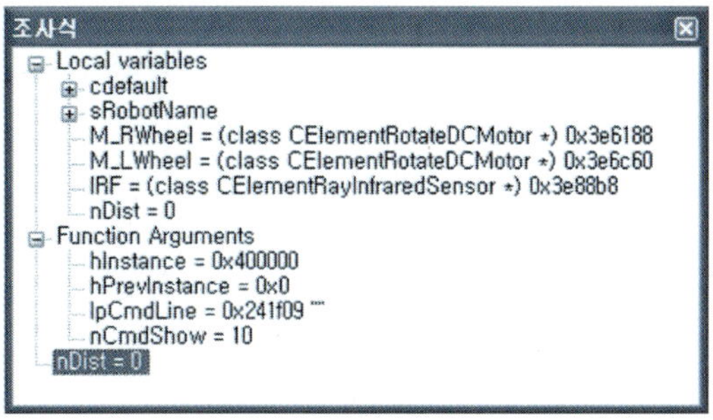

[그림 8-57] 객체의 값 추가

제9장
지능형 로봇 시뮬레이터의 구동실습

9.1 지능형 로봇 구축

이 장에서는 따라해 보기 형식으로 직접 로봇을 구성하고 적용, 환경을 구성하고 적용하여 자유주행 시뮬레이션까지 해보며 사용자가 쉽게 접근할 수 있도록 예를 보여준다.

이전 장에서 그래픽 언어 사용법이나 C++언어를 이용한 간단한 예를 통해서 숙지가 되어 있어야 따라하기가 훨씬 쉬울 것이다. 또한 중요한 부분은 다시 쉽게 설명할 것이다.

여기서는 직접 로봇의 몸통, 머리, 팔, 손 등을 붙여가며 형태를 만들고 거기에 센서를 추가해서 시뮬레이션을 하기 위한 로봇을 만들게 된다.

① 생성 → 로봇 생성 클릭

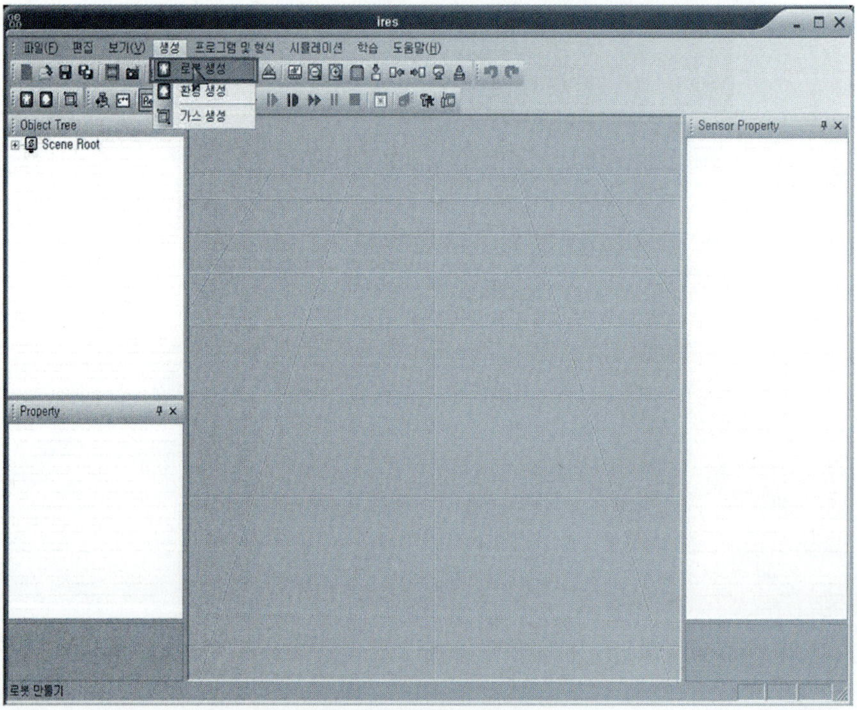

[그림 9-1] 로봇 생성

② 로봇 편집기가 실행

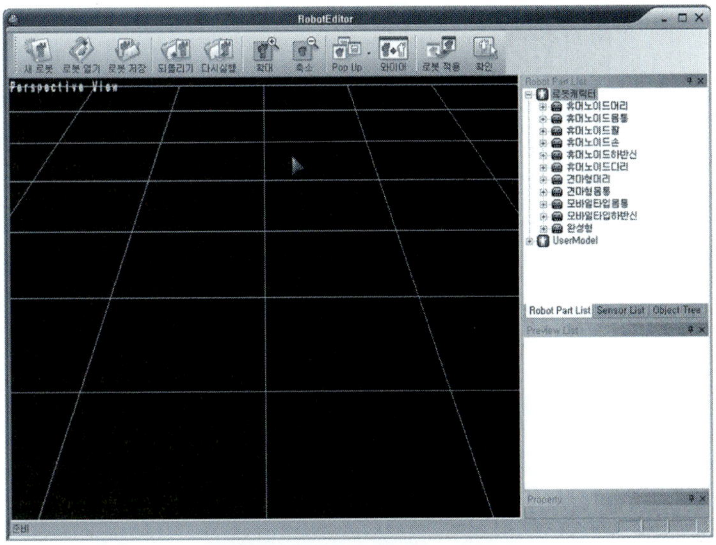

[그림 9-2] 로봇 편집기 실행

③ 몸통 설치

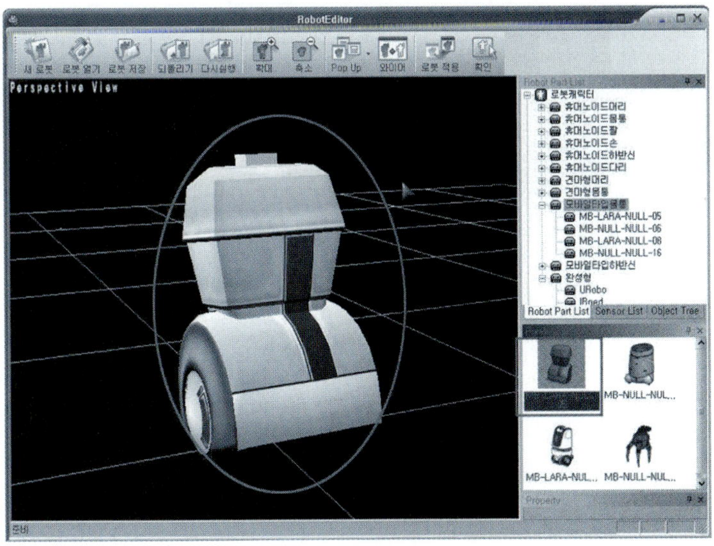

[그림 9-3] 몸통 설치

제9장

여기서는 모바일 타입 몸통 MB_LARA_NULL-05라는 몸통을 사용한다.

몸통이름을 눌러 드래그하여도 되고, Preview 창에서 해당 그림을 드래그하여도 상관없다.

로봇 편집기에서 중요한 것은 완성형을 제외한 로봇을 조립하기 위해서는 우선 몸통을 먼저 3D공간으로 끌어와서 화면상에 설치해줘야 한다.

머리 먼저 설치하려하거나 다리 먼저 설치하려 하면 아무것도 화면상에 나타나지 않고 상태 표시줄에서 "베이스모델을 먼저 로드해주십시오." 라는 문구가 뜨게 된다.

④ 머리 설치

[그림 9-4] 머리 설치

휴머노이드머리 → HH-2US-002를 설치한다.

⑤ 양팔 설치

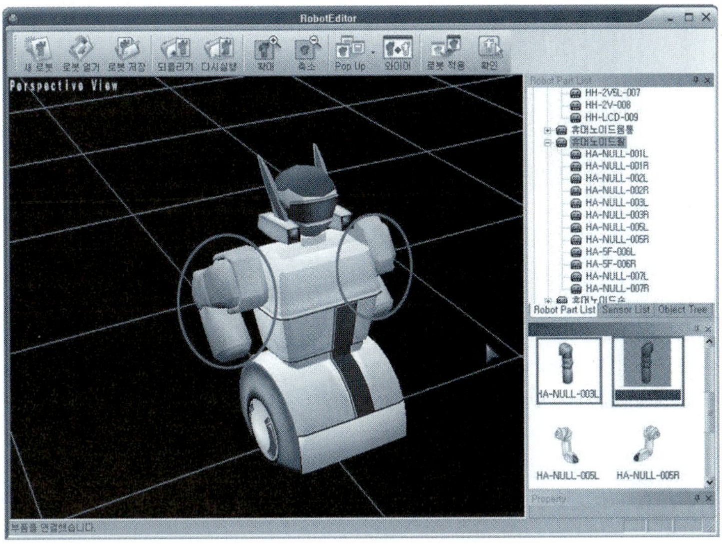

[그림 9-5] 양팔 설치

휴머노이드팔 → HA-NULL-003L, HA-NULL-003R을 설치한다.

⑥ 양손 설치

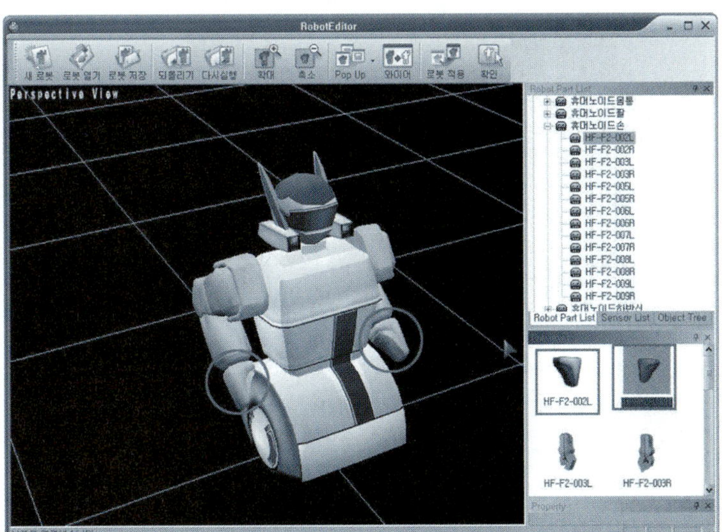

[그림 9-6] 양손 설치

휴머노이드손 → HF-F2-002L, HF-F2-002R 설치한다.

⑦ 초음파센서 설치

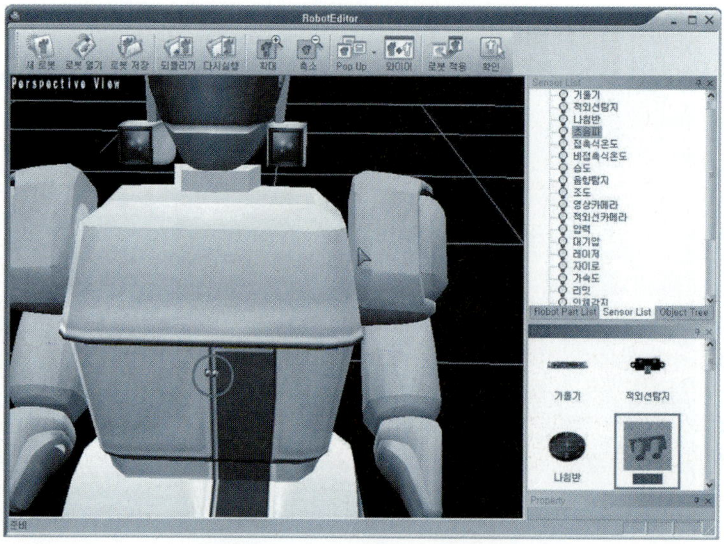

[그림 9-7] 초음파센서 설치

⑧ 초음파센서 설정

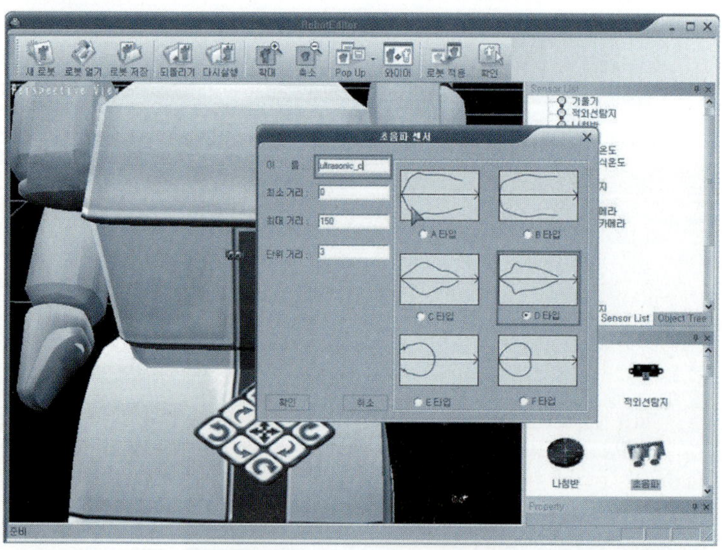

[그림 9-8] 초음파센서 설정

초음파센서를 더블클릭하면 나타나는 창으로 여기서 센서 이름과 여러 가지 설정을 할 수 있다.

⑨ 중심축 ON/OFF

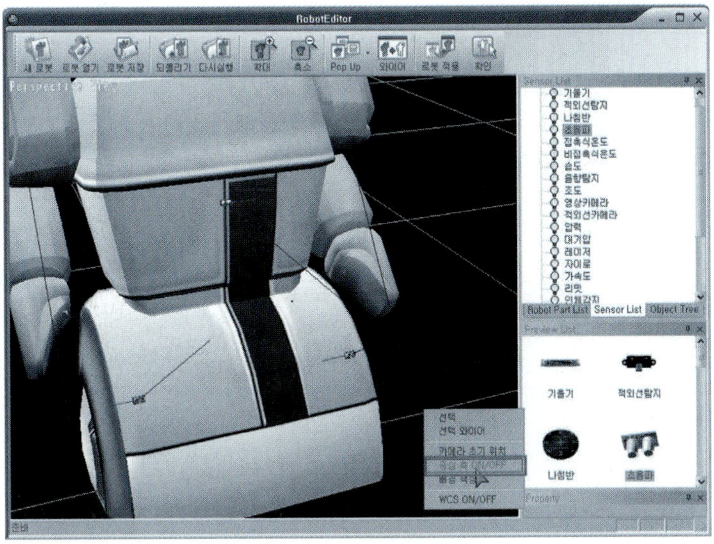

[그림 9-9] 중심축 ON/OFF

중심축을 ON/OFF하는 이유는 센서에서 발사되는 초음파나 적외선의 방향이 어디로 향해 있는지 알 수 있기 때문이다.

⑩ 초음파센서 각도 조정

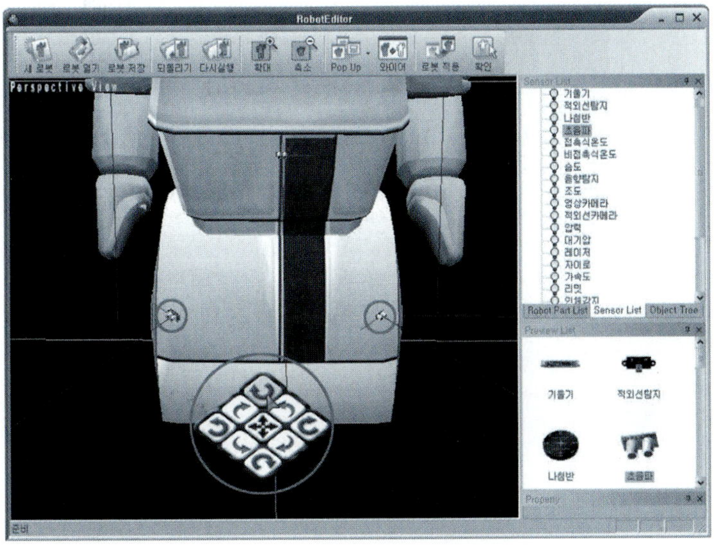

[그림 9-10] 초음파센서 각도 조정

⑪ 로봇 저장

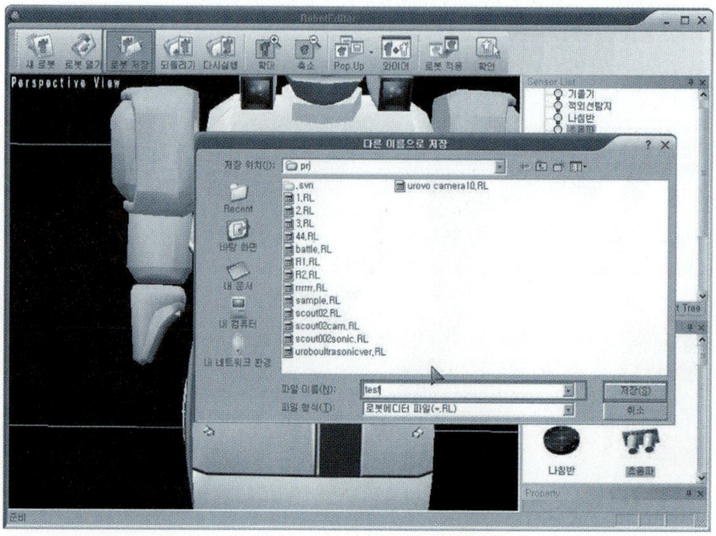

[그림 9-11] 로봇 저장

로봇 저장 버튼을 눌러 저장한다. 파일 이름은 test로 한다.

⑫ 로봇 불러오기

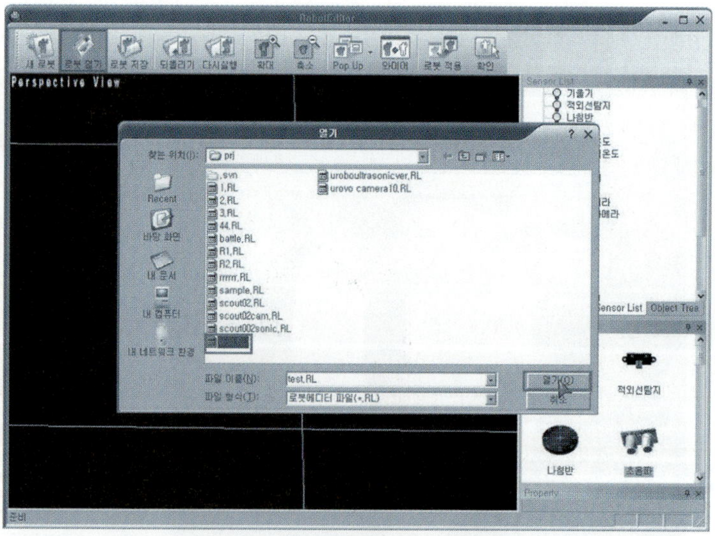

[그림 9-12] 로봇 불러오기

다시 로봇 열기 버튼을 눌러 test.RL 파일을 선택 후 열기를 누른다.

⑬ 로봇 적용하기

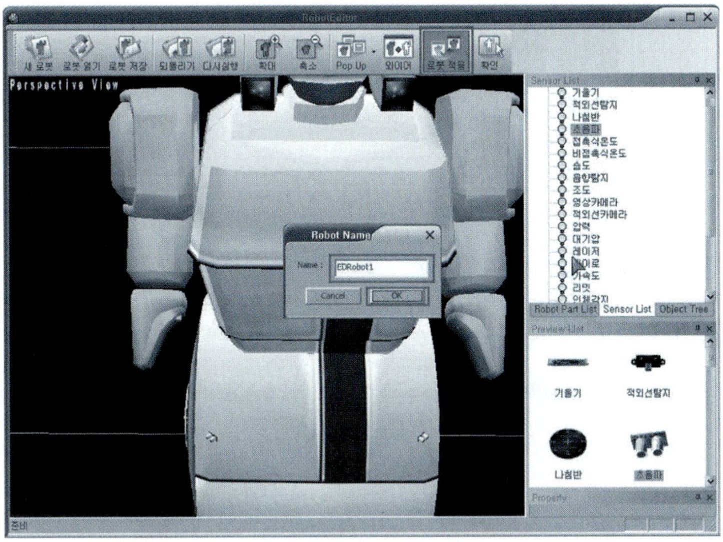

[그림 9-13] 로봇 적용하기

로봇 적용 버튼을 눌러 로봇을 메인으로 보낸다. 이때 로봇 이름을 정해주게 되는데 이 로봇 이름은 시뮬레이션하기 위한 언어에서 사용하게 된다.

⑭ 로봇이 적용된 메인 화면

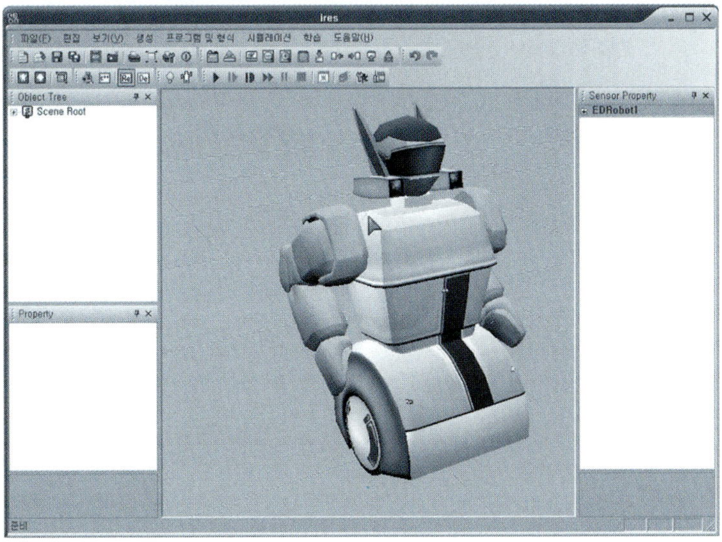

[그림 9-14] 로봇 적용 화면

9.2 지능형 로봇 시뮬레이션의 환경구축

여기서는 원래 있던 지형에서 오브젝트를 올려서 사용하는 방법과 직접 자기가 바닥과 벽을 만들어 지형자체를 만들어서 사용하는 방법 두 가지를 해볼 것이다.

9.2.1 기존에 있는 지형에 오브젝트 올려 사용하기

① 생성 → 환경 생성 클릭

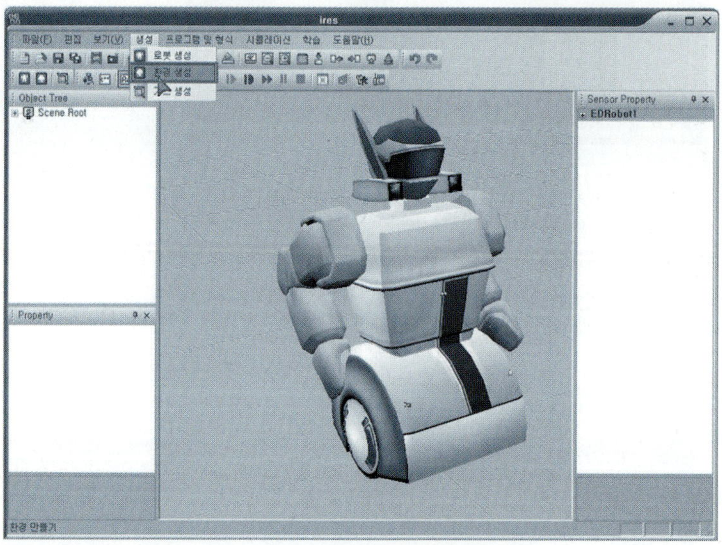

[그림 9-15] 환경 생성

② 환경 편집기 실행

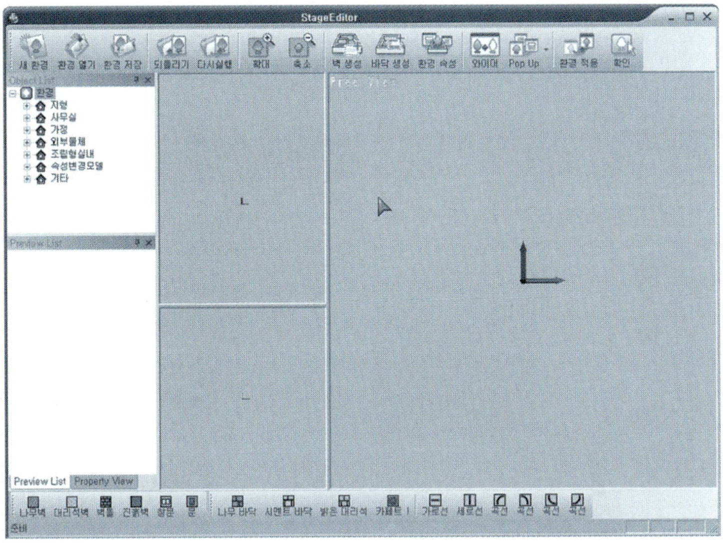

[그림 9-16] 환경 편집기 실행

③ 사무실 설계

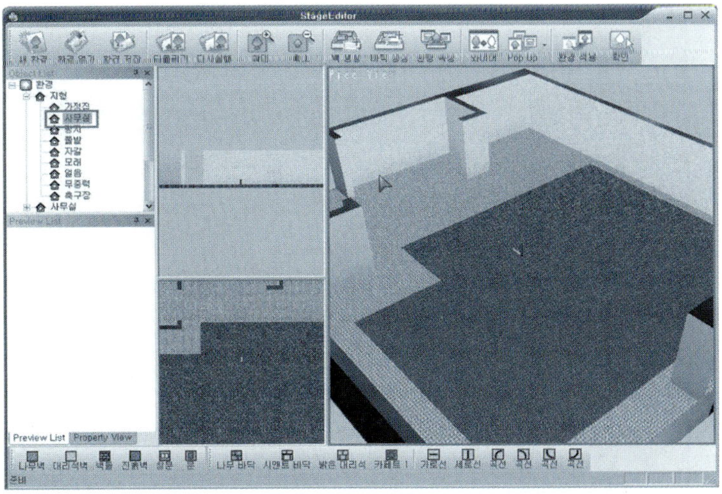

[그림 9-17] 사무실 설계

지형 → 사무실을 3d공간인 Free View로 드래그한다.

④ 책상 설치

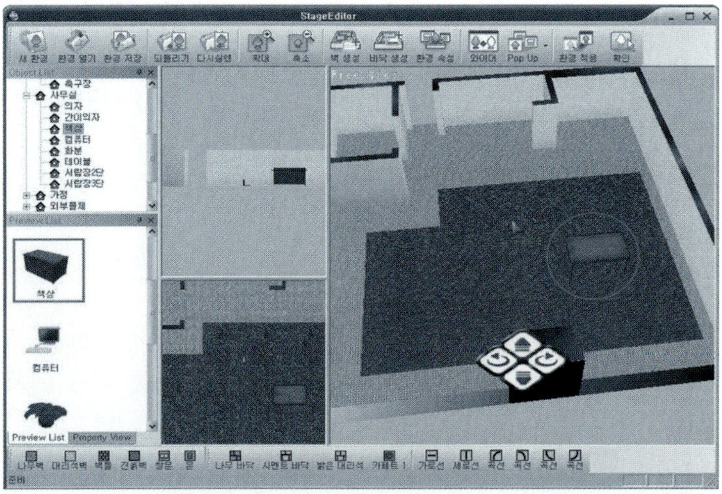

[그림 9-18] 책상 설치

사무실 → 책상을 Free View로 드래그한다.

⑤ 책상 회전하기

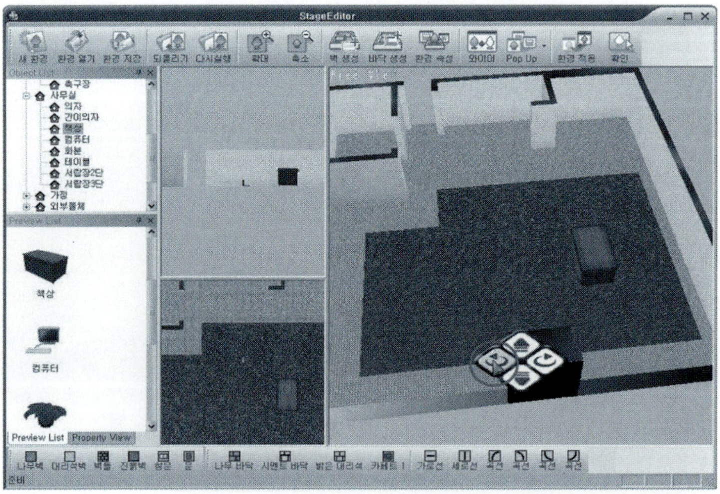

[그림 9-19] 책상 회전하기

책상을 회전시키기 위하여 4개의 아이콘 중 왼쪽으로 돌리는 아이콘을 클릭한다.

⑥ 의자 설치

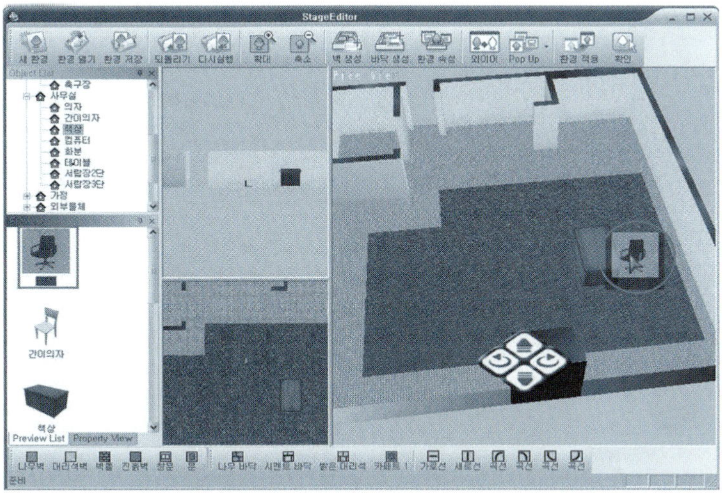

[그림 9-20] 의자 설치

사무실 → 의자를 클릭하여 책상 부근에 드래그한다.

⑦ 의자 위치 조정

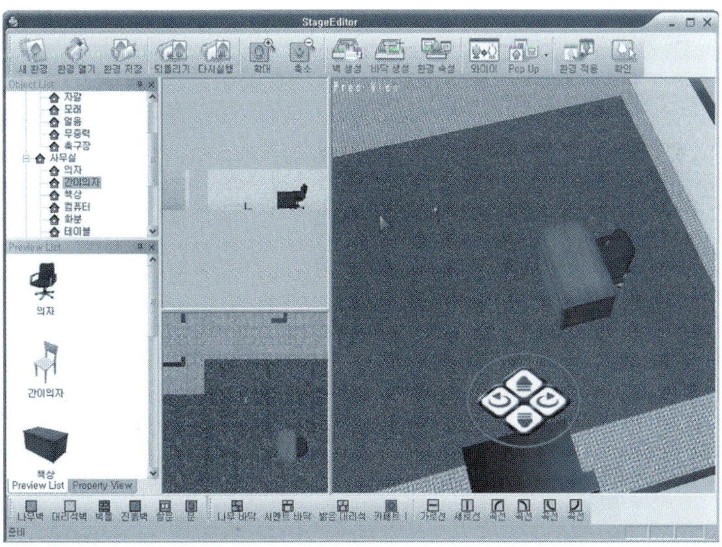

[그림 9-21] 의자 위치 조정

⑧ 여러 가지 오브젝트 설치

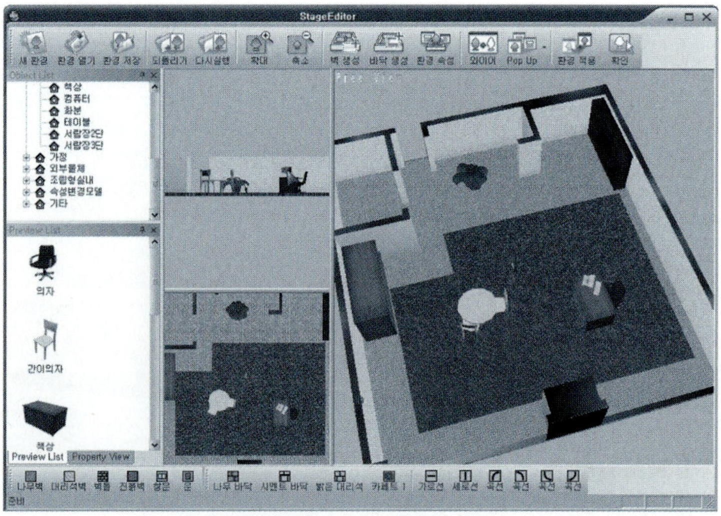

[그림 9-22] 오브젝트 설치

위와 같은 방식으로 여러 가지 오브젝트를 올려보며 사무실 분위기를 내본다.

⑨ 인체 설치

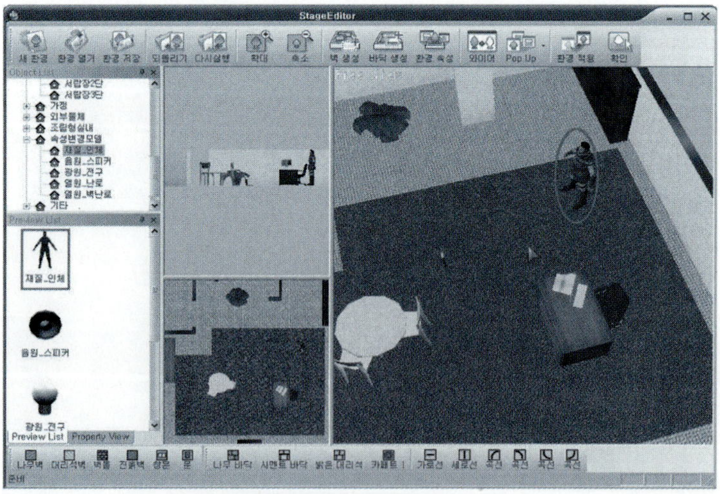

[그림 9-23] 인체 설치

로봇이 돌아다니면서 소리, 온도, 빛, 재질에 대한 반응을 할 수 있도록 환경에 설치할 수 있는데, 속성변경모델 → 재질_인체를 공간에 드래그한다.

⑩ 난로 설치

[그림 9-24] 난로 설치

속성변경모델 → 열원_난로를 공간에 드래그하여 설치한다.

⑪ 전구 설치

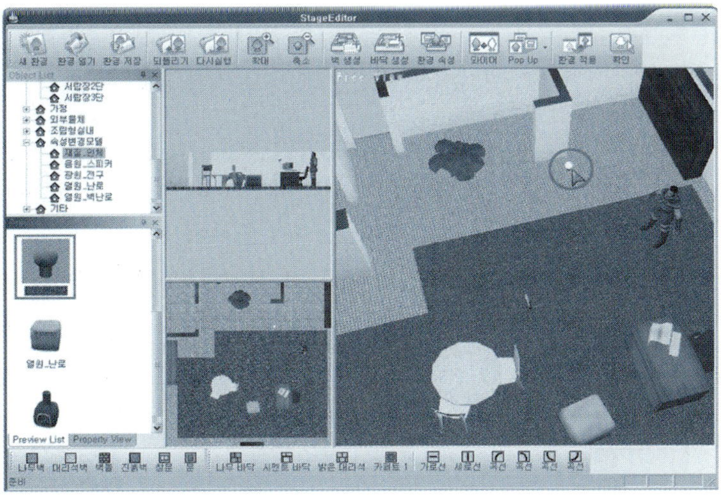

[그림 9-25] 전구 설치

속성변경모델 → 광원_전구를 공간에 드래그하여 설치한다.

⑫ 환경 저장

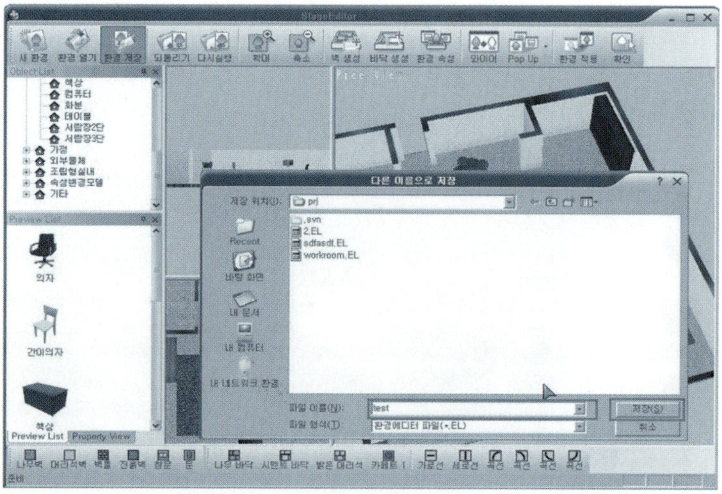

[그림 9-26] 환경 저장

환경 저장 버튼을 눌러 저장한다. 파일 이름은 test로 한다.

⑬ 환경 열기

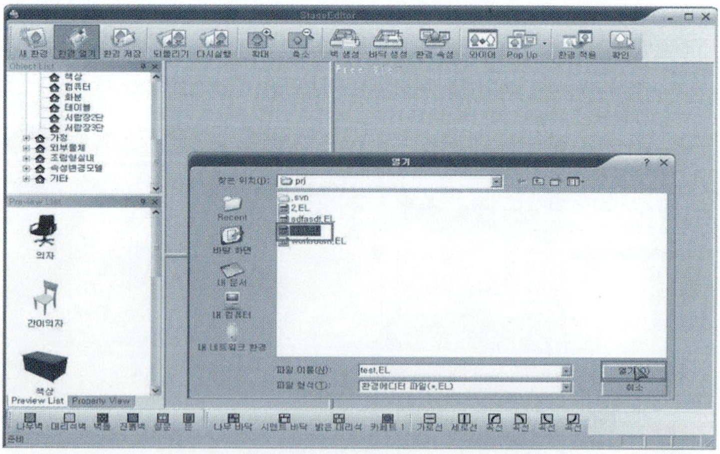

[그림 9-27] 환경 열기

"새 환경" 버튼을 누른 뒤 "환경 열기" 버튼을 눌러 test.EL 파일 선택 후 열기를 누른다.

9.2.2 지능형 로봇 시뮬레이션의 사용자 지형구축

이번에 직접 만들어 볼 지형은 평범하지만 여러 가지 바닥을 설치해본다.

① 벽 생성 버튼 클릭

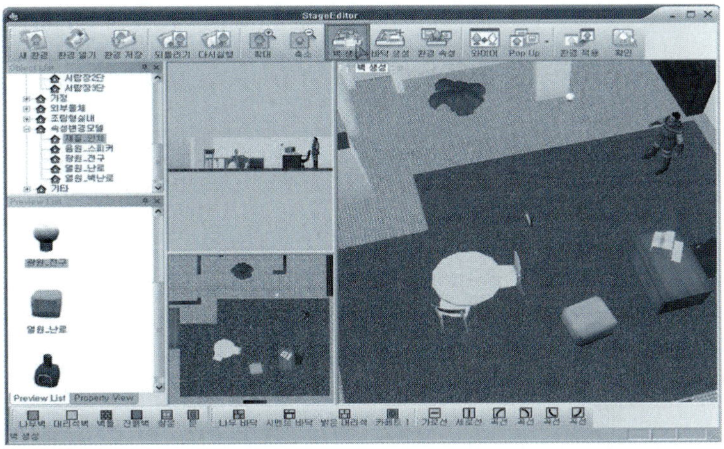

[그림 9-28] 벽 생성 버튼 클릭

벽 생성 버튼을 누른다.

② 벽 생성 화면

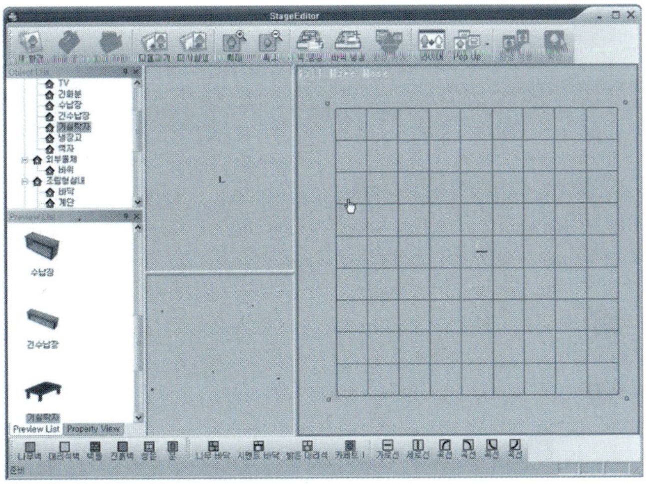

[그림 9-29] 벽 생성 화면

빨간 박스 안에 그리드가 있는데 보이는 선에 클릭을 하면 그 부분에 벽이 하나 생긴다. 쭉 드래그하여 설치할 수도 있다.

③ 벽 선택

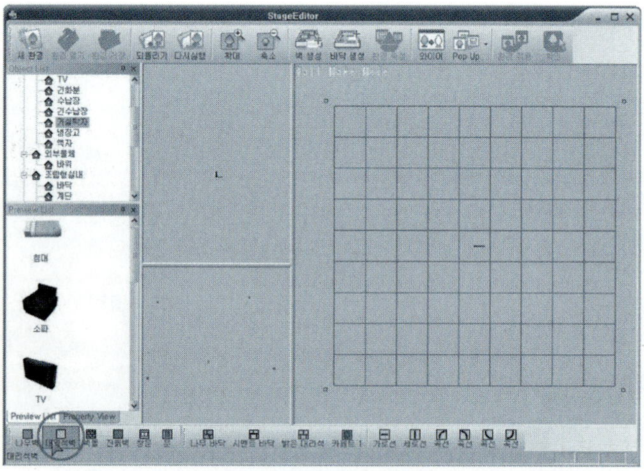

[그림 9-30] 벽 선택

하단에 대리석벽 아이콘을 클릭하여 선택한다.

④ 벽 설치

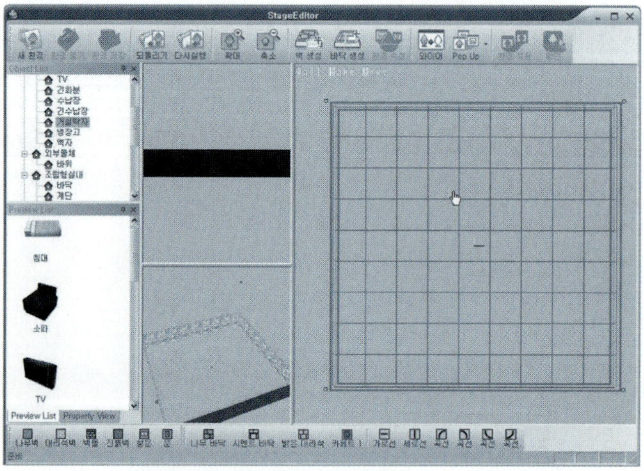

[그림 9-31] 벽 설치

겉 테두리부분을 쭉 드래그해가면서 네모난 공간의 벽을 만들었다.

⑤ 바닥 생성 버튼 클릭

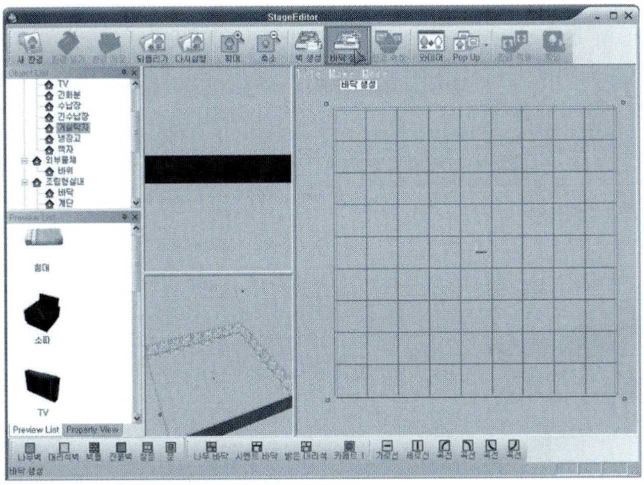

[그림 9-32] 바닥 생성 버튼 클릭

바닥 생성을 위해 바닥 생성 버튼을 클릭한다.

⑥ 시멘트 바닥 선택

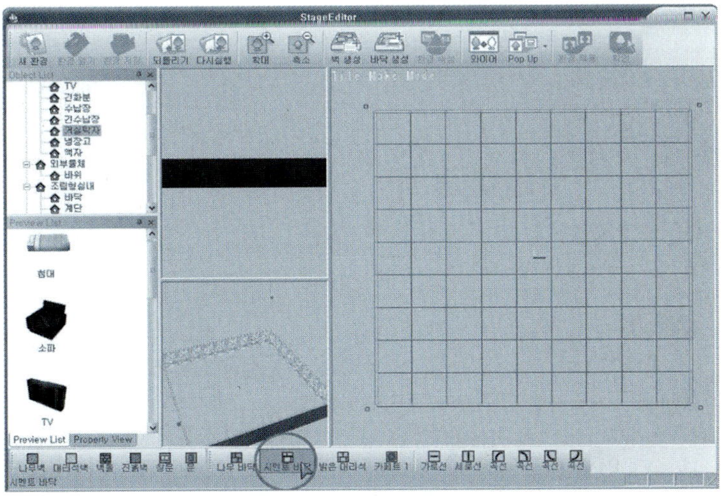

[그림 9-33] 시멘트 바닥 선택

하단에 시멘트 바닥 아이콘을 클릭하여 선택하였다.

⑦ 시멘트 바닥 설치

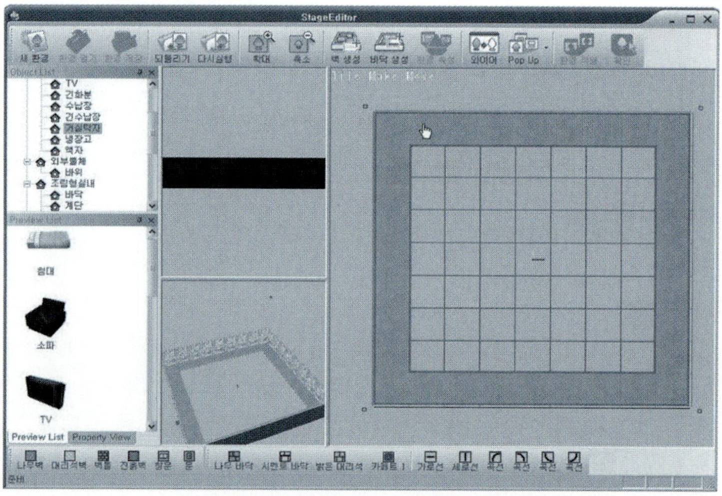

[그림 9-34] 시멘트 바닥 설치

마찬가지로 그리드에 쭉 드래그해주면 바닥이 생성된다.

⑧ 나무 바닥 선택

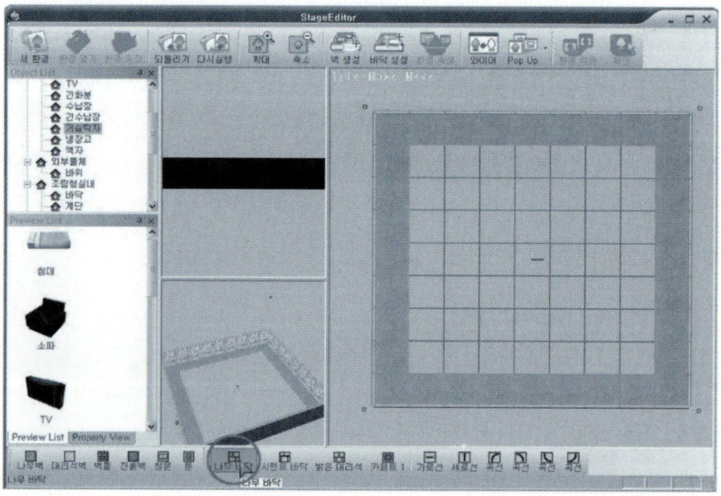

[그림 9-35] 나무 바닥 선택

나무 바닥 아이콘을 클릭해 나무 바닥을 선택했다.

⑨ 나무 바닥 설치

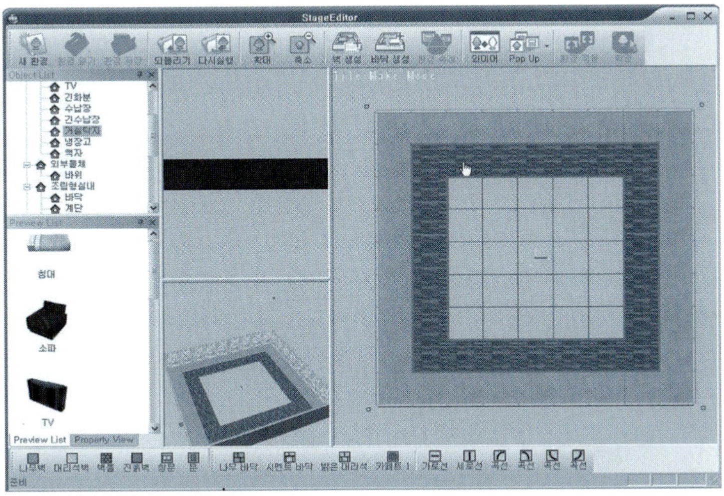

[그림 9-36] 나무 바닥 설치

안쪽으로 네모를 그려가며 드래그하여 나무 바닥을 설치하였다.

⑩ 밝은 대리석 선택

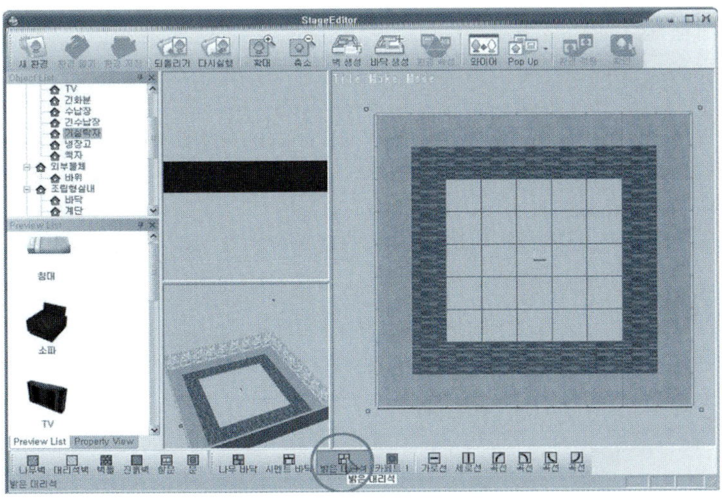

[그림 9-37] 밝은 대리석 선택

밝은 대리석 아이콘을 클릭하여 밝은 대리석 선택하였다.

⑪ 밝은 대리석 설치

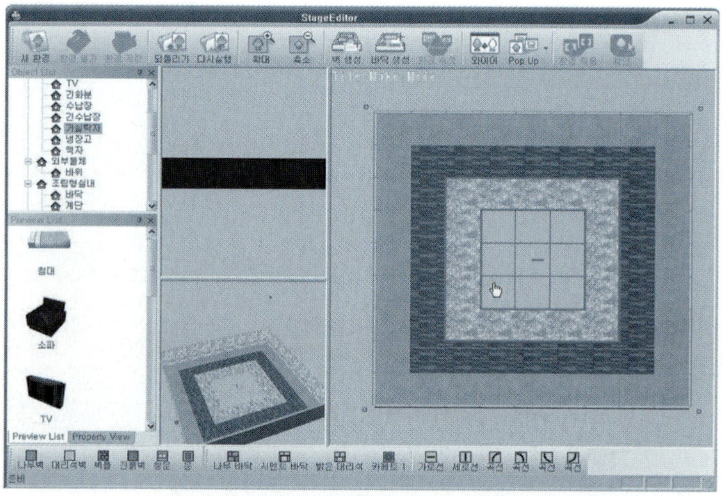

[그림 9-38] 밝은 대리석 설치

좀 더 안쪽으로 네모를 그려가며 드래그하여 밝은 대리석을 설치하였다.

⑫ 카펫 선택

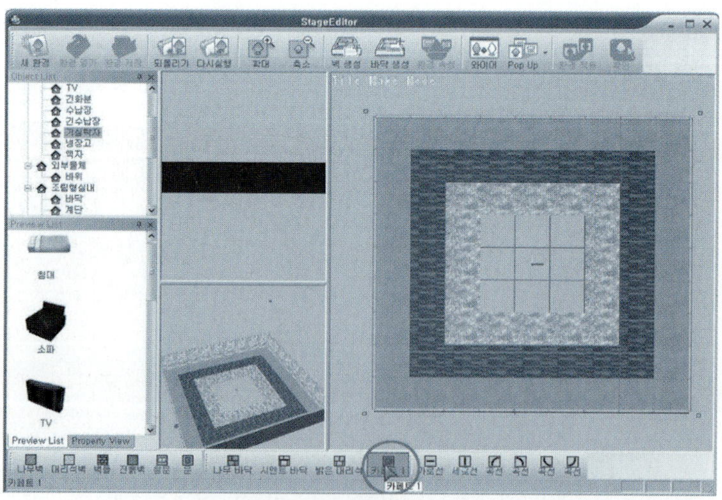

[그림 9-39] 카펫 선택

카펫 I 아이콘을 클릭하여 카펫을 선택하였다.

⑬ 카펫 설치

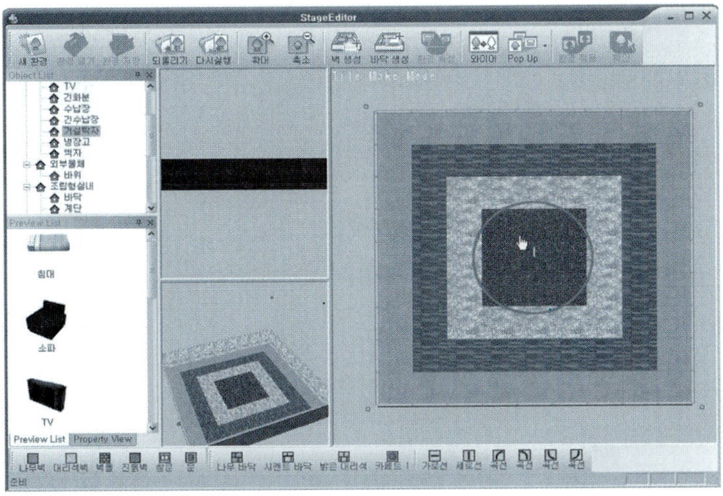

[그림 9-40] 카펫 설치

완료 후 "ESC" 키를 한번 눌러주면 적용 버튼이 활성화되어 메인에 적용시킬 수 있다.

⑭ 사용자가 만든 환경 적용

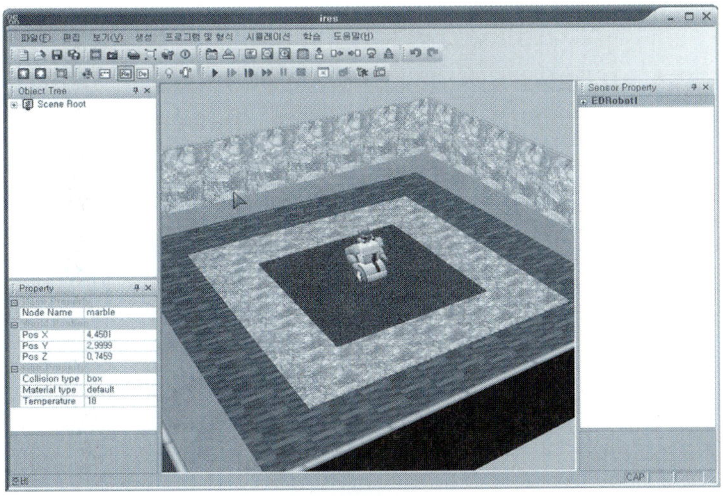

[그림 9-41] 환경 적용

환경 편집기에서 "환경 적용"을 클릭

⑮ 이전 저장된 환경 불러오기

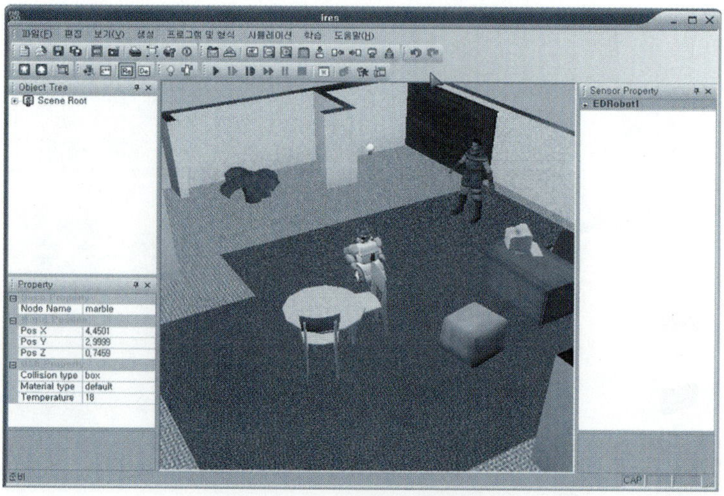

[그림 9-42] 저장된 환경 불러오기

우리가 시뮬레이션할 공간은 이전에 저장해두었던 test.EL 파일로 할 것이다. test.EL 파일을 로드하여 환경을 적용해두도록 하자.

9.3 로봇 보내기

지능형 로봇 시뮬레이션(EDRS) 메인 화면의 로봇을 로봇 편집기로 가져오고 싶을 경우 로봇 보내기 기능을 하면 바로 로봇 편집기로 메인에 있던 로봇의 모든 데이터가 보내진다.

① 로봇 보내기 클릭

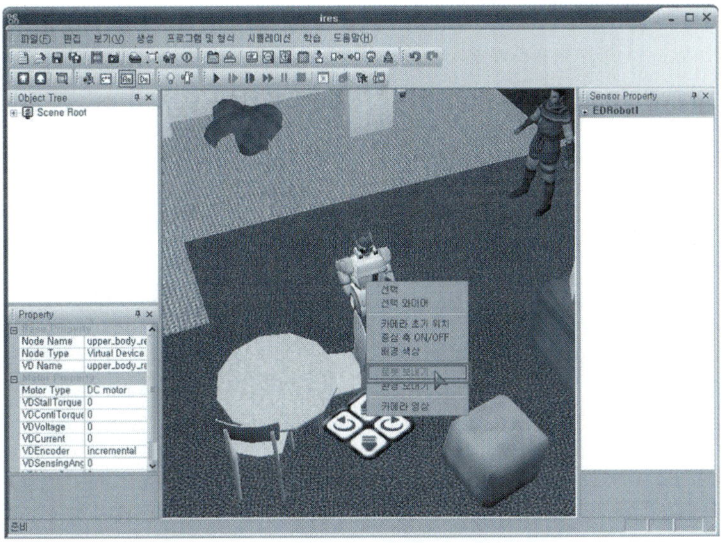

[그림 9-43] 로봇 보내기

로봇 선택 후 오른쪽 클릭을 하여 메뉴를 띄운 뒤 "로봇 보내기"를 클릭한다.

② 로봇 편집기로 옮겨진 메인에 적용되어 있던 로봇

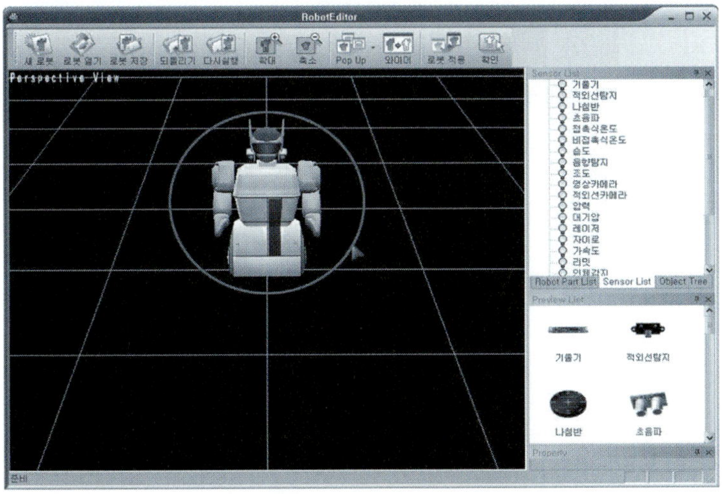

[그림 9-44] 메인에 적용된 로봇

여기서 다시 편집 후 "로봇 적용" 버튼을 누르면 메인으로 다시 보낼 수 있다.

9.4 환경 보내기

메인에 적용되어 있는 환경을 편집하고자 할 경우 "환경 보내기" 기능으로 환경 편집기로 보낼 수 있다.

① 환경 보내기 클릭

[그림 9-45] 환경 보내기

오른쪽 클릭하여 메뉴를 띄운 뒤 "환경 보내기"를 클릭하면 환경 편집기로 옮겨진다.

② 환경 편집기로 보내진 메인에 적용되었던 환경

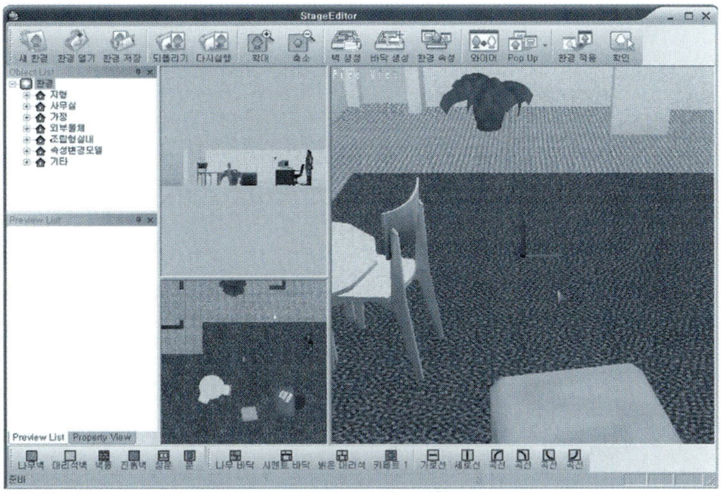

[그림 9-46] 메인에 적용된 환경

추가할 사항이나 오브젝트를 설치하여 다시 환경 적용을 누르면 메인으로 변경사항이 적용된다.

9.5 전체 저장

현재 메인에 있는 로봇과 환경을 모두 저장할 수 있다. 이렇게 해두면 로봇과 환경을 따로 불러올 필요 없이 바로 시뮬레이션에 들어갈 수 있다.

① 파일 → 저장 클릭

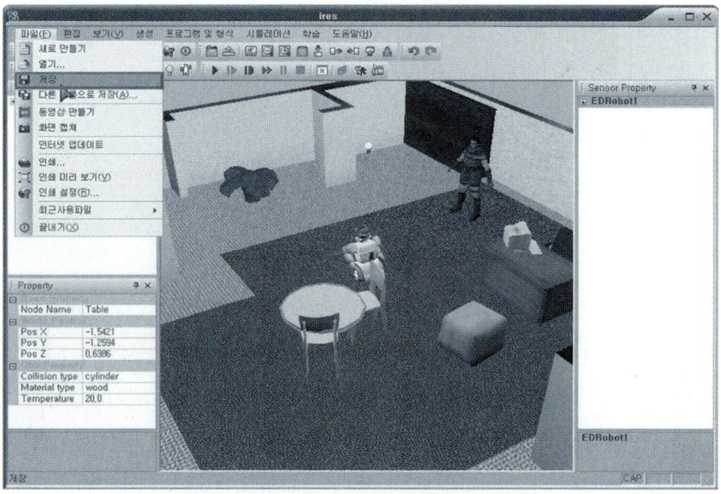

[그림 9-47] 전체 저장

"파일 → 저장"을 클릭한다.

② 파일명 지정

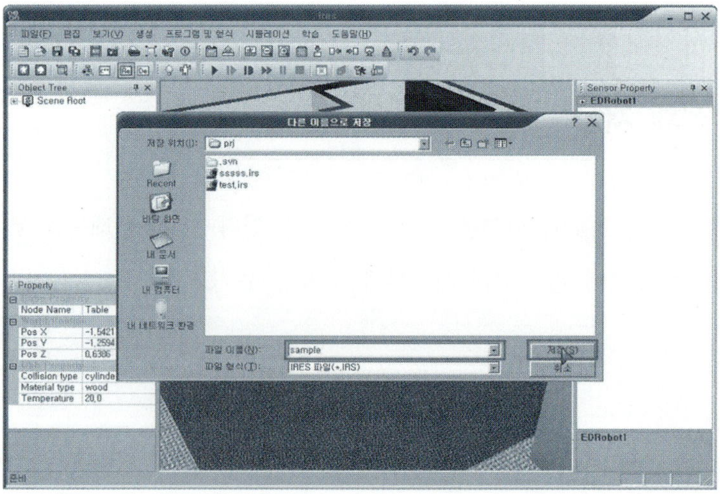

[그림 9-48] 파일명 지정

파일명을 지정해주고 "저장"을 누른다. 이름은 sample로 하기로 한다.

③ 저장 확인

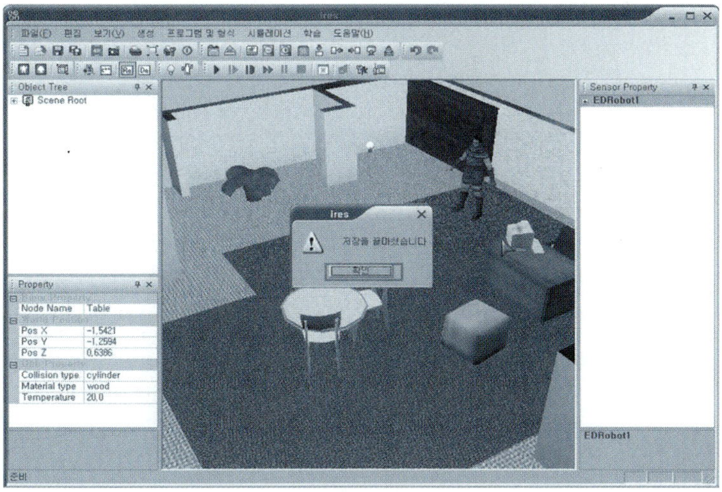

[그림 9-49] 저장 확인

저장을 누르면 "저장을 끝마쳤습니다."라는 메시지 박스가 나타나고 저장이 완료된다.

④ 저장된 파일 열기

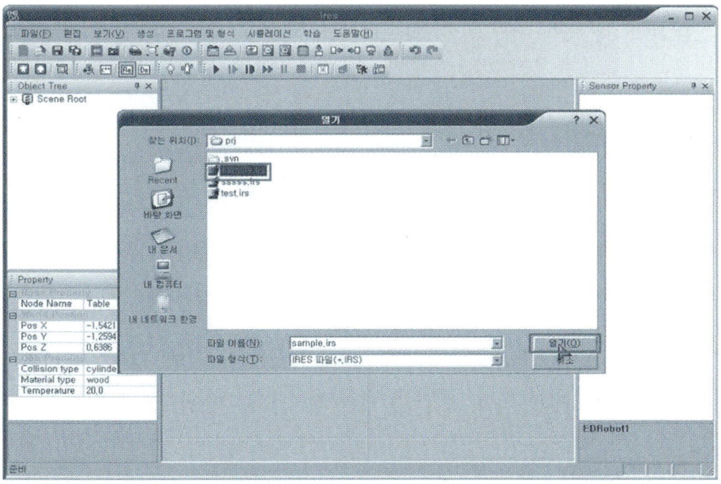

[그림 9-50] 저장된 파일 열기

"파일 → 새로 만들기"를 클릭하여 초기화한 뒤 "파일 → 열기"를 클릭하여 sample.irs 파일을 선택 후 "열기"를 누른다.

⑤ 다시 원상 복귀된 메인 화면

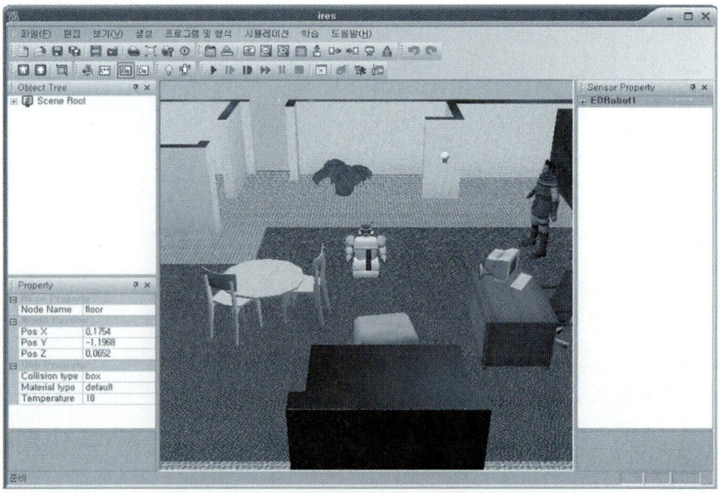

[그림 9-51] 메인 화면

한꺼번에 로봇과 환경이 모두 로드되어 있는 것을 볼 수 있다.

9.6 그래픽 언어

그래픽 언어는 일명 순서도 기반(FlowChart) 언어이다. 순서도 기반을 기본으로 하고 있으므로 기호만 조금 알고 있다면 쉽게 사용 가능할 것이다.

우리가 여기서 그래픽 언어로 만들게 될 프로그램은 자유주행 프로그램이다.

한 가지 알아둘 것은 로봇 모양과 파츠가 다를 때마다 시뮬레이션할 때의 영향이 다르기 때문에 같은 프로그램이어도 전혀 다른 결과가 나와 버린다.

그것은 프로그래밍을 해보면서 조건과 수치를 계속 바꿔보는 수밖에는 없다.

① 프로그램 및 형식 → 그래픽 언어 클릭

[그림 9-52] 그래픽 언어

② 그래픽 언어 메인 화면

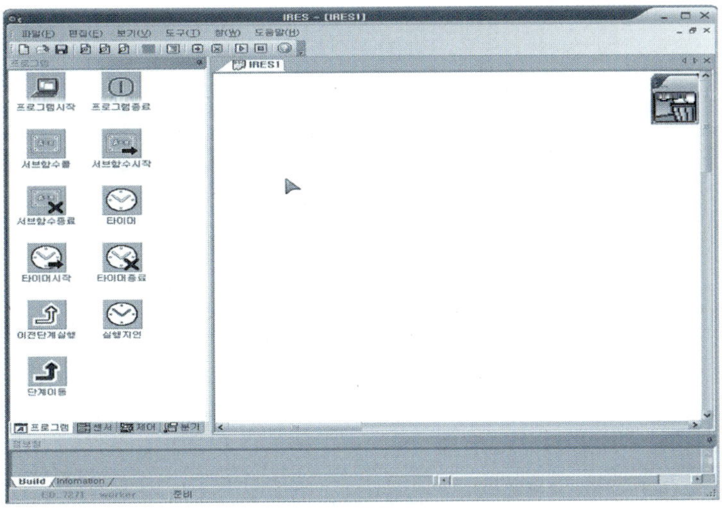

[그림 9-53] 그래픽 언어 메인 화면

대부분 프로그램 시작과 끝, 그리고 단계별 이동을 위한 아이콘들은 프로그램 탭에 있고, 모터의 구동이나 음성인식은 제어 탭 그리고 센서에 관한 것은 대부분 분기 탭에 있다.

③ 프로그램 시작 드래그

[그림 9-54] 프로그램 시작 아이콘

프로그램 시작 아이콘을 드래그한다.

④ 프로그램 종료 드래그

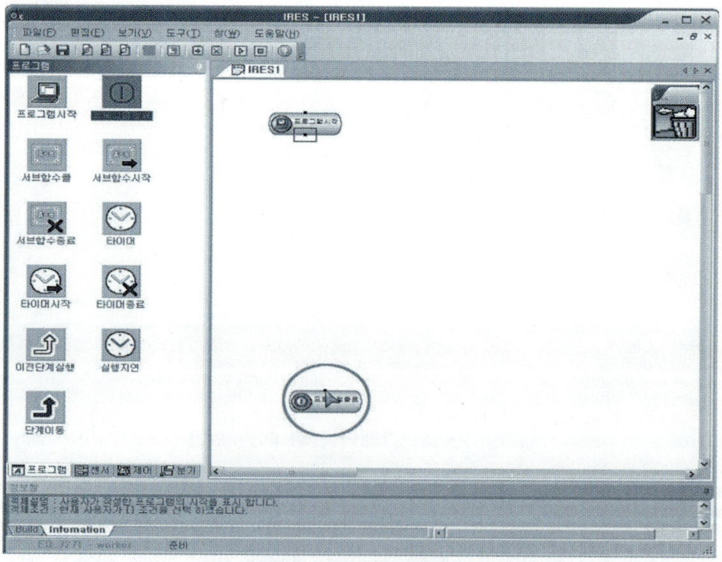

[그림 9-55] 프로그램 종료 아이콘

⑤ 단계이동 드래그

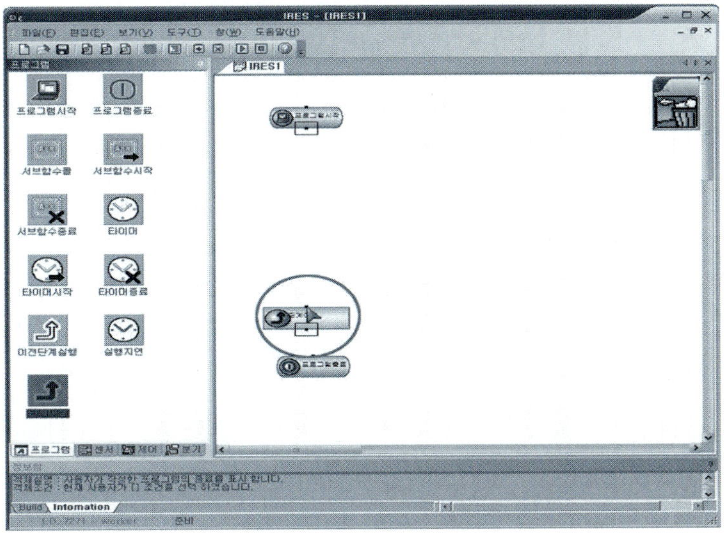

[그림 9-56] 단계이동 아이콘

단계이동은 반복 작업을 하기 위해 필수적으로 있어야 한다.

⑥ 프로그램 종료 아이콘 선택

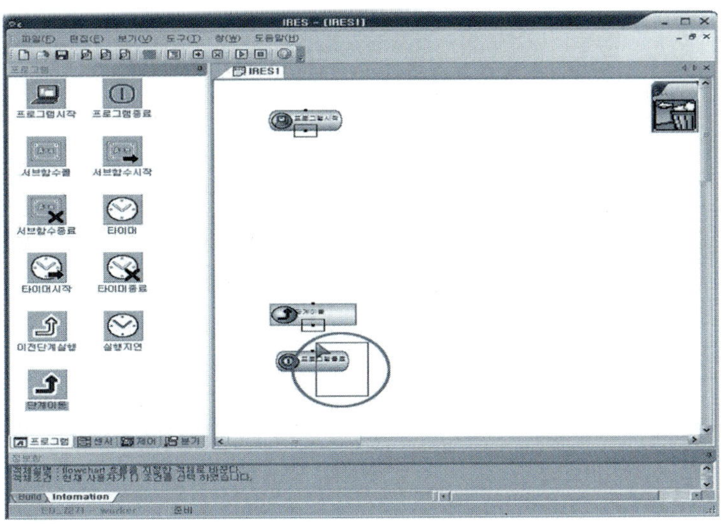

[그림 9-57] 프로그램 종료 아이콘 선택

설치되어 있는 아이콘을 선택할 때 주위를 드래그해 주면 선택이 되는데 여러 가지를 한 번에 드래그할 수도 있다.

⑦ 단계이동에 연결

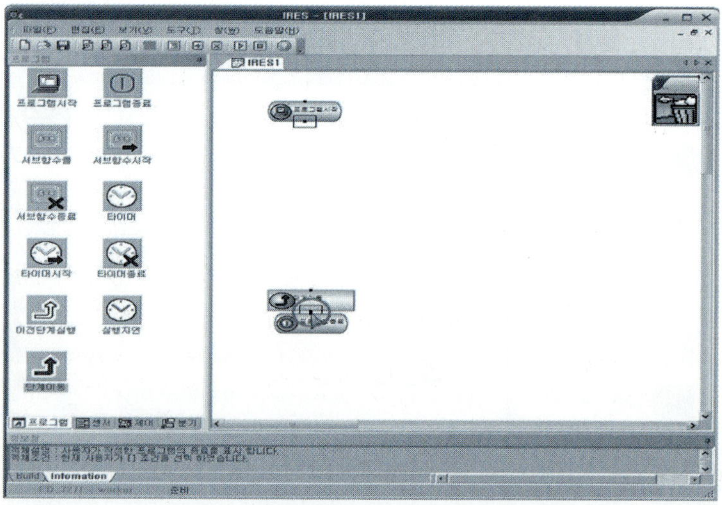

[그림 9-58] 아이콘 연결

단계이동 아이콘 밑에 연결부위에 클릭해주면 단계이동 밑으로 프로그램 종료 아이콘이 연결된다.

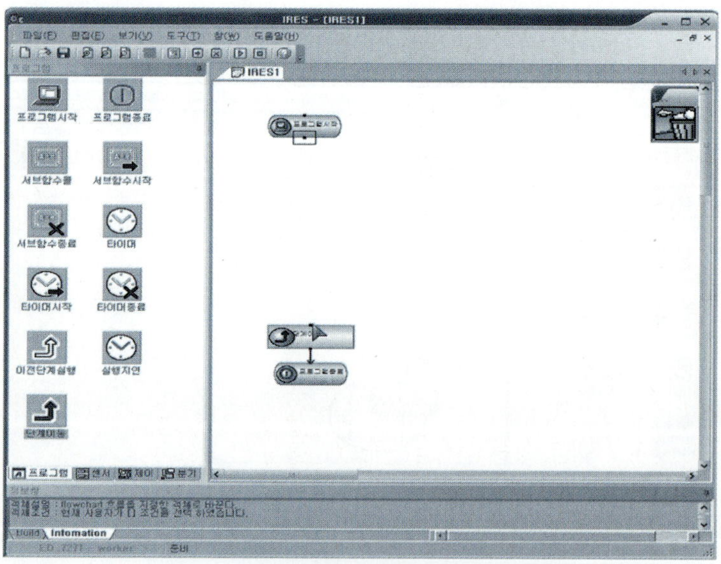

[그림 9-59] 아이콘 연결 적용

대부분의 아이콘 연결은 위와 같은 방법으로 하면 된다. 그럼 이제 바로 전체 프로그램 모양을 보도록 하겠다.

⑧ 전체 프로그램 모양

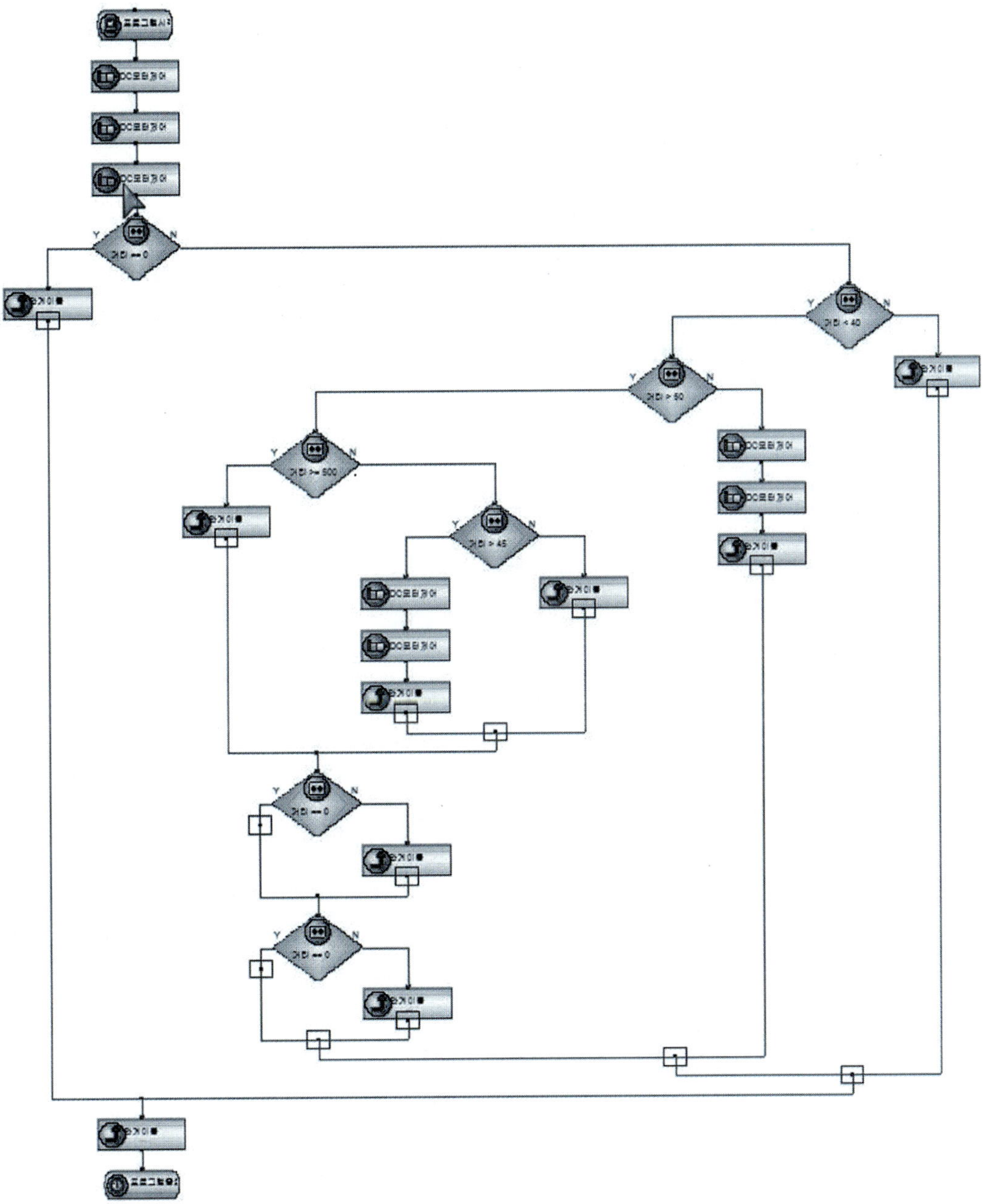

[그림 9-60] 전체 프로그램 모양

우리가 전체적으로 구성하여야 할 그래픽 언어 모양이다.

일단 각 아이콘에 대해 설정사항은 하지 않고 연결만 해둔 것이다. 미리 연결해두고 나중에 설정하는 것이 편하다.

이후부터 나오는 것은 환경설정에 대한 것인데 현재 환경설정하고 있는 아이콘은 마우스 커서로 위치시켜 놓았다.

⑨ 프로그램 시작 환경설정

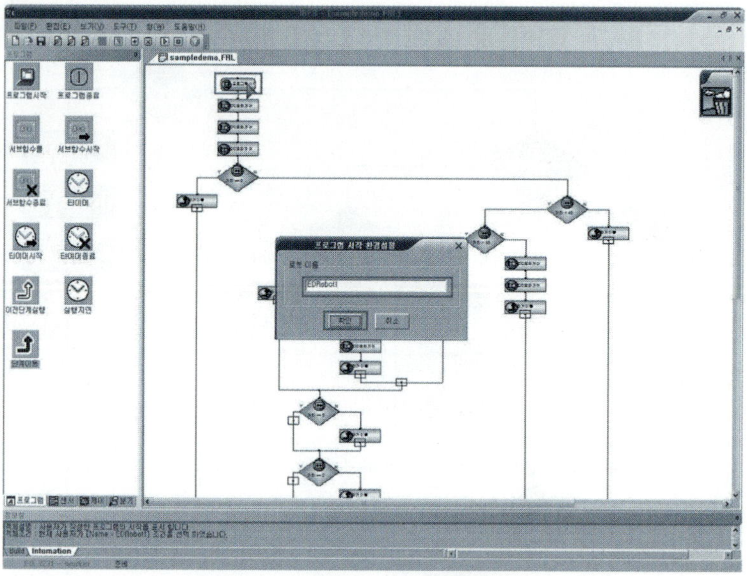

[그림 9-61] 프로그램 시작 환경설정

여기에서는 로봇의 이름을 주게 된다. 로봇 편집기에서 로봇적용할 때 그 이름을 여기에 입력한다.

이 로봇 이름이 맞지 않으면 시뮬레이션이 동작이 되지 않으므로 꼭 확인해야 한다.

⑩ 왼쪽 DC모터 환경설정(앞으로 가기)

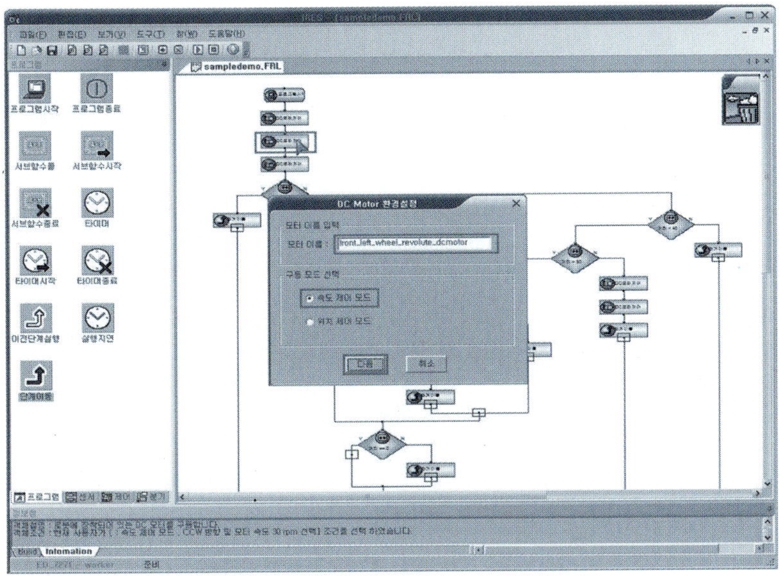

[그림 9-62] 왼쪽 DC모터 환경설정(1)

모터 이름은 front_left_wheel_revolute_dcmotor 구동모드는 "속도제어모드"에 체크한다.

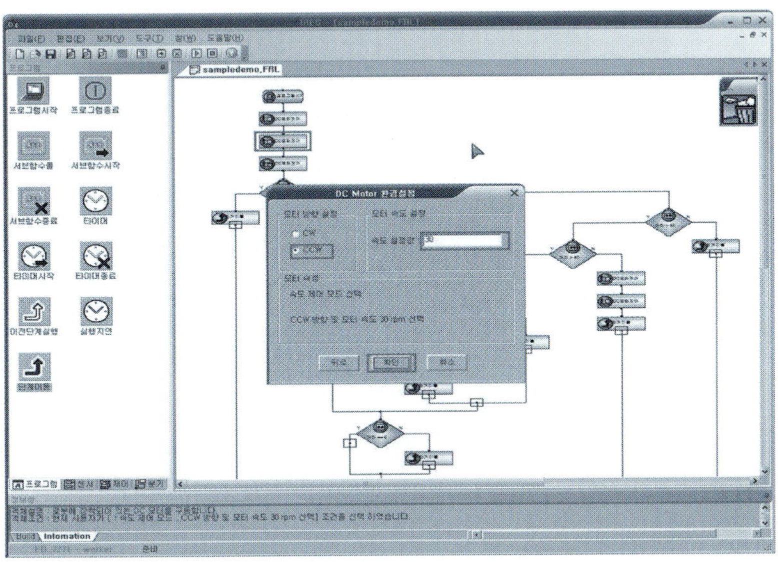

[그림 9-63] 왼쪽 DC모터 환경설정(2)

모터 방향은 CCW에 체크해주고 속도설정값은 30으로 설정 후 확인 버튼을 누른다.

⑪ 오른쪽 DC모터 환경설정(앞으로 가기)

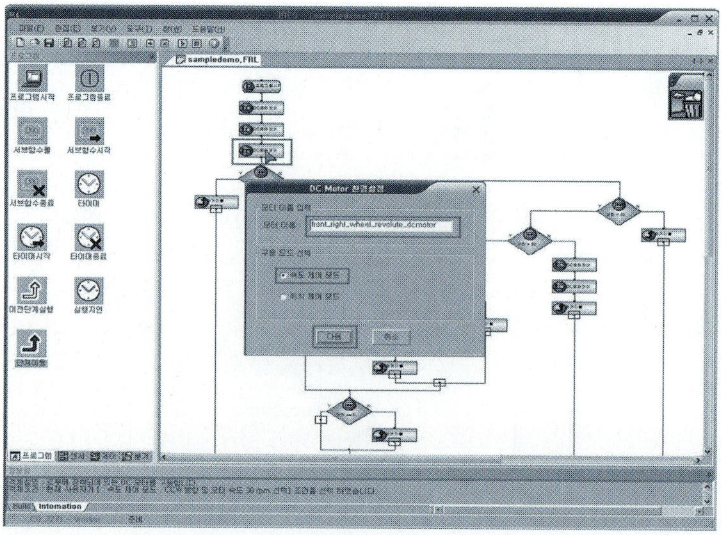

[그림 9-64] 오른쪽 DC모터 환경설정(1)

모터 이름은 front_right_wheel_revolute_dcmotor 구동모드는 “속도제어모드”에 체크한다.

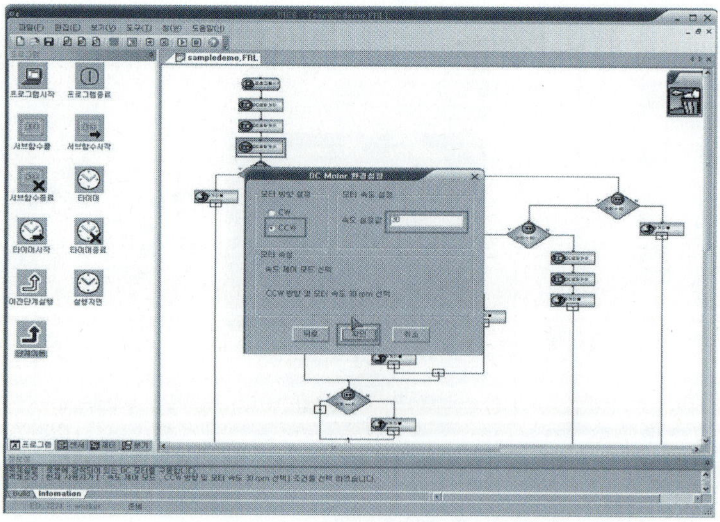

[그림 9-65] 오른쪽 DC모터 환경설정(2)

모터 방향은 CCW에 체크해 주고 속도설정값은 30으로 설정 후 확인 버튼을 누른다.

⑫ 초음파센서 환경설정

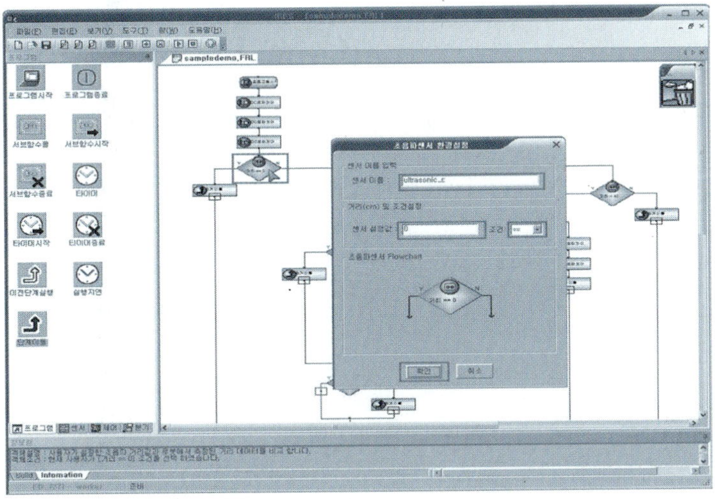

[그림 9-66] 초음파센서 환경설정

센서 이름도 로봇에 장착되어 있는 센서 이름으로 해줘야 제대로 동작한다. 로봇 가운데 있는 초음파센서이므로 센서 이름에 ultrasonic_c라고 해준다. 센서 설정값은 0이고 조건은 같다(==)이다.

⑬ 단계이동 환경설정

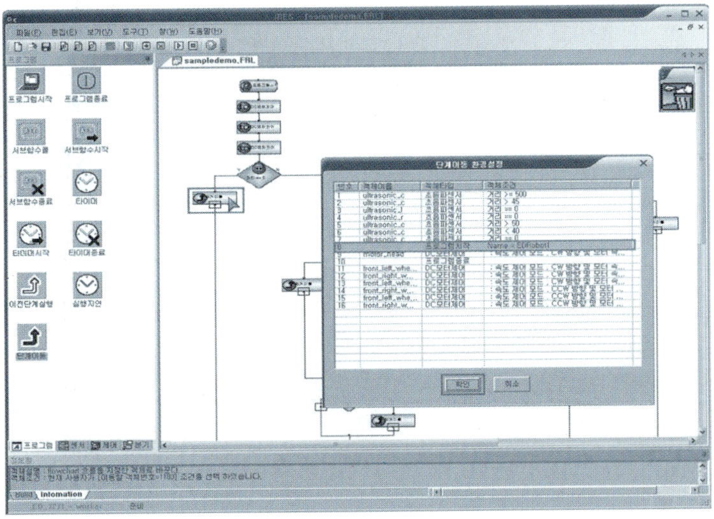

[그림 9-67] 단계이동 환경설정

⑭ 초음파센서 환경설정

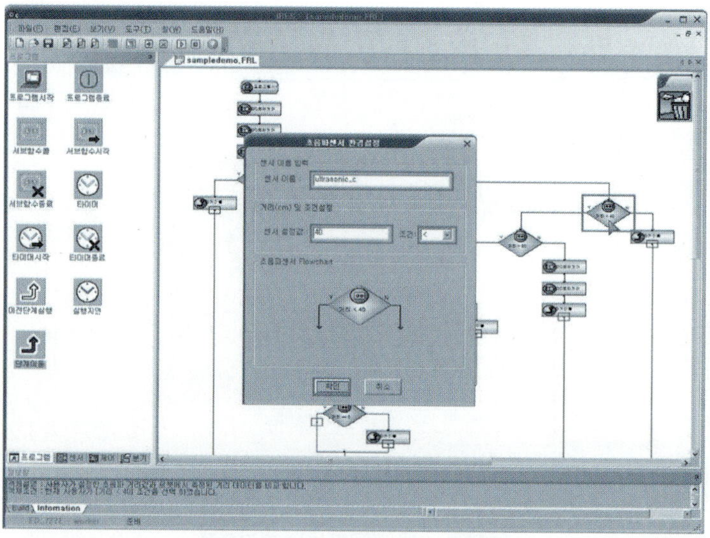

[그림 9-68] 초음파센서 환경설정

센서 이름은 “ultrasonic_c” 센서 설정값은 “40”으로 주고 조건은 “<”로 해준다.

⑮ 단계이동 환경설정

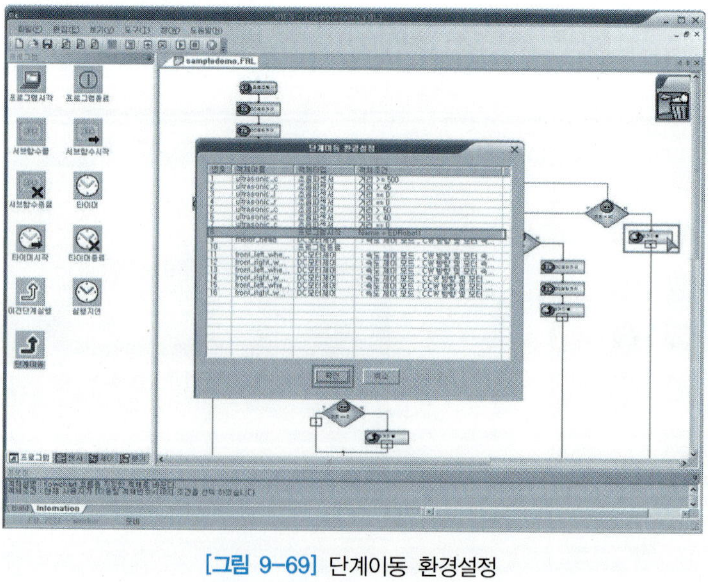

[그림 9-69] 단계이동 환경설정

프로그램 시작으로 가도록 설정해준다.

⑯ 초음파센서 환경설정

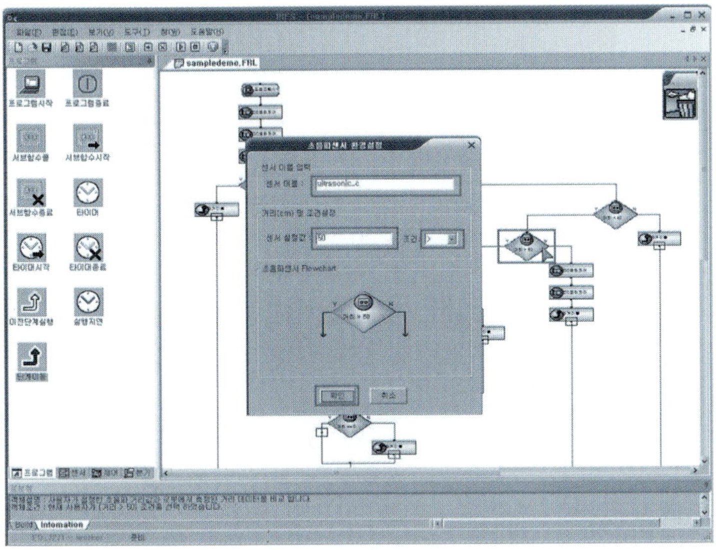

[그림 9-70] 초음파센서 환경설정

센서 이름은 ultrasonic_c라고 해준다. 센서 설정값은 50이고 조건은 〉이다.

⑰ 오른쪽 모터 설정

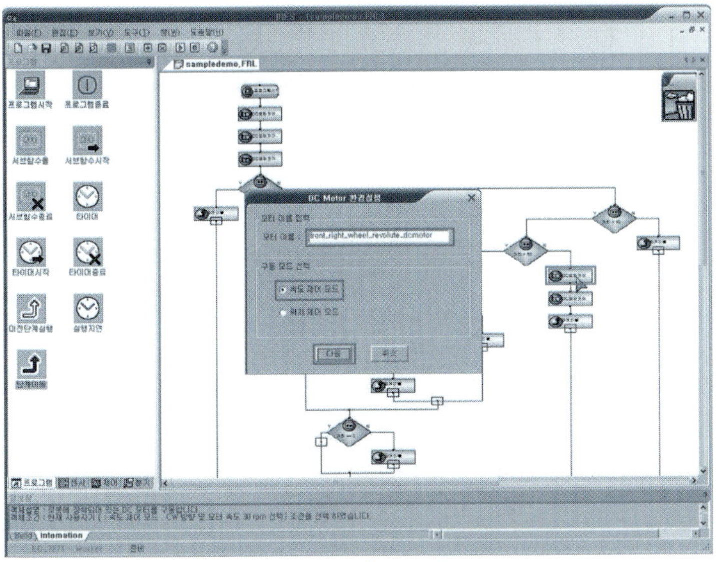

[그림 9-71] 오른쪽 모터 설정 1

모터 이름은 front_right_wheel_revolute_dcmotor 구동모드는 "속도제어모드"에 체크한다.

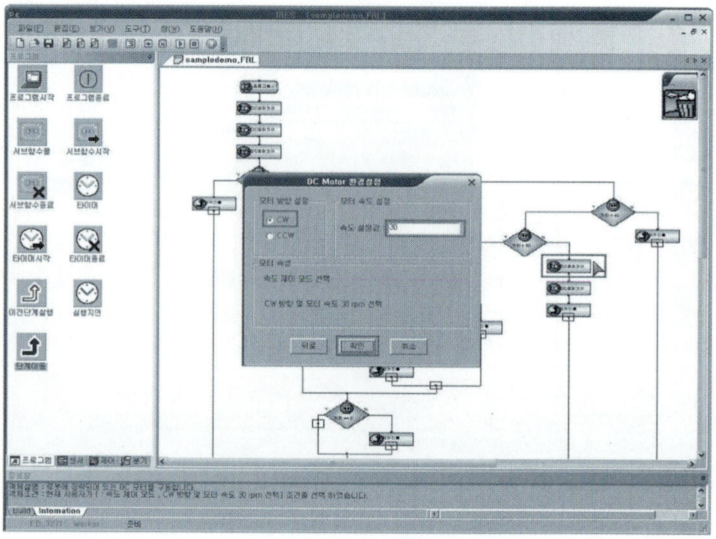

[그림 9-72] 오른쪽 모터 설정 2

모터 방향은 CW로 설정하고, 속도설정값은 30으로 한다.

⑱ 왼쪽 모터 설정

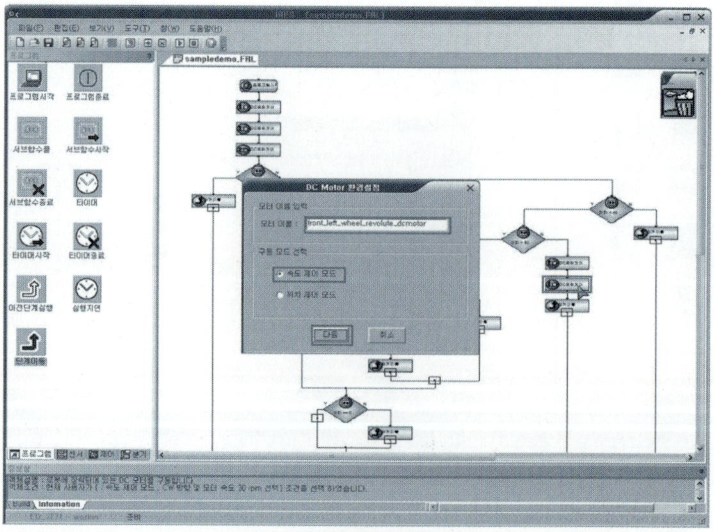

[그림 9-73] 왼쪽 모터 설정 1

모터 이름은 front_left_wheel_revolute_dcmotor 구동모드는 "속도제어모드"에 체크한다.

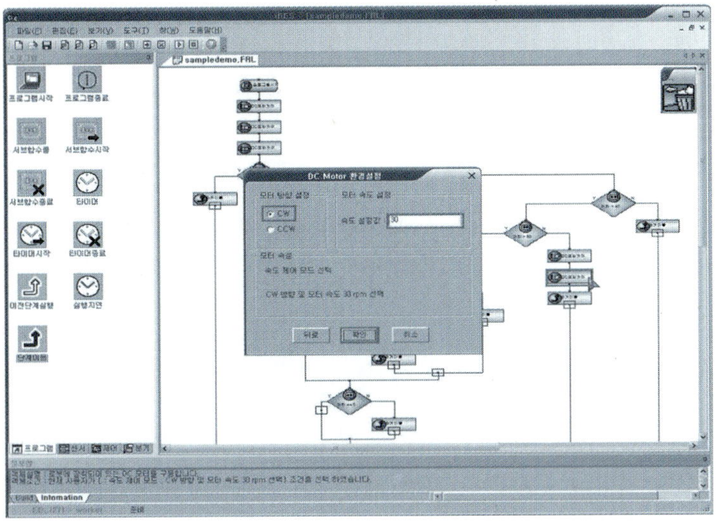

[그림 9-74] 왼쪽 모터 설정 2

모터 방향은 CW로 설정하고 속도설정값은 30으로 한다.

⑲ 단계이동 설정

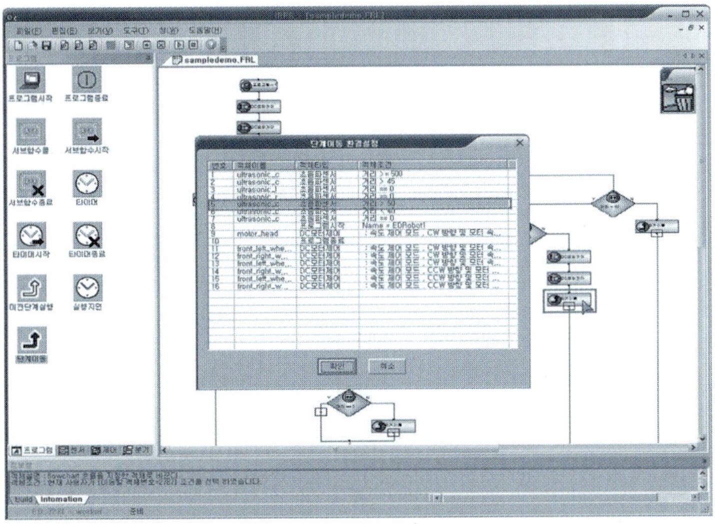

[그림 9-75] 단계이동 설정

초음파센서 중 "거리 〉 50"이라는 조건이 있는 것을 선택한다.

⑳ 초음파센서 설정

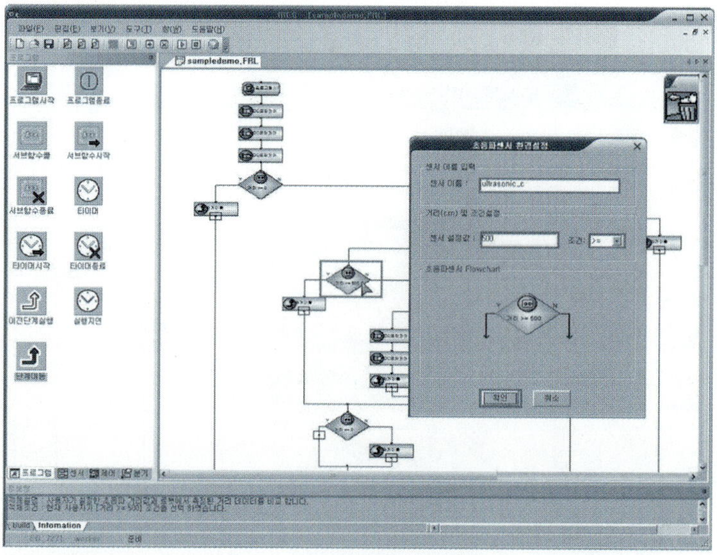

[그림 9-76] 초음파센서 설정 1

센서 이름은 ultrasonic_c 센서 설정값은 500이고 조건은 >=으로 한다.

㉑ 초음파센서 설정

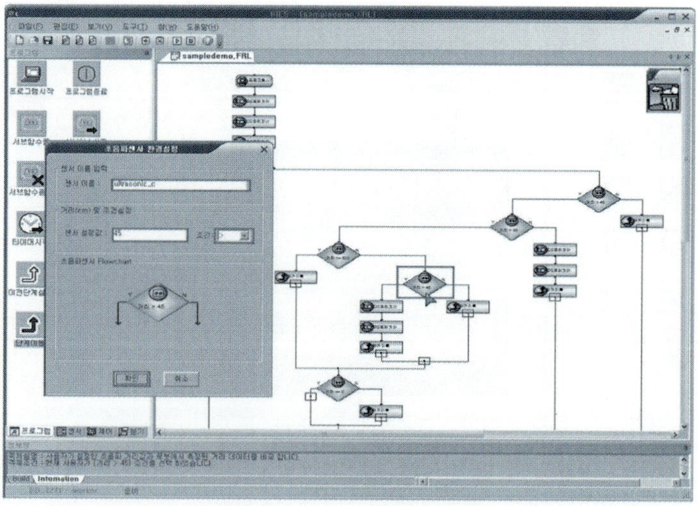

[그림 9-77] 초음파센서 설정 2

센서 이름은 ultrasonic_c 센서 설정값은 45이고 조건은 >이다.

㉒ 단계이동 환경설정

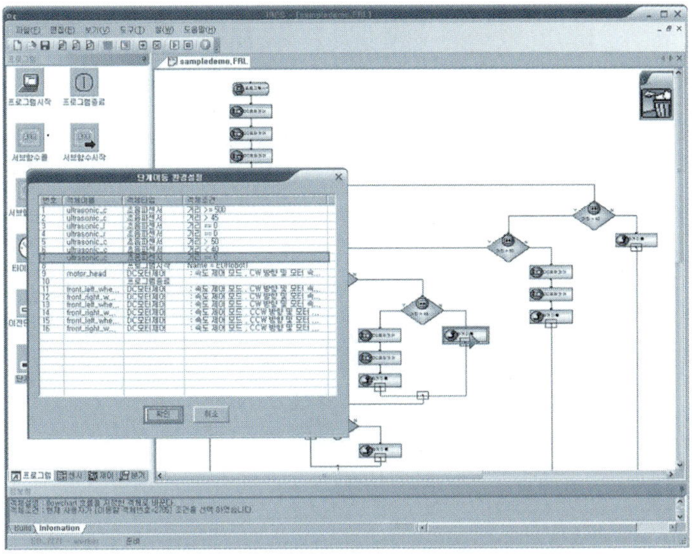

[그림 9-78] 단계이동 환경설정

초음파센서 중 조건이 "거리 == 0"인 것을 선택한다.

㉓ 오른쪽 모터 설정

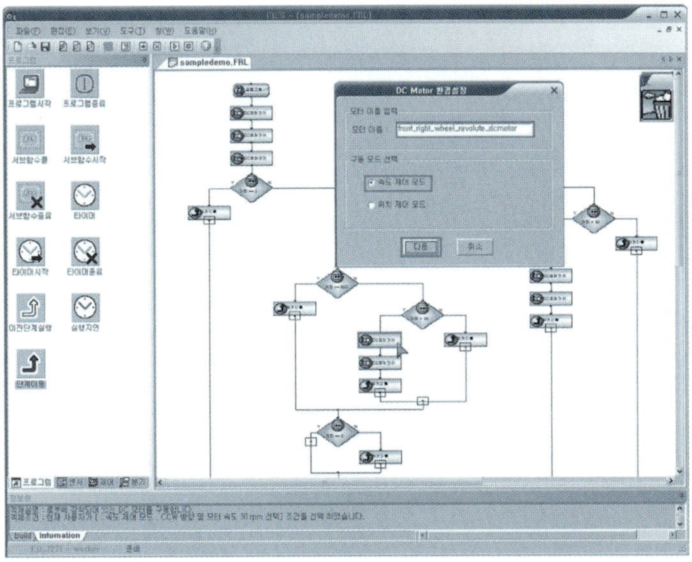

[그림 9-79] 오른쪽 모터 설정 1

모터 이름은 front_right_wheel_revolute_dcmotor 구동모드는 속도제어모드 체크한다.

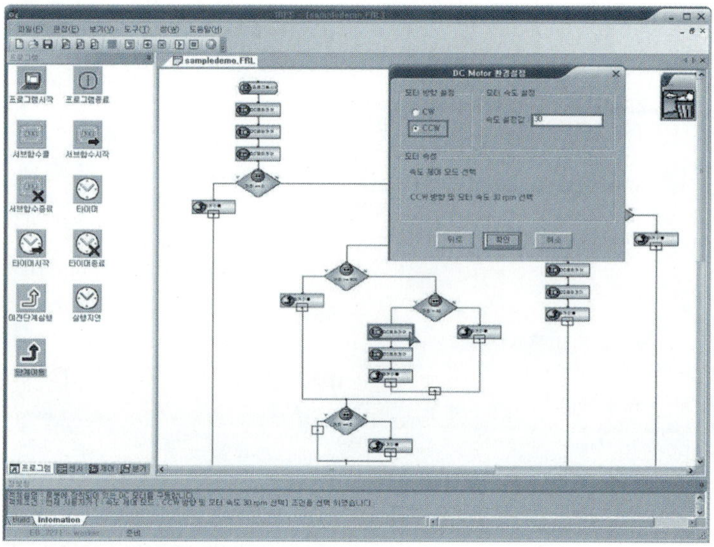

[그림 9-80] 오른쪽 모터 설정 2

모터 방향은 CCW로 설정하고 속도설정값은 30으로 한다.

㉔ 왼쪽 모터 설정

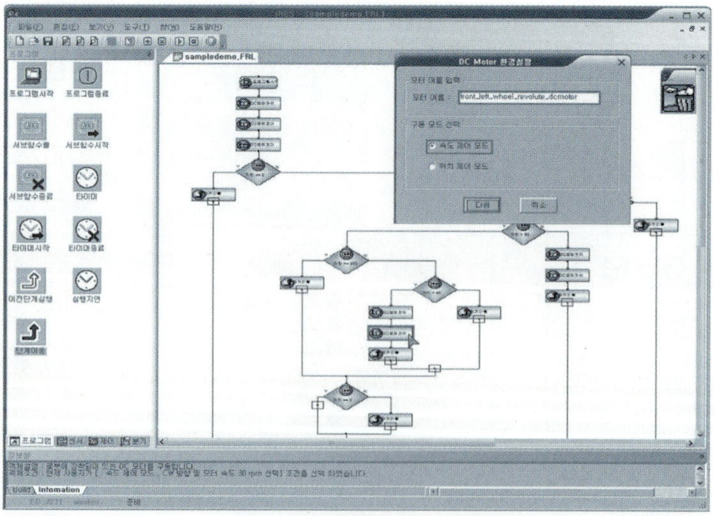

[그림 9-81] 왼쪽 모터 설정 1

모터 이름은 front_left_wheel_revolute_dcmotor 구동모드는 "속도제어모드"에 체크한다.

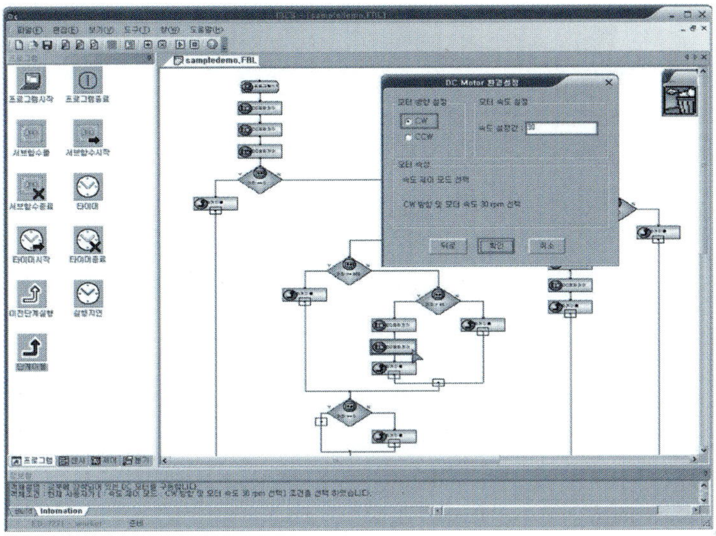

[그림 9-82] 왼쪽 모터 설정 2

모터 방향은 CW로 설정하고 속도설정값은 30으로 한다.

㉕ 단계이동 환경설정

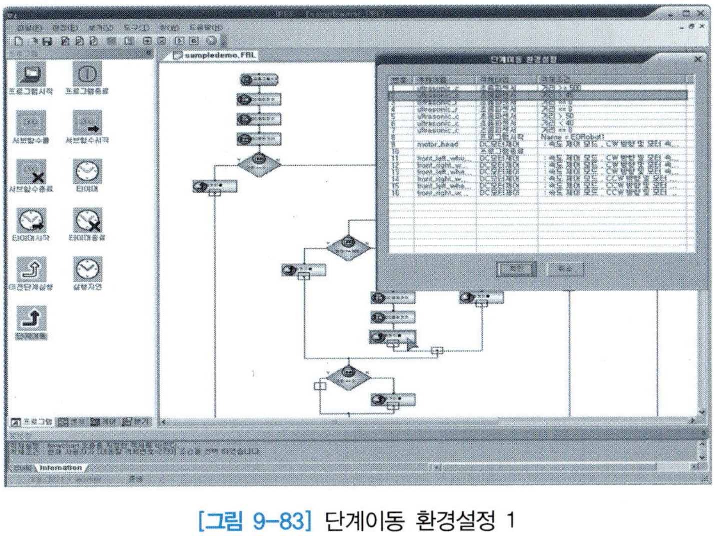

[그림 9-83] 단계이동 환경설정 1

초음파센서 중 조건이 "거리 〉 45"인 것을 선택한다.

㉖ 단계이동 환경설정

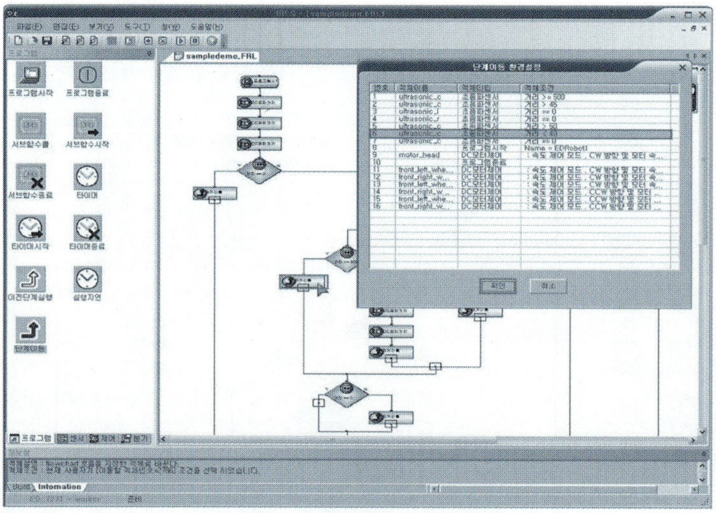

[그림 9-84] 단계이동 환경설정 2

초음파센서 중 조건이 "거리 〈 40"인 것을 선택한다.

㉗ 초음파센서 환경설정

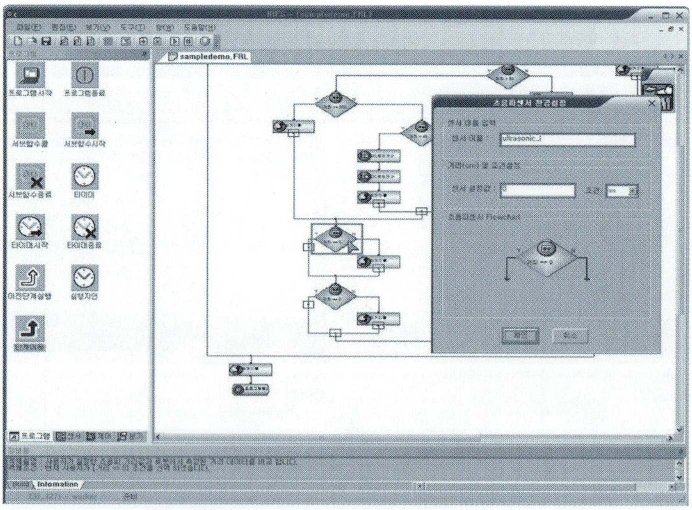

[그림 9-85] 초음파센서 환경설정

왼쪽의 초음파센서를 사용할 것이므로 로봇에서 좌측의 센서 이름을 사용한다. 센서 이름은 ultrasonic_l 센서 설정값은 0이고 조건은 ==이다.

㉘ 단계이동 환경설정

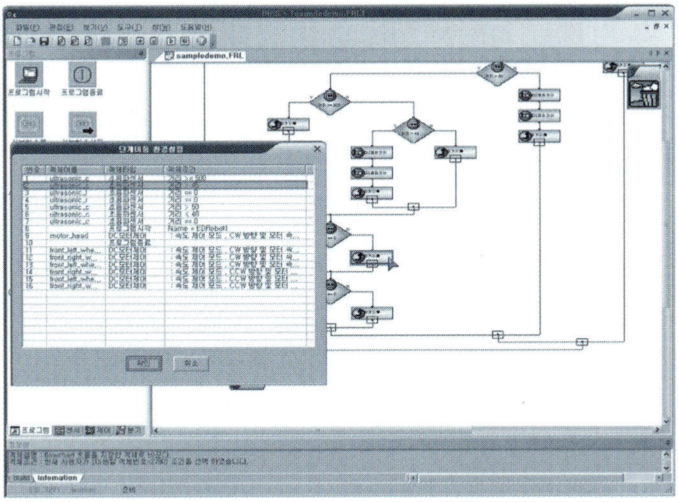

[그림 9-86] 단계이동 환경설정

초음파센서 중 조건이 "거리 〉 45"인 것을 선택한다.

㉙ 초음파센서 환경설정

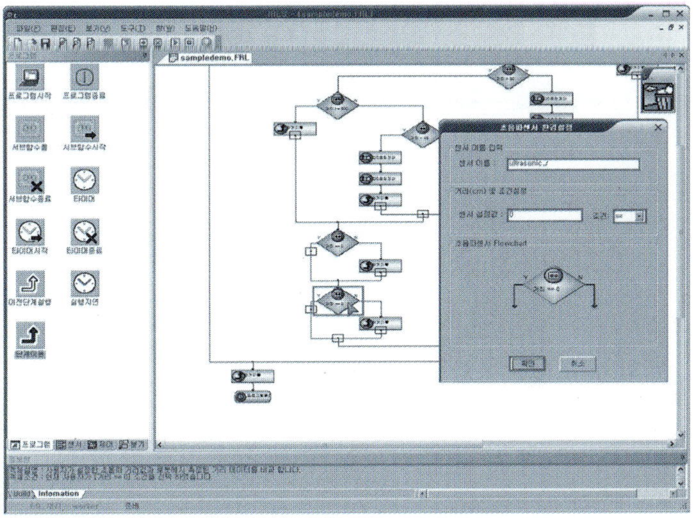

[그림 9-87] 초음파센서 환경설정

오른쪽의 초음파센서를 사용할 것이므로 로봇에서 우측의 센서 이름을 사용한다. 센서 이름은 ultrasonic_r 센서 설정값은 0이고 조건은 ==이다.

㉚ 단계이동 환경설정

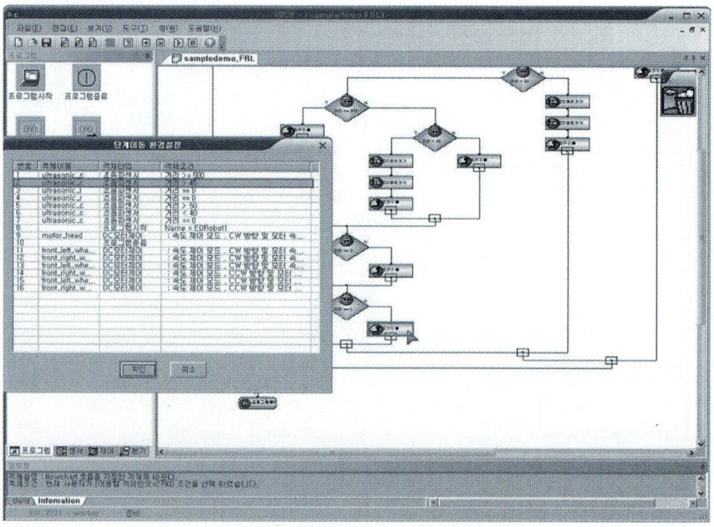

[그림 9-88] 단계이동 환경설정

초음파센서 중 조건이 "거리 〉 45"인 것을 선택한다.

㉛ 단계이동 환경설정

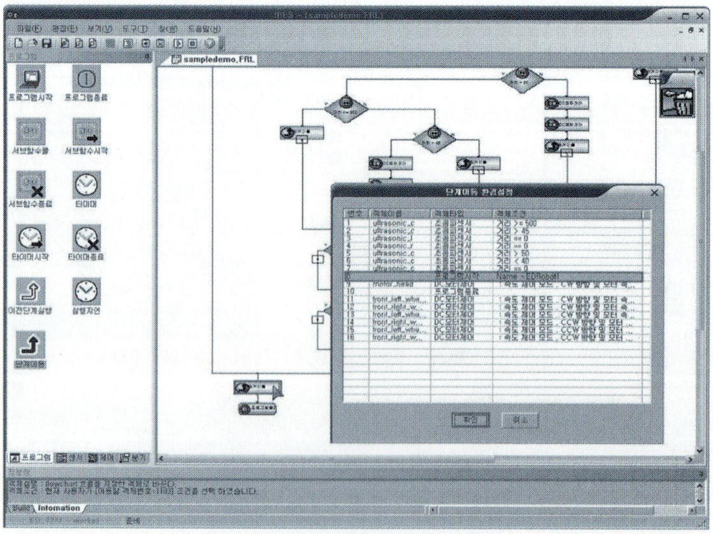

[그림 9-89] 단계이동 환경설정

프로그램 시작으로 가도록 설정한다.

㉜ 메인으로 창 전환 후 시뮬레이션 시작 버튼 클릭

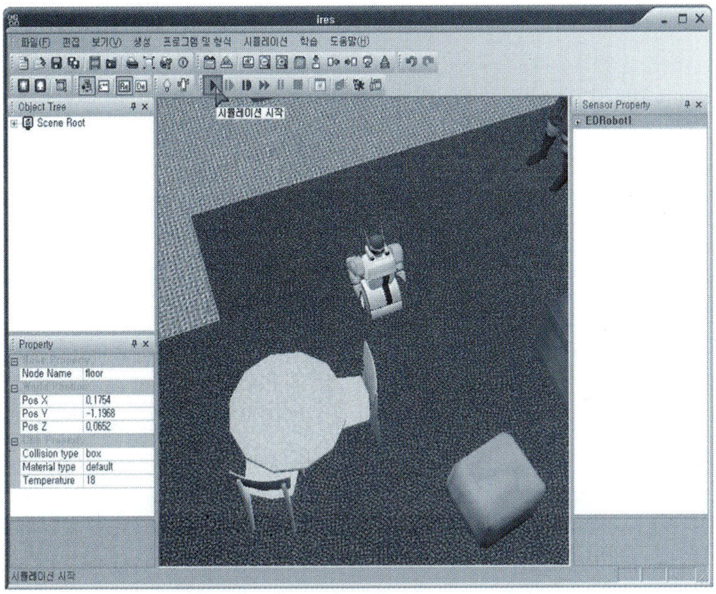

[그림 9-90] 시뮬레이션 시작

㉝ 구동중인 로봇

[그림 9-91] 구동중인 로봇

9.7 C/C++ 언어

이번에는 C/C++언어를 이용해 로봇을 움직이게 할 것이다.

위와 같은 자유주행이지만, 좀 더 확실한 동작이 자유로운 자유주행이라고 할 수 있다.

이 프로그램도 마찬가지로 로봇 모양과 파츠에 따라 결과가 다르게 나타난다. 하지만 그래픽 언어보다는 좀 더 유연하고 C/C++언어를 할 줄 아는 사람에게는 정말 편할 것이다.

그런 만큼 로봇에 프로그램을 맞추는 일은 훨씬 수월할 것이다.

① 프로그램 및 형식 → C/C++ 클릭

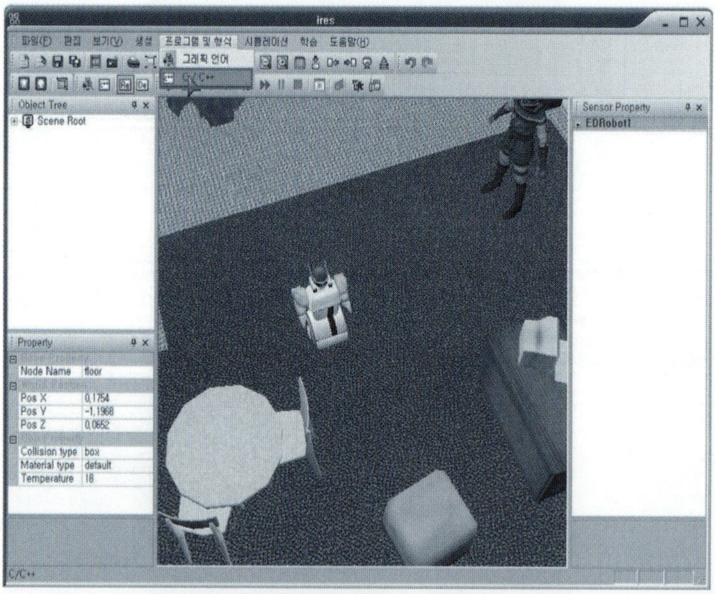

[그림 9-92] C/C++ 실행

② 프로젝트 이름 설정

[그림 9-93] 프로젝트 이름 설정

프로젝트 이름은 sampleproject로 한다.

③ 실행된 코드블록 컴파일러

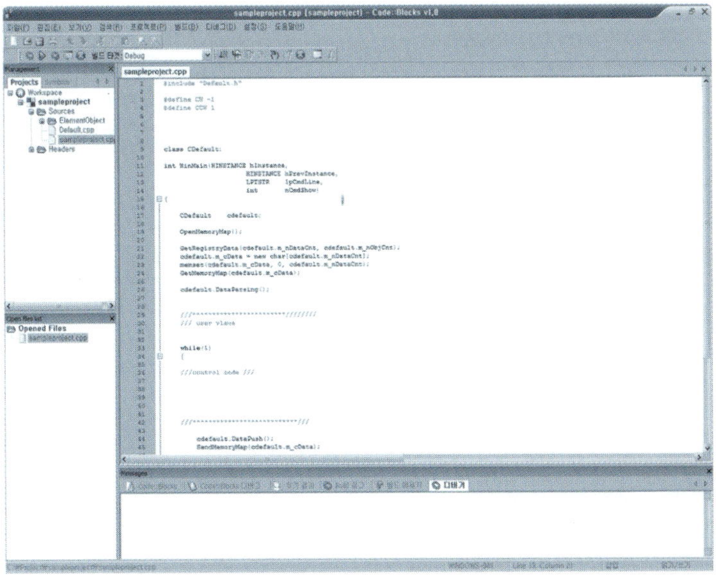

[그림 9-94] 코드블록 컴파일러

④ 전체 소스코드

```
#include "Default.h"

#define CW -1
#define CCW 1

class CDefault;

CDefault     cdefault;

///센서
CElementRayUltrasonicSensor *           IRH;
CElementRayUltrasonicSensor *           IRL;
CElementRayUltrasonicSensor *           IRR;


///모터
CElementRotateDCMotor*  M_RWheel;
CElementRotateDCMotor*  M_LWheel;


/// 로봇 이름 ///
string  sRobotName = "EDRobot1";

void LeftTurn()
{
    cout << "leftturn" << endl;
    int distance = 0;
    while(1)
    {
        distance = IRR->GetCurrentDist();
        cout << distance << endl;
        M_RWheel->SetSpeed(30);
        M_RWheel->SetRotateDirect(CCW);
        M_LWheel->SetSpeed(30);
        M_LWheel->SetRotateDirect(CW);

          cdefault.DataPush();
          SendMemoryMap(cdefault.m_cData);
```

```
            GetMemoryMap(cdefault.m_cData);
            cdefault.DataModify();

        if(distance > 145 || distance == 0)
          break;
    }

}

void RightTurn()
{
    int distance = 0;
    while(1)
    {
        cout << "rightturn" << endl;
        distance = IRL->GetCurrentDist();
        cout << distance << endl;
        M_RWheel->SetSpeed(10);
        M_RWheel->SetRotateDirect(CW);
        M_LWheel->SetSpeed(10);
        M_LWheel->SetRotateDirect(CCW);


        cdefault.DataPush();
        SendMemoryMap(cdefault.m_cData);

        GetMemoryMap(cdefault.m_cData);
        cdefault.DataModify();

        if(distance > 145 || distance == 0 || distance < 0)
          break;
    }

}

void Back(void)
{
    cout << "back"<< endl;
    M_RWheel->SetSpeed(50);
    M_RWheel->SetRotateDirect(CW);
```

제9장

```
    M_LWheel->SetSpeed(50);
    M_LWheel->SetRotateDirect(CW);

}

void Forward(void)
{
    M_RWheel->SetSpeed(20);
    M_RWheel->SetRotateDirect(CCW);
    M_LWheel->SetSpeed(20);
    M_LWheel->SetRotateDirect(CCW);
}

void Stop(void)
{
    cout << "stop"<< endl;
    M_RWheel->SetSpeed(0);
    M_RWheel->SetRotateDirect(CCW);
    M_LWheel->SetSpeed(0);
    M_LWheel->SetRotateDirect(CCW);
}

int WinMain(HINSTANCE hInstance,
                HINSTANCE hPrevInstance,
                LPTSTR    lpCmdLine,
                int       nCmdShow)
{
    OpenMemoryMap();

    GetRegistryData(cdefault.m_nDataCnt, cdefault.m_nObjCnt);
    cdefault.m_cData = new char[cdefault.m_nDataCnt];
        memset(cdefault.m_cData, 0, cdefault.m_nDataCnt);
    GetMemoryMap(cdefault.m_cData);

    cdefault.DataParsing();   ///모두 읽어옴

    int rotate= 0;
    int back=0;
    int SubRotate =0;
```

```
    ///***********************////////
    /// user vlaue


    M_RWheel =
(CElementRotateDCMotor*)cdefault.GetElementObject(M_RWheel,sRobotName,
"front_right_wheel_revolute_dcmotor");
    M_LWheel =
(CElementRotateDCMotor*)cdefault.GetElementObject(M_LWheel,sRobotName,
"front_left_wheel_revolute_dcmotor");
    IRL = (CElementRayUltrasonicSensor*)cdefault.GetElementObject(IRL,sRobotName,
"ultrasonic_l");
    IRR = (CElementRayUltrasonicSensor*)cdefault.GetElementObject(IRR ,sRobotName,
"ultrasonic_r");
    IRH = (CElementRayUltrasonicSensor*)cdefault.GetElementObject(IRH, sRobotName,
"ultrasonic_c");
    cout << "main" << endl;
    while(1)
    {

    ///**************************///
        int Hfine = 0;
        int Lfine = 0;
        int Rfine = 0;
        int Bfine = 0;

        int HDis = 0;
        int LDis = 0;
        int RDis = 0;
        int BDis = 0;

        int HHdis = 0;

       ///각 센서의 거리값을 받아옴
        HDis=IRH->GetCurrentDist();
        LDis=IRL->GetCurrentDist();
        RDis=IRR->GetCurrentDist();

        ///벽이나 오브젝트가 가까이 있는지 검사
        if(HDis >0 && HDis < 90)
```

```
        Hfine = 1;

    if(RDis >0 && RDis < 110)
        Rfine = 1;

    if(LDis >0 && LDis < 110)
        Lfine = 1;

   ///주위에 아무것도 없으면 전진
    if(Hfine == 0 && Rfine == 0 && Lfine == 0 && back == 0)
    {
        cout << HDis << endl;
        Forward();

        rotate = 0;


    }
    else ///주위에 뭔가 있으면
    {
            ///한번 멈춤
            if(M_LWheel->GetSpeed() > 0 || M_RWheel->GetSpeed() > 0 )
            {
                Stop();
            }
            else ///멈춘 후에 회전한다.
            {
              ///어느쪽으로 회전할 것인지 선택
               if(Rfine == 1)
                rotate = 2;
               else if(Lfine == 1)
                rotate = 1;
               else if(Hfine ==1)
                rotate = 3;

               if(Lfine == 1 && Rfine == 1)
                rotate = 3;

             }
```

```
///회전 수행
switch(rotate)
{
case 1:
    {
        RightTurn();
    }
    break;
case 2:
    {
        LeftTurn();

    }
    break;
case 3:  ///뒤로 갔다가 회전할 경우
    {
        if(SubRotate == 1)
        {
            if(LDis < 120)
            {
                cout << "subR" << endl;
                RightTurn();

            }
            else if(RDis < 120)
            {
                cout << "subL" << endl;
                LeftTurn();

            }
            else
            {
                cout << "subAnother" << endl;
                RightTurn();

            }

            cout << SubRotate << "   " << rotate << "   " << back << "
            "<< endl;
                SubRotate = 0;
```

```
                            rotate = 0;
                            back = 0;

                        cout << rotate << endl;

                    }
                    else ///뒤로 가기
                    {

                        Back();
                        cout << rotate << endl;
                        back = 1;

                        if((HDis > 90 || HDis == 0))
                            SubRotate = 1;
                    }
                }
                break;
            default:
                break;
            }
        }
        cdefault.DataPush();
        SendMemoryMap(cdefault.m_cData);

        GetMemoryMap(cdefault.m_cData);
        cdefault.DataModify();
    }

    CloseMemoryMap();

    delete []cdefault.m_cData;

    return 0;
}
```

```
//센서
CElementRayUltrasonicSensor *       IRH;
CElementRayUltrasonicSensor *       IRL;
CElementRayUltrasonicSensor *       IRR;


//모터
CElementRotateDCMotor*              M_RWheel;
CElementRotateDCMotor*              M_LWheel;


/// 로봇 이름 ///
string  sRobotName = "EDRobot1";
```

일반 사용자 함수가 센서와 모터 객체를 사용할 수 있도록 전역변수로 선언해두었다.

각각의 센서와 모터는 ElementObject 폴더 안에 클래스로 정의되어 있다. 각 클래스를 오픈해보면 변수 및 함수가 다 구현되어 있어서 유저는 필요한 것들만 참조해서 프로그래밍하면 된다.

로봇 이름은 항상 로봇 편집기에서 메인에 적용시켰을 때의 로봇 이름을 사용해야 한다.

```
M_RWheel =  (CElementRotateDCMotor*)cdefault.GetElementObject
(M_RWheel,sRobotName,"front_right_wheel_revolute_dcmotor");
   M_LWheel =
(CElementRotateDCMotor*)cdefault.GetElementObject(M_LWheel,sRobotName,
          "front_left_wheel_revolute_dcmotor");

   IRL = (CElementRayUltrasonicSensor*)cdefault.GetElementObject(IRL,
sRobotName,"ultrasonic_l");
   IRR = (CElementRayUltrasonicSensor*)cdefault.GetElementObject(IRR
,sRobotName,"ultrasonic_r");
   IRH = (CElementRayUltrasonicSensor*)cdefault.GetElementObject(IRH,
sRobotName,"ultrasonic_c");

   int HDis = 0;
   int LDis = 0;
```

```
int RDis = 0;

HDis=IRH->GetCurrentDist();
LDis=IRL->GetCurrentDist();
RDis=IRR->GetCurrentDist();
```

로봇 제어를 하기 위해 필요한 데이터는 CDefault 클래스에 존재하기 때문에 CDefault의 멤버 함수인 GetElementObject()함수를 사용하여 값을 얻어올 수 있다.

모터나 센서를 얻어오는 GetElementObject() 함수의 인자 값은 (센서나 모터 선언 변수, 로봇 이름, 센서나 모터 이름)이다. 여기서 두 번째와 세 번째 인자인 로봇 이름과 센서나 모터 이름은 메인 프로그램에서 사용하는 로봇과 로봇에 포함된 모터와 센서 이름을 말한다.

모든 센서나 모터 값은 위와 같은 함수형식을 사용하여 얻어올 수 있다.

위의 코드는 두 개의 모터(왼쪽, 오른쪽)와 3개의 초음파센서를 선언하였으며, 초음파센서의 거리 값을 담아둘 변수로 구성되어 있다.

```
cdefault.DataPush();
SendMemoryMap(cdefault.m_cData);
GetMemoryMap(cdefault.m_cData);
cdefault.DataModify();
```

사용자 함수나 메인함수 아래 부분에도 이 코드가 있는데 이것은 필수코드로 로봇에 있던 데이터들을 앞의 코드들로 인해 수행된 데이터 값들로 수정시켜 주는 역할을 한다.

로봇을 구동시키기 위한 필수적인 코드라 할 수 있겠다.

⑤ 빌드

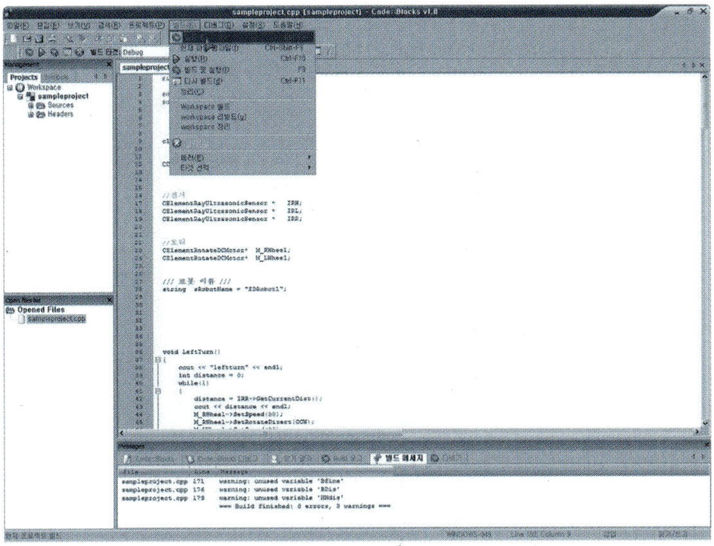

[그림 9-95] 빌드

코딩이 끝났으면 빌드를 꼭 한번 해줘야 로봇이 동작한다.

⑥ 시뮬레이션 시작

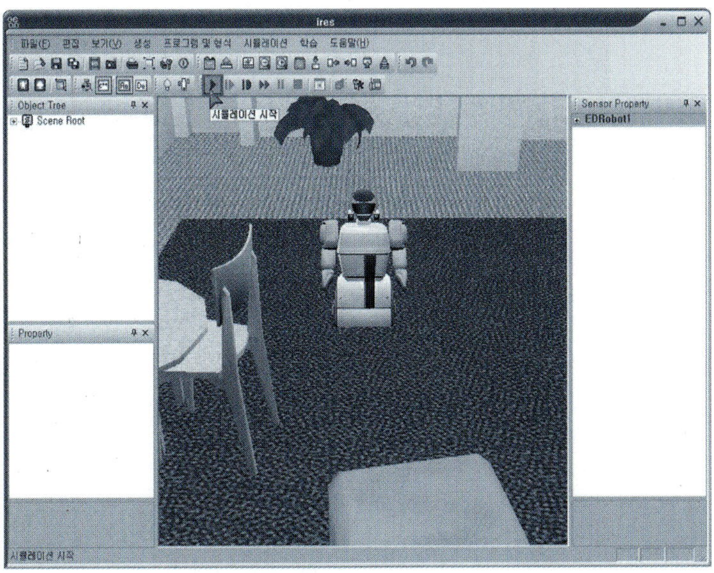

[그림 9-96] 시뮬레이션 시작

⑦ 시뮬레이션 수행

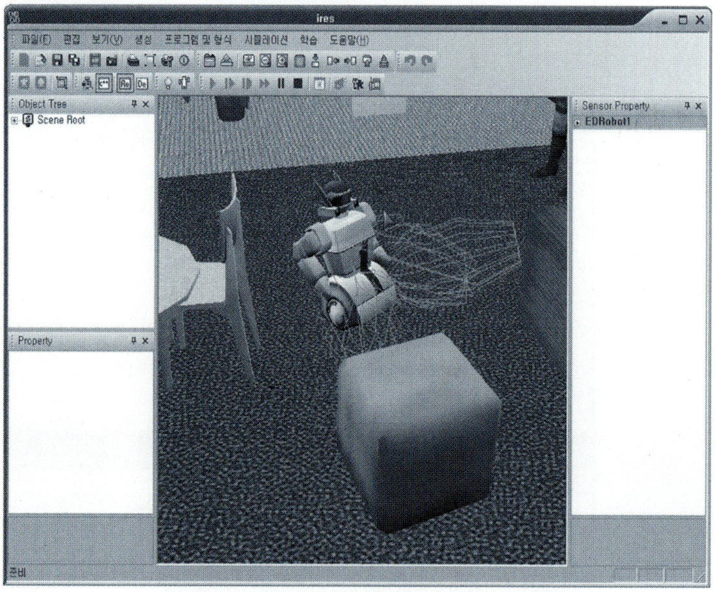

[그림 9-97] 시뮬레이션 수행

제 10 장

지능형 로봇 시뮬레이터의 응용실습

10.1 DC모터제어

1) 실습 과제

DC모터 모듈과 바이 디렉션 모듈을 이용해 가상의 로봇이라 생각하고 200cm 이동 후 되돌아오는 프로그램을 작성한다.

DC모터제어 객체의 위치모드를 이용하여 프로그램을 작성한다.

[그림 10-1] DC모터제어 실습

2) 실습 목표

EDRS의 사용방법 및 DC모터의 제어 방법과 로봇이 이동하는데 있어 동력전달 방법을 이해한다.

3) 프로그램 순서도 작성 및 IRES 프로그램 작성

본 실습 과제의 프로그램 순서도를 미리 작성해 본다.

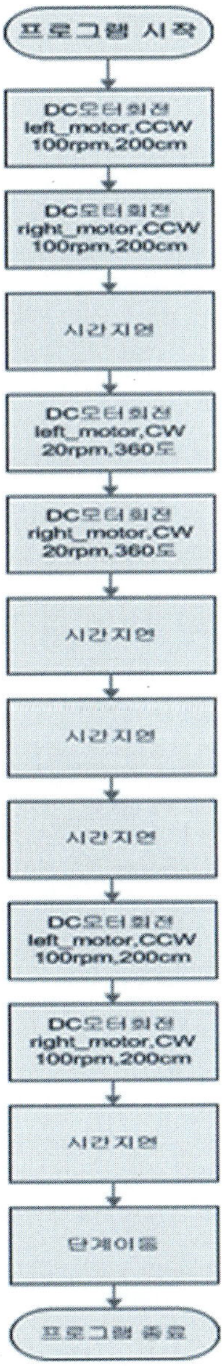

[그림 10-2] 순서도

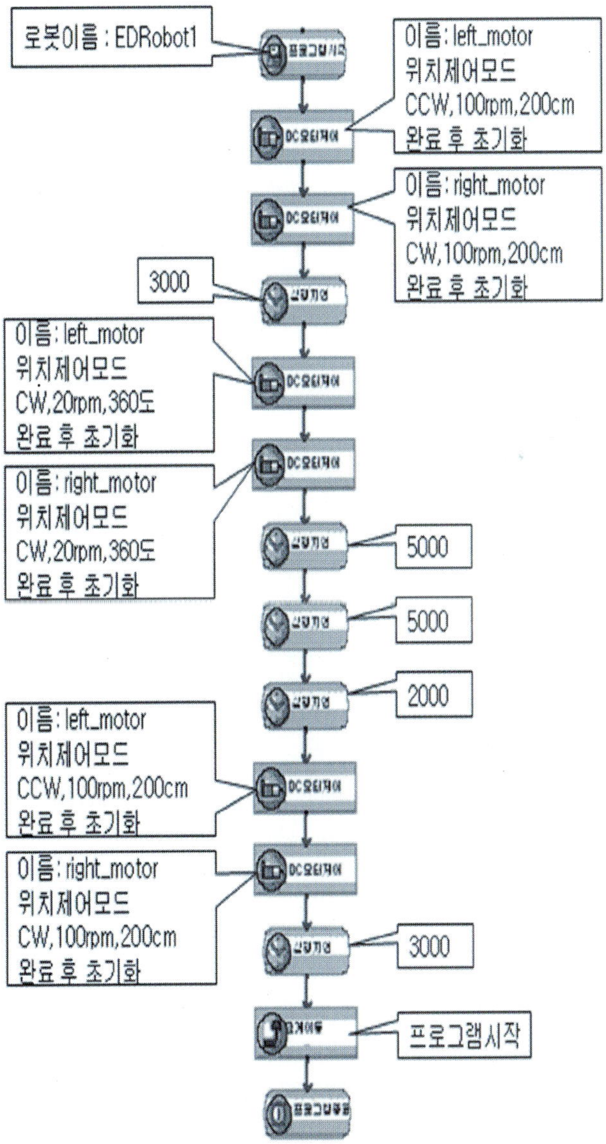

[그림 10-3] IRES 프로그램

4) C/C++ 프로그램 작성

본 실습 과제를 C/C++ 프로그램을 이용하여 작성해본다.

```
#include "Default.h"

#define CW -1
#define CCW 1
class CDefault;

CDefault     cdefault;

CElementRotateDCMotor*  M_RWheel;
CElementRotateDCMotor*  M_LWheel;

string  sRobotName = "EDRobot1";


int WinMain(HINSTANCE hInstance,
                    HINSTANCE hPrevInstance,
                    LPTSTR      lpCmdLine,
                    int            nCmdShow)
{

    OpenMemoryMap();

    GetRegistryData(cdefault.m_nDataCnt, cdefault.m_nObjCnt);
    cdefault.m_cData = new char[cdefault.m_nDataCnt];
         memset(cdefault.m_cData, 0, cdefault.m_nDataCnt);
    GetMemoryMap(cdefault.m_cData);

    cdefault.DataParsing();


    M_RWheel =  (CElementRotateDCMotor*)cdefault.GetElementObject(M_RWheel,
sRobotName, "right_motor");
    M_LWheel =  (CElementRotateDCMotor*)cdefault.GetElementObject(M_LWheel,
sRobotName, "left_motor");
```

```
    while(1)
    {
        M_LWheel->SetSpeed(70);
        M_LWheel->SetRotateDirect(CW);
        M_LWheel->SetSpeedOrPos(50);
        M_RWheel->SetSpeed(70);                  //스피드 세팅
        M_RWheel->SetSpeedOrPos(50);
        M_RWheel->SetRotateDirect(CCW);          //회전방향 세팅

        M_LWheel->SetSpeed(30);
        M_LWheel->SetRotateDirect(CW);
        M_LWheel->SetRotateAngle(360);
        M_RWheel->SetSpeed(30);                  //스피드 세팅
        M_LWheel->SetRotateAngle(360);
        M_RWheel->SetRotateDirect(CW);           //회전방향 세팅

        M_LWheel->SetSpeed(70);
        M_LWheel->SetRotateDirect(CCW);
        M_LWheel->SetSpeedOrPos(50);
        M_RWheel->SetSpeed(70);                  //스피드 세팅
        M_RWheel->SetSpeedOrPos(50);
        M_RWheel->SetRotateDirect(CW);           //회전방향 세팅

        cdefault.DataPush();
        SendMemoryMap(cdefault.m_cData);

        GetMemoryMap(cdefault.m_cData);
        cdefault.DataModify();

    }

    cdefault.DeleteDummyObj();
    CloseMemoryMap();

    delete []cdefault.m_cData;

    return 0;
}
```

5) 프로그램 컴파일 및 실행 결과 확인

바이디렉션 모듈과 DC모터의 동력전달 방법을 확인해 보자. 1번 모터가 CW(시계방향)으로 회전할 때 바퀴의 회전방향과 2번 모터가 CW(시계방향)으로 회전할 때 로봇이 어떤 방향으로 움직이는지 생각해보자.

로봇의 구조에서 바퀴와 동력전달의 방법에 따라 로봇 구동부에 대한 프로그램은 변경된다.

현재 구동부에서 직진과, 후진, 좌회전 등 여러 회전 특성들을 다시 한번 생각해보자.

(1) 동작 확인

① 모든 모터의 회전 속도는 100rpm으로 한다.

② 1번 2번 DC모터를 위치 제어로 200cm까지 회전하게 한다.

③ 1번 2번 DC모터를 위치 제어로 0cm까지 회전하게 한다.

④ 반복하여 실행한다.

10.2 빛의 밝기에 따른 모터의 속도제어

1) 실습 과제

빛의 밝기에 따라 로봇의 움직임 속도를 제어한다.

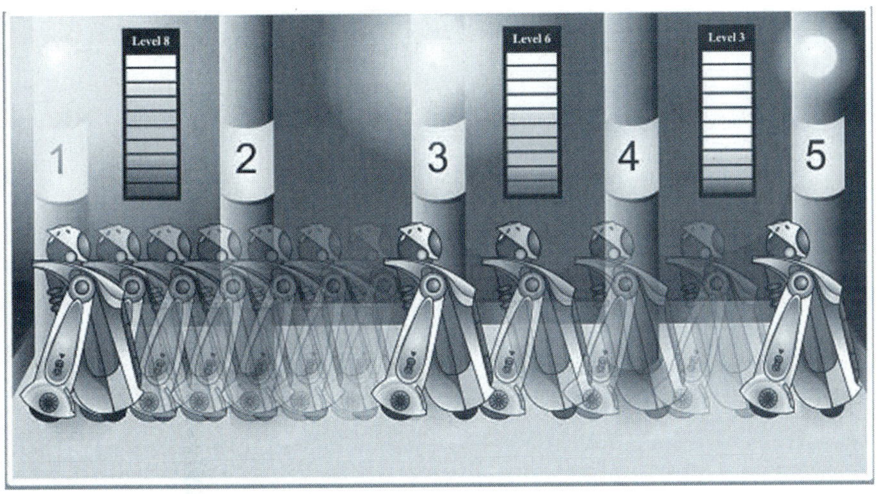

[그림 10-4] 빛의 밝기에 따른 모터의 속도제어

2) 실습 목표

로봇 프로그램의 기본인 센서의 입력 방법을 이해하고 여러 영역에서 분기객체 사용법을 이해한다.

3) 프로그램 순서도 작성 및 IRES 프로그램 작성

조도센서가 75 이상일 경우 70rpm으로 회전하고 50 이상일 경우는 40rpm으로 회전한다.

조도가 25 이상일 경우는 20rpm으로 회전하고 작을 경우는 0rpm으로 멈추게 프로그램을 작성한다.

제10장

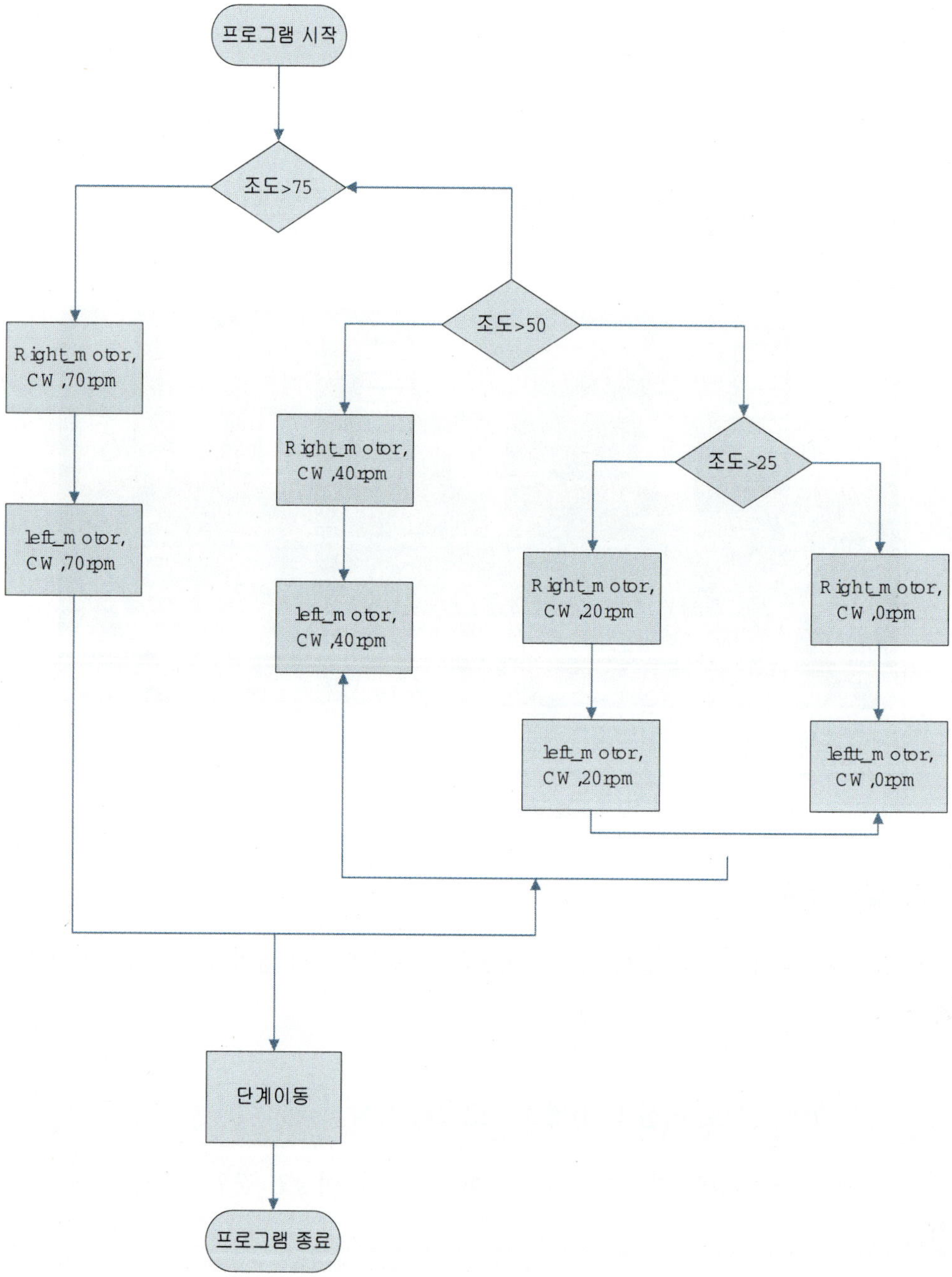
프로그램 시작
조도>75
조도>50
조도>25
Right_motor, CW ,70rpm
left_motor, CW ,70rpm
Right_motor, CW ,40rpm
left_motor, CW ,40rpm
Right_motor, CW ,20rpm
left_motor, CW ,20rpm
Right_motor, CW ,0rpm
leftt_motor, CW ,0rpm
단계이동
프로그램 종료

[그림 10-5] 순서도

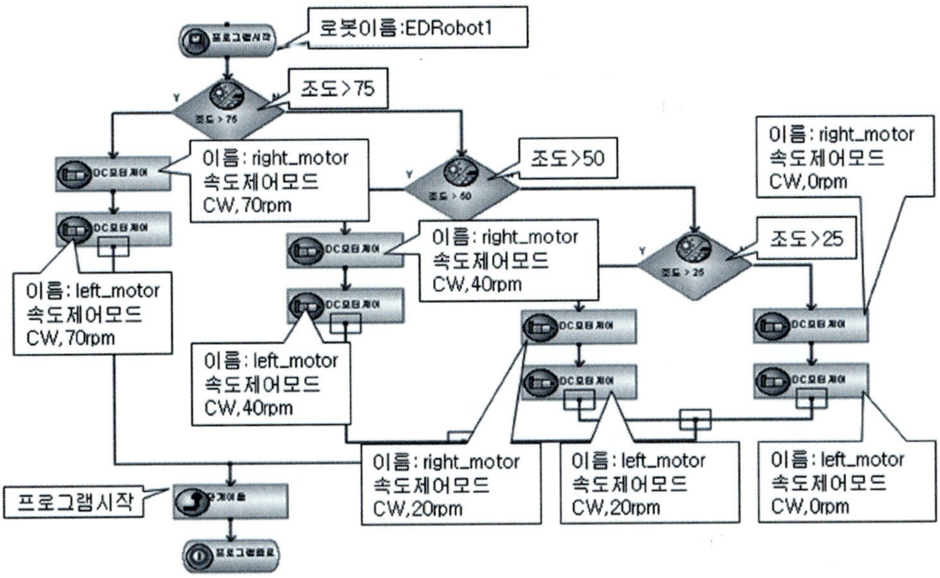

[그림 10-6] IRES 프로그램

4) C/C++ 프로그램 작성

본 실습 과제를 C/C++ 프로그램을 이용하여 작성해본다.

```
#include "Default.h"

#define CW -1
#define CCW 1

class CDefault;

CDefault    cdefault;

CElementRotateDCMotor*  M_RWheel;
CElementRotateDCMotor*  M_LWheel;

CElementEnvIlluminationSensor* ILL;
string  sRobotName = "EDRobot1";


int WinMain(HINSTANCE hInstance,
```

```
                    HINSTANCE hPrevInstance,
                    LPTSTR    lpCmdLine,
                    int       nCmdShow)
{



    OpenMemoryMap();

    GetRegistryData(cdefault.m_nDataCnt, cdefault.m_nObjCnt);
    cdefault.m_cData = new char[cdefault.m_nDataCnt];
        memset(cdefault.m_cData, 0, cdefault.m_nDataCnt);
    GetMemoryMap(cdefault.m_cData);

    cdefault.DataParsing();

    //모터 정의
    M_RWheel = (CElementRotateDCMotor*)cdefault.GetElementObject(M_RWheel,
sRobotName, "right_motor");
    M_LWheel = (CElementRotateDCMotor*)cdefault.GetElementObject(M_LWheel,
sRobotName, "left_motor");

    // 조도센서 정의
    ILL = (CElementEnvIlluminationSensor*)cdefault.GetElementObject(ILL, sRobotName,
"Illumination");

    while(1)
    {

     int IDis = 0;

     IDis = ILL->GetCurrentIllum();

    if(IDis > 75)
    {
        M_RWheel->SetSpeed(70);
        M_RWheel->SetRotateDirect(CW);
        M_LWheel->SetSpeed(70);
        M_LWheel->SetRotateDirect(CW);
    }
```

```
    else if(lDis > 50)
    {
        M_RWheel->SetSpeed(40);
        M_RWheel->SetRotateDirect(CW);
        M_LWheel->SetSpeed(40);
        M_LWheel->SetRotateDirect(CW);
    }
    else if(lDis > 25)
    {
        M_RWheel->SetSpeed(20);
        M_RWheel->SetRotateDirect(CW);
        M_LWheel->SetSpeed(20);
        M_LWheel->SetRotateDirect(CW);
    }
    else
    {
        M_RWheel->SetSpeed(0);
        M_RWheel->SetRotateDirect(CW);
        M_LWheel->SetSpeed(0);
        M_LWheel->SetRotateDirect(CW);
    }

        cdefault.DataPush();
        SendMemoryMap(cdefault.m_cData);

        GetMemoryMap(cdefault.m_cData);
        cdefault.DataModify();

    }

    cdefault.DeleteDummyObj();
    CloseMemoryMap();

    delete []cdefault.m_cData;

    return 0;
}
```

5) 컴파일 및 실행

빛의 밝기에 따라 속도가 변하는지 확인하자.

① 빛의 밝기가 75 이상일 경우 모터는 70rpm으로 회전한다.
② 빛의 밝기가 50 이상일 경우 모터는 40rpm으로 회전한다.
③ 빛의 밝기가 25보다 작을 경우 모터는 정지한다.
④ 1, 2, 3의 경우가 아닐 경우 모터는 20rpm으로 회전한다.
⑤ 단계이동 1로 돌아가 반복 실행한다.

10.3 초음파센서 모듈을 이용한 DC모터 이동거리 제어

1) 실습 과제

초음파센서로 장애물과의 거리가 0cm로 측정이 되면 50rpm으로 직진하고 거리가 25보다 작으면 30rpm으로 후진 후 다시 이동을 한다.

2) 실습 목표

초음파센서의 특성을 파악하고, 지능형 로봇의 가장 기본적인 장애물 회피 알고리즘을 이해한다.

3) 프로그램 순서도 작성 및 IRES 프로그램 작성

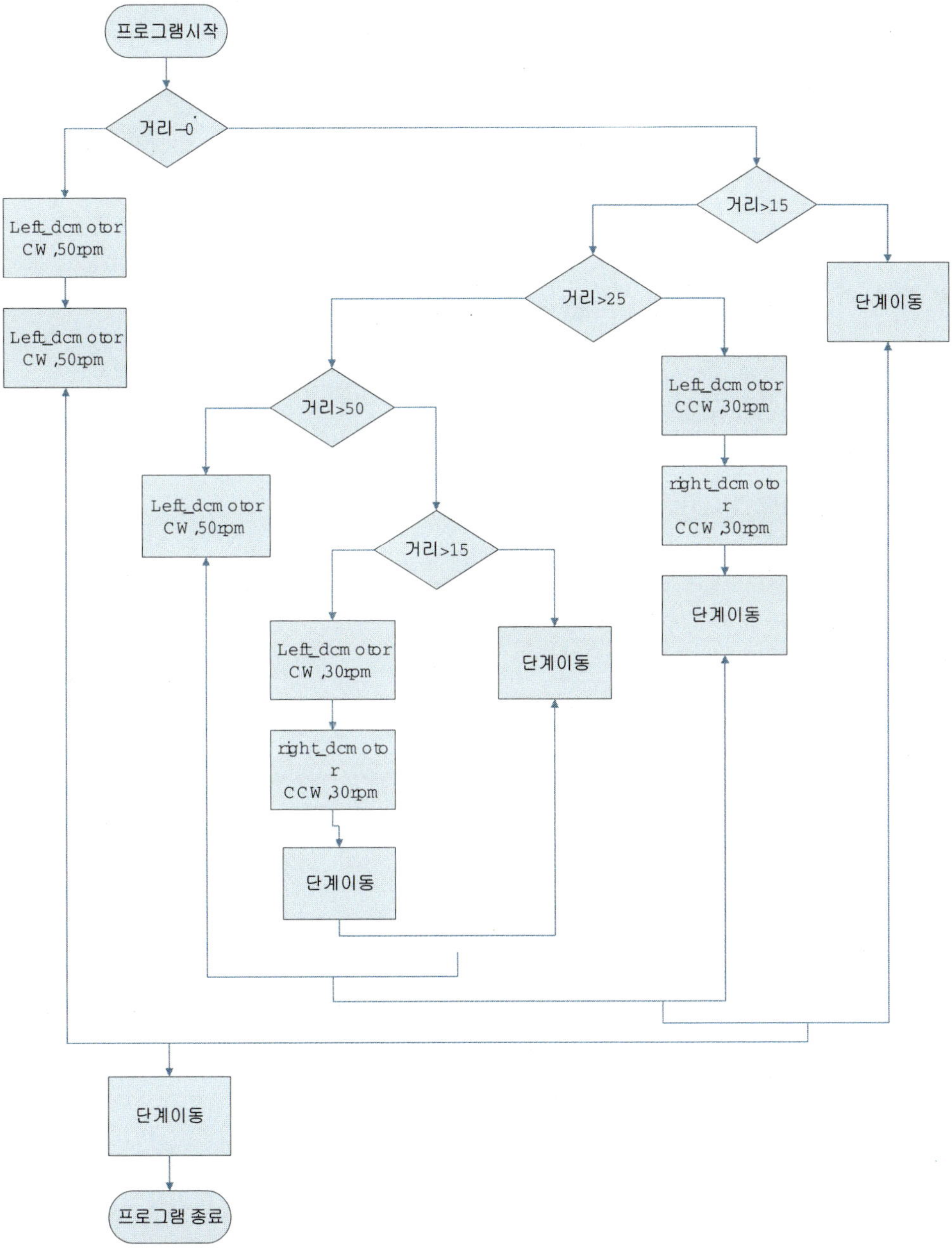

[그림 10-7] 순서도

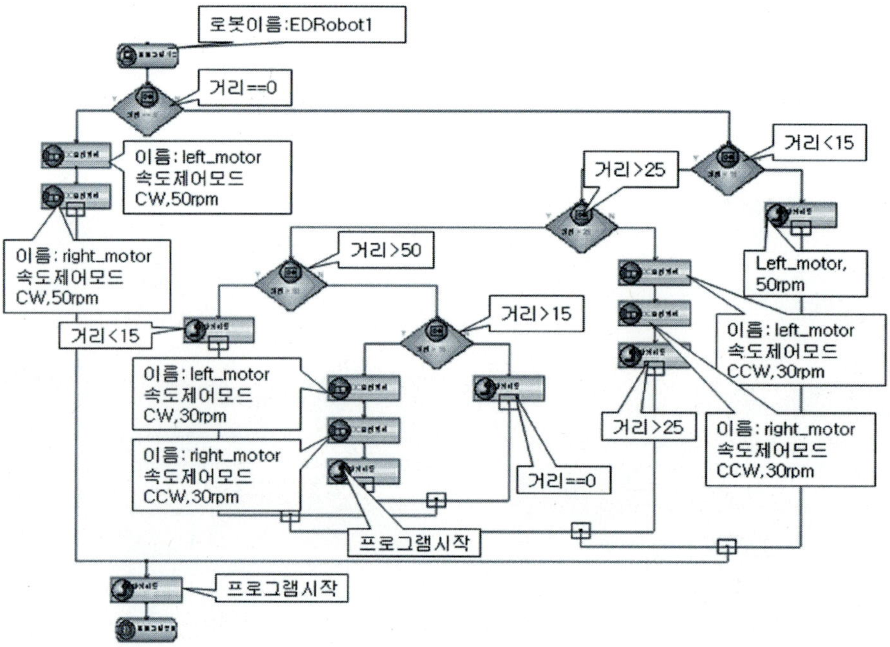

[그림 10-8] IRES 프로그램

4) C/C++ 프로그램 작성

본 실습 과제를 C/C++ 프로그램을 이용하여 작성해본다.

```
#include "Default.h"
#define CW -1
#define CCW 1
class CDefault;

CDefault      cdefault;


// 초음파센서 정의
CElementRayUltrasonicSensor* USS;

// 모터 정의
CElementRotateDCMotor*       M_RWheel;
CElementRotateDCMotor*  M_LWheel;
```

```
string  sRobotName = "EDRobot1";

void Right();
void Back();
void Forward();

int WinMain(HINSTANCE hInstance,
                    HINSTANCE hPrevInstance,
                    LPTSTR     lpCmdLine,
                    int        nCmdShow)
{
    OpenMemoryMap();

    GetRegistryData(cdefault.m_nDataCnt, cdefault.m_nObjCnt);
    cdefault.m_cData = new char[cdefault.m_nDataCnt];
         memset(cdefault.m_cData, 0, cdefault.m_nDataCnt);
    GetMemoryMap(cdefault.m_cData);

    cdefault.DataParsing();


    //모터 정의
    M_RWheel =  (CElementRotateDCMotor*)cdefault.GetElementObject(M_RWheel,
sRobotName, "right_motor");
    M_LWheel =  (CElementRotateDCMotor*)cdefault.GetElementObject(M_LWheel,
sRobotName, "left_motor");

    // 초음파센서
    USS = (CElementRayUltrasonicSensor*)cdefault.GetElementObject(USS,sRobot
Name, "ultrasonic");

    while(1)
    {
        int UDis = 0;

        int Ufine = 0;

        UDis=USS->GetCurrentDist();
        if(UDis >0 && UDis < 25)
           Ufine = 1;
```

```
        if(Ufine == 0)
            Forward();
        else
        {
            Back();
            Right();
        }
        cdefault.DataPush();
        SendMemoryMap(cdefault.m_cData);

        GetMemoryMap(cdefault.m_cData);
        cdefault.DataModify();

    }

    cdefault.DeleteDummyObj();
    CloseMemoryMap();

    delete [ ]cdefault.m_cData;

    return 0;
}
void Right()
{
    cout << "right turn" << endl;
    int distance = 0;
    while(1)
    {
        distance = USS->GetCurrentDist();
        cout << distance << endl;
        M_RWheel->SetSpeed(30);
        M_RWheel->SetRotateDirect(CCW);
        M_LWheel->SetSpeed(30);
        M_LWheel->SetRotateDirect(CW);

        cdefault.DataPush();
        SendMemoryMap(cdefault.m_cData);

        GetMemoryMap(cdefault.m_cData);
        cdefault.DataModify();
```

```
        if(distance == 0)
            break;
    }
}

void Back(void)
{
    int distance = 0;
    while(1)
    {
        distance = USS->GetCurrentDist();
        cout << distance << endl;
        M_RWheel->SetSpeed(30);
        M_RWheel->SetRotateDirect(CCW);
        M_LWheel->SetSpeed(30);
        M_LWheel->SetRotateDirect(CCW);

        cdefault.DataPush();
        SendMemoryMap(cdefault.m_cData);

        GetMemoryMap(cdefault.m_cData);
        cdefault.DataModify();

        if(distance > 35)
            break;
    }
}

void Forward(void)
{
    cout << "forward"<< endl;
    M_RWheel->SetSpeed(30);
    M_RWheel->SetRotateDirect(CW);
    M_LWheel->SetSpeed(30);
    M_LWheel->SetRotateDirect(CW);
}
```

5) 컴파일 및 실행

작성한 프로그램이 올바르게 동작하는지 알아보자. 거리에 따라 초음파센서의 출력 값도 똑바로 출력되는지 확인해 본다.

제공된 슬라이드 모듈의 아크릴 조각 이외에 다른 장애물로 초음파센서의 출력 값을 확인해본다. 초음파센서의 특성을 다시 한번 생각하면서, 어떤 형태의 장애물은 초음파센서로 측정이 불가능한지 생각해보자.

10.4 적외선센서와 DC모터의 속도제어

1) 실습 과제

적외선센서를 이용해 DC모터의 속도를 제어한다.

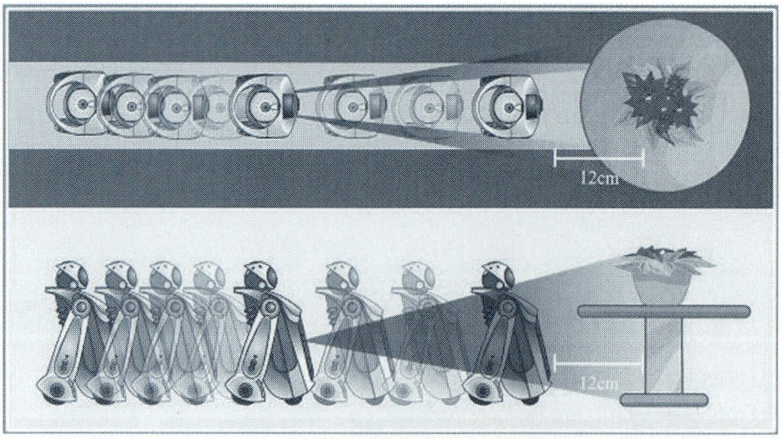

[그림 10-9] 적외선센서와 스텝모터 방향제어

2) 실습 목표

PSD를 이용한 적외선센서의 원리 및 특징을 파악하고, 로봇에 어떤 용도로 적용되고 있는지 알아본다.

3) 프로그램 순서도 작성 및 IRES 프로그램 작성

적외선센서로 장애물을 감지하는 로봇이 장애물과의 거리가 가까워짐에 따라 속도를 낮추고 40cm 이하로 감지가 되면 로봇을 정지하는 프로그램을 작성한다.

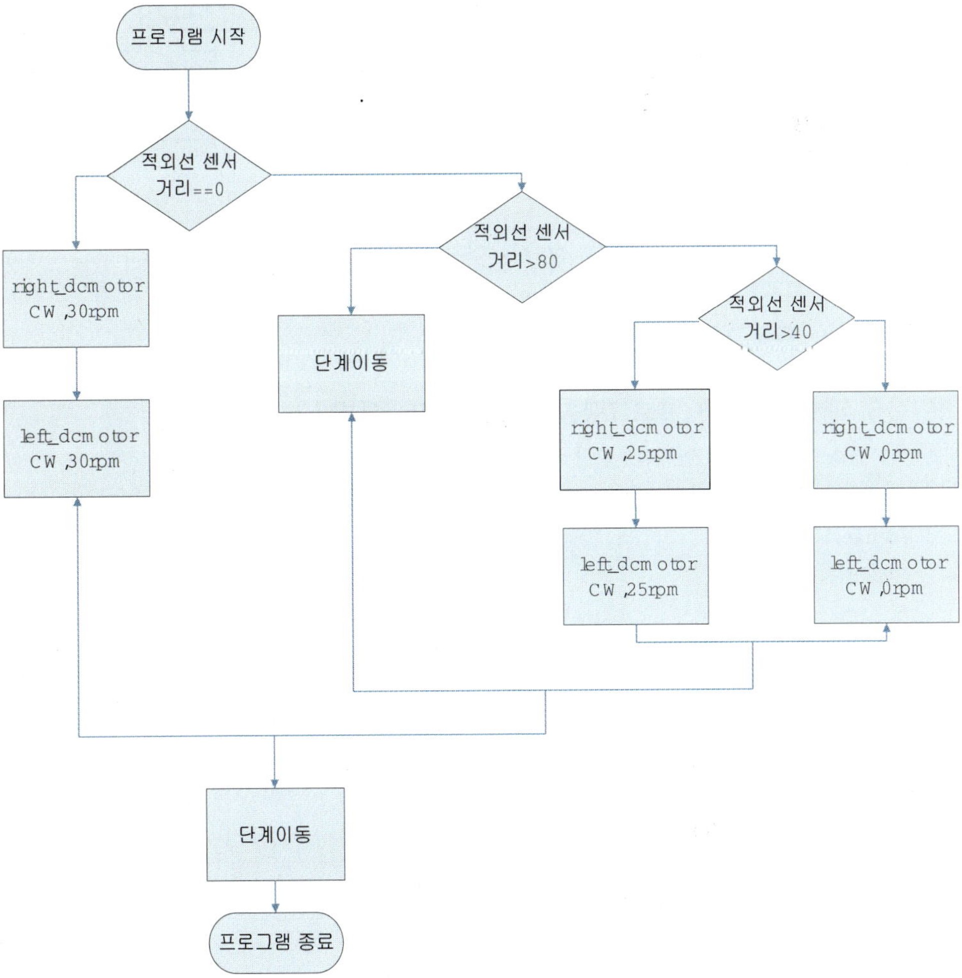

[그림 10-10] 순서도

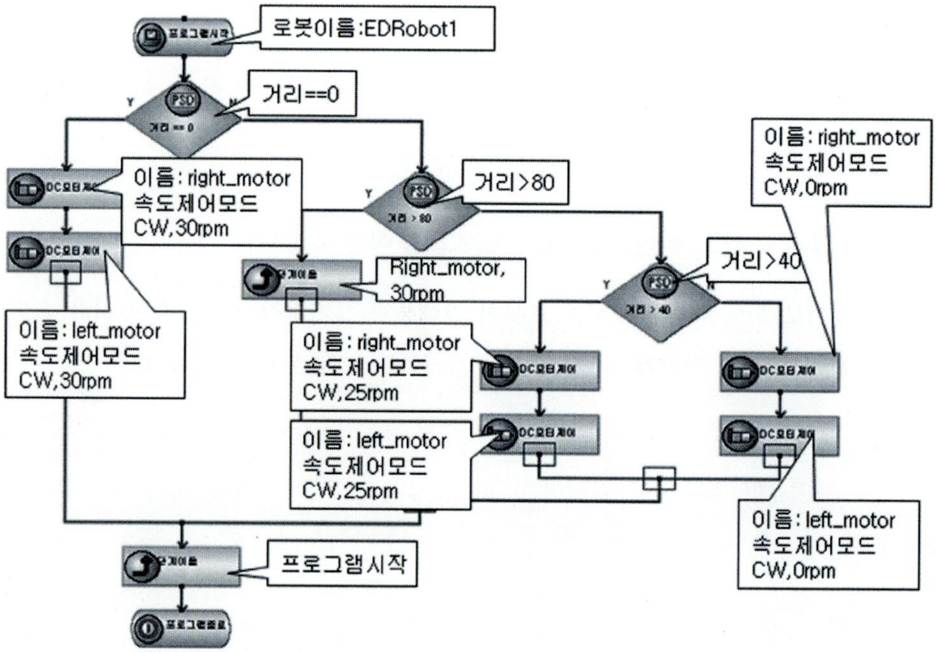

[그림 10-11] IRES 프로그램

4) C/C++ 프로그램 작성

본 실습 과제를 C/C++ 프로그램을 이용하여 작성해본다.

```
#include "Default.h"
#define CW -1
#define CCW 1

class CDefault;
CDefault    cdefault;


CElementRotateDCMotor*     M_RWheel;
CElementRotateDCMotor*     M_LWheel;

CElementRayInfraredSensor * IRH;

/// 로봇 이름 ///
```

```
string  sRobotName = "EDRobot1";
void Forward(int);

int WinMain(HINSTANCE hInstance,
                    HINSTANCE hPrevInstance,
                    LPTSTR    lpCmdLine,
                    int       nCmdShow)
{

    OpenMemoryMap();

    GetRegistryData(cdefault.m_nDataCnt, cdefault.m_nObjCnt);
    cdefault.m_cData = new char[cdefault.m_nDataCnt];
        memset(cdefault.m_cData, 0, cdefault.m_nDataCnt);
    GetMemoryMap(cdefault.m_cData);

    cdefault.DataParsing();


    //모터 정의
    M_RWheel =  (CElementRotateDCMotor*)cdefault.GetElementObject(M_RWheel,
sRobotName, "right_motor");
    M_LWheel =  (CElementRotateDCMotor*)cdefault.GetElementObject(M_LWheel,
sRobotName, "left_motor");

    //적외선센서 정의
    IRH  =  (CElementRayInfraredSensor*)cdefault.GetElementObject(IRH,sRobotName,
"infrared_F");

    while(1)
    {

        int HDis = 0;

        HDis=IRH->GetCurrentDist();

        if(HDis > 80 || HDis == 0)
            Forward(50);
        else if(HDis > 40 && HDis < 80)
            Forward(25);
```

제10장

```
            else if(HDis > 0 && HDis < 40)
                Forward(0);
            cdefault.DataPush();
            SendMemoryMap(cdefault.m_cData);

            GetMemoryMap(cdefault.m_cData);
            cdefault.DataModify();

        }
        cdefault.DeleteDummyObj();
        CloseMemoryMap();

        delete []cdefault.m_cData;

        return 0;
}
void Forward(int speed)
{
        M_RWheel->SetSpeed(speed);
        M_RWheel->SetRotateDirect(CW);
        M_LWheel->SetSpeed(speed);
        M_LWheel->SetRotateDirect(CW);
}
```

5) 컴파일 및 실행

작성한 프로그램을 실행해보고 장애물과 거리가 40cm 이하의 영역에서 DC모터의 속도가 0rpm으로 줄어들고 80cm 이상에서는 단계이동하는 것을 알아 볼 수 있다.

이는 센서의 특성이 10cm에서 80cm의 거리에서 측정 가능한 센서를 채용했기 때문이다. PSD 센서는 측정영역이 정해져 있다는 것을 뜻한다.

PSD 센서의 특성을 다시 한번 알아보아야 한다.

10.5 기울기센서와 DC모터의 속도제어

1) 실습 과제

기울기센서의 입력은 받은 데이터로 DC모터의 속도제어를 구현한다. 로봇이 경사면을 올라갈 때 저속의 고토크의 구동법으로 사용하고 평지를 이동할 때에는 고속의 저토크 영역의 DC모터 제어방법을 사용한다. 이에 따라 경사도가 높으면 저속으로 주행하고, 낮으면 고속으로 움직이는 알고리즘을 구현한다.

2) 실습 목표

로봇에서 기울기센서의 용도를 모색하고 기울기센서의 활용도를 높인다.

3) 프로그램 순서도 작성 및 IRES 프로그램 작성

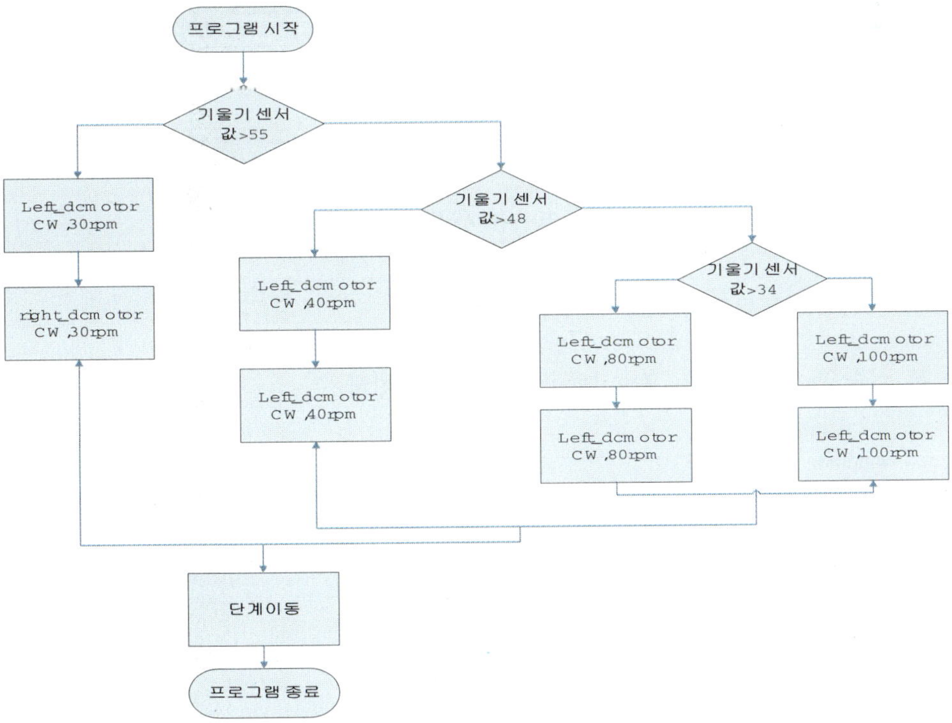

[그림 10-12] 순서도

모터의 속도를 증가시키는 방법의 프로그램을 작성하고 0°의 기울기 값이 측정될 때는 평지를 의미한다.

평지일 때 가장 빠른 속도로 모터를 제어하는 프로그램을 작성한다.

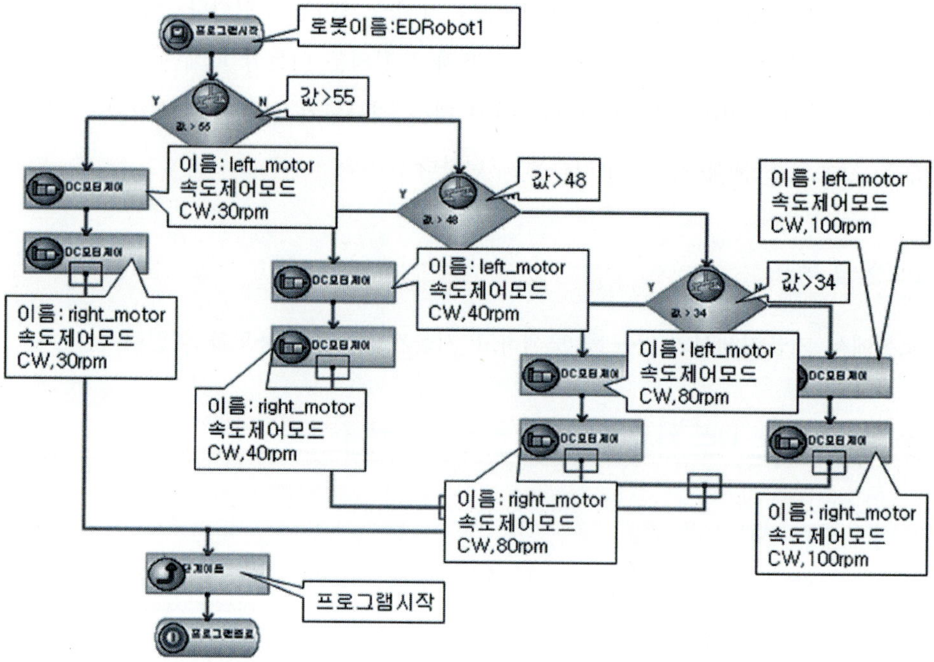

[그림 10-13] IRES 프로그램

4) C/C++ 프로그램 작성

본 실습 과제를 C/C++ 프로그램을 이용하여 작성해본다.

```
#include "Default.h"
#define CW -1
#define CCW 1

class CDefault;

CDefault      cdefault;
```

```
CElementRotateDCMotor*     M_RWheel;
CElementRotateDCMotor*  M_LWheel;

CElementInclinationSensor *ICN;


/// 로봇 이름 ///
string  sRobotName = "EDRobot1";


void Forward(int);

int WinMain(HINSTANCE hInstance,
                    HINSTANCE hPrevInstance,
                    LPTSTR     lpCmdLine,
                    int          nCmdShow)
{

    OpenMemoryMap();

    GetRegistryData(cdefault.m_nDataCnt, cdefault.m_nObjCnt);
    cdefault.m_cData = new char[cdefault.m_nDataCnt];
        memset(cdefault.m_cData, 0, cdefault.m_nDataCnt);
    GetMemoryMap(cdefault.m_cData);

    cdefault.DataParsing();


    //모터 정의
    M_RWheel =  (CElementRotateDCMotor*)cdefault.GetElementObject(M_RWheel,
sRobotName, "right_motor");
    M_LWheel =  (CElementRotateDCMotor*)cdefault.GetElementObject(M_LWheel,
sRobotName, "left_motor");

    ICN  =  (CElementInclinationSensor*)cdefault.GetElementObject(ICN,sRobotName,
"inclination1");


    while(1)
    {
```

제10장

```
        int IDis;

        IDis=ICN->GetCurrentInc();
        cout << IDis << endl;

        if(IDis == 41)
           Forward(80);
        else if(IDis > 41 && IDis <= 52)
            Forward(40);
        else if(IDis > 52 && IDis < 60)
            Forward(30);
        else if(IDis < 41)
            Forward(20);

        cdefault.DataPush();
        SendMemoryMap(cdefault.m_cData);

        GetMemoryMap(cdefault.m_cData);
        cdefault.DataModify();

    }

    cdefault.DeleteDummyObj();
    CloseMemoryMap();

    delete [ ]cdefault.m_cData;

    return 0;
}

void Forward(int speed)
{
    M_RWheel->SetSpeed(speed);
    M_RWheel->SetRotateDirect(CW);
    M_LWheel->SetSpeed(speed);
    M_LWheel->SetRotateDirect(CW);
}
```

5) 컴파일 및 실행

프로그램이 올바르게 실행되는지 확인한다.

기울기센서의 값이 클수록 속도는 늦고, 작을수록 속도가 빨라진다. 기울기센서의 값이 55보다 클 경우 속도는 30rpm이며 48보다 클 경우 40rpm이다.

34보다 클 경우 80rpm이고 그 이하인 경우에는 100rpm으로 회전하게 된다.

10.6 음원탐지 모듈과 로봇의 방향제어

1) 실습 과제

로봇에 음향탐지 모듈이 장착되었다고 가정한다. 로봇이 특정 소리에 반응하여 어느 방향에서 소리가 났는지 감지하여 추적하는 알고리즘을 구현한다.

[그림 10-14] 음원탐지 모듈과 로봇의 방향제어

2) 실습 목표

음향탐지 모듈의 활용방안과 사용방법을 이해한다.

3) 프로그램 순서도 작성 및 IRES 프로그램 작성

음향탐지 모듈은 음향 값을 감지하여 어느 방향에서 감지했는지 출력하는 모듈이다. 음향 값을 감지하지 못하면 50rpm으로 직진하게 되고 감지하면 20rpm으로 360° 회전을 하게 된다.

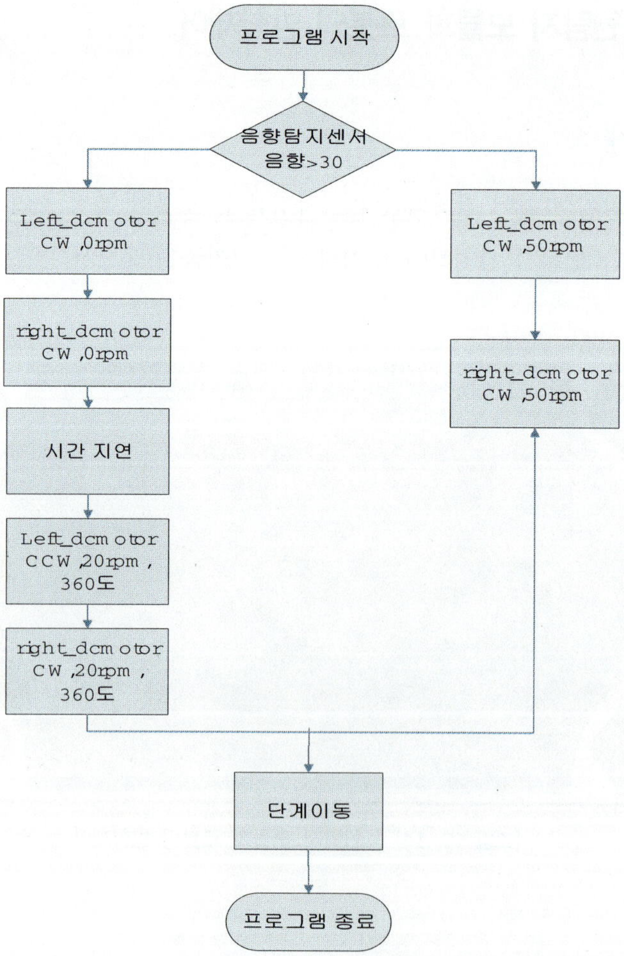

[그림 10-15] 순서도

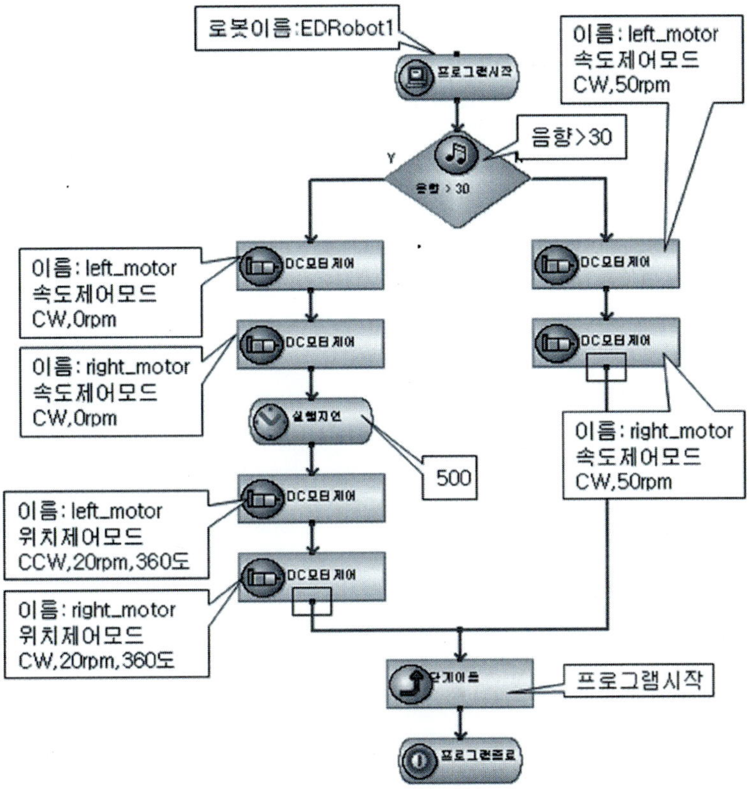

[그림 10-16] IRES 프로그램

4) C/C++ 프로그램 작성

본 실습 과제를 C/C++ 프로그램을 이용하여 작성해본다.

```
#include "Default.h"
#define CW -1
#define CCW 1

class CDefault;

CDefault     cdefault;

    CElementRayInfraredSensor *        IRH;
    CElementRayInfraredSensor *        IRL;
```

```
    CElementRayInfraredSensor *        IRR;
    CElementRayInfraredSensor *        IRB;



    CElementRotateDCMotor*M_RWheel;
    CElementRotateDCMotor*  M_LWheel;
    CElementRotateDCMotor*M_Head;

    /// 로봇 이름 ///
    string  sRobotName = "EDRobot1";


void dancing();      //사람이 감지되면 그 자리에서 회전

void Forward(int);  //앞으로
void Back();        //뒤로
void LeftTurn();    //좌회전
void RightTurn();   //우회전

int WinMain(HINSTANCE hInstance, HINSTANCE hPrevInstance, LPTSTR lpCmdLine,
int nCmdShow)
{

    OpenMemoryMap();

    GetRegistryData(cdefault.m_nDataCnt, cdefault.m_nObjCnt);
    cdefault.m_cData = new char[cdefault.m_nDataCnt];
        memset(cdefault.m_cData, 0, cdefault.m_nDataCnt);
    GetMemoryMap(cdefault.m_cData);

    cdefault.DataParsing();

    int rotate = 0;
    int back = 0;
    int SubRotate = 0;

    ///**********************///////
    /// user vlaue
```

```
    CElementRayDetectBodySensor* BodySensor;

    CElementRayDetectSoundSensor * SND;

    // 음원탐지센서 정의
    SND    =    (CElementRayDetectSoundSensor*)cdefault.GetElementObject(SND,
sRobotName, "sound");

    //인체감지센서 정의
    BodySensor = (CElementRayDetectBodySensor*)cdefault.GetElementObject
(BodySensor, sRobotName, "body_sensor");


    //모터 정의
    M_RWheel =  (CElementRotateDCMotor*)cdefault.GetElementObject(M_RWheel,
sRobotName, "right_motor");
    M_LWheel =  (CElementRotateDCMotor*)cdefault.GetElementObject(M_LWheel,
sRobotName, "left_motor");
    M_Head   =  (CElementRotateDCMotor*)cdefault.GetElementObject(M_Head,
sRobotName, "head_dcmotor");


    //적외선센서 정의
    IRH  =  (CElementRayInfraredSensor*)cdefault.GetElementObject(IRH,sRobotName,
"infrared_F");
    IRL  =  (CElementRayInfraredSensor*)cdefault.GetElementObject(IRL,sRobotName,
"infrared_FL");
    IRR = (CElementRayInfraredSensor*)cdefault.GetElementObject(IRR ,sRobotName,
"infrared_FR");

    while(1)
    {

    ///***************************///
        int Hfine = 0;
        int Lfine = 0;
        int Rfine = 0;
        int Sfine = 0;
        int HDis = 0;
        int LDis = 0;
```

```
int RDis = 0;
int SDis = 0;
BOOL Humansensor = 0;

//인체감지센서의 감지여부
Humansensor = BodySensor->GetCurrent();

SDis = SND->GetDecibel();
//현재 상태의 센서 값을 받아옴
HDis=IRH->GetCurrentDist();
LDis=IRL->GetCurrentDist();
RDis=IRR->GetCurrentDist();

if(SDis > 0 && SDis <30)
    Sfine = 1;
if(HDis >0 && HDis < 80)
   Hfine = 1;

if(RDis >0 && RDis < 110)
   Rfine = 1;

if(LDis >0 && LDis < 110)
   Lfine = 1;

if(Hfine == 0 && Rfine == 0 && Lfine == 0 && back == 0 && Sfine == 0)
{
    Forward(50);
    rotate = 0;
}
else
{

        if(M_RWheel->GetSpeed() > 0 || M_LWheel->GetSpeed() > 0) //
                                    현재 스피드를 받아 비교
         {
            Forward(0);
        }
        else
        {
            if(Hfine == 1 && Humansensor == 1)
```

```
            {
                dancing();
                continue;
            }
        if(Sfine == 1)
            rotate = 1;
        if( RDis > LDis)
         rotate = 2;
        else if(RDis < LDis)
         rotate = 1;

        if(Hfine ==1)
         rotate = 3;


        if(Lfine == 1 && Rfine == 1)
         rotate = 3;
    }
    switch(rotate)
    {
    case 1:
        {
            RightTurn();
        }
        break;
    case 2:
        {
            LeftTurn();

        }
        break;
    case 3:
        {
            if(SubRotate == 1)
            {
                if(LDis < 140)
                {
                   RightTurn();
                }
                else if(RDis < 140)
```

```
                        {
                            LeftTurn();
                        }
                        else
                        {
                            RightTurn();
                        }

                            SubRotate = 0;
                            rotate = 0;
                            back = 0;
                        cout << rotate << endl;
                    }
                    else
                    {
                        Back();
                        cout << rotate << endl;
                        back = 1;
                        if(HDis > 90 || LDis > 150 || RDis > 150)
                            SubRotate = 1;
                    }
                }
                break;
            default:
                break;
            }

        }
        cdefault.DataPush();
        SendMemoryMap(cdefault.m_cData);
        GetMemoryMap(cdefault.m_cData);
        cdefault.DataModify();
    }
    CloseMemoryMap();
    delete []cdefault.m_cData;
    return 0;
}
void dancing()
{
        int cnt = 1;
```

```
        while(1)
        {
         cout << "dancing"<< endl;
         if(cnt < 200)
         {
          M_RWheel->SetSpeed(30);
          M_RWheel->SetRotateDirect(CW);
          M_LWheel->SetSpeed(30);
          M_LWheel->SetRotateDirect(CCW);

          cdefault.DataPush();
          SendMemoryMap(cdefault.m_cData);

          GetMemoryMap(cdefault.m_cData);
          cdefault.DataModify();
         }
          cnt++;
          if ( cnt > 200)
          {
             break;
          }
        }
}
void LeftTurn()
{
     cout << "leftturn" << endl;
     int distance = 0;
     while(1)
     {
          distance = IRR->GetCurrentDist();
          cout << distance << endl;
          M_RWheel->SetSpeed(30);
          M_RWheel->SetRotateDirect(CW);
          M_LWheel->SetSpeed(30);
          M_LWheel->SetRotateDirect(CCW);

              cdefault.DataPush();
              SendMemoryMap(cdefault.m_cData);
              GetMemoryMap(cdefault.m_cData);
              cdefault.DataModify();
```

제10장

```
        if(distance > 150 || distance == 0)
          break;
    }
}
void RightTurn()
{
    cout << "rightturn" << endl;
    int distance = 0;
    while(1)
    {
        distance = IRL->GetCurrentDist();
        cout << distance << endl;
        M_RWheel->SetSpeed(30);
        M_RWheel->SetRotateDirect(CCW);
        M_LWheel->SetSpeed(30);
        M_LWheel->SetRotateDirect(CW);

        cdefault.DataPush();
        SendMemoryMap(cdefault.m_cData);

        GetMemoryMap(cdefault.m_cData);
        cdefault.DataModify();

        if(distance > 150 || distance == 0)
          break;
    }
}

void Back(void)
{
    cout << "back"<< endl;
    M_RWheel->SetSpeed(30);
    M_RWheel->SetRotateDirect(CCW);
    M_LWheel->SetSpeed(30);
    M_LWheel->SetRotateDirect(CCW);
}

void Forward(int speed)
{
    M_RWheel->SetSpeed(speed);
```

```
        M_RWheel->SetRotateDirect(CW);
        M_LWheel->SetSpeed(speed);
        M_LWheel->SetRotateDirect(CW);
}
```

5) 컴파일 및 실행

작동 확인을 하여 프로그램을 시작하면 우선 로봇은 직진하게 된다.
만약 소리가 감지되면 일단 로봇은 멈춘 후 로봇은 제자리에서 360°를 회전하게 된다.

10.7 DC모터를 이용한 위치제어

1) 실습 과제

로봇의 DC모터 모듈과 나침반센서를 이용해 로봇이 200cm 이동 후 되돌아오는 프로그램을 작성한다.

2) 실습 목표

로봇이 이동하는데 필요한 DC모터의 제어방법과 방향제어를 위해 필요한 나침반센서 제어방법을 이해한다.

- 모터 : DC Motor
- 센서 : 나침반센서

동작	모드	모터방향	속도	위치	내 용
Forward (전진)	위치제어모드	CCW,CW	30	200cm	
	감속구간		10	위치〉=160	
Turn (회전)	속도제어모드	CW	10		나침반센서방향 〉 177 나침반센서방향 〈 183
Back (후진)	위치제어모드	CCW,CW	30	200cm	
	감속구간		10	위치〉=160	
Stop (정지)	속도제어모드	CCW,CW	0	위치〉=193	돌아오면서 193이상이 되면 속도값을 0으로 주어 정지

[창의적 공학설계문제]

① 프로그램 순서도 작성 및 IRES 프로그램을 작성한다.

② C/C++ 프로그램을 작성한다.

③ 컴파일 및 실행하여 동작을 확인한다.

10.8 조도센서를 이용한 속도제어

1) 실습 과제

로봇에 조도센서와 DC모터를 이용해 조도센서의 값에 따라 속도를 변화시키는 프로그램을 작성한다.

2) 실습 목표

로봇센서의 입력방법을 이해하고 조건에 따른 분기객체 사용법을 이해한다.

- 모터 : DC Motor

- 센서 : 조도센서

동작	모드	모터방향	속도	위치	내 용
Forward (전지)	속도제어모드	CCW, CW	100		조도센서 〉 50
			70		조도센서 〉 35
			40		조도센서 〉 20
			10		조도센서 〈 20

[창의적 공학설계 문제]

① 프로그램 순서도 작성 및 IRES 프로그램을 작성한다.

② C/C++ 프로그램을 작성한다.

③ 컴파일 및 실행하여 동작을 확인한다.

10.9 기울기센서를 이용한 속도제어

1) 실습 과제

로봇이 평지를 이동할 때에는 고속의 저토크 영역의 DC모터제어를 하고 경사면을 올라갈 때는 저속의 고토크 구동법을 사용한다. 옵션으로 초음파센서를 사용해 장애물이 있을 시 정지한다.

2) 실습 목표

기울기센서의 용도를 모색하고 센서에 따른 DC모터제어 알고리즘을 구현한다.

- 모터 : DC Motor

- 센서 : 기울기센서, 초음파센서

동작	모드	모터방향	속도	위치	내 용
Forward (전진)	속도제어모드	CCW,CW	50		기울기센서 〉= 15
			40		기울기센서 〉= 9 기울기센서 〈 15
			30		기울기센서 〉= 5 기울기센서 〈 9
			20		기울기센서 〈 5
정지	속도제어모드	CCW,CW	0		초음파센서 〉 0 초음파센서 〈 100

[창의적 공학설계 문제]

① 프로그램 순서도 작성 및 IRES 프로그램을 작성한다.

② C/C++ 프로그램을 작성한다.

③ 컴파일 및 실행하여 동작을 확인한다.

10.10 음향센서를 이용한 속도제어

1) 실습 과제

로봇에 음향 탐지센서와 초음파센서를 장착 후 음향의 크기에 따른 속도제어 후 장애물 발견시 로봇 정지한다.

2) 실습 목표

음향탐지 모듈의 활용방안 및 사용방법을 이해한다.

- 모터 : DC Motor
- 센서 : 음향센서, 초음파센서

동작	모드	모터방향	속도	위치	내 용
Forward (전지)	속도제어모드	CW, CW	30		음향센서 〉= 0 음향센서 〈 15
		CW, CW	40		음향센서 〉=15 음향센서 〈 20
		CW, CW	50		음향센서 〉= 20 음향센서 〈 25
		CW, CW	60		음향센서 〉= 25 음향센서 〈 30
		CW, CW	50		음향센서 〉= 30 음향센서 〈 35
		CW, CW	40		음향센서 〉= 35 음향센서 〈 40
		CW, CW	30		음향센서 〉= 40 음향센서 〈 50
Stop (정지)	속도제어모드	CW, CW	0		초음파센서 〉 0 초음파센서 〈= 100

[창의적 공학설계 문제]

① 프로그램 순서도 작성 및 IRES 프로그램을 작성한다.

② C/C++ 프로그램을 작성한다.

③ 컴파일 및 실행하여 동작을 확인한다.

10.11 초음파센서를 이용한 방향제어

1) 실습 과제

로봇의 초음파센서를 이용하여 장애물이 발견 시 감속하다가 일정구간에 도달하면 후진 후 오른쪽으로 방향을 바꾼 후 직진 이동한다.

2) 실습 목표

초음파센서의 특성을 파악하고 장애물 회피 알고리즘을 작성한다.

- 모터 : DC Motor
- 센서 : 초음파센서

동작	모드	모터방향	속도	위치	내 용
Forward (전진)	속도제어모드	CW, CW	50		초음파센서 = 0 초음파센서 〉 50 (30으로 감속)
Back (후진)		CCW, CCW	30		초음파센서 〈 70
Turn (회전)		CW, CCW	30		초음파센서 〉 70 초음파센서가 0일 때까지 회전

[창의적 공학설계 문제]

① 프로그램 순서도 작성 및 IRES 프로그램을 작성한다.

② C/C++ 프로그램을 작성한다.

③ 컴파일 및 실행하여 동작을 확인한다.

10.12 적외선센서를 이용한 속도제어

1) 실습 과제

적외선센서로 장애물을 감지하는 로봇이 장애물과의 거리가 가까워짐에 따라 속도를 낮추고 감지가 되면 로봇을 정지시키는 프로그램을 한다.

2) 실습 목표

적외선센서의 특성을 파악하고 물체 감지 알고리즘을 작성한다.

- 모터 : DC Motor
- 센서 : 적외선센서

동작	모드	모터방향	속도	위치	내용
Forward (전진)	속도제어모드	CW, CW	30		적외선센서 〉 80이거나 적외선센서 = 0
			20		적외선센서 〉 40 적외선센서 〈 80
			0		적외선센서 〉 0 적외선센서 〈 40

[창의적 공학설계 문제]

① 프로그램 순서도 작성 및 IRES 프로그램을 작성한다.

② C/C++ 프로그램을 작성한다.

③ 컴파일 및 실행하여 동작을 확인한다.

제 11 장

지능형 로봇 시뮬레이터 속성편집

11.1 3DS 맥스 다이나믹 속성 편집기의 개요

"3DS 맥스 다이나믹 속성 편집기"는 3DS 맥스에서 로봇 디자인을 한 후 로봇에 조인트(Joint)와 충돌 오브젝트를 부여하여 로봇의 내 · 외부 속성을 설정하기 위한 편집기이다.

편집한 로봇은 로봇에디터와 환경에디터에서 로드하여 지능형 로봇 시뮬레이션을 수행할 수 있다.

3DS 맥스 다이나믹 속성 편집기는 3DS 맥스 스크립트(Script)를 사용하여 작성되었으며 "ms"의 확장자를 가진다.

① 3DS 맥스를 실행한 후 망치모양 (Utillities)을 선택한다.

② MAXScript를 클릭하면 MAXScript 롤아웃 창이 나타난다.

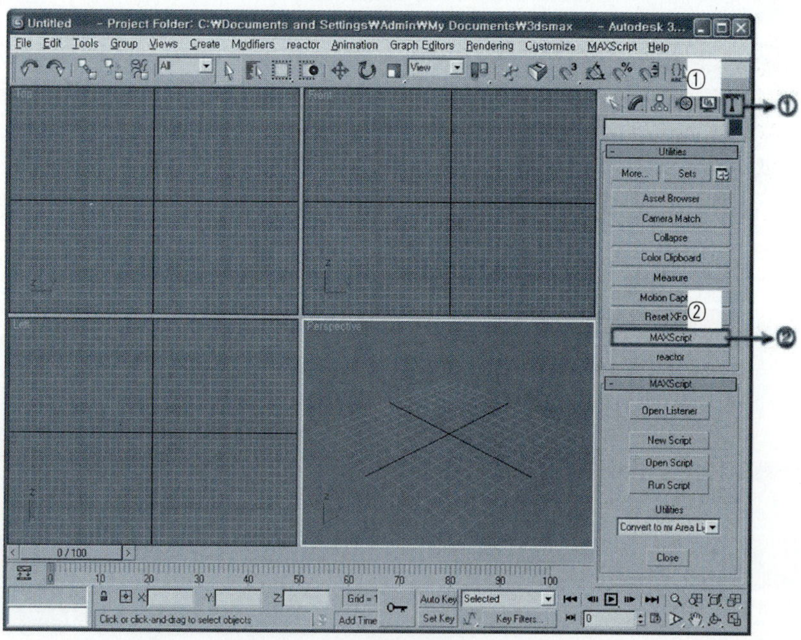

[그림 11-1] 3DS 맥스 기본 창

③ [그림 11-2]와 같이 [Dynamic Property Editor]를 실행한다.

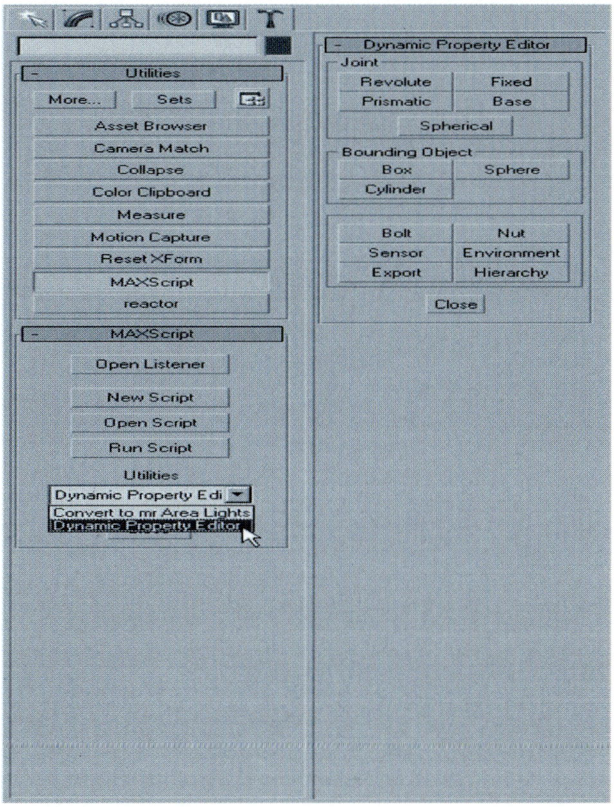

[그림 11-2] 맥스 스크립트의 Dynamic Property Editor 롤 아웃창

[Dynamic Property Editor]를 선택하면 [그림 11-2]와 같은 Dynamic Property Editor 롤아웃 창이 나타나게 되고 3DS 맥스로 디자인한 로봇에 여러 속성을 줄 수 있다.

Dynamic Property Editor는 PC 프린트 포트에 키락(Key-Lock) 장치를 장착한 상태에서 동작하며, 만약 키락 장치를 장착하지 않은 경우에는 라이센스를 등록해야만 동작한다.

라이센스가 정상적으로 입력되면 "축하합니다! 라이센스 인증이 완료되었습니다!"는 메시지가 나타난다.

[그림 11-3] Dynamic Property Editor 라이센스 등록기

11.2 3DS 맥스 다이나믹 속성 편집기의 설치

3DS 맥스 다이나믹 속성 편집기의 InstallShield Wizard 설치 준비 화면이 표시된다.

① 설치 시작

3DS 맥스 다이나믹 속성 편집기 InstallShield Wizard 준비 화면이 끝나면 자동적으로 화면의 설치창이 나타난다.

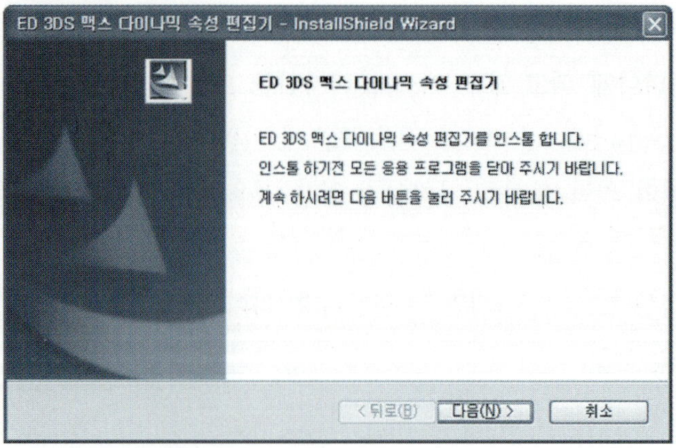

[그림 11-4] 3DS 맥스 다이나믹 속성 편집기 InstallShield 설치

② 사용권계약동의서

설치창에서 [다음]을 누르면 소프트웨어 사용권계약동의서가 나타난다. 중요한 내용이므로 사용자는 자세히 읽어 차후 불이익이 없도록 해야 한다.

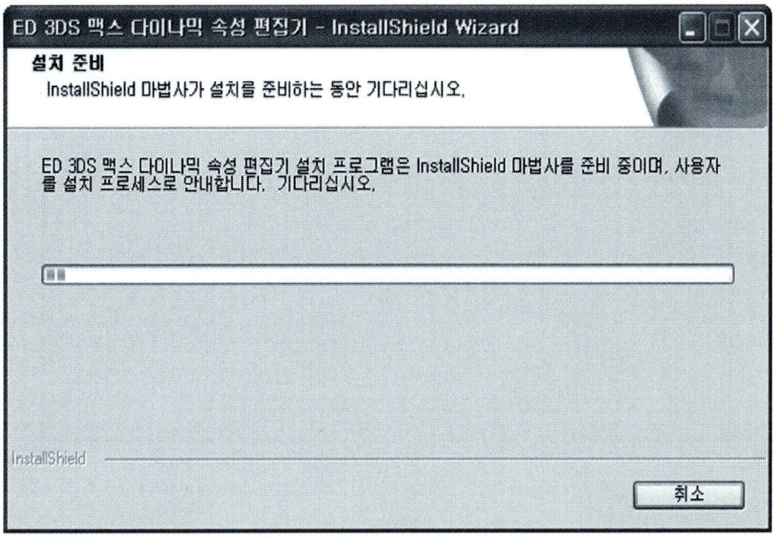

[그림 11-5] 3DS 맥스 다이나믹 속성 편집기 InstallShield Wizard 준비 화면

"위의 내용에 동의합니다." 버튼을 클릭하면 [다음] 버튼이 활성화된다.

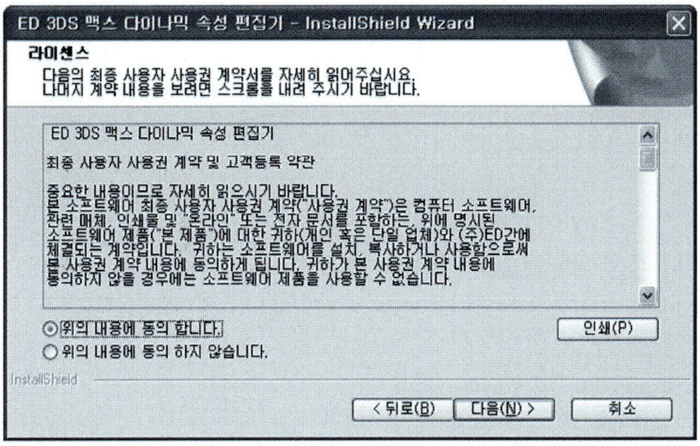

[그림 11-6] 사용권 계약 동의서

③ 사용자 정보 입력

라이센스 설치창에서 [다음] 버튼을 누르면 사용자 정보 입력 창이 나온다. 이름(U)에는 사용자 이름을 입력하고, 회사(C)에는 소속을 입력한다.

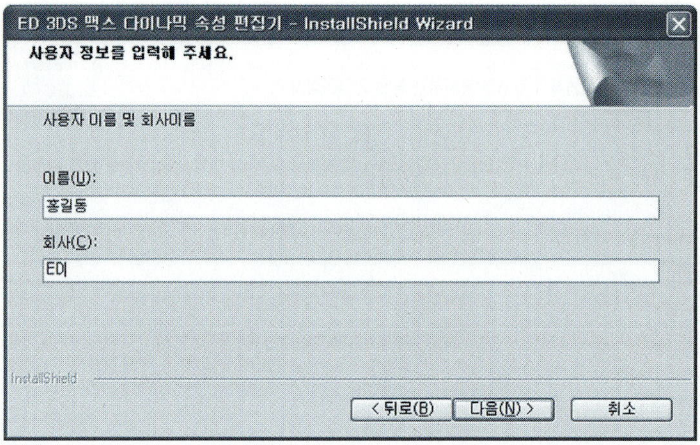

[그림 11-7] 사용자 정보 입력

④ 파일복사

경로명을 지정한 후 [다음] 버튼을 누르면 프로그램을 사용하는데 필요한 파일이 하드에 복사된다.

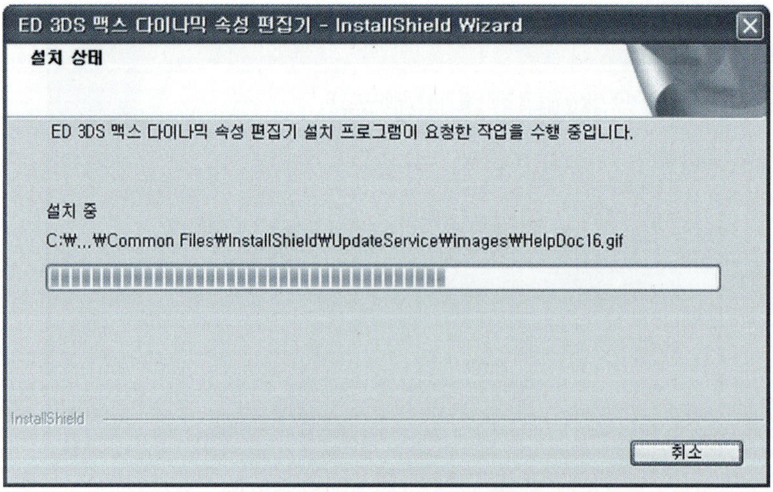

[그림 11-8] 3DS 맥스 다이나믹 속성 편집기 설치

⑤ 설치 완료

설치 과정을 끝마치고 완료 버튼을 눌러 재부팅하면 3DS 맥스 다이나믹 속성 편집기의 실행 준비가 완료된다.

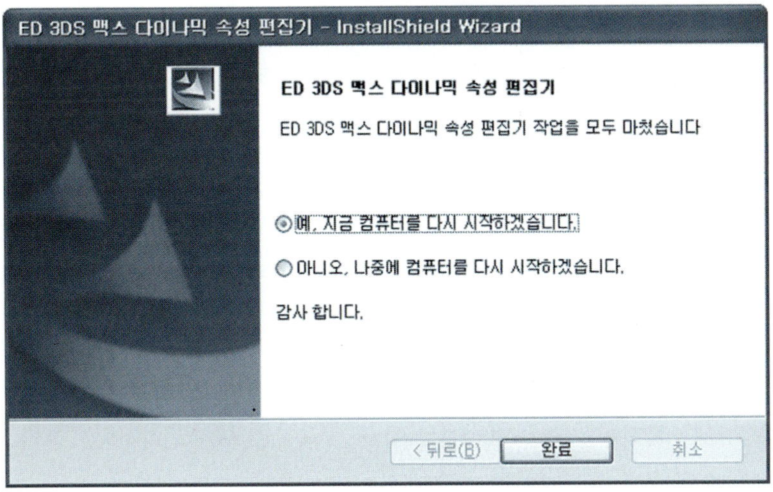

[그림 11-9] 3DS 맥스 다이나믹 속성 편집기 설치 완료

11.3 3DS 맥스 다이나믹의 조인트

조인트는 로봇의 빼대와 같은 역할을 하며 로봇의 몸체와 몸체 사이에서 관절과 같은 역할을 한다. 여기서 사용하는 조인트는 '회전 조인트(Revolute Joint)', '각기둥 조인트(Prismatic Joint)', '고정 조인트(Fixed Joint)', '가상 조인트(Base Joint)'로 나눌 수 있다.

11.3.1 회전 조인트(Revolute Joint)

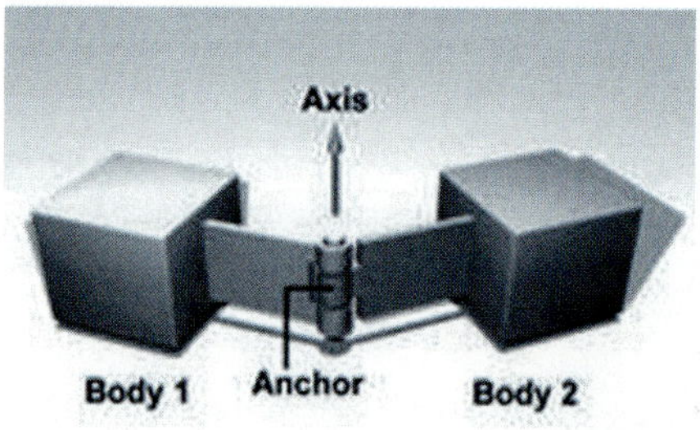

[그림 11-10] 회전 조인트

회전 조인트는 X, Y, Z축 중 한 축으로만 회전이 가능한 조인트이다[그림 11-10].

여기서는 Z축으로만 회전이 가능한 회전 조인트를 다룬다. 생성된 회전 조인트는 기본적으로 Z축으로만 회전이 가능하며 조인트를 X, Y축으로 90°씩 회전함으로써 각각 X축, Y축에 대한 회전 조인트로 사용할 수 있다.

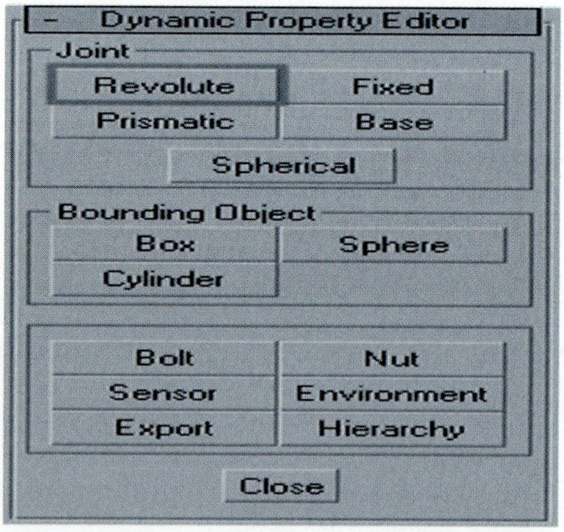

[그림 11-11] 회전 조인트 선택

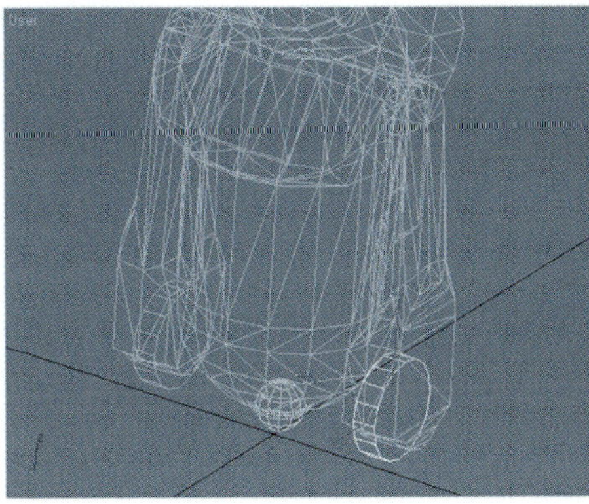

[그림 11-12] 그래픽스 선택

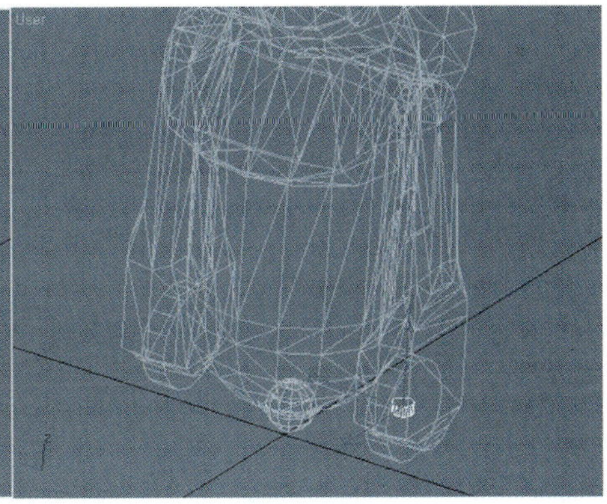

[그림 11-13] 회전 조인트 생성

[그림 11-12]와 같이 조인트를 생성하려는 그래픽스(메쉬)를 클릭하여 선택한 후 [그림 11-11]과 같이 'Revolute Joint' 버튼을 누르면 [그림 11-13]과 같이 선택한 메쉬의 중심부분에 회전 조인트가 생성되며 스크립트 메뉴의 회전(Rotation) X, Y, Z를 사용하여 회전 조인트의 회전축의 방향을 조정한다. 회전 조인트는 실린더 모양으로 생성이 되며 이 실린더 모양이 회전하는 방향이 실제 조인트가 회전하려는 방향과 일치하게 회전시켜 주면 된다.

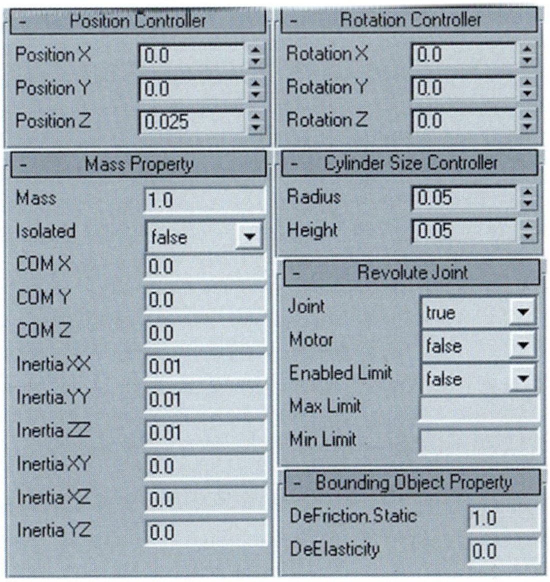

[그림 11-14] 조인트에 부여되는 속성 창들

제11장

조인트에 부여되는 속성과 단위는 〈표 11-1〉과 같다.

〈표 11-1〉 조인트에 부여되는 속성과 단위

속 성	단 위	설 명
Joint X, Y, Z	미터(m)	조인트의 좌표 변환
Rotation X, Y, Z	각도(degree)	조인트 회전 각도
Radius	미터(m)	조인트의 크기(반경)
Height	미터(m)	조인트의 크기(높이)
Mass	킬로그램(kg)	조인트가 붙은 메쉬 오브젝트의 질량
Isolated	true, false	현재 조인트를 포함한 하위 조인트의 다이나믹스 속성을 무시하게 만듬. 기본값은 false.
Joint	true, false	Revolute 조인트로 사용 여부. 기본 값은 true.
Motor	true, false	현재 조인트에 모터속성을 부여. 기본 값은 true.

〈표 11-2〉 모터의 속성

속 성	단 위	설 명
Type Name	Rotate Motor / Linear Motor	모터의 종류 선택. 기본 값은 Rotate Motor.
Device Name	문자열	모터에 사용할 고유 이름. 영문, 숫자만 가능

11.3.2 각기둥 조인트(Prismatic Joint)

각기둥 조인트는 두 오브젝트를 같은 방향으로 미끄러지듯 움직이게 연결하는 조인트이다.

[그림 11-16]의 각기둥 조인트의 속성에서 'Joint' 속성은 이 조인트의 동역학적 속성을 활성화할 것인지의 여부를 나타내며 'true', 'false'로 설정할 수 있다. 'Joint' 속성을 'false'로 주면 동역학적 조인트의 역할을 하지 않는다. 'motor' 속성은 이 조인트를 모터로 사용할 것인지의 여부를 나타내며 'true', 'false'로 설정할 수 있다. 'Enabled Limit' 속성은 이 조인트의 움직일 수 있는 각도의 범위를 제한할 것인지의 여부를 나타내며 'Max Limit'과 'Min Limit'으로 움직일 최대, 최소 각도를 제한할 수 있다. Limit의 각도 단위는 라디안이다.

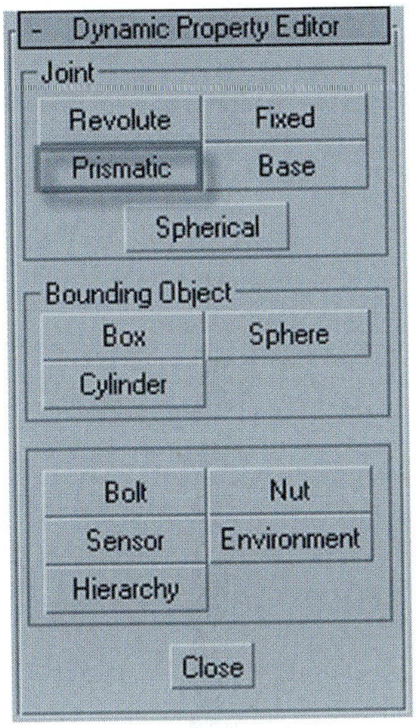

[그림 11-15] 각기둥 조인트

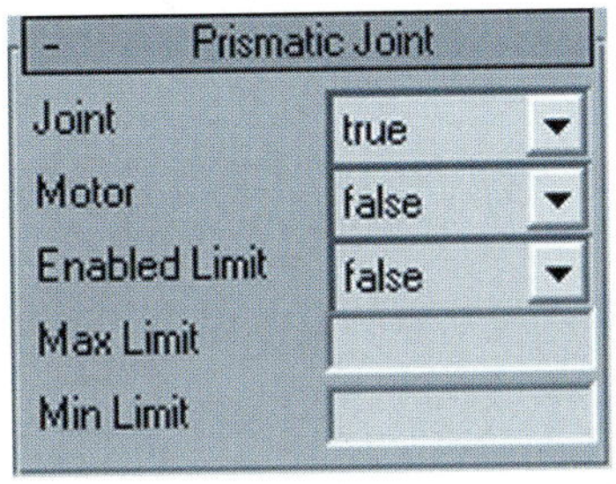

[그림 11-16] 각기둥 조인트 속성 창

11.3.3 고정 조인트(Fixed Joint)

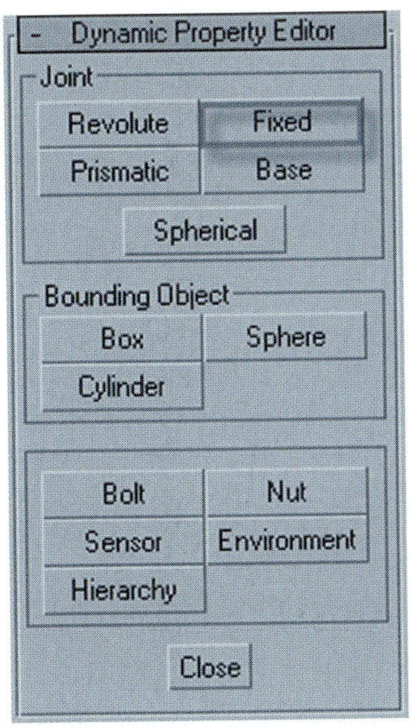

[그림 11-17] 고정 조인트

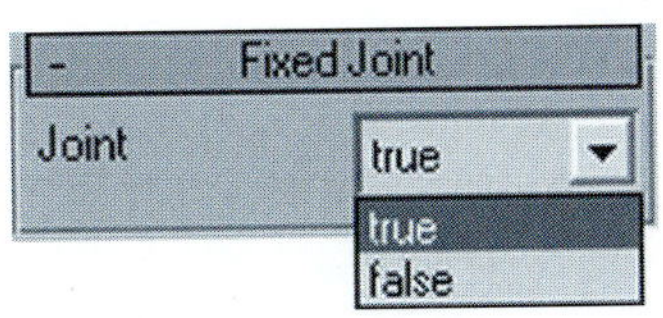

[그림 11-18] 고정 조인트 속성 창

고정 조인트는 두 개의 오브젝트를 움직이지 않게 연결하는 역할을 한다. 두 개 이상의 조인트를 접착제를 붙인 것같이 붙여서 서로 간에는 움직이지 않게 할 때에는 두 오브젝트 사이에 고정 조인트를 넣어주어야 하며, 아래에서 설명할 계층 뷰에서 트리구조를 만들어 주어야 한다.

[그림 11-18]의 속성에서 'Joint' 속성은 이 조인트의 동역학적 속성을 활성화할지를 나타내며 'true', 'false'의 값을 줄 수 있다.

11.3.4 가상 조인트(Base Joint)

가상 조인트는 로봇 구조에서 각 하부 오브젝트들의 최상위에 해당하는 오브젝트로 가상의 오브젝트이다. 다시 말하면 로봇 구조의 중심에 해당한다. 로봇의 모든 조인트는 이 가상(Base)의 베이스 조인트에 연결된다.

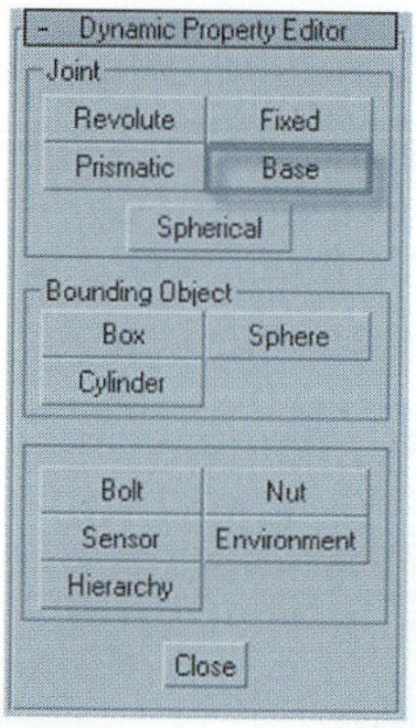

[그림 11-19] 가상 조인트

[그림 11-20] 그래픽스 선택

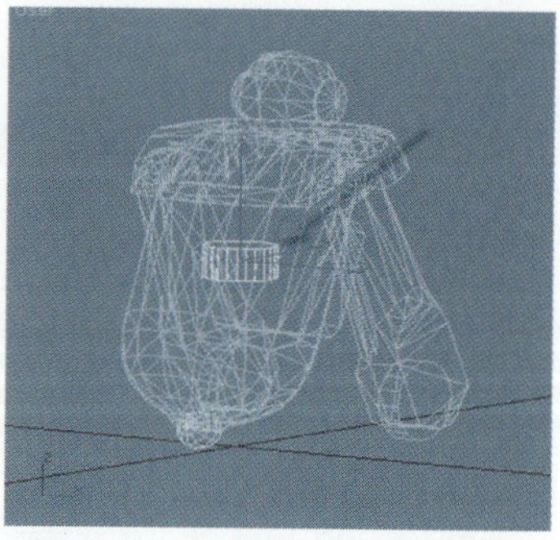

[그림 11-21] 가상 조인트 생성

[그림 11-20]과 같이 로봇의 중심 그래픽스를 선택한 후 스크립트의 '가상(Base)'을 클릭하면 [그림 11-19] 가상(Base) 조인트가 중심부에 생성된다[그림 11-21]. 가상 조인트는 보이지 않는 가상의 오브젝트이므로 그 물리적 위치가 로봇의 어느 곳에 위치해도 상관이 없으나 통상 로봇의 중심부에 생성한다.

차후, 계층 뷰에서 노드들 간의 트리구조를 형성할 때 가상 조인트를 트리구조의 맨 상위에 위치시킨다.

11.3.5 구형 조인트(Spherical Joint)

구형 조인트는 X, Y, Z축으로 각각 360도씩 자유롭게 회전 가능한 조인트이다[그림 11-22]. [그림 11-23]의 구형 조인트의 속성에서 'Joint' 속성은 이 조인트의 동역학적 속성을 활성화할 것인지의 여부를 나타내며 'true', 'false'로 설정할 수 있다. 'Joint' 속성을 'false'로 주면 동역학적 조인트의 역할을 하지 않는다.

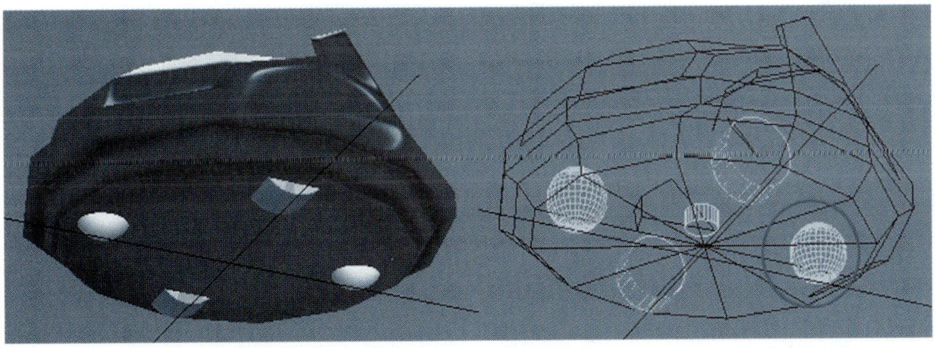

[그림 11-22] 구형 조인트

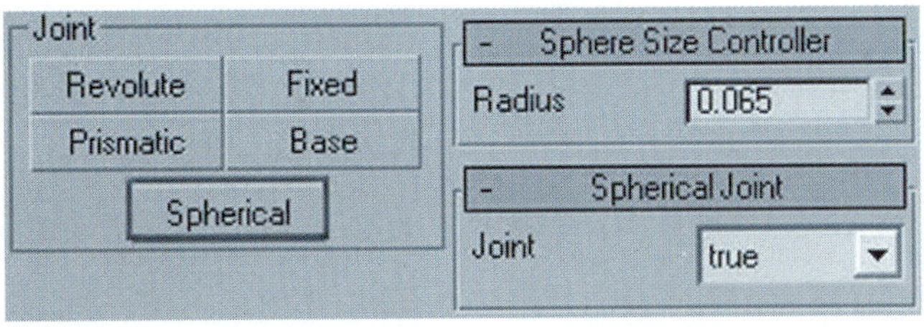

[그림 11-23] 구형 조인트 속성

제11장

11.4 충돌 오브젝트(Bounding Object)

동역학 시뮬레이션을 할 때 다른 물체와 충돌하는 부분을 그래픽스(메쉬) 대신에 충돌 박스를 만들어서 사용한다. 충돌 검사를 하기에 그래픽스는 그 구조도 복잡하고 계산양도 매우 증가한다. 따라서 오브젝트가 다른 오브젝트와 충돌하는 여부를 알기 위해 그래픽스 대신에 간단한 구조의 충돌 오브젝트를 사용한다. 여기서는 박스(Box), 실린더(Cylinder), 구형(Sphere)을 사용한다.

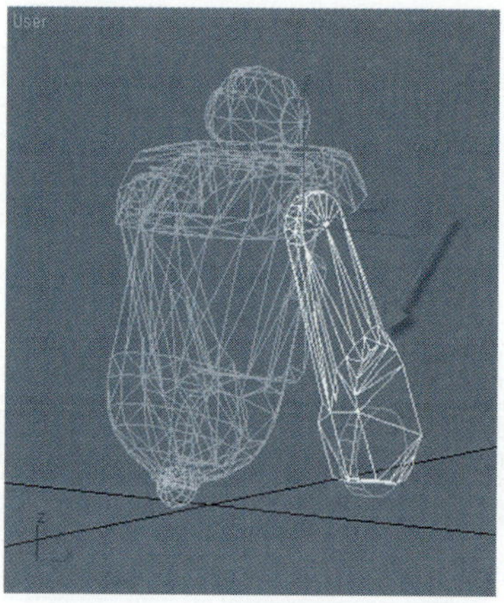

[그림 11-24] 그래픽스 선택

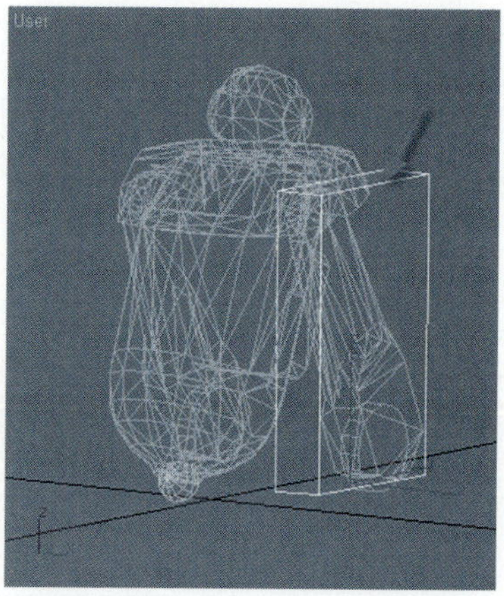

[그림 11-25] 충돌 박스

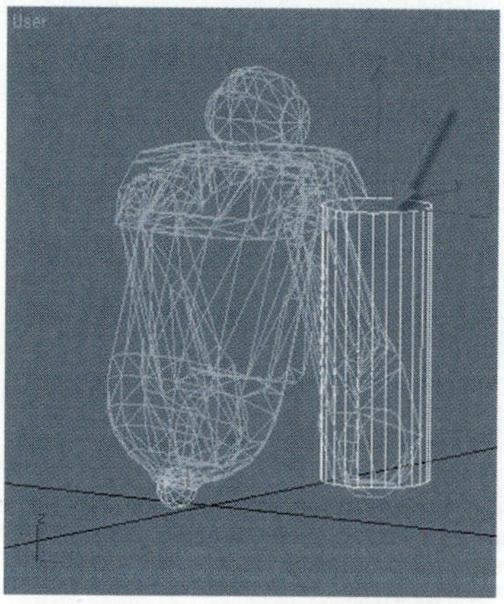

[그림 11-26] 충돌 실린더

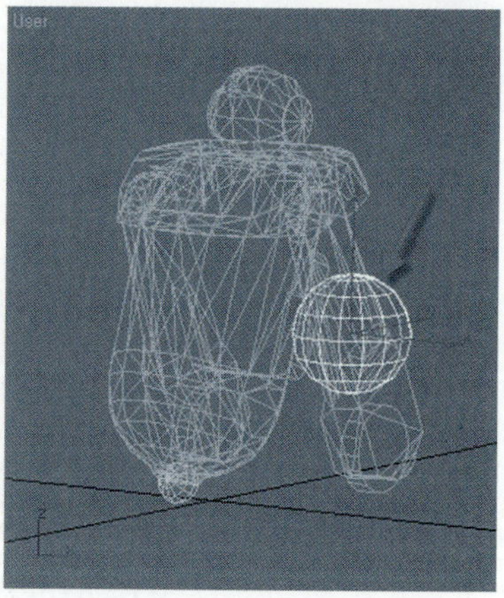

[그림 11-27] 충돌 구형

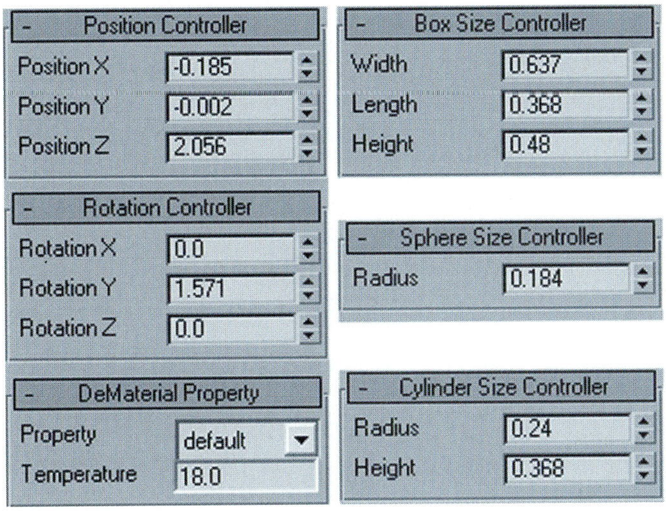

[그림 11-28] 충돌 오브젝트 속성 창들

[그림 11-28]처럼 충돌 오브젝트를 만들려는 그래픽스를 선택한 후 스크립트 메뉴의 'Box', 'Cylinder', 'Sphere'를 클릭하면 충돌 오브젝트가 만들어진다. 여기서 박스, 실린더, 구형의 선택은 그래픽스의 모양에 따라 비슷한 크기로 적절하게 선택한다. 충돌 오브젝트를 만들면 기본적으로 선택한 그래픽스와 크기가 비슷한 오브젝트가 만들어지는데 'Position', 'Rotation', 'Radius', 'Height'를 조정하여 충돌 오브젝트의 위치와 크기를 조정한다.

[그림 11-29]와 같이 충돌 박스로 실제 로봇이 충돌하는 부분을 대략적으로 표현하게 된다.

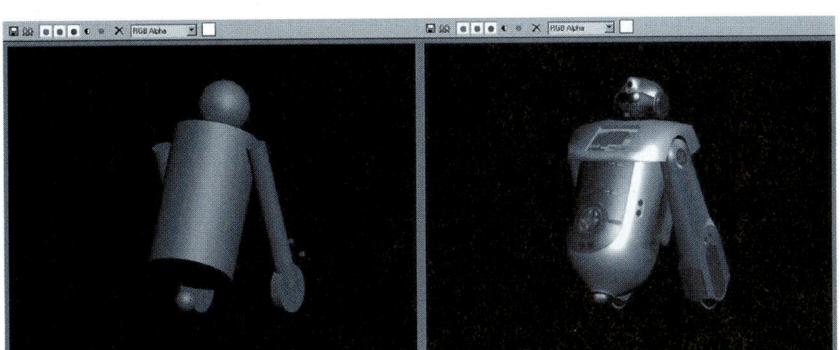

[그림 11-29] 충돌 오브젝트와 실제 모델

11.5 오브젝트 연결자

오브젝트 연결자는 볼트와 너트로 구성되어 있으며, 로봇에디터에서 로봇 부품 간에 서로 붙는 역할을 하게 된다. 두 개의 로봇 부품에서 기준이 되는 부품에는 볼트를, 기준이 되는 부품에 붙을 부품에 너트를 위치시켜 준다. 볼트는 기준이 되는 부품의 어느 위치라도 붙일 수 있는 반면에 너트는 오브젝트의 조인트 부분에 위치시켜 준다.

예를 들면, '몸통-볼트-너트-조인트(팔)-팔'의 순서로 몸통과 팔의 중간에 볼트와 너트를 연결하여 몸통과 팔을 서로 붙인다. 볼트와 너트는 시뮬레이션 화면에 보이지도 않고 물리적 속성도 없는 가상의 오브젝트이다.

참고로 가상 조인트에는 볼트와 너트를 연결하지 않는다.

[그림 11-30]은 볼트의 오브젝트 연결자의 속성으로 볼트의 위치, 회전, 크기를 설정할 수 있고 고유의 ID를 설정할 수 있다. 볼트의 아이디는 'a', 'b', 'c', ...과 같이 알파벳 소문자의 순서로 부여하고 너트의 아이디는 '1', '2', '3', ...과 같이 정수의 순서로 부여한다.

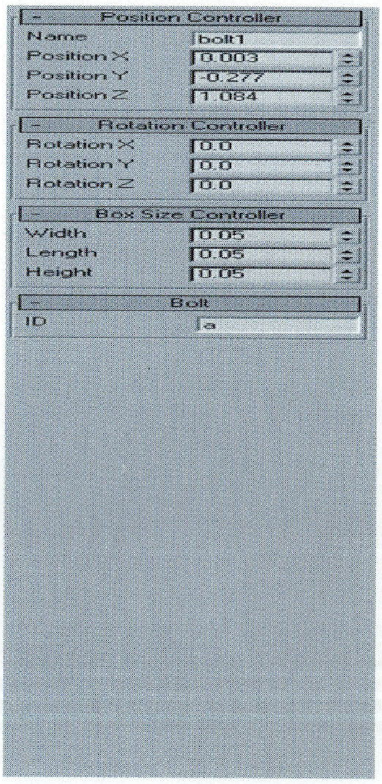

[그림 11-30] 오브젝트 연결자 속성

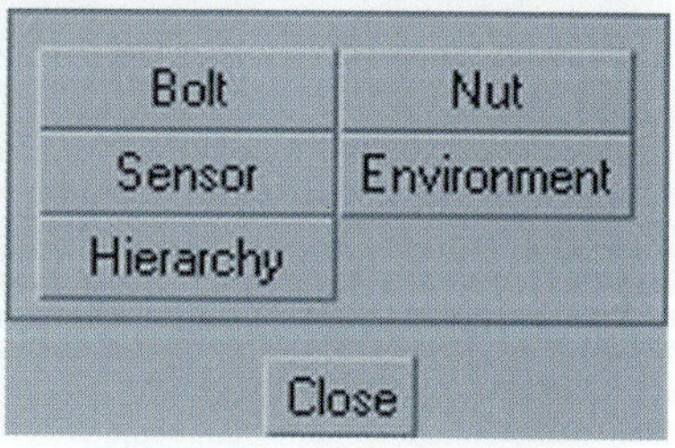

[그림 11-31] 오브젝트 연결자

11.6 계층구조 뷰(Hierarchy View)

11.6.1 계층구조 뷰 시작

로봇의 그래픽스에 조인트, 충돌 오브젝트, 오브젝트 연결자를 만든 후 이들 간에 계층적 구조를 정의해야 한다.

아래와 같이 [그림 11-32], [그림 11-33]을 클릭하면 계층구조가 설정되지 않은 계층구조 뷰 창이 뜨게 된다.

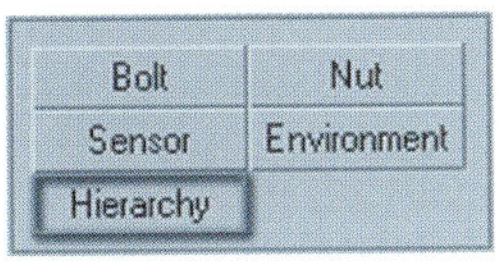

[그림 11-32] 오브젝트 연결 속성 창

[그림 11-33] 3D 맥스 메뉴바

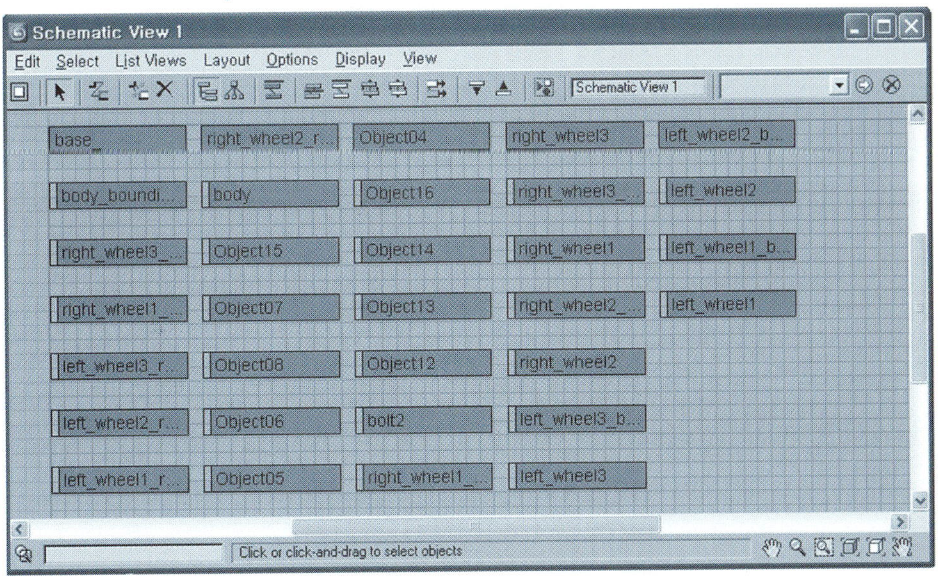

[그림 11-34] 계층구조가 설정되지 않은 상태

11.6.2 계층구조 뷰 도구

사용자가 자주 사용하는 기능 중 유사한 기능들은 툴바로 구성하여 작업을 용이하게 하였다. 툴바를 드래그하면 툴바의 위치를 옮길 수 있다.

계층구조를 설정하기 전에 툴바 기능을 먼저 습득해야 한다.

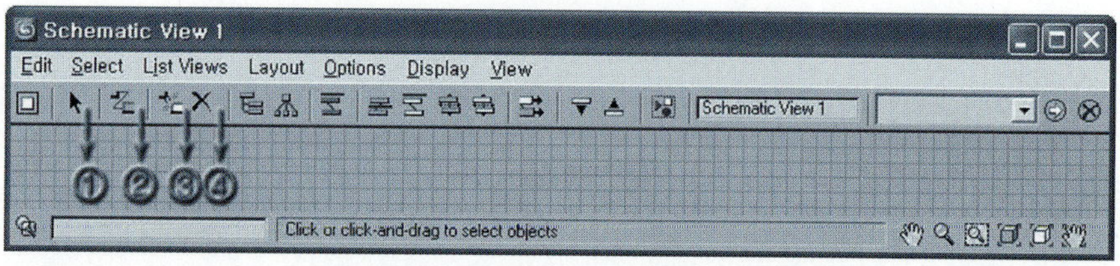

[그림 11-35] 계층구조 뷰 도구상자 모음

① Select(선택) : 객체를 선택할 때 사용한다.

② Connect(연결) : 객체와 객체간의 계층구조 관계를 설정할 때 사용하며, 계층 구조상에서 하위 노드에서 클릭하여 상위 노드 쪽으로 드래그하여 관계를 설정한다.

③ Unlink Selected(해제) : 객체간에 계층관계를 설정한 것을 해제한다.

④ Delete Objects(삭제) : 객체를 삭제할 때 사용하며, 'Delete'키로도 삭제할 수 있다.

툴바 기능을 습득하였다면 로봇의 원활한 움직임과 기능보완을 위해 계층을 설정해야 한다.

연결하는 순서는 다음과 같다.

① 가상 조인트를 최상위로 하여 그 하위에 인접한 조인트들을 연결한다. 이때 조인트와 조인트 사이에는 볼트와 너트가 쌍이 되도록 볼트와 너트를 삽입한다.

② 각각의 조인트의 하위에 충돌 오브젝트를 연결한다.

③ 각각의 충돌 오브젝트의 하위에 그래픽스를 연결한다.

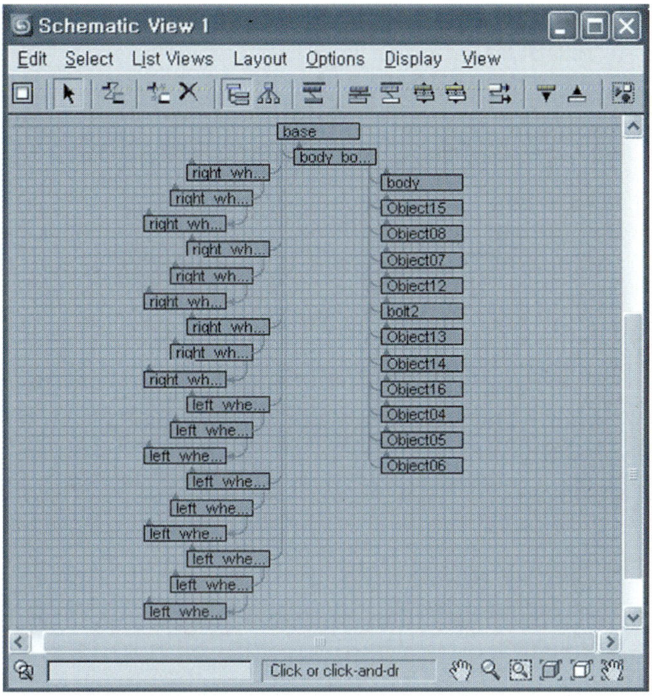

[그림 11-36] 계층구조가 설정된 상태

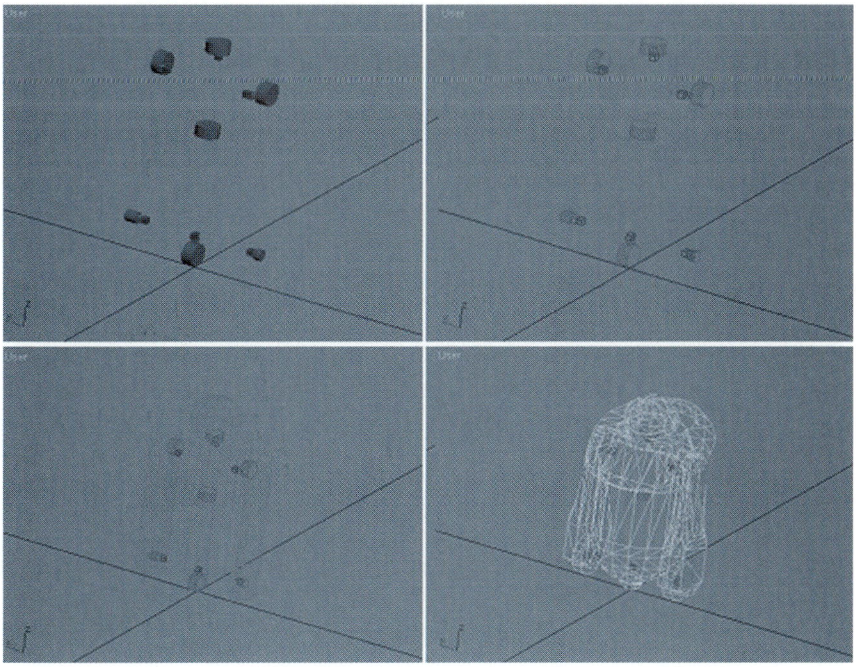

[그림 11-37] 조인트, 충돌 오브젝트, 그래픽스의 모습

11.7 센서(Sensor)

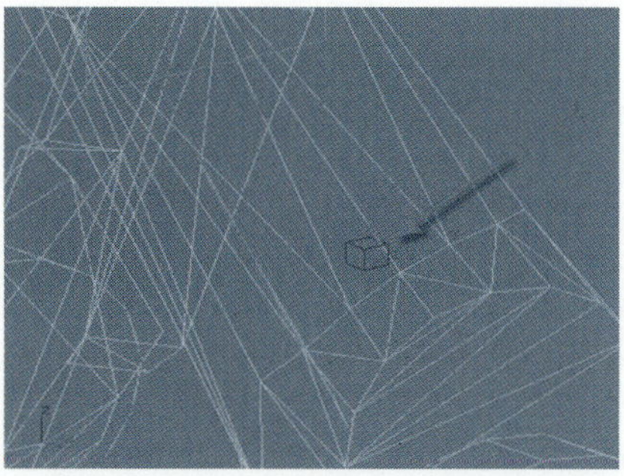

[그림 11-38] 생성한 센서의 모양

디자인한 로봇에 24가지의 센서를 부착할 수 있다. [그림 11-38]과 같이 센서는 파란색의 육면체로 표현되며 시뮬레이션을 하게 되면 실제 센서의 모양을 나타내며 센서의 역할을 하게 된다.

센서 생성 방법은 [그림 11-39]와 같이 'Sensor'를 클릭하면 [그림 11-40]에서 센서의 타입을 선택할 수 있다. 센서의 타입을 선택하면 센서 타입 선택창이 사라지면서 [그림 11-41]과 같이 선택한 타입 중 하나의 센서를 선택할 수 있다.

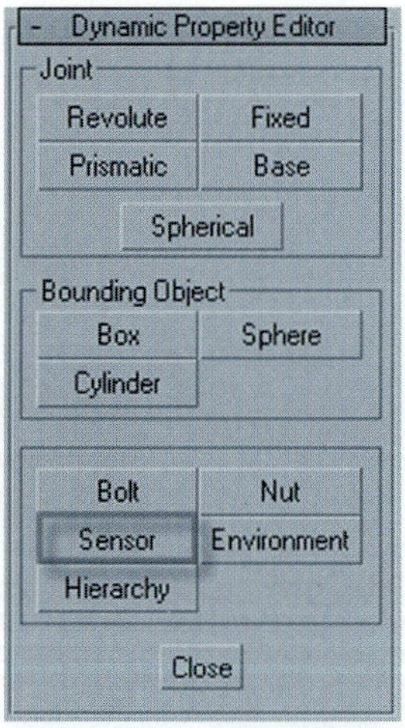

[그림 11-39] 센서 생성

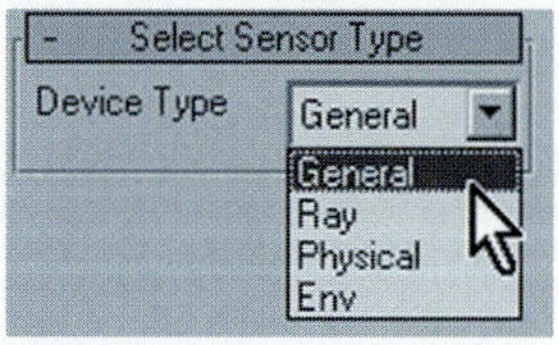

[그림 11-40] 센서 타입 선택

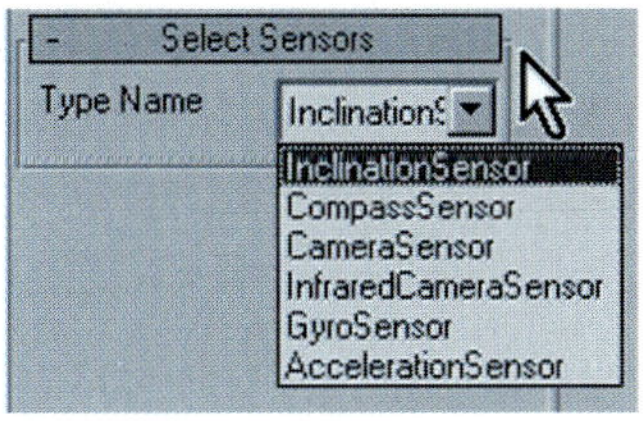

[그림 11-41] 센서 선택

〈표 11-3〉 센서의 타입과 종류

센서 타입	센서 이름	센서 용도
General (일반 그룹)	기울기센서(Inclination Sensor)	XY평면과 Z축과의 기울기를 측정
	나침반센서(Compass Sensor)	좌표계의 북쪽(Y축)과의 각도를 측정
	카메라센서(Camera Sensor)	카메라에 보이는 화면을 별도의 창을 통해 보여줌
	적외선 카메라센서(Infrared Camera Sensor)	적외선 카메라에 의한 화면을 별도의 창을 통해 보여줌
	자이로센서(Gyro Sensor)	X, Y, Z축 각각에 대한 각도와 각속도 측정
	가속도센서(Acceleration Sensor)	지역좌표계에서 X축 방향에 대한 가속도 측정
Ray (레이저 그룹)	적외선센서(Infrared Sensor)	적외선을 쏘아 닿은 물체와의 거리 측정
	초음파센서(Ultrasonic Sensor)	초음파에 의해 닿은 물체와의 거리 측정
	비접촉식 온도센서(Temp Notouch Sensor)	레이저를 쏘아 접촉된 물체의 온도 측정
	소리감지센서(Detect Sound Sensor)	주변의 소리의 강도를 측정
	레이저센서(Laser Sensor)	레이저를 쏘아 닿은 물체와의 거리 측정
	인체감지센서(Detect Body Sensor)	센서 동작 범위 내에 인체를 감지
	금속감지센서(Detect Metal Sensor)	센서 동작 범위 내의 금속을 감지
Physical (물리적 그룹)	터치센서(Touch Sensor)	접촉면의 압력을 측정
	접촉센서(Limit Sensor)	접촉여부를 On/Off로 측정
	촉각센서(Sense Sensor)	1㎠의 접촉면의 미세한 압력을 측정
Environment (환경 그룹)	접촉식 온도센서(Temp Touch Sensor)	센서에 접촉한 물체의 온도를 측정
	습도센서(Humidity Sensor)	대기의 습도를 측정
	조도센서(Illumination Sensor)	조도 측정
	대기압센서(Pressure Sensor)	대기압 측정
	오존센서(Ozone Sensor)	오존 농도 측정
	가스센서(Gas Sensor)	가스 농도 측정
	이온센서(Ion Sensor)	이온 농도 측정
	지자기센서(Magnet Sensor)	지자기 측정

생성한 센서는 로봇의 외부 표면쪽에 위치시키고 센서의 방향을 외부방향으로 조정해야 한다. 일반적으로 센서의 지역좌표의 Z축이 센서의 방향이 되며 이 방향을 로봇 표면의 외부로 향하게 조정한다. 센서의 타입과 종류는 〈표 5-3〉과 같다.

11.8 환경속성(Environment) 설정

로봇이 위치한 환경의 속성을 부여할 수 있는데, [그림 11-42]와 같이 'Environment'를 클릭하면 [그림 11-43]과 같이 흰색의 박스가 생성된다.

이 박스는 환경정보를 가지고 있는 가상의 박스로써 시뮬레이션 중에는 보이지 않는다. [그림 11-44]에 보는 것처럼 로봇이 위치한 곳의 습도와 대기온도를 설정할 수 있다.

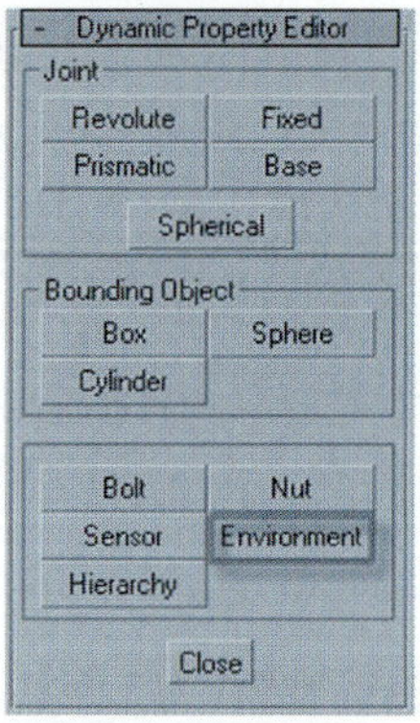

[그림 11-42] 환경 선택

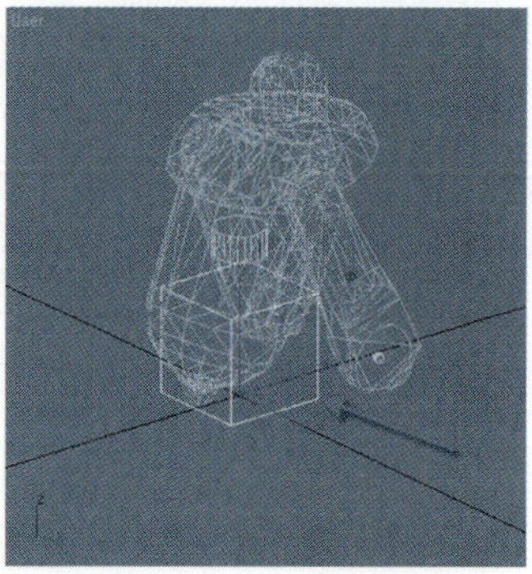

[그림 11-43] 환경 박스

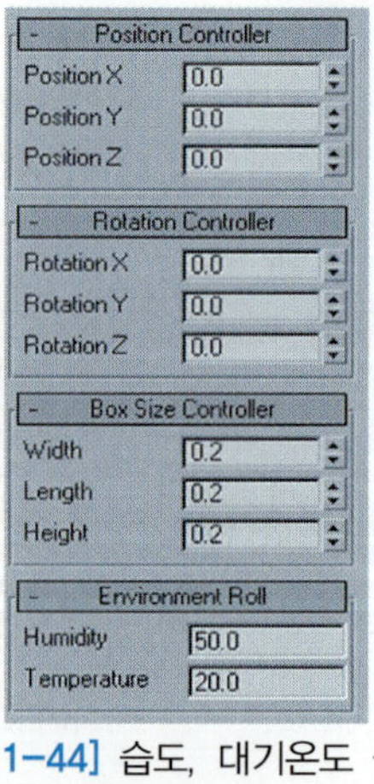

[그림 11-44] 습도, 대기온도 설정

11.9 3ML 익스포트(Export)

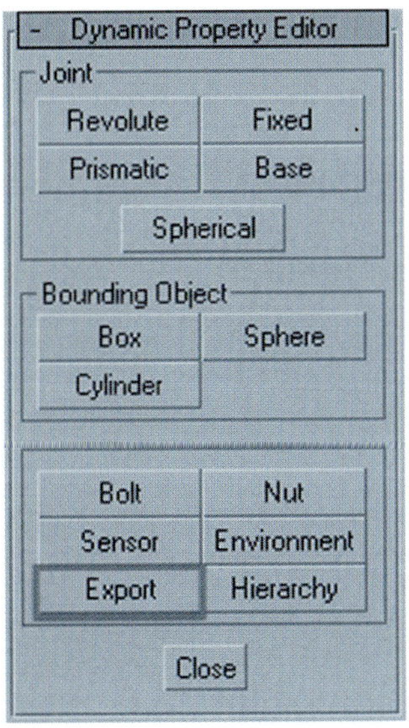

[그림 11-45] 익스포트 버튼

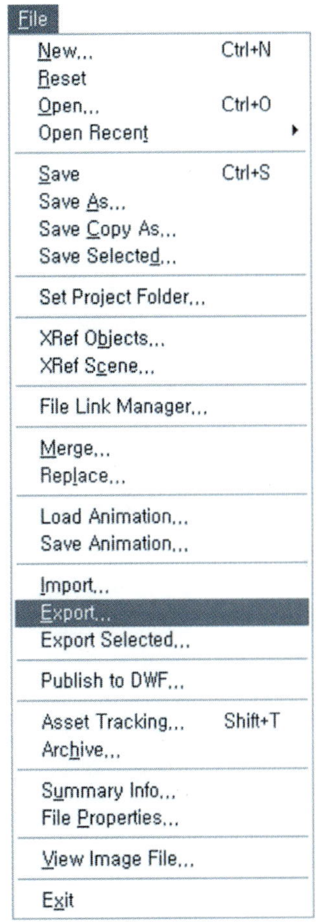

[그림 11-46] 파일 메뉴에서의 익스포트

3DS 맥스에서의 로봇 디자인이 완료되었으면 로봇에디터가 불러들일 수 있는 파일 형식으로 익스포트를 해야 한다. '3ML'의 확장자명을 가지며 파일의 형태는 XML과 유사하다.

익스포트를 하게 되면 디자인한 로봇의 그래픽스, 텍스처, 조인트, 충돌 박스 및 각종 속성들이 저장되며, 추후 텍스트 에디터를 통하여 속성들을 직접 편집할 수도 있다.

익스포트 버튼을 누르면 다음과 같은 창이 열린다.

저장 위치는 설치폴더₩EDRS₩model로 지정한 후 XML1.0(3ML형식)으로 저장한다.

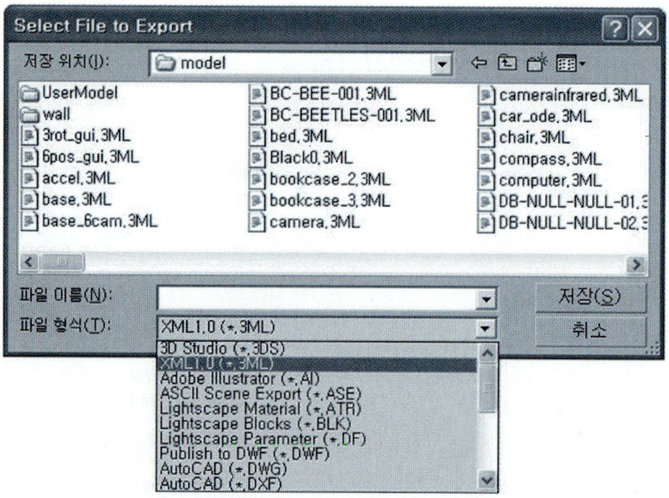

[그림 11-47] XML1.0(3ML형식)으로 저장

저장 버튼을 누르면 [그림 11-48]과 같은 익스포트 설정 창이 열린다.

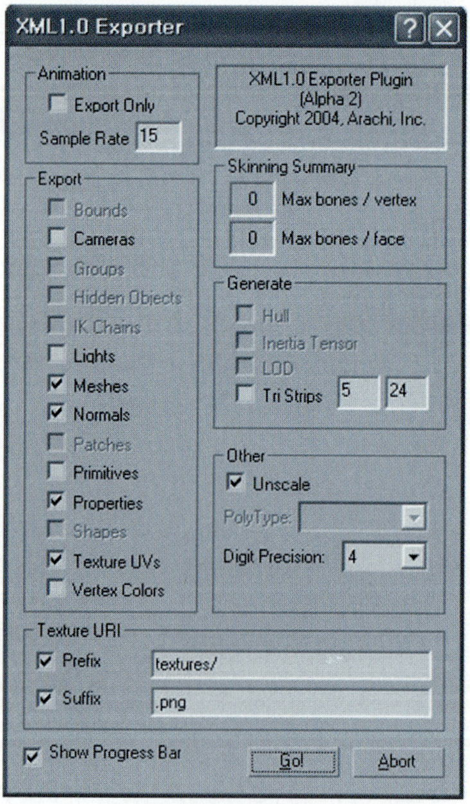

[그림 11-48] XML1.0(3ML형식)으로 세부 저장

1) 익스포트(Export)

3DS 맥스를 3ml로 익스포트할 때 익스포트할 항목을 설정한다. 보통 기본으로 설정되어 있는 'Meshes', 'Normals', 'Properties', 'Texture UVs'만 사용하면 된다.

2) 기타(Other)

'Unscale' 속성은 3DS 맥스에서 모델링할 때의 크기 단위를 변환하지 않음을 나타내며 반드시 체크해야 한다.

3) 텍스처(Texture) URI

익스포트되는 모델이 사용하는 텍스처 경로이다. 익스포트되는 폴더와 같은 레벨에 텍스처 폴더가 위치하게 되는데 만약 익스포트되는 파일이 설치폴더 ₩EDRS₩model에 저장된다면 텍스처 파일은 설치폴더 ₩EDRS₩textures에 위치하게 된다.

이 설정은 바꾸지 않는 것을 권장한다.

[그림 11-48]의 XML1.0으로 익스포트를 할 때 기본으로 설정되어 있는 값만 사용하고 Unscale은 체크를 반드시 하고 사용할 것을 권장한다.

11.10 EDRS 로봇(3D Max) 설정하는 방법

3D 맥스(max)를 열어서 원하는 로봇을 설계한다.

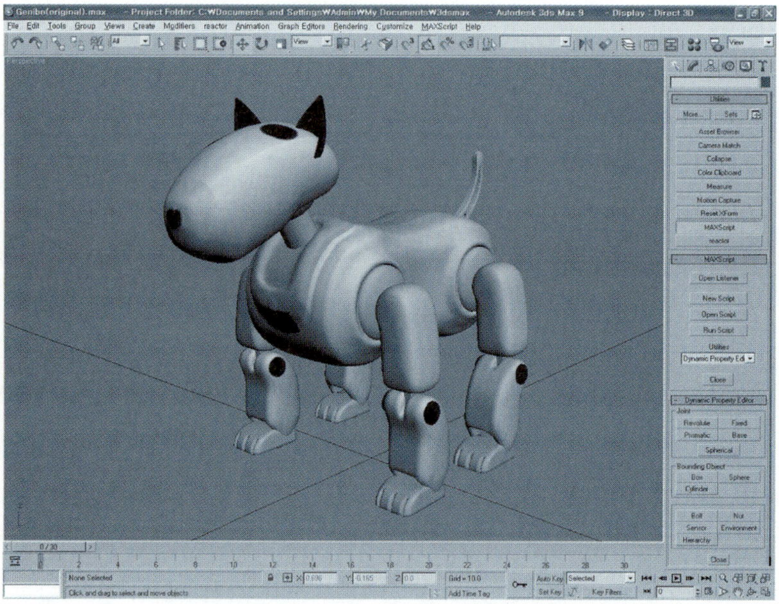

[그림 11-49] Genibo(EDRS 추가 로봇이미지)

로봇을 설정하려면 기본적으로 3D 맥스 툴을 잘 다루어야 한다.

기본적인 사용법은 굳이 적지 않기로 하겠다. 원하는 로봇의 설계를 끝내시면 다음과 같은 조건 사항을 설명하도록 한다.

① 매핑 이미지는 꼭 1개의 파일이어야 한다. ([그림 11-51])

[그림 11-50] 미로 매핑 이미지(18*18)

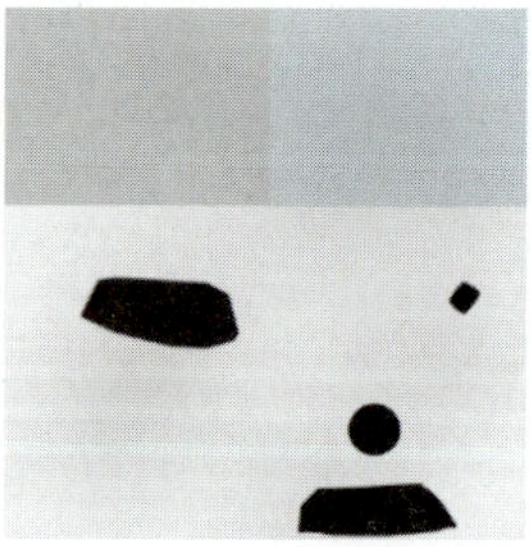

[그림 11-51] 로봇 매핑 이미지(36*36)

② 로봇에 매핑이 설정되면 1차적인 작업은 끝났다고 볼 수 있다.

다음 작업은 설계한 로봇에 Dynamic Property Editor를 설정해 넣는 것이다.

① 로봇의 몸통 중심부에 가상(Base)을 설정해 준다.
② 몸통을 제외한 나머지 메쉬(개체)의 관절에 조인트(Joint)를 설정해 준다.
조인트(Joint)는 로봇의 관절을 움직일 수 있게 해준다. (매뉴얼 참고)
설정 작업이 끝나면 다음과 같은 화면이 된다.

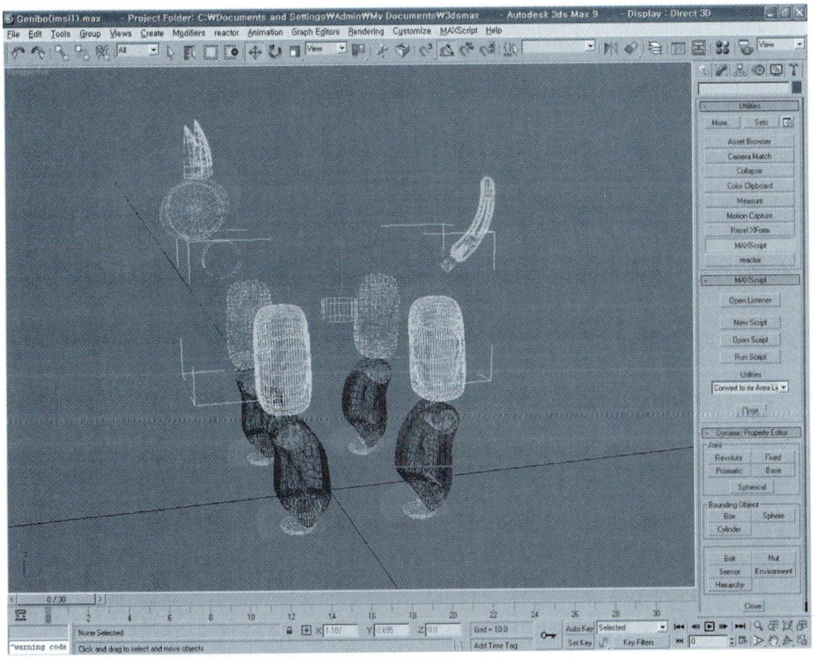

[그림 11-52] 설정이 완료된 미로

③ 설정 작업 이 끝나면 각 메쉬마다 충돌(Bounding)을 설정해 준다.

- 충돌(Bounding)은 매핑 전에 설정해도 무관하다.
- 하나의 조인트(Joint)에 하나의 충돌(Bounding)이 짝을 이뤄야 한다.

④ 충돌(Bounding) 설정 작업이 끝나면 계층구조(Hierarchy)를 설정한다. 설정은 [그림 11-53]과 같다. (회전(revolute)→충돌(Bounding)→로봇 이미지 순서)

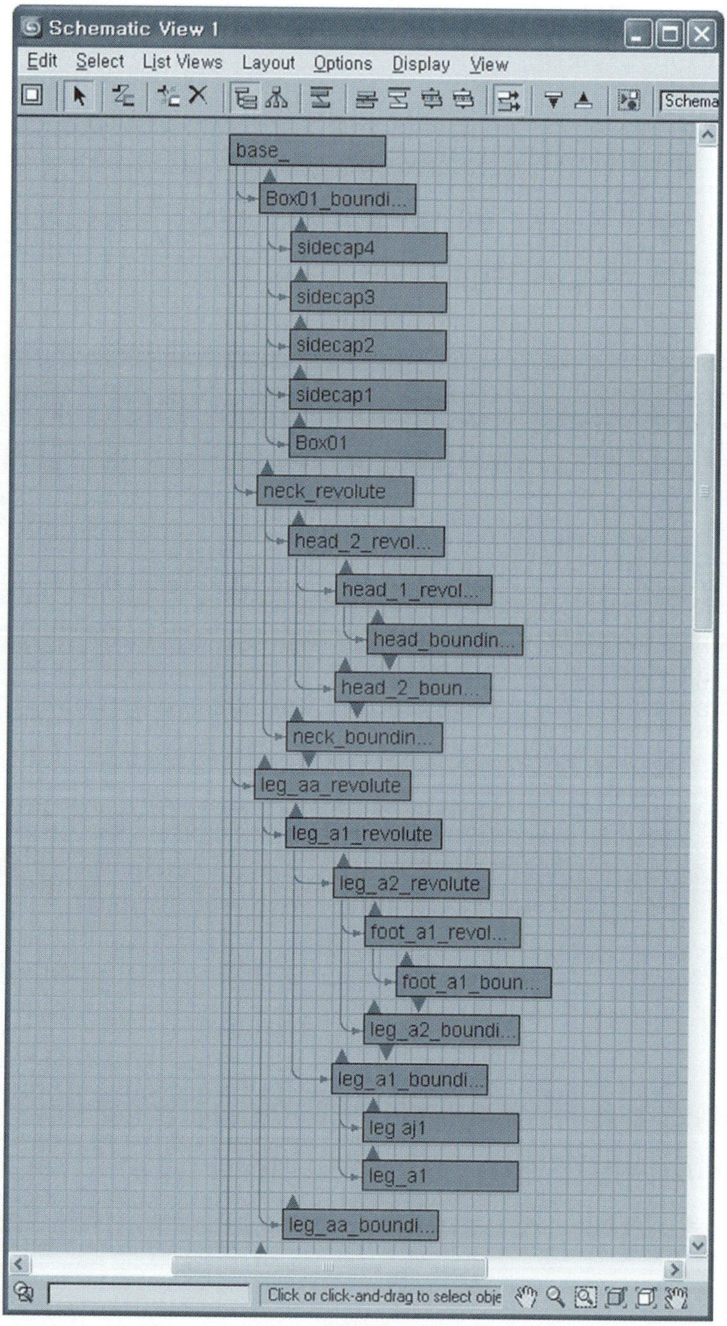

[그림 11-53] 계층구조(Hierarchy) 설정

위의 순서대로 작업을 마쳤다면 컴퓨터로 보내기(Export)한 후 3ML로 저장한다. 단 파일이름은 "영문"만 지원한다.

⑤ 저장된 3ML파일을 C:₩ Program Files₩EDRS₩model에 넣는다.

⑥ EDRS 폴더 안에 있는 robotlist.txt(단일 체제의 로봇)문서에 들어가서 [그림 11-54]와 같이 이름을 설정해준다. (띄어쓰기는 지원되지 않는다.)

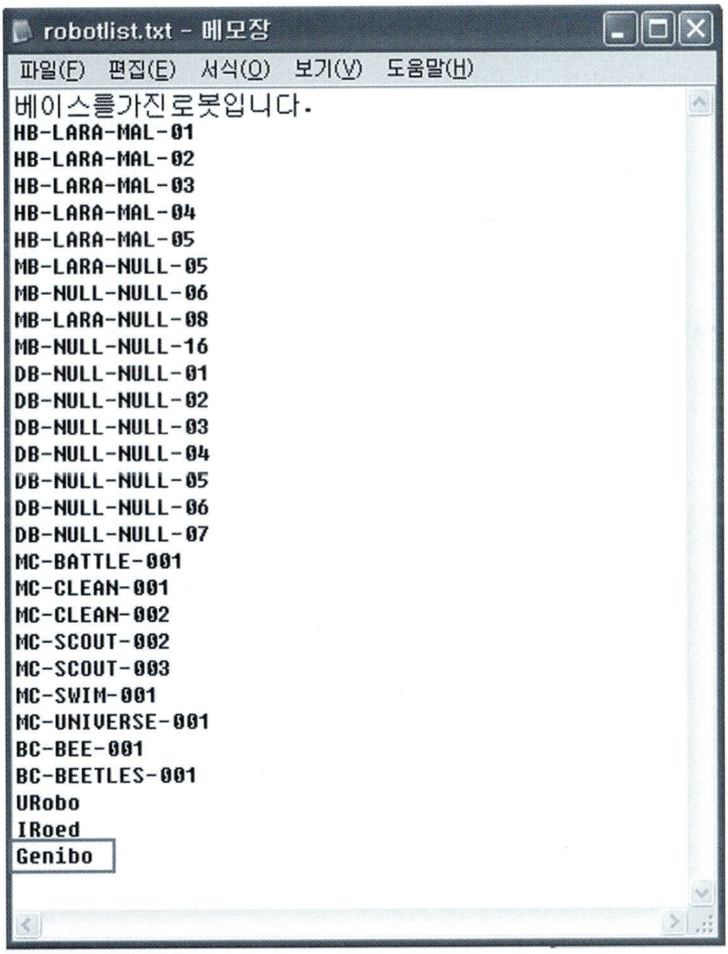

robotlist.txt - 메모장

파일(F) 편집(E) 서식(O) 보기(V) 도움말(H)

베이스를가진로봇입니다.
HB-LARA-MAL-01
HB-LARA-MAL-02
HB-LARA-MAL-03
HB-LARA-MAL-04
HB-LARA-MAL-05
MB-LARA-NULL-05
MB-NULL-NULL-06
MB-LARA-NULL-08
MB-NULL-NULL-16
DB-NULL-NULL-01
DB-NULL-NULL-02
DB-NULL-NULL-03
DB-NULL-NULL-04
DB-NULL-NULL-05
DB-NULL-NULL-06
DB-NULL-NULL-07
MC-BATTLE-001
MC-CLEAN-001
MC-CLEAN-002
MC-SCOUT-002
MC-SCOUT-003
MC-SWIM-001
MC-UNIVERSE-001
BC-BEE-001
BC-BEETLES-001
URobo
IRoed
Genibo

[그림 11-54] robotlist에 이름 올리기

⑦ EDRS 폴더 안에 있는 robot.xml(모든 로봇 파일-종류별)문서에 들어가서 [그림 11-55]와 같이 이름을 설정해 준다.(띄어쓰기는 지원되지 않는다.) robot.xml는 xml파일이기 때문에 메모장으로 열어야 편집에 용이하다.

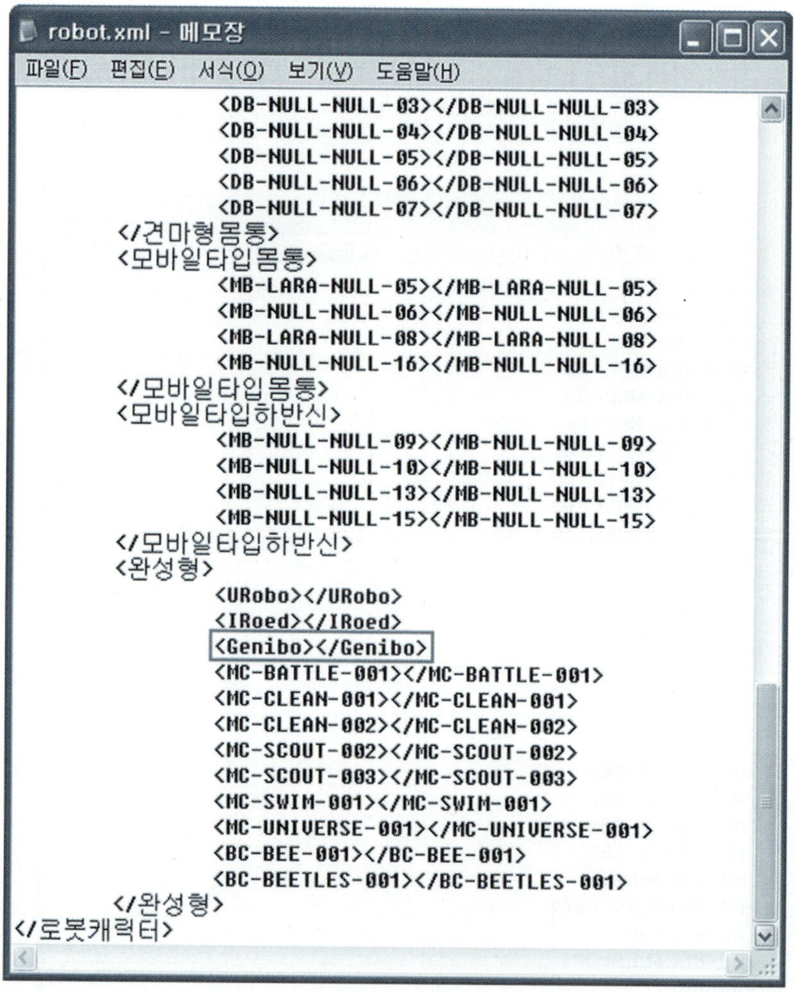

```
robot.xml - 메모장
파일(F) 편집(E) 서식(O) 보기(V) 도움말(H)
            <DB-NULL-NULL-03></DB-NULL-NULL-03>
            <DB-NULL-NULL-04></DB-NULL-NULL-04>
            <DB-NULL-NULL-05></DB-NULL-NULL-05>
            <DB-NULL-NULL-06></DB-NULL-NULL-06>
            <DB-NULL-NULL-07></DB-NULL-NULL-07>
        </견마형몸통>
        <모바일타입몸통>
            <MB-LARA-NULL-05></MB-LARA-NULL-05>
            <MB-NULL-NULL-06></MB-NULL-NULL-06>
            <MB-LARA-NULL-08></MB-LARA-NULL-08>
            <MB-NULL-NULL-16></MB-NULL-NULL-16>
        </모바일타입몸통>
        <모바일타입하반신>
            <MB-NULL-NULL-09></MB-NULL-NULL-09>
            <MB-NULL-NULL-10></MB-NULL-NULL-10>
            <MB-NULL-NULL-13></MB-NULL-NULL-13>
            <MB-NULL-NULL-15></MB-NULL-NULL-15>
        </모바일타입하반신>
        <완성형>
            <URobo></URobo>
            <IRoed></IRoed>
            <Genibo></Genibo>
            <MC-BATTLE-001></MC-BATTLE-001>
            <MC-CLEAN-001></MC-CLEAN-001>
            <MC-CLEAN-002></MC-CLEAN-002>
            <MC-SCOUT-002></MC-SCOUT-002>
            <MC-SCOUT-003></MC-SCOUT-003>
            <MC-SWIM-001></MC-SWIM-001>
            <MC-UNIVERSE-001></MC-UNIVERSE-001>
            <BC-BEE-001></BC-BEE-001>
            <BC-BEETLES-001></BC-BEETLES-001>
        </완성형>
</로봇캐릭터>
```

[그림 11-55] robot.xml에 이름 올리기

⑧ EDRS를 열고 파일을 열어서 확인한다.

11.11 EDRS 환경(3D Max) 설정하는 방법

3D 맥스(max)를 열어서 원하는 환경을 설계한다.

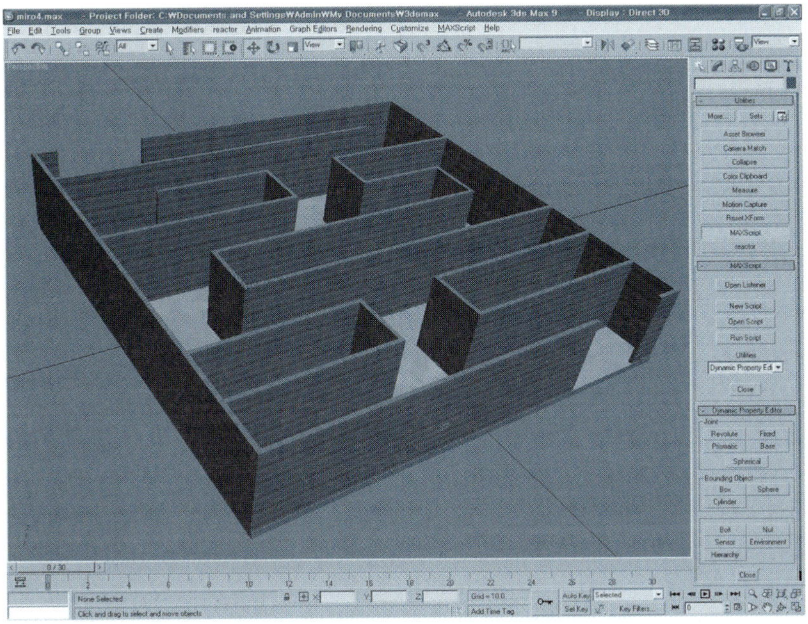

[그림 11-56] 미로(EDRS 추가 환경이미지)

환경을 설정하려면 기본적으로 3D 맥스(max) 툴을 잘 다루어야 한다.

기본적인 사용법은 굳이 적지 않기로 한다. 원하는 환경의 설계를 끝내시면 다음과 같은 조건 사항을 설명하도록 한다.

1) 매핑 이미지는 꼭 1개의 파일이어야 한다(그림 11-57).

[그림 11-57] 미로 매핑 이미지(18X18)

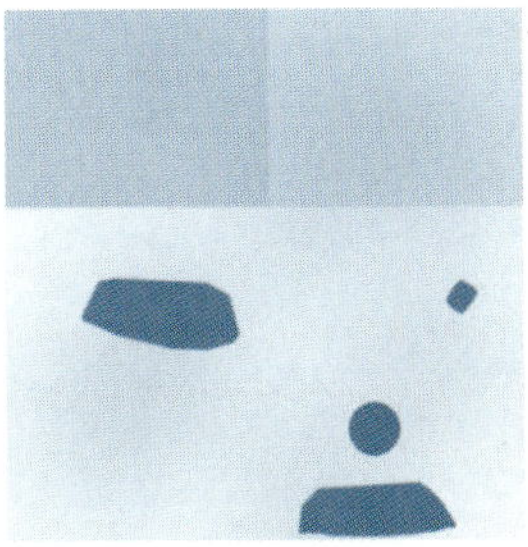

[그림 11-58] 로봇 매핑 이미지(36X36)

2) 환경에 매핑이 설정되면 1차적인 작업은 끝났다고 볼 수 있다.
다음 작업은 설계한 환경에 Dynamic Property Editor를 설정해 넣는 것이다.

① 환경의 밑바닥 중심부에 가상(Base)을 설정해 준다.
② 밑바닥을 제외한 나머지 환경들에 고정(Fixed)을 설정해 준다. [고정(Fixed)는 환경을 그 자리에 고정시키는 역할을 담당한다. 매뉴얼 참고]
설정 작업이 끝나면 다음과 같은 화면이 된다.

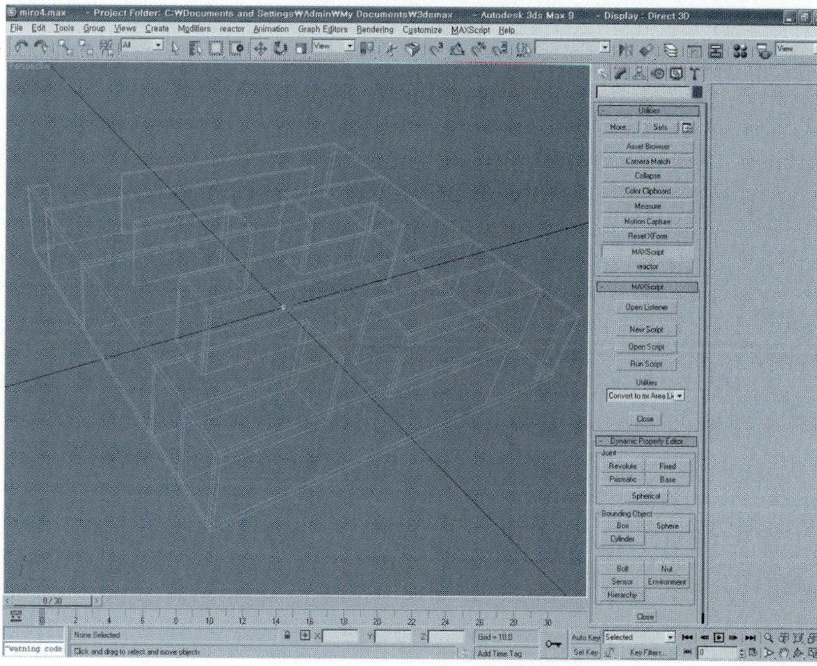

[그림 11-59] 설정이 완료된 미로

③ 설정 작업 이 끝나면 충돌(Bounding)을 설정해 준다.
[충돌(Bounding)은 매핑 전에 설정해도 무관하다.]

④ 충돌(Bounding)설정 작업이 끝나면 Hierarchy를 설정한다.
설정은 [그림 11-60]과 같다. (고정(Fixed)→충돌(Bounding)→환경 이미지 순서)

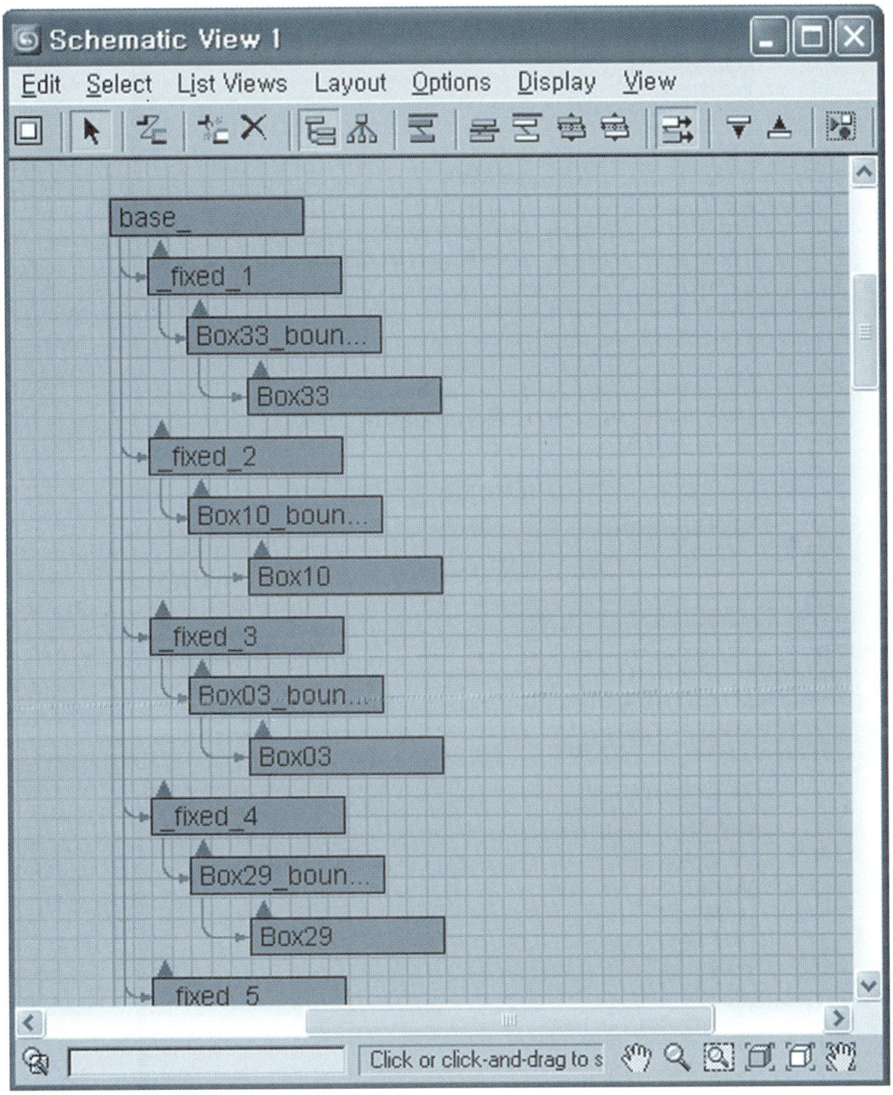

[그림 11-60] 계층구조(Hierarchy) 설정

위의 순서대로 작업을 마쳤다면 컴퓨터로 보내기(Export)한 후 3ML로 저장한다. 단 파일이름은 "영문"만 지원한다.

⑤ 저장된 3ML 파일을 C:₩ Program Files₩EDRS₩model에 넣는다. EDRS 폴더 안에 있는 namelist.txt(환경 파일) 문서에 들어가서 [그림 11-60]과 같이 이름을 설정해 준다. (띄어쓰기는 지원되지 않는다.)

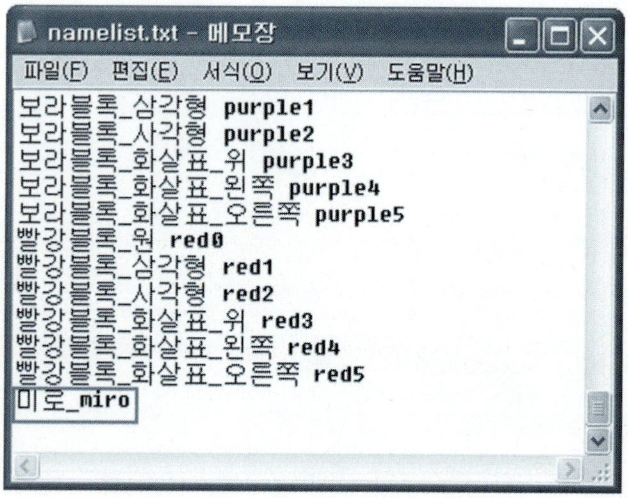

[그림 11-61] namelist에 이름 올리기

⑥ EDRS 폴더 안에 있는 baselist.txt(단일 체제의 환경)문서에 들어가서 [그림 11-61]과 같이 이름을 설정해 준다. (띄어쓰기는 지원되지 않는다.)

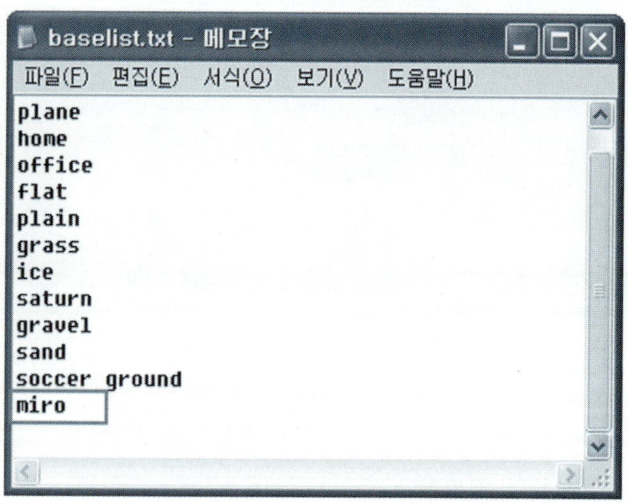

[그림 11-62] baselist에 이름 올리기

⑦ EDRS 폴더 안에 있는 object.xml(모든 환경 파일-종류별)문서에 들어가서 [그림 11-62]와 같이 이름을 설정해 준다. (띄어쓰기는 지원되지 않는다.) object.xml는 xml파일이기 때문에 메모장으로 열어야 편집에 용이하다.

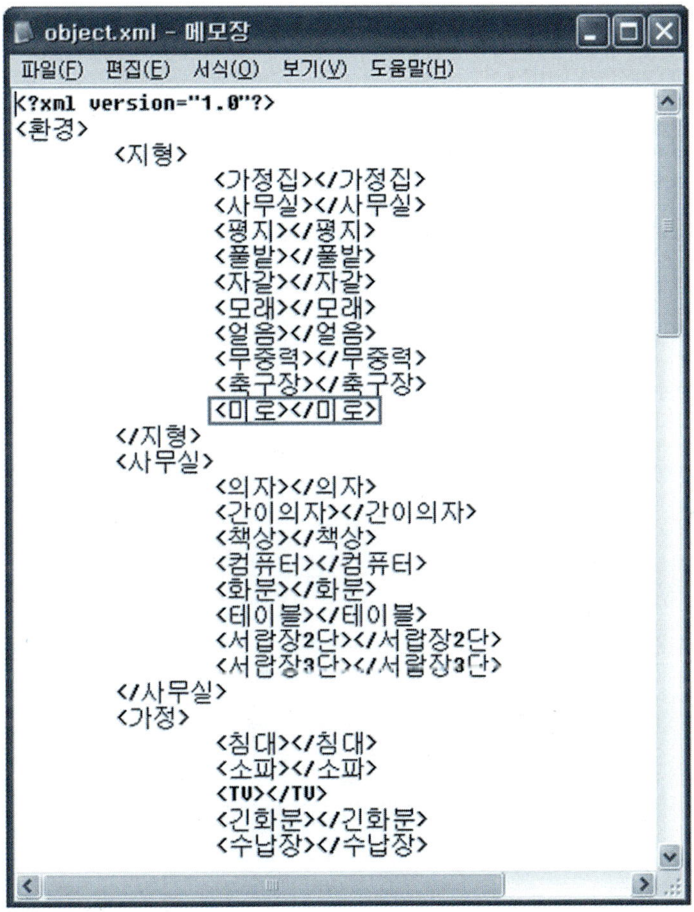

```
object.xml - 메모장
파일(F) 편집(E) 서식(O) 보기(V) 도움말(H)
<?xml version="1.0"?>
<환경>
        <지형>
                <가정집></가정집>
                <사무실></사무실>
                <평지></평지>
                <풀밭></풀밭>
                <자갈></자갈>
                <모래></모래>
                <얼음></얼음>
                <무중력></무중력>
                <축구장></축구장>
                <미로></미로>
        </지형>
        <사무실>
                <의자></의자>
                <간이의자></간이의자>
                <책상></책상>
                <컴퓨터></컴퓨터>
                <화분></화분>
                <테이블></테이블>
                <서랍장2단></서랍장2단>
                <서랍장3단></서랍장3단>
        </사무실>
        <가정>
                <침대></침대>
                <소파></소파>
                <TV></TV>
                <긴화분></긴화분>
                <수납장></수납장>
```

[그림 11-63] object.xml에 이름 올리기

⑧ EDRS를 열고 파일을 열어서 확인한다.

11.12 MAX, EDRS센서 만드는 방법

EDRS를 쓰다보면 때론 MAX상에서 센서를 설정해야 할 경우가 생긴다.

여러 가지 경우가 있겠지만 대표적으로 센서가 로봇 몸체에 정확한 위치에 정확히 들어가야 할 경우가 그것이다.

센서 설정 방법을 알아보기로 하겠다.

1) 우선 기본적으로 맥스(max) 내에 EDRS 설정 프로그램 "Dynamic Property Editor"를 열어 준다.
2) 맥스(max)에서 로봇을 만들어져 있다면 센서를 넣어야 할 위치에 박스를 그림과 같이 설정하여 넣어 준다.

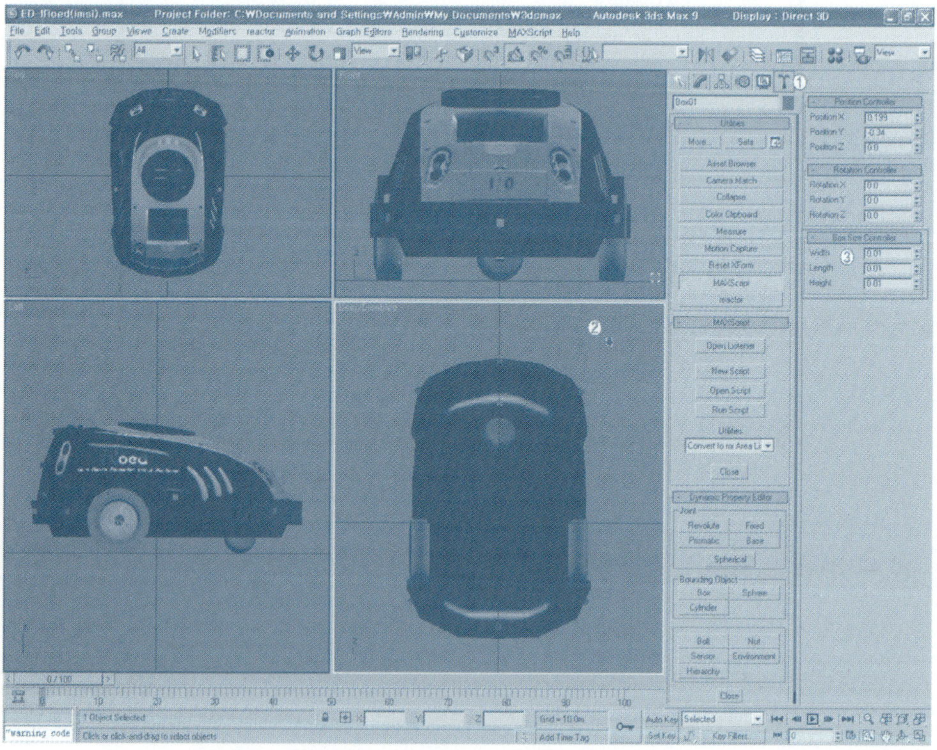

[그림 11-64] 박스 사이즈 설정하기

① 크리에이터 패널을 선택한다. 

② 박스 버튼을 클릭한다.

③ 작게 생성된 상자를 선택한다.

　- 이 상자는 아직 사이즈를 설정해 주지 않은 상태이므로 그냥 점으로만 상자를 확인할 수 있다.

3) 그림과 같이 상자를 설정해준다.

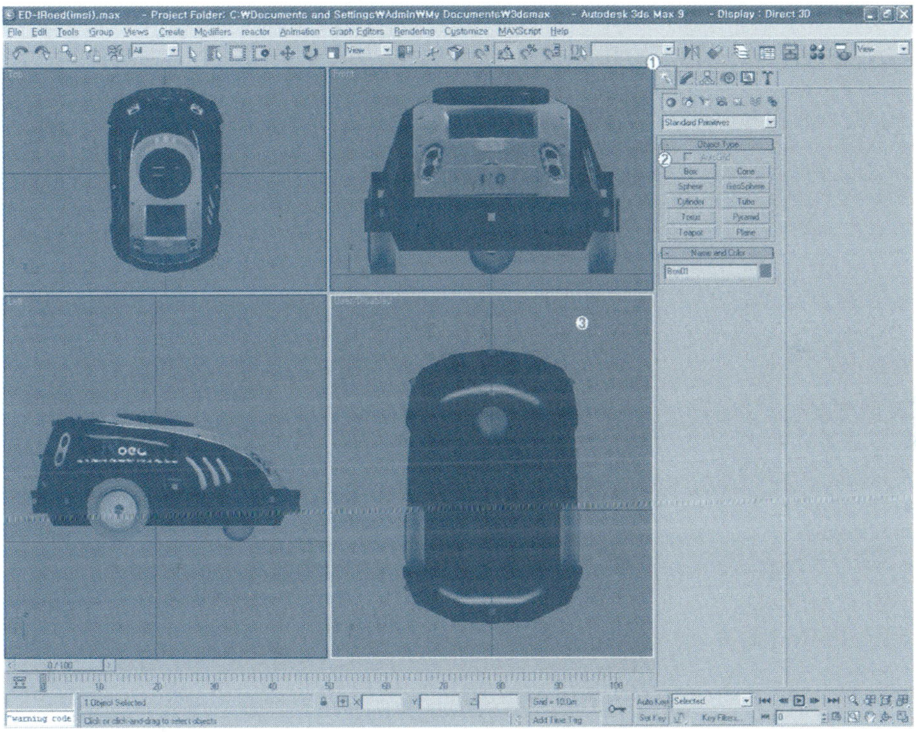

[그림 11-65] 박스 만들기

① 유틸리티 패널을 선택한다. 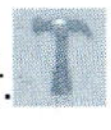

② 사이즈가 설정되지 않은 상자를 선택한다.

③ 박스사이즈를 설정한다.

　- 보통 센서사이즈는 W:0.01, L:0.01, H:0.01이다.

4) 센서를 원하는 위치에 붙인 다음 그림과 같이 설정해 준다.

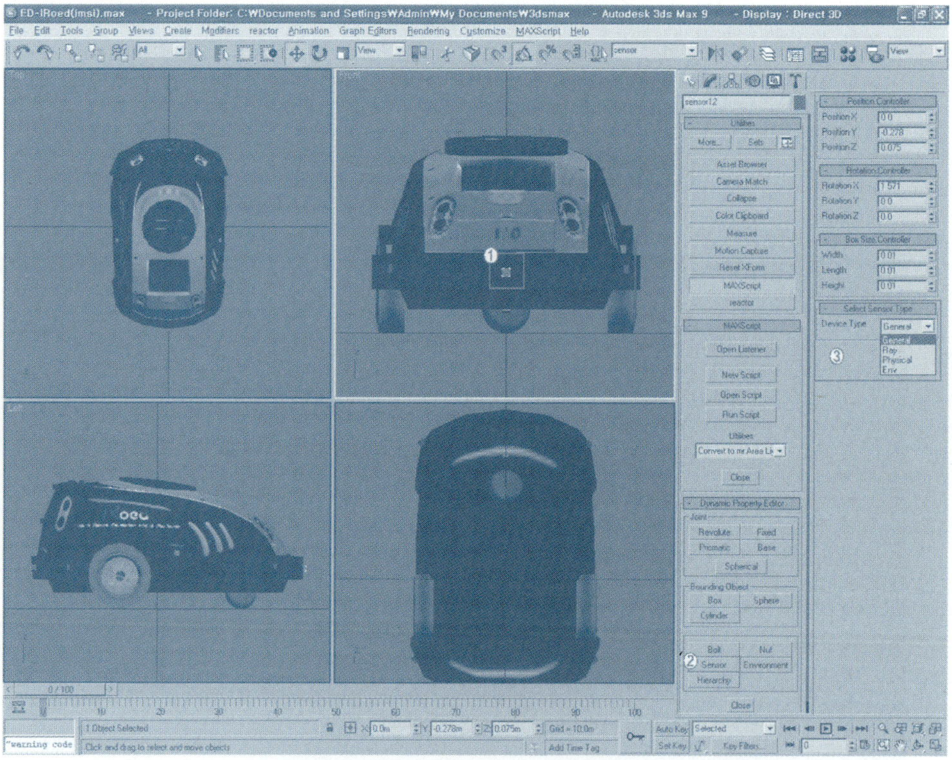

[그림 11-66] 박스에 센서 설정하기

① 상자를 원하는 위치에 붙인다.

② Dynamic Property Editor의 센서 버튼을 클릭한다.

③ Select Sensor Type의 센서 종류를 선택한다.

－전체 센서 종류에는 General(일반그룹), Ray(레이저그룹), Physical(물리적 그룹), Environment(환경그룹)이 있으며 자세한 센서기능은 〈표 11-4〉를 참고한다.

〈표 11-4〉 센서의 타입과 종류

센서 타입	센서 이름		센서 설명
General (일반그룹)	Inclination Sensor	(기울기센서)	XY평면과 Z축과의 기울기를 측정
	Compass Sensor	(나침반센서)	좌표계의 북쪽(Y축)과의 각도를 측정
	Camera Sensor	(카메라센서)	카메라에 보이는 화면을 별도의 창을 통해 보여줌
	Infrared Camera Sensor	(적외선 카메라센서)	적외선 카메라에 의한 화면을 별도의 창을 통해 보여줌
	Gyro Sensor	(자이로센서)	X, Y, Z축 각각에 대한 각도와 각속도 측정
	Acceleration Sensor	(가속도센서)	지역좌표계에서 X축 방향에 대한 가속도 측정
Ray (레이저 그룹)	Infrared Sensor	(적외선센서)	적외선을 쏘아 닿은 물체와의 거리 측정
	Ultrasonic Sensor	(초음파센서)	초음파에 의해 닿은 물체와의 거리 측정
	Temp No touch Sensor	(비접촉식 온도센서)	레이저를 쏘아 접촉된 물체의 온도 측정
	Detect Sound Sensor	(소리감지센서)	주변의 소리의 강도를 측정
	Laser Sensor	(레이저센서)	레이저를 쏘아 닿은 물체와의 거리 측정
	Detect Body Sensor	(인체감지센서)	센서 동작 범위 내에 인체를 감지
	Detect Metal Sensor	(금속감지센서)	센서 동작 범위 내의 금속을 감지
Physical (물리적 그룹)	Touch Sensor	(터치센서)	접촉면의 압력을 측정
	Limit Sensor	(접촉센서)	접촉여부를 On/Off로 측정
	Sense Sensor	(촉각센서)	1㎠의 접촉면의 미세한 압력을 측정
Environment (환경그룹)	Temp Touch Sensor	(접촉식 온도 센서)	센서에 접촉한 물체의 온도를 측정
	Humidity Sensor	(습도센서)	대기의 습도를 측정
	Illumination Sensor	(조도센서)	조도 측정
	Pressure Sensor	(대기압센서)	대기압 측정
	Ozone Sensor	(오존센서)	오존 농도 측정
	Gas Sensor	(가스센서)	가스 농도 측정
	Ion Sensor	(이온센서)	이온 농도 측정
	Magnet Sensor	(지자기센서)	지자기 측정

〈표 11-5〉 센서 기본 설정값

	센서종류	설명	Type ID	파라미터	최대안정각	단위
1	기울기센서	로봇의 x, y축 기울기 측정 지구 지자계 측정(중력)	3001	최소기울기 VDMinInc -180 최대기울기 VDMaxInc 180 단위(기울기) VDCurrentInc 현재기울기 VDUnitInc		(°) 도 (degree)
2	나침반 센서	전자 나침반 (지자계 센서) 지구 지자계 측정	3002	VDZero 0 VD360 360 단위(각도) VDUnitAngle 현재방향 VDDirection	안정각 (안정화되는 최대 안정각) VDMaxStableAngle 최소안정각 (삭제) VDMinStableAngle	(°) 도 (degree)
3	영상 카메라 (1조)	영상을 가지고 물체 인식 CCD	3003	최소거리 VDMinDist 0 최대거리 VDMaxDist 3m 촬영가능각도 VDPhotoAngle		
4	적외선 카메라	영상을 가지고 물체 인식 적외선	3005	최소거리 VDMinDist 0 최대거리 VDMaxDist 3m 촬영가능각도 VDPhotoAngle		
5	자이로센서	로봇의 방향을 측정 (앞, 뒤, 좌, 우) 지구의 지자계 측정(중력)	3006	X+ (각도) VDAngX X- (각속도) VDAngY Y+ (각도) VDAngZ Y- (각속도) VDAngVelX	Z+(각도) VDAngVelY Z-(각속도) VDAngVelZ X, Y, Z(삭제) *그림에서 점쪽이 X축이며 위쪽이 Z축임. 그림으로 표시해야 함	각도 : 도(°) 각속도 : deg/s

	센서종류	설명	Type ID	파라미터	최대안정각	단위
6	가속도 센서	보너의 회선 및 로봇의 속도 측정 x1, y1 =〉 x2, y2 이동 가속도 측정	3007	최소 VDMin 0 최대 VDMax 1000 단위 VDUnit	*기준선(X축)으로의 가속도만 측정	cm/s^2
7	적외선센서	장애물과의 거리 측정(적외선) 수신과 송신측에서 측정된 측정 각도를 이용한 거리 측정	3101	최소거리 VDMinDist 0 최대거리 VDMaxDist 3m 단위(거리) VDUnitDist 현재거리 VDCurrentDist"		cm
8	초음파센서	장애물과의 거리 측정 (거리측정/위치체크) 음파를 발산하고 수신하는 과정에서의 시간차를 이용한 측정	3102	최대거리 VDMaxDist 200cm 최소거리 VDMinDist 1cm 단위(거리) VDUnitDist 현재거리 VDCurrontDist	파형 종류 (A, B, C, D, E, F) VDWaveSort Hz (삭제)	cm
9	비접촉식 온도센서	공기 온도 측정 (열감지 / 불꽃감지 (자외선))	3103	최소온도 VDMinTemp -300 최대온도 VDMaxTemp 2000 단위(온도) VDUnitTemp 현재온도 VDCurrentTemp	최소 측정거리 VDMinDist 최대 측정거리 VDMaxDist	℃ 섭씨 cm
10	음향탐지 센서 (마이크 사조 4조)	소리의 방향을 측정 (4~8방향) 마이크+컨트롤박스 (4개의 마이크)	3104	현재음량 VDDecibel 현재주파수 VDFrequency 현재거리 VDCurrentDist		dB 데시벨 Hz cm
11	레이저센서	주변의 거리 측정 반경 180도 주변의 거리를 측정	3106	최소거리 VDMinDist 0	측정스케일 (1~180) VDScale	cm °

<table>
<tr><th></th><th>센서종류</th><th>설명</th><th>Type ID</th><th>파라미터</th><th>최대안정각</th><th>단위</th></tr>
<tr><td rowspan="3"></td><td rowspan="3"></td><td rowspan="3">(180도 스캔)</td><td rowspan="3"></td><td>최대거리
VDMaxDist
3m</td><td rowspan="3">*중간값은 Linear Interpolation을 사용하여 구현

*1초에 5번만 스캔하여 1회 스캔 시 측정스케일 만큼의 각도를 1도 간격으로 스캔하여 거리를 배열로 리턴</td><td rowspan="3"></td></tr>
<tr><td>단위(거리)
VDUnitDist</td></tr>
<tr><td>현재거리
(측정스케일개수만큼의 배열)
VDCurrentDist</td></tr>
<tr><td rowspan="4">12</td><td rowspan="4">인체감지
센서</td><td rowspan="4">인체 열
감지(적외선감지)</td><td rowspan="4">3107</td><td>최소거리
VDMinDist
0</td><td rowspan="4"></td><td rowspan="4">cm
°</td></tr>
<tr><td>최대거리
VDMaxDist
5m</td></tr>
<tr><td>스케일
(원뿔의 각도)
VDScale</td></tr>
<tr><td>현재상태
(ON/OFF)
1 / 0
VDCurrent</td></tr>
<tr><td rowspan="4">13</td><td rowspan="4">금속탐지
센서</td><td rowspan="4">금속 물체에 대한 거리</td><td rowspan="4">3108</td><td>최소거리
VDMinDist
0</td><td rowspan="4"></td><td rowspan="4">cm</td></tr>
<tr><td>최대거리
VDMaxDist
3m</td></tr>
<tr><td>단위
VDUnitDist</td></tr>
<tr><td>현제거리
VDCurrent</td></tr>
<tr><td rowspan="4">14</td><td rowspan="4">압력센서
(눌림)</td><td rowspan="4">눌림 압력 체크</td><td rowspan="4">3201</td><td>최소압력
VDMinPressure
0</td><td rowspan="4">단위 : 뉴튼(N)
F=ma</td><td rowspan="4">N
뉴튼</td></tr>
<tr><td>최대압력
VDMaxPressure
100</td></tr>
<tr><td>단위(압력)
VDUnitPressure</td></tr>
<tr><td>현재압력
VDCurrentPressure</td></tr>
<tr><td>15</td><td>리밋센서</td><td>접점을 눌러서
센서신호 입력
물리적 접촉</td><td>3202</td><td>현재상태
(ON/OFF)
VDCurrent</td><td></td><td></td></tr>
<tr><td>16</td><td>촉각센서</td><td>셀당 압력
각셀의 모맨트(접촉면</td><td>3203</td><td>최소압력
VDMinPressure</td><td></td><td>N
뉴튼</td></tr>
</table>

	센서종류	설명	Type ID	파라미터	최대안정각	단위
		평균 압력)		0 최대압력 VDMaxPressure 100 단위 VDUnitPressure 현재압력 (1cm2 당 9개) VDCurrentPressure		
17	접촉식 온도센서	공기 온도 측정 (열감지 / 불꽃감지(자외선)) 접촉면이 열원인 경우 값 측정	3301	최소온도 VDMinTemp -300 최대온도 VDMaxTemp 300 단위(온도) VDUnitTemp 현재온도 VDCurrentTemp		℃ 섭씨
18	습도센서	공기 습도 측정	3302	최소습도 VDMinHumidity 0 최대습도 VDMaxHumidity 100 단위(습도) VDUnitHumidity 현재습도 VDCurrentHumidity		%
19	조도센서	빛의 밝기 측정	3303	최소밝기 VDMinIlluminate 0 최대밝기 VDMaxIlluminate 100,000 단위(밝기) VDUnitIlluminate 현재밝기 VDCurrentIlluminate		lx 룩스
20	압력센서 (대기압)	일정 공간의 압력을 측정하는 경우 주로 대기압에 대한 차이를 측정	3304	최소압력 VDMinPressure 0 최대압력 VDMaxPressure 1000 단위(압력) VDUnitPressure 현재압력 VDCurrentPressure		hPa 헥토 파스칼

	센서종류	설명	Type ID	파라미터	최대안정각	단위
21	오존센서	현재 공간의 오존량 환경설정값	3305	민감도 unit과 같은 개념 단위 : ppb VDSensitivity 현재농도 단위 : ppb VDCurrentDensity	단위 : ppb 오존분자의 개수/10의 10승 (10억개의 대기중의 분자)	ppb
22	가스센서	현재공간의 가스량 환경설정값	3306	가스종류 (Smoke : 1, LPG : 2 CO2 : 3, VOCs : 4) VDSort 민감도 단위 : ppm VDSensitivity 현재농도 단위 : ppm VDCurrentDensity	* VOCs = 각종 건축자재에서 발생하는 독성가스(포름알데히드, 톨루엔, 벤젠), 유기용제, 환경호르몬 등을 고감도로 감지하는 센서	ppm
23	이온센서	현재공간의 가스량 환경 설정값	3307	민감도 단위 : ppm VDSensitivity 현재농도 단위 : ppm VDCurrentDensity		ppm
24	지자기센서	현재 지자계 환경설정값	3308	현재값 VDCurrent *환경에 세팅되어 있는 지자기세기를 읽어 들임		nT 나노 테라스

※ 센서 회전에 대해서 고민할 것

LUX → (밝기의 기준)

→ 직사일광 : 100,000 LUX

→ 쾌청 : 10,000 LUX

→ 구름있는 한 낮 : 1,000 LUX

→ 일반사무실 : 1,000 LUX

→ 시청각실 : 200 LUX

→ 황혼, 호텔로비 : 100 LUX

→ 호텔의 복도 : 50 LUX

→ 주차장, 극장 휴식중의 객석 : 10 LUX

→ 극장의 객석 : 2 LUX

→ 만월시 맑은 밤의 지상 : 0.3 LUX

→ 상현달의 밝기 : 0.001 LUX

→ 별의 밝기 : 0.001 LUX

〈표 11-6〉 가장 많이 사용하는 센서의 기본 설정값

센서종류	센서종류(영문)	기본 파라미터				
초음파센서	Ultrasonic Sensor	최대거리 Max Dist	최소거리 Min Dist	단위(거리) Unit Dist	현재거리 Current Dist	Wave Sort
		1	50	10	0	D
적외선센서	Infrared Sensor	최소거리 Min Dist	최대거리 Max Dist	단위(거리) Unit Dist	현재거리 Current Dist	
		0	80	10	0	
나침판센서	Compass Sensor	Zero	360	단위(각도) Unit Angle	현재방향 Direction	Max Stable
		0	360	5	0	360
기울기센서	Inclination Sensor	최소기울기 Min Inc	최대기울기 Max Inc	단위(기울기) Current Inc	현재기울기 Unit Inc	
		1.57	0	0	0.174	
카메라센서	Camera Sensor	최소거리 Min Dist	최대거리 Max Dist	촬영가능각도 Photo Angle		
		0	200	0.785		
인체 감지센서	Detect Body Sensor	최소거리 Min Dist	최대거리 Max Dist	스케일 (원뿔의 각도) Scale	현재상태 (ON/OFF) 1 / 0 Current	
		0	300	20	0	
접촉식 온도센서	Temp Touch Sensor	최소온도 Min Temp	최대온도 Max Temp	단위(온도) Unit Temp	현재온도 Current Temp	
		0	300	10	0	
습도센서	Humidity Sensor	최소습도 Min Humidity	최대습도 Max Humidity	단위(습도) Unit Humidity	현재습도 Current Humidity	
		0	100	1	0	
조도센서	Illumination Sensor	최소밝기 Min Illuminate	최대밝기 Max Illuminate	단위(밝기) Unit Illuminate	현재밝기 Current Illuminate	
		0	580	10	0	

5) 센서를 전부 설정했다면 다음은 센서를 EDRS 프로그램 안에서 보이지 않게 하는 방법이다.

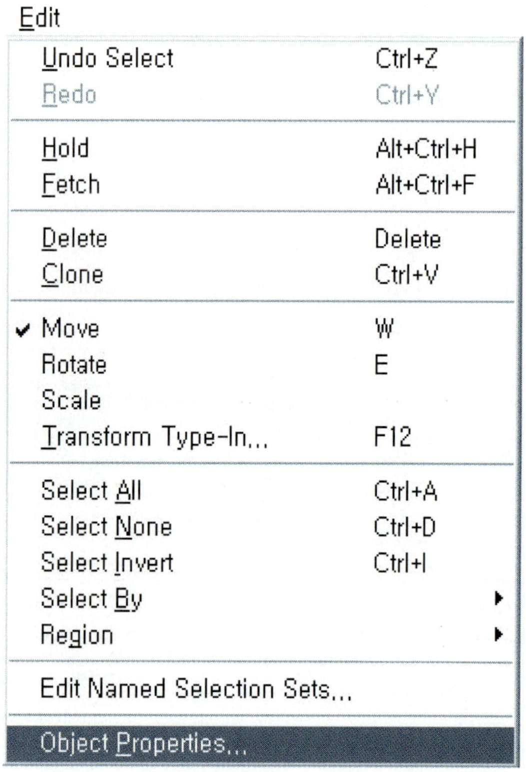

[그림 11-67] Object Properties 여는 방법 1

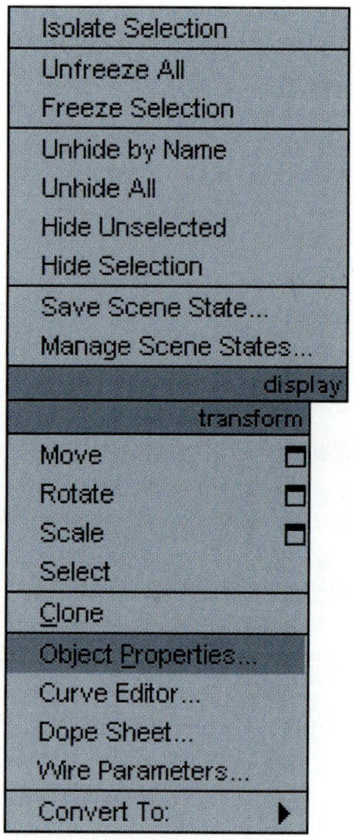

[그림 11-68] Object Properties 여는 방법 2

① [그림 11-67]은 메뉴바에서 Edit를 선택한 다음 맨 밑줄의 "Object Properties" 클릭하는 것이다.

② [그림 11-68]은 센서를 설정한 박스를 선택한 후 마우스 왼쪽 버튼을 클릭하여 나타나는 쿼드 메뉴(뷰 포트상에서 마우스 오른쪽 버튼을 누르면 나타나는 메뉴)에서 "Object Properties"를 클릭하는 것이다.

[그림 11-67], [그림 11-68]과 같이 2가지 방법 중에 하나를 선택해 "Object Properties"를 열어 준다.

6) "Object Properties"를 열었다면 맨 밑줄에 "visible=false"라고 쓴다.

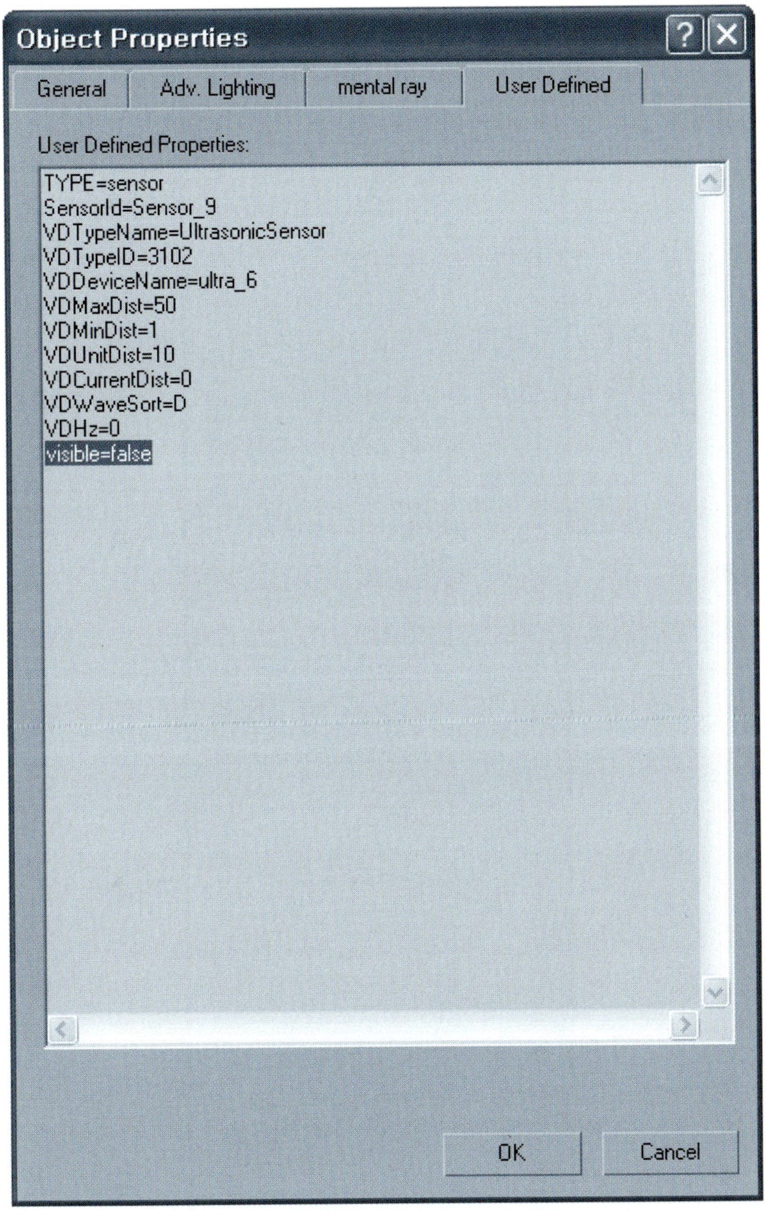

[그림 11-69] Object Properties 창

[그림 11-69]와 같이 작업하였다면 EDRS 프로그램에서 필요한 센서설정작업은 끝났다.

이제 센서박스를 "Hierarchy"에서 설정하는 방법을 알아보도록 하자.

7) "Hierarchy"창을 열었다면 [그림 11-70]과 같이 Object와 Sensor의 순서를 정해 준다.

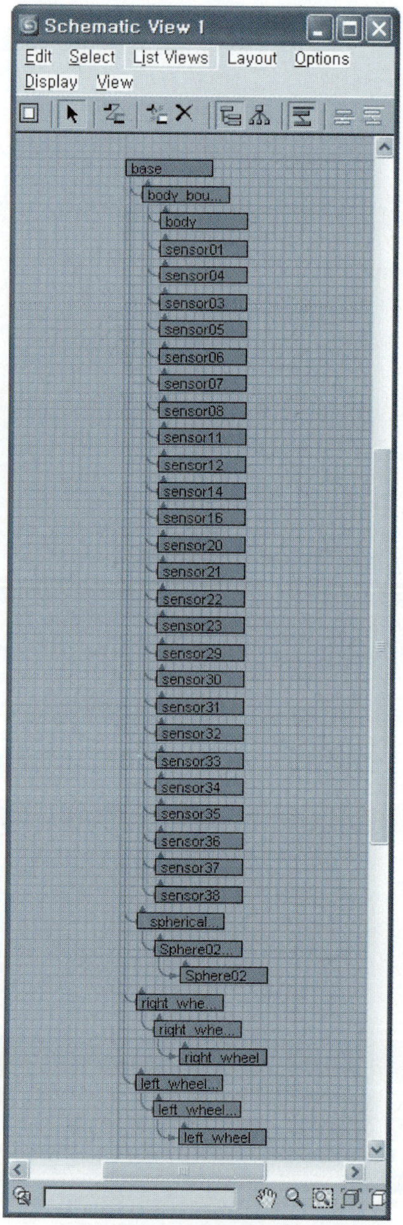

[그림 11-70] Hierarchy 창

순서는 다음과 같다.

① 가상(Base) → 조인트[Joint : 고정(Fixed), 회전(Revolute)] → 충돌(Bounding) → 오브젝트(Object), 센서(Sensor)이다.

② 센서(Sensor)는 오브젝트(Object)와 동일한 성격을 지니며 계층구조(Hierarchy) 안에서도 각각의 오브젝트(Object)의 [조인트(Joint) ⇨ 충돌(Bounding)] 밑에 오브젝트(Object)와 같이 붙는다.

8) 계층구조(Hierarchy) 설정이 끝나면 Export → *.3ML로 저장하여 EDRS상에서 시뮬레이션시킨다.

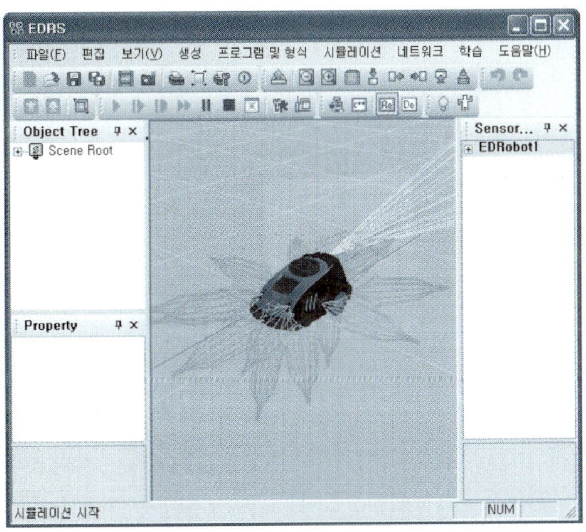

[그림 11-71] EDRS 시뮬레이션

저자 약력

- 남 상 엽
  - 공학박사
  - 삼성종합기술원 정보시스템연구소 근무
  - 모토로라 반도체통신(주) 기술연구소 근무
  - (현) 국제대학 정보통신과 교수
- 이 강 현
  - 공학박사
  - 1991 ~ 1994년 미 스탠포드대 CRC 협동연구원
  - 1996년 호주 시드니대 SEDAL 객원교수
  - 2002년 영국 런던대 객원교수
  - (현) 한국멀티미디어기술사협회 이사
  - (현) 대한전자공학회 상임이사
  - (현) 조선대학교 전자공학과 교수
  - (현) 조선대학교 RIS 사업단장

창의적 공학설계

2008년 8월 30일 1판 1쇄 발행

저 자 남상엽 · 이강현
발행인 남 승 우

발행처 도서출판 상尙 학學 당堂
서울특별시 동작구 사당3동 220-43
TEL : 02) 595-1692~4
FAX : 02) 595-1394
E-mail : namdoo6@unitel.co.kr
신고 : 2-155호 (1968. 11. 29)

(DVD 포함) **정가 26,000원**

ISBN 978-89-93383-03-4 93560